CAD/CAM/CAE 工程应用丛书

TrueGrid 和 LS-DYNA 动力学 数值计算详解

辛春亮　薛再清　涂　建　赵利军　刘安阳　编著

机械工业出版社

本书分为两大部分，第一部分详细讲解了通用参数化网格划分工具 TrueGrid 3.13 的使用方法和注意事项，包括 TrueGrid 的基本操作、常用命令详解、建模范例和软件接口等。书中给出了许多建模范例的命令流，建模过程简洁明了，建立的模型网格质量很高。第二部分全面讲解了通用动力学多物理场分析程序 LS-DYNA（版本 10.1）的入门基础知识、侵彻计算、爆炸及其作用分析、裂纹扩展计算、热学计算、隐式分析、重启动分析、流固耦合、SPH 方法、EFG 方法以及最新的 S-ALE、ICFD、CESE、SPG、Peridynamics、EM、DEM 等新算法，并结合工程应用给出了许多计算算例。对于每个精心准备的算例，详细解释了 TrueGrid 建模过程、相关 LS-DYNA 关键字的含义和使用方法及注意事项。全部算例建模步骤简明扼要，参数设置合理，计算结果准确可信。扫描封底二维码可免费下载书中代码。

本书适合理工科院校的大学教师、本科高年级学生和研究生作为有限元课程学习教材，也可以作为工程技术人员的力学分析和产品开发设计的参考手册。通过本书的学习，读者可大幅提高 TrueGrid 和 LS-DYNA 的使用水平及工程分析能力。

图书在版编目（CIP）数据

TrueGrid 和 LS-DYNA 动力学数值计算详解 / 辛春亮等编著. —北京：机械工业出版社，2019.10（2024.10 重印）

（CAD/CAM/CAE 工程应用丛书）

ISBN 978-7-111-63250-4

Ⅰ. ①T… Ⅱ. ①辛… Ⅲ. ①动力学-数值计算-计算机辅助计算 Ⅳ. ①O313-39

中国版本图书馆 CIP 数据核字（2019）第 147023 号

机械工业出版社（北京市百万庄大街 22 号　邮政编码 100037）

策划编辑：车　忱　　责任编辑：车　忱
责任校对：张艳霞　　责任印制：邓　博
北京盛通数码印刷有限公司印刷
2024 年 10 月第 1 版·第 6 次印刷
184mm×260mm·30 印张·739 千字
标准书号：ISBN 978-7-111-63250-4
定价：119.00 元

电话服务

客服电话：010-88361066
　　　　　010-88379833
　　　　　010-68326294

封底无防伪标均为盗版

网络服务

机 工 官 网：www.cmpbook.com
机 工 官 博：weibo.com/cmp1952
金 书 网：www.golden-book.com
机工教育服务网：www.cmpedu.com

前　　言

本书分两大部分，第一部分为 TrueGrid 网格划分指南，第二部分为 LS-DYNA 动力学数值计算详解。这两部分内容既紧密联系，又具有各自的独立性。

TrueGrid 是美国 XYZ Scientific Applications 公司推出的通用网格划分软件，是一套交互式、批处理、参数化前处理器。TrueGrid 简单易学、功能强大，可以方便快捷地生成优化的、高质量的多块体结构化网格，非常适合为有限差分和有限元软件做前处理器，其独特的网格生成方法可为用户节省大量建模时间。2004 年我曾打算翻译 TrueGrid 用户手册，整理出书，可惜没有坚持下来。2005 年初 TrueGrid 软件的国内代理商——中仿科技有限公司的梁琳总经理找到我，我就将翻译初稿给了他，该公司在这些初稿的基础上编写了培训手册。为了将初稿进一步补充完善，特地编写了第一部分。内容如下。

第 1 章介绍了 TrueGrid 基本操作，例如，运行模式、软件设置、基本概念、主要界面、使用注意事项等，并通过一个 1/4 圆柱建模例子介绍了 TrueGrid 建模基本步骤。

第 2 章对 TrueGrid 建模过程中频繁使用的命令进行了详解。

第 3 章给出了 20 个 TrueGrid 建模范例的详细命令流，读者可在此基础上举一反三。

第 4 章介绍了 TrueGrid 支持的分析软件和软件接口，最后给出了两个 TrueGrid 建模与 LS-DYNA 计算直通的算例。

LS-DYNA 是世界上著名的通用动力学多物理场分析程序，能够模拟真实世界的各种复杂问题，特别适合求解各种一维、二维、三维结构的爆炸、高速碰撞和金属成形等非线性动力学冲击问题，同时可以求解传热、流体、声学、电磁、化学反应及流固耦合问题，在航空航天、机械制造、兵器、汽车、船舶、建筑、国防、电子、石油、地震、核工业、体育、材料、生物/医学等行业具有广泛应用。第二部分内容如下。

第 5 章介绍了 LS-DYNA 软件基本功能和最新发展，并列出了常用的 LS-DYNA 资源网站。

第 6 章内容为 LS-DYNA 入门基础知识，介绍了单位制、关键字输入数据格式、命令行语法、求解感应控制开关、文件系统、单精度和双精度求解器的应用范围、隐式和显式分析的区别，以及常用的接触、Lagrangian/Euler/ALE 算法、流固耦合算法等。

第 7 章介绍了三种侵彻计算算例，读者从中可以学习到刚性墙的用法、多种钢筋混凝土模型建模方法、二维流固耦合建模方法等。

第 8 章给出了爆炸及其作用计算算例，详细阐述了 LS-DYNA 中一维和二维冲击波计算模型建立方法、二维到三维映射计算方法、含铝炸药冲击起爆计算方法等。

第 9 章着重讨论了 LS-DYNA 中裂纹扩展计算方法，其中涉及近场动力学算法。

第 10 章为热学计算部分，对热传导、热对流、热应力、热辐射等算例进行了详解。

第 11 章通过四个算例对 LS-DYNA 的隐式分析功能进行了讲解。

第 12 章详细阐述了 S-ALE、ICFD、CESE、EM、DEM 等新增算法的功能和具体应用。

第 13 章通过 SHPB 计算介绍了重启动分析功能的使用方法。

第 14 章给出了若干计算问题的解决办法，这些经验性的总结有助于提升软件使用者的水平。

第 15 章全面介绍了前后处理软件 LS-PrePost 的后处理功能、使用方法和使用技巧。

由于作者水平有限，本书难免存在不足之处，欢迎广大读者和同行专家提出批评和指正（邮箱：ls-dyna@qq.com）。

作者谨识
于北京东高地

目　　录

第一部分　TrueGrid 软件

网格划分指南

第1章　TrueGrid 基本操作

TrueGrid 是美国 XYZ Scientific Applications 公司推出的通用网格划分软件，是一套交互式、批处理、参数化前处理器。TrueGrid 简单易学、功能强大，可以方便快捷地生成优化的、高质量的多块体结构化网格，非常适合为有限元和有限差分软件做前处理器，输出计算分析软件所需的网格文件，甚至可以设置计算参数。其独特的网格生成方法可为用户节省大量建模时间。

TrueGrid 软件的优势表现在：

1）投影方法。采用投影方法，可以快速简便地生成网格，将用户从烦琐的几何建模工作中解脱出来。

2）多块体结构。TrueGrid 采用多块体方法生成网格，能够生成高质量的块体结构化六面体网格，来保证计算结果的准确性。多块体结构能够处理最复杂的几何结构，可大大减少复杂模型的建模工作量。这种多块体建模方法与 ICEM CFD、INGRID 网格划分软件的建模思路很接近。

3）不需要进行几何清理。TrueGrid 可以采用 IGES 格式文件准确无误地导入 CAD/CAM 文件和实体模型表面，不需要进行几何清理。

4）几何库。除了可导入外部几何文件外，TrueGrid 还有内置几何库，用户可以创建自己的几何体，或为外部导入的几何体添加面。

5）参数化和脚本功能。TrueGrid 是一种既能进行交互式又能进行批处理的网格生成软件。在交互模式下，可以编辑脚本文件来生成参数化模型，高质量的参数化模型能够适应几何模型的修改，快速地重新生成新网格，从而节省许多建模时间。

6）前处理。TrueGrid 可为支持的计算分析软件提供完善的前处理，为分析程序输出计算输入所需的网格文件。

7）与 ANSYS、PATRAN、HYPERMESH 等软件相比，TrueGrid 软件非常小，占用内存少，运行时 bug 极少，能够生成大规模的网格模型，在 32 位系统下最多可以生成 15000000 个节点的网格，64 位系统下没有规模的限制。

图 1-1 所示是采用 TrueGrid 生成的模型网格。由图可见，TrueGrid 为复杂模型生成的网格质量非常高。

图 1-1 TrueGrid 生成的网格

1.1 TrueGrid 运行模式

TrueGrid 最新版是 2015 年 12 月 14 日发布的 3.13 版。TrueGrid 有三种运行模式：

（1）交互模式 在图形用户界面中交互地执行通过菜单选中或手动输入的命令。

（2）批处理模式 用于运行命令文件。

（3）交互模式和批处理混合模式 将命令文件提交给 TrueGrid 运行，并通过图形用户界面交互地生成网格。

TrueGrid 可以在这三种模式之间来回切换：通过 resume 命令可从交互模式切换为批处理模式，通过 interrupt 命令可从批处理模式切换为交互模式。

在 UNIX 系统中 TrueGrid 的运行方式为：

TG i=comd s=csave o=model len=size -font name -display hostname:0.0

- i=comd。comd 为初始命令文件。
- s=csave。csave 为进程文件，默认为 tsave。TrueGrid 在 tsave 进程文件里记录了运行过的命令和参数，以及运行过程中发生的错误。tsave 文件可以被重新命名、编辑，并作为命令文件运行。对于初学者，tsave 文件较为重要，是学习建模命令的参考，建议初学者在 TrueGrid 运行结束后重新命名 tsave 文件，以防止被下一次运行后重新生成的 tsave 文件所覆盖。
- o=model。model 为输出的模型文件。
- len=size。size 为内存大小，以 MB 计，默认值为 20MB。
- -font name。font name 为选择的字体，只适用于 X Window。
- -display hostname:0.0。为远程运行，只适用于 X Window。

1.2　TrueGrid 设置

在 Windows 系统中安装好 TrueGrid 后，建议运行\TrueGrid\Utilities 目录下的 tgpref.exe 文件对运行参数进行设置，如图 1-2 所示。

1）每次建模时将工作目录（Working Directory）由默认的 C:\TrueGrid\Examples 修改为当前建模的工作目录，用于存放 tg 输入文件和 tg 输出模型文件，这是一个非常好的习惯。

2）选择 "Own the '.TG' file extension" 选项，将扩展名.TG 的文件设置为 TrueGrid 类型文件，以后通过双击该文件即可运行文件内的全部命令。

3）选择 "3 Button Mouse"。

4）修改 "Megabytes of Memory"。输入数值的单位为 MB。与其他建模软件相比，运行 TrueGrid 需要的内存很少，但为了方便生成特大规模模型，建议将默认值 "20" 修改为 "500"。

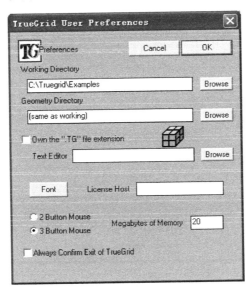

图 1-2　TrueGrid 用户参数设置

1.3　TrueGrid 快速入门

1.3.1　TrueGrid 快速上手方法

TrueGrid 3.00 版本用户手册即《TrueGrid User's Manual Version 3.0.0》，分为上、下两册，总页数过千，全部掌握要耗费大量时间和精力。最快也是最简单的 TrueGrid 学习方法就是：首先了解 TrueGrid 建模思想，熟悉 TrueGrid 基本概念，学习十几条常用命令，掌握几个建模例子，然后找个与工作相关的稍微复杂的 CAD 模型，逐条命令地建立网格模型，等模型建立完成后就基本掌握了 TrueGrid 建模方法。没有必要花费太多时间学习 TrueGrid 用户手册中的全部内容，等掌握了 TrueGrid 建模方法后，必要时可以再去查阅 TrueGrid 用户手册中的相关命令。

1.3.2 TrueGrid 中的三个阶段

在 Windows 系统下启动 TrueGrid，可双击 TrueGrid 图标或计算机桌面上的快捷方式，或单击"开始"→"所有程序"→XYZ Scientific Applications→TrueGrid。TrueGrid 运行后弹出的第一个窗口如图 1-3 所示。

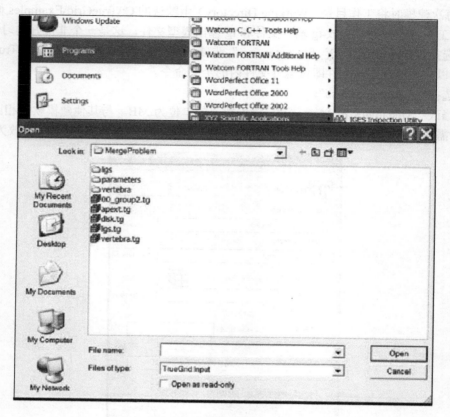

图 1-3　TrueGrid 启动窗口

单击 Cancel 按钮，忽略以批处理模式读入命令文件，就进入了 Control Phase 阶段。

TrueGrid 建模有三个阶段：Control Phase、Part Phase 和 Merge Phase，如图 1-4 所示。对应于每个阶段，在 TrueGrid 的左上角窗口标题栏上都会显示相应阶段标题。不同的阶段，对应软件不同的功能，只能运行与其对应的命令。

1. Control Phase 阶段

启动 TrueGrid 时如果不打开 tg 命令文件，默认的状态即为 Control Phase。该阶段主要用于设置输出选项、定义材料模型和状态方程、导入几何模型等。在这个阶段不能使用图形功能。

2. Part Phase 阶段

通过 block 或 cylinder 命令生成块体网格，即可进入 Part Phase 阶段，同时原来文本/菜单窗口的标题变成了"Part Phase"。该阶段主要用于创建几何模型、生成并修改网格、定义边界条件和载荷等。在该阶段会出现三个新的窗口：计算窗口（Computational Window）、物理窗口（Physical Window）和环境窗口（Environment Window）。

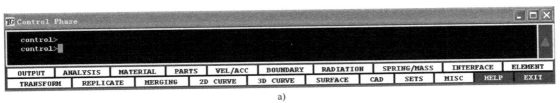

图 1-4　TrueGrid 的三个阶段

a) 控制阶段（Control Phase）　b) 部件阶段（Part Phase）　c) 合并阶段（Merge Phase）

3．Merge Phase 阶段

Merge Phase 阶段是合并网格阶段，主要将 PART Phase 阶段生成的多个 PART 网格组装成一个整体模型，如图 1-5 所示。在这个阶段没有计算窗口，只有物理窗口和环境窗口。在 Merge Phase 中进行的操作主要包括文件输出、边界条件及荷载的施加、网格质量检查以及网格的可视化操作等。直接输入 merge 命令即可进入 Merge Phase 阶段（同样，输入 control 命令可以进入 Control Phase 阶段）。

图 1-5　Merge Phase 阶段合并组装模型

a) 合并前　b) 合并后

1.3.3　TrueGrid 中的两种网格

TrueGrid 同时定义两种网格：物理网格和计算网格（图 1-6）。物理网格位于物理窗口，

也就是要建模分网的地方，其窗口悬浮于屏幕左下角。计算网格位于抽象空间，只有整数点，其窗口悬浮于屏幕右上角。这两种网格相当于以两种不同方式看待同一物体，每个计算网格节点对应于一个物理网格节点，反之亦然。计算网格相当于物理网格的导航图，便于用计算网格的整数点来索引物理网格，对物理网格进行变换操作。

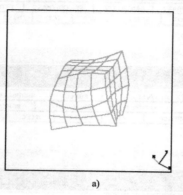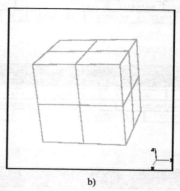

a)   b)

图 1-6   物理网格和计算网格

a) 物理网格   b) 计算网格

在 TrueGrid 里，物理窗口有 X、Y、Z 坐标，计算窗口有 I、J、K 坐标。

部件（PART）可由命令 block 或 cylinder 生成。如果模型很复杂，就需要建立多个部件（PART），并采用 merge 命令将它们合并在一起，组装生成用户需要的模型。

为了获得复杂形状的网格，需要在 TrueGrid 里将简单的正正方方的物理网格进行投影，这由命令 sf 或 sfi 来完成。对于每一投影需要指定网格区域和投影面。针对物理窗口中的每一节点，TrueGrid 以它到投影面上最近距离进行投影。TrueGrid 还提供了插值和松弛算法来改善生成网格的质量。

1.3.4   1/4 圆柱建模范例

下面通过 1/4 圆柱建模范例来简单介绍 TrueGrid。

```
block 1 5 9; 1 5 9;1 7;0 4 8;0 4 8;0 6;
dei   2 3; 2 3; 1 2;
sd 1 cy 0 0 0 0 0 1 8
sfi -3; 1 2; 1 2;sd 1
sfi 1 2; -3; 1 2;sd 1
sd 2 plan 0 0 0 1 -1 0
sfi 2 3; -2; 1 2;sd 2
sfi -2; 2 3; 1 2;sd 2
pb 2 2 1 2 2 2 xy 3.5 3.5
endpart
merge
stp 0.01
lsdyna keyword
write
```

TrueGrid 根据输入命令的不同会呈现不同的显示界面。运行 TrueGrid，在弹出的"打开"窗口中，单击"取消"。显示在屏幕左上角的是带有"Control Phase"标题的文本/菜单窗口，这个特殊窗口的标题用于提示 TrueGrid 当前所处的阶段（Phase）。Control Phase 表示当前处于控制阶段。

　　在 TrueGrid 命令行上输入第一条命令：

　　block 1 5 9; 1 5 9;1 7;0 4 8;0 4 8;0 6;

可生成网格模型，通过鼠标中键可对该界面左下角和右上角两个窗口中的模型进行旋转操作，可显示如图 1-7 所示图形。

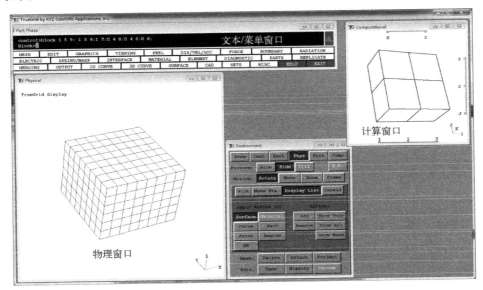

图 1-7　TrueGrid 中的各种窗口

　　图 1-7 中，左上角是文本/菜单窗口（Text/Menu Window），左下角是物理窗口（Physical Window），右上角是计算窗口（Computational Window），右下角是环境窗口（Environment Window）。

　　此时，文本/菜单窗口的标题已经变换为 Part Phase，这表示已经进入了部件 PART（生成）阶段，建模工作由此开始了。通常情况下文本/菜单窗口下面有许多菜单项，用户可以用鼠标单击菜单项，根据提示逐个输入参数。当 TrueGrid 要在此显示输出信息时，菜单项因占用显示空间会被自动取消。实际上 TrueGrid 菜单很少有人用，熟练的用户喜欢在命令行上直接输入命令。

　　计算窗口显示的是计算网格，其 *IJK* 坐标系位于计算窗口的右下角。*I*、*J* 和 *K* 三个方向菜单条的按钮是与计算窗口和物理窗口的网格区域相联系的。单击按钮可以进行开/关转化，用于方便、准确地选取点、线、面和体网格。

　　物理窗口显示的是物理网格，其 *XYZ* 坐标系位于物理窗口的右下角。

　　环境窗口中的按钮用于频繁的图形和交互式网格操作，如图 1-8 所示，这些操作均有相应命令与之对应。

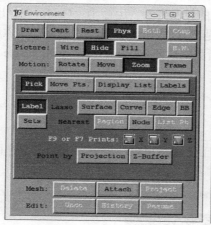
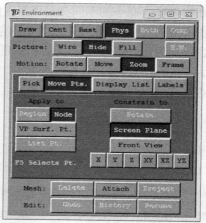

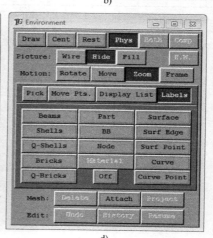

图 1-8 环境窗口

a) Pick 按钮　b) Move Pts.按钮　c) Display List 按钮　d) Labels 按钮

下面是环境窗口中常用按钮的功能说明。

- **Draw**：重新绘制模型。
- **Cent**：将模型居中。
- **Rest**：使模型回到原地（默认的旋转方向）。
- **Phys**：环境窗口中的按钮仅作用于物理窗口。
- **Both**：环境窗口中的按钮同时作用于物理和计算窗口。
- **Comp**：环境窗口中的按钮仅作用于计算窗口。
- **Wire**：以线框方式绘制网格。如图 1-9 a 所示。
- **Hide**：以消除隐藏线的方式绘制网格。如图 1-9 b 所示。
- **Fill**：以填充方式绘制网格。如图 1-9 c 所示。
- **H.W.**：激活图形硬件功能（如光照、雾、材料模型等）。
- **Rotate**：通过鼠标中键旋转模型。
- **Move**：通过鼠标中键平移模型。

- Zoom：通过鼠标中键缩放模型。
- Frame：通过鼠标中键拖拉方框缩放模型。
- Pick：在物理窗口中进行选择操作。如选择表面、曲线、节点、BB边界、区域等。
- Move Pts.：移动区域或节点。
- Display List：显示列表，显示/不显示表面、曲线、材料、PART、节点、BB边界、区域等。
- Labels：显示/不显示标号。
- Delete：删除选中的网格。
- Attach：将点附着在表面或曲线上。
- Project：将点、线、面向表面或曲线上投影。
- Undo：撤销命令。可以取消当前命令的运行。
- History：命令历史。在这里可以关闭/激活运行过的命令，然后重新绘制网格，以此查看某个命令的作用效果。
- Resume：结束批处理模式，回到命令行模式。

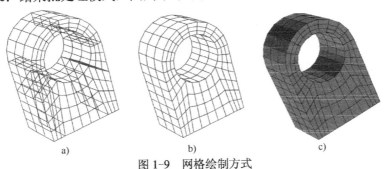

图1-9　网格绘制方式

a) Wire 线框绘制方式　　b) Hide 消隐绘制方式　　c) Fill 填充绘制方式

简单介绍了 TrueGrid 界面后，再回来看看刚才建立的模型及相关命令。

第一行"block 1 5 9; 1 5 9;1 7;0 4 8;0 4 8;0 6;"其中的 block 是 PART 生成命令，命令后的数字分别用分号隔开。

"1 5 9; 1 5 9;1 7;"分别是 X、Y、Z 方向网格划分。该例中 X、Y、Z 方向分别划分了 9-1=8、9-1=8、7-1=6 个网格。其中，第一个 1 5 9 是 X 方向网格划分，分别对应计算网格中的 I 坐标，即 I: 1、2、3。第二个"1 5 9"是 Y 方向网格划分，分别对应计算网格中的 J 坐标，即 J: 1、2、3。"1 7"是 Z 方向网格划分，分别对应计算网格中的 K 坐标，即 K: 1、2。

后三列"0 4 8;0 4 8;0 6;"是与前面 I、J、K 相对应的 X、Y、Z 方向初始坐标，其中第一个"0 4 8"是 X 方向坐标；第二个"0 4 8"是 Y 方向坐标；"0 6"是 Z 方向坐标。

第二行"dei　2 3; 2 3; 1 2;"表示删除计算网格四块中的一块，"dei"是删除命令，后面紧跟的是 I、J、K 计算网格坐标。该命令执行后，如图 1-7 中所示的计算窗口和物理窗口中的图形分别被删除了一块，如图 1-10 所示。也可以在计算窗口中用鼠标左键选中要删除的区域：在计算窗口里，将鼠标对准图中待选区域的一点（此处为上表面中点），按下左键，向斜对角点方向拖，区域变成青色后表示已被选中。然后单击环境窗口中的 Delete 按钮，来执行删除操作。

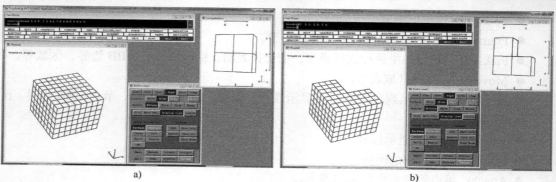

图 1-10   执行 dei 删除命令前后的效果

a) 选中区域   b) 执行删除操作

第三行"sd 1 cy 0 0 0 0 0 1 8"表示定义一个辅助圆柱面。"sd"是定义表面命令;"1"是圆柱面的编号,只能用唯一的数字表示;"cy"是表面类型,这是圆柱面 cylinder 的缩写;圆柱面的圆心坐标是"0 0 0";紧随其后的"0 0 1"是对称轴,即对称轴为 Z 轴;圆柱面的半径是"8"。如图 1-11 中所示圆柱面即是新建立的投影面。

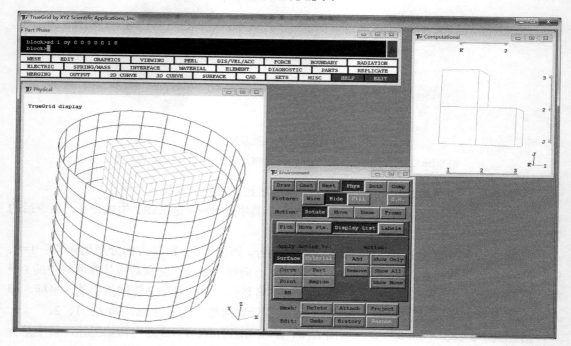

图 1-11   执行 sd 命令后的效果

随后的"sfi -3; 1 2; 1 2;sd 1",表示将模型的一个外表面向圆柱面投影。sfi 命令后的"-3; 1 2; 1 2;"是 PART 在 X 正方向对应的外表面,投影面"sd 1"是刚才定义的圆柱面。

也可以用鼠标左键选择需要投影的网格表面:在计算窗口里,将鼠标对准图中网格待选表面的一点,按下左键,朝对角点拖,即可选中表面。选中后,表面的颜色就由绿色变成黄色,如图 1-12 所示。接着在环境窗口中连续单击 Pick→Surface,并用鼠标在物理窗口中选择圆柱面,圆柱面被选中后即由红色变成青色,并在环境窗口的 Surf.文本框中自动显示圆柱面编号 1。随后单击 Project 按钮即可完成投影操作。图 1-12 所示是 sfi 命令执行后的效果,可以看出,该 PART 的 X 正方向对应的外表面已经变成了圆柱面。

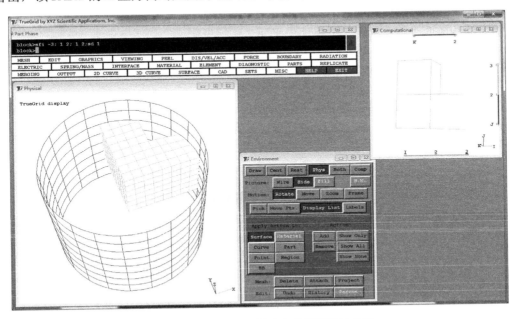

图 1-12 第一次表面被选中并投影后的效果

"sfi 1 2; -3; 1 2;sd 1",表示将模型的 Y 方向外表面向圆柱面投影。该命令执行后的效果如图 1-13 所示。

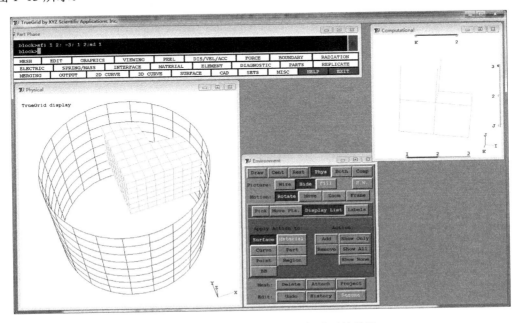

图 1-13 第二次表面被选中并投影后的效果

投影后的 PART 中间两个面还是分离的，需要将其合并到一起。这就需要建立第二个投影面对分离面处的网格进行投影。

"sd 2 plan 0 0 0 1 -1 0"，表示建立一个平面，"2"是平面编号，"plan"是平面的缩写，该平面通过"0 0 0"点，法线方向为"1 -1 0"。

随后的两条命令将中间两个分离面向平面 2 进行投影。

```
sfi 2 3; -2; 1 2;sd 2
sfi -2; 2 3; 1 2;sd 2
```

在物理窗口中两个投影面遮盖住了部分网格，用鼠标左键依次单击环境窗口中的 Display List→Surface→Show None，或者在命令行里运行命令 rasd，在物理窗口中将不再显示投影面，图 1-14 所示是向平面投影并移除投影面后的效果。

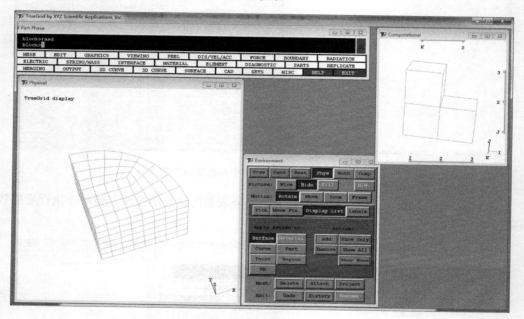

图 1-14　移除投影面后的效果

投影后 PART 中间两个面虽然已经合并在一起，但两个面的节点还是彼此分离的，这需要在后面的 Merge 阶段合并节点。

如图 1-14 中所示的物理网格间距并不均匀，"pb 2 2 1 2 2 2 xy 3.5 3.5"命令将中心线"2 2 1 2 2 2"移动到 x、y 坐标点"3.5、3.5"。也可以用鼠标选择需要移动的线：在计算窗口里，将鼠标对准图中待选线的一点，按下左键，朝另一点拖，即可选中该线。选中后，线的颜色由绿色变成蓝色。从图 1-15 可以看出，执行该命令后网格尺寸变均匀了。

Endpart 命令用于结束当前 PART。

输入 Merge 命令后，文本/菜单窗口标题变成 Merge Phase，在 PART 阶段右上角显示的计算窗口也已经消失，这表示已经进入了合并阶段。在这个阶段，可以将建好的所有部件（PART）组装成整个模型，并合并节点，检查网格质量，显示边界条件，输出模型。

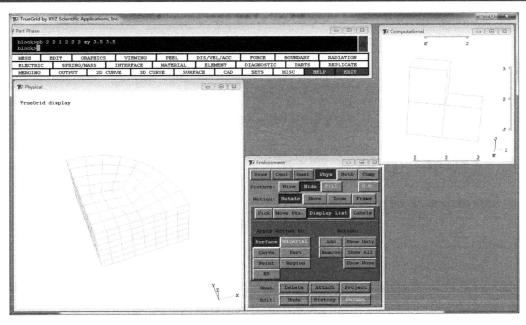

图 1-15　移动命令执行后的效果

"stp 0.01"命令设置节点合并阈值，即如果节点之间的距离小于 0.01，两个节点就被合并为一个节点。执行该命令后，文本/菜单窗口显示如下信息，表示在 PART 1 中有 28 个节点与其他节点进行了合并。

MERGED NODES SUMMARY

      28 nodes merged between parts   1 and   1

      28 nodes were deleted by tolerancing

随后的 lsdyna keyword 命令是声明要为 LS-DYNA 软件输出关键字格式文件。

最后一句 Write 命令是输出网格模型文件，执行该命令后，在 TrueGrid 工作目录里会出现一个 trugrdo 文件。该文件内容如下：

```
*KEYWORD

$
$ NODES
$
*NODE
1,0.000000000E+00,0.000000000E+00,0.000000000E+00,0,0
2,0.000000000E+00,0.000000000E+00,1.00000000,0,0
..............................................................
426,6.65175629,4.44456291,5.00000000,0,0
427,6.65175629,4.44456291,6.00000000,0,0
$
$ ELEMENT CARDS FOR SOLID ELEMENTS
$
```

```
*ELEMENT_SOLID
1,1,1,36,43,8,2,37,44,9
2,1,36,71,78,43,37,72,79,44
·······································································
287,1,370,398,307,300,371,399,308,301
288,1,398,426,314,307,399,427,315,308
*END
```

1.4　TrueGrid 基本概念

本节将要介绍 TrueGrid 的一些基本概念。

（1）区域（Region）　是计算窗口中组成矩形区域的节点组，它可以是网格中的顶点、边、面和体。

（2）索引（Index）　是计算窗口的实际坐标，每个网格节点都有索引。

（3）简单索引（Simple Index）　又称全索引（Full Index），一般仅在采用 block 或 cylinder 命令进行网格初始化时使用，同一个方向上相邻两个数字表示区域内节点的数目，其差值是该区域的网格数量。例如，对于命令"block 1 6 9 13 18;1 5;1 4 8;1 4 8 12 16;0 5;0 5 10;"，全索引是"1 6 9 13 18; 1 5;1 4 8;"。它所形成的网格如图 1-16 所示。

（4）简化索引（Reduced Index）　其数字是 block 或 cylinder 命令中 I 或 J 或 K 方向的节点序号，代表的是区域在整个部件 I 或 J 或 K 方向的位置，如图 1-17 中加粗斜体数字。大多数 TrueGrid 命令引用网格区域时采用简化索引的方式，不能采用实际索引或节点编号。

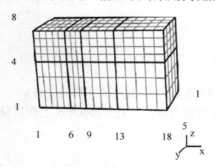

图 1-16　全索引说明

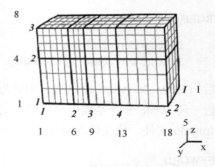

图 1-17　简化索引说明

（5）进阶索引（Index Progressions）　是用简单输入几个数字来指定复杂区域的方法。进阶索引中的数字代表的是区域在整个部件中的位置。

进阶索引采用的形式为："$i_1 i_2 \cdots i_m; j_1 j_2 \cdots j_m; k_1 k_2 \cdots k_m;$"。其中的每个数字为简化索引、负简化索引或 0 索引。当所有数字为正值时，表示用相邻简化索引对所能组合出的所有区域。例如，对于命令"block 1 6 9 13 18;1 3 5 7 9 11;2 4 6 8 10 12 14 16 18; 0 3 6 9 12;0 1 2 3 4 5;1 2 3 4 5 6 7 8 9"，进阶索引"1　2　3　4;5　6;8　9;"和下面三个区域等同：

1　5　8　2　6　9 和 2　5　8　3　6　9 和 3　5　8　4　6　9

或等同于三个小区域："1　2;5　6;8　9;""2　3;5　6;8　9;"和"3　4;5　6;8　9"，即分别对

应如图 1-18 中所示的选中区域 1、2、和 3（选中会变成青色）。

进阶索引中也采用 0 索引，0 打断了进阶，0 之前和之后的索引不能连在一起形成连续的区域。例如在图 1-19 中，右下后角 1 和右下前角 2 这两个选中区域（选中会变成青色）可表示为：

1 2 0 4 5; 5 6; 1 2;

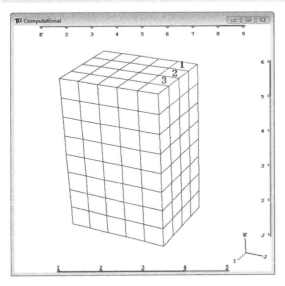

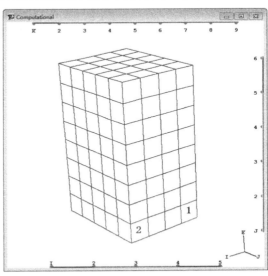

图 1-18　进阶索引说明　　　　　　　图 1-19　进阶索引中的 0 索引说明

单进阶索引中的负索引表示常数简化索引。例如，图 1-20 中的顶面为：

1 5; 1 6; −9;

而 "−1 −5; −1 −6; 1 9;" 则表示网格块体的四个侧面，如图 1-21 所示。

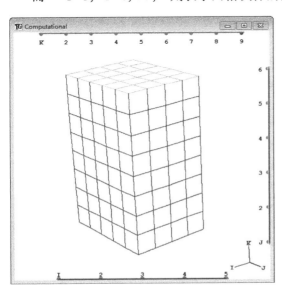

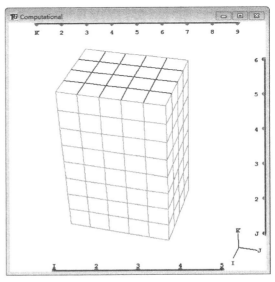

图 1-20　进阶索引中的负索引说明　　　图 1-21　用进阶索引中的负索引表示 4 个面

同样，网格块的 12 条边可用下面的进阶索引表示出来：

```
1  5;-1  0  -6;-1  0  -9;
-1  0  -5;-1  0  -6;1  9;
-1  0  -5;1  6;-1  0  -9;
```

如在 Block 命令中 *I*、*J* 或 *K* 方向内同时使用负索引和正索引，则表示创建的这段索引区域不连续，以下命令执行的结果如图 1-22 所示。

```
block -1 4 7;-1 4 7;-1 4 7;-2 0 2;-2 0 2;-2 0 1;
```

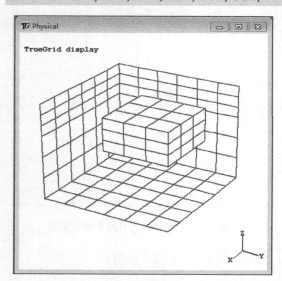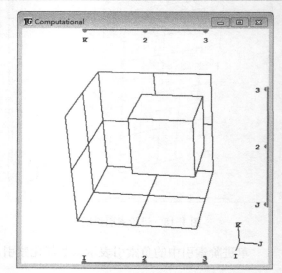

图 1-22　用进阶索引中的负索引和正索引表示区域不连续

1.5　生成网格的初始命令

部件（PART）可由命令 block 生成，并且可以生成任意多个。block 命令采用笛卡儿坐标系生成网格，多用于生成块体网格。其用法如下：

> **block** *i_indices; j_indices; k_indices; x_coordinates y_coordinates z_coordinates*

其中：

"*i_indices;j_indices;k_indices*" 是全索引（不是简化索引）。"*i_indices;*" 或 "*j_indices;*" 或 "*k_indices*" 都是 i1 i2 ... in 的形式，这里 i1=1 并且 |i1|< |i2| <···< |in|。通常情况下每个索引都是正整数，负整数用于创建壳单元，0 用于分割网格区域。

"*x_coordinates*" "*y_coordinates*" 和 "*z_coordinates*" 是物理坐标值，与索引值一一对应，*x* 坐标对应 *I* 索引，*y* 坐标对应 *J* 索引，*z* 坐标对应 *K* 索引，这些用于每个区域界面的物理坐标。

例如，下面两条 block 命令分别生成六面体网格和四边形壳网格，如图 1-23 所示。

```
block 1 6;1 7;1 8;0 5;0 6;0 7
block 1 6;1 7;-1;0 5;0 6;0
```

部件（PART）还可由 cylinder 命令生成。cylinder 命令采用的是柱坐标系，常用于生成空心柱体网格。其用法如下：

cylinder *i_indices; j_indices; k_indices; r_coordinates Ø_coordinates z_coordinates*

其中：

"*i_indices;j_indices;k_indices*"是全索引（不是简化索引）。"*i_indices;*"或"*j_indices;*"或"*k_indices*"都是 i1 i2…in 的形式，这里 i1=1 并且 |i1|< |i2| <…< |in|。通常情况下每个索引都是正整数，但负整数用于创建壳单元，0 用于分割网格区域。

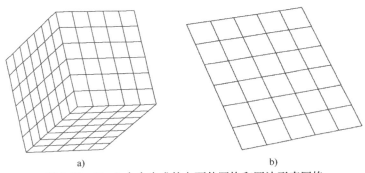

图 1-23　block 命令生成的六面体网格和四边形壳网格

a) 六面体网格　b) 四边形壳网格

"*r_coordinates*""*Ø_coordinates*"和"*z_coordinates*"是物理坐标值，与索引值一一对应，*r* 坐标（即圆柱径向坐标）对应 *I* 索引，*Ø* 坐标（即圆柱环向角度坐标）对应 *J* 索引，*z* 坐标（即圆柱轴向坐标）对应 *K* 索引，这些用于每个区域界面的物理坐标。

下面给出两个 cylinder 命令，分别为空心柱体生成六面体网格和空心柱壳生成的四边形壳网格，如图 1-24 所示。

```
cylinder 1 3;1 17;1 7;3 4;0 180;1 4
cylinder -1;1 33;1 7;4;0 360;1 4
```

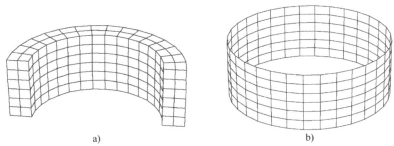

图 1-24　cylinder 命令生成的六面体网格和四边形壳网格

a) 六面体网格　b) 四边形壳网格

1.6　TrueGrid 建模步骤

TrueGrid 的建模过程如同艺术家雕塑一块泥土。TrueGrid 中的原材料是多块结构化网格，有些块需要删除以在网格中生成空腔，网格边和面可以投影成需要的形状，另有许多函数用来控制网格的分布。默认情况下，区域内网格被自动插值。TrueGrid 建模过程如下：

1）运行 TrueGrid。

2）进入控制阶段（Control Phase）。

- 输入标题。
- 选择输出格式（即具体分析软件）。
- 选择材料类型和属性（应保持单位一致）。
- 选择滑移界面（如定义接触）和对称平面。
- 定义截面属性。
- 输入几何模型（需要的话）。

3）进入部件阶段（PART Phase，需要的话要重复多次）。

- 建立部件（PART）。
- 选择节点和节点分布。
- 在需要的位置生成几何模型。
- 将网格投影到几何体上。
- 检查网格质量。
- 选择边界条件。

4）进入合并阶段（Merge Phase）。

- 将部件（PART）合并。
- 检查网格质量。
- 生成梁和特殊单元。
- 输出网格模型文件。

1.7　鼠标和键盘快捷键的功能

TrueGrid 提供了一些常用的快捷键，功能如下：

- LB 鼠标左键，用于选择和输入参数。
- MB 鼠标中键，用于在图中旋转、移动、缩放 3D 实体和粘贴执行命令。
- RB 鼠标右键，用于创建附加窗口，写 Postscript 文件。
- 〈CT+r〉移走显示列表里的实体。
- 〈CT+s〉显示显示列表里的实体。
- 〈CT+u〉清除文本串。
- 〈CT+v〉显示隐藏命令选项名称。
- 〈CT+z〉从选中的高亮文本中重新生成对话框。
- 〈F1〉将选择的网格输入到执行命令后的对话框中。

- 〈F2〉清除选择的网格。
- 〈F3〉在文本窗口中显示命令历史。
- 〈F4〉锁定当前的窗口设置。
- 〈F5〉选择网格开始点。
- 〈F6〉选择网格结束点。
- 〈F7〉从选中的节点中提取坐标。
- 〈F8〉改变文本窗口或对话窗口的标签选取类型。

需要注意的是，在 TrueGrid 命令窗口中不能直接使用〈Ctrl+C〉和〈Ctrl+V〉来进行复制和粘贴的操作。如果需要复制命令窗口中的内容，首先用鼠标左键选中要复制的内容，然后拖动至结尾，即完成复制操作。如果要在命令窗口中粘贴内容，则直接在命令提示处按下鼠标中键即完成粘贴操作。

1.8 显示命令

TrueGrid 显示命令见表 1-1，可用于显示面、曲线、部件、材料等。

表 1-1　TrueGrid 显示命令

菜单	面	3D 曲线	部件	材料	界面	CAD	CAD
类型	面（sd）	3D 曲线（cd）	部件（p）	材料（m）	边界（bb）	组（grp）	级别（lv）
显示 1 个（da*）	dsd #	dcd #	dp #	dm #	dbb #	dgrp #	dlv #
追加显示 1 个（a*）	asd #	acd #	ap #	am #	abb #	agrp #	alv #
删除 1 个（r*）	rsd #	rcd #	rp #	rm #	rbb #	rgrp #	dlv #
显示多个（d*s）	dsds list;	dcds list;	dps list;	dms list;	dbbs list;	dgrps list;	dlvs list;
追加显示多个（a*s）	asds list;	acds list;	aps list;	ams list;	abbs list;		
删除多个（r*s）	rsds list;	rcds list;	rps list;	rms list;	rbbs list;		
显示全部（da*）	dasd	dacd	dap	dam	dabb		
删除全部（ra*）	rasd	racd	rap	ram	rabb		

1.9 投影和附着

在 TrueGrid 软件中"投影（project）"命令使用非常频繁（图 1-25），该命令的重要程度仅次于 block 和 cylinder 命令。

Mesh:　Delete　Attach　Project

图 1-25　环境窗口中的"投影（project）"和"附着（attach）"按钮

"投影（sf 和 sfi）"命令将网格上的点投影锁定到指定 3D 面上最近点。以下命令的投影效果如图 1-26 所示。在环境窗口中"投影"菜单操作为：Pick→Surface→Project。

```
block 1 11; 1 11; 1 11; -2.0 2.0 -2.0 2.0 0 4.0
sd 1 sp 4 0 2 2.0
sfi -2; 1 2; 1 2;sd 1                    c 投影（project）操作
```

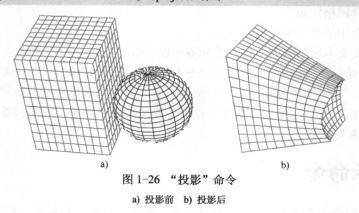

图 1-26 "投影"命令

a) 投影前 b) 投影后

"附着（attach）"命令与"投影"命令类似，该命令将网格上的点投影锁定到指定 3D 曲线等几何体上的最近点。以下命令的附着效果如图 1-27 所示。在环境窗口中"附着"菜单操作为：Pick→Curve→Attach。

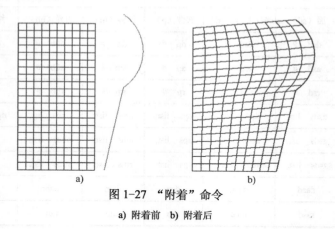

图 1-27 "附着"命令

a) 附着前 b) 附着后

```
curd 1 lp3 9 0 0 11 9 0;;
    arc3 seqnc rt 11 9 0 rt 13 13.5 0 rt 11 17 0;;
block 1 11;1 21;-1;0 8;0 16;0
cur 2 1 1 2 2 1 1
```

1.10 蝴蝶形网格划分方法

当规划设计模型网格时，有多种建模策略。这些策略主要基于对网格质量和疏密的考虑，复杂度则是次要的考虑因素。例如，对于如图 1-28 所示的支架模型，可以设计多种网格拓扑结构。

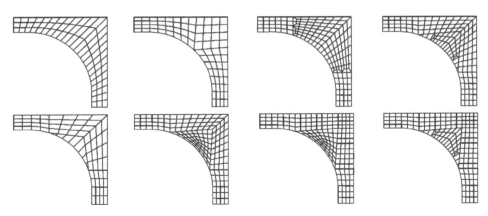

图 1-28 支架模型的八种网格

在下面的例子中，sfi 命令将块体网格四个侧面投影到圆柱面上，投影效果如图 1-29 所示。

```
block 1 11; 1 11; 1 20; -2.0 2.0 -2.0 2.0 0 6.0
sd 1 cy 0 0 0 0 0 1 4.0
sfi -1 -2;-1 -2;1 2;sd 1
```

可以看出，投影后生成的网格质量较差，边角处部分单元内角接近 180°。将上述模型分成多个区域，然后再分别进行投影，则可以生成较高质量的蝴蝶形网格，如图 1-30 所示。这种蝴蝶形网格划分方法在本书中将经常用到。

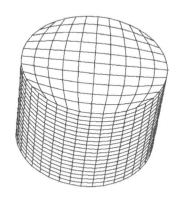

图 1-29　圆柱外表面投影效果

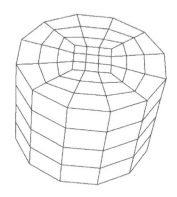

图 1-30　蝴蝶形网格

蝴蝶形网格划分命令如下。

```
block 1 4 7 10;1 4 7 10;1 5;-1.0 -1.0 1.0 1.0;-1.0 -1.0 1.0 1.0;0 6.0
sd 1 cy 0 0 0 0 0 1 4.0
dei 1 2 0 3 4;1 2 0 3 4;1 2;
sfi -1 -4;-1 -4;1 2;sd 1
```

1.11 block 和 cylinder 命令练习

block 1 −5 9; 1 −5 9; −1 −9; 1 2 3; 1 2 3; 1 3;
endpart

上述命令的执行效果如图 1-31 所示。

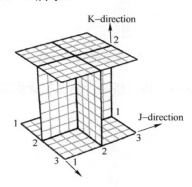

图 1-31 block 命令练习 1

block −1 −6 −11; 1 8; −1 −6; 0 2 4; 0 5; 0 1;
dei 1 2 ; ; −1;
dei 2 3 ; ; −2;
endpart

上述命令的执行效果如图 1-32 所示。

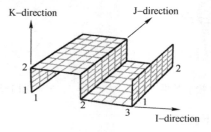

图 1-32 block 命令练习 2

block −1 4 8 −11; 1 7 11 17; −1 −5; 0 1 2 3; 0 2 3 5; 0 1;
sd 1 cy 1.5 2.5 0 0 0 1 .7

```
dei 2 3; 2 3; ;
sfi -2 -3; -2 -3; 1 2; sd 1
endpart
```

上述命令的执行效果如图 1-33 所示。

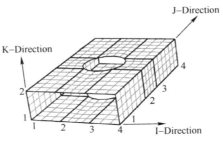

图 1-33　block 命令练习 3

1.11.4　block 命令练习 4

```
block -1 4 7 -10; -1 4 7 -10; 1 4; 1 2 3 4; 1 2 3 4; 1 2;
endpart
```

上述命令的执行效果如图 1-34 所示。

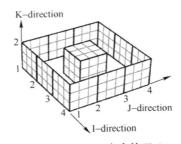

图 1-34　block 命令练习 4

1.11.5　block 命令练习 5

```
block 1 6 0 7 12; 1 6 0 7 12; 1 6; 1 2 0 3 4; 1 2 0 3 4; 1 2;
endpart
```

上述命令的执行效果如图 1-35 所示。

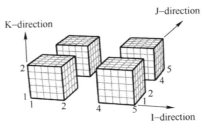

图 1-35　block 命令练习 5

1.11.6 **block 命令练习 6**

```
block −1 −6 11; −1 −6 11; −1 −6; 0 1 2; 0 1 2; 0 1;
dei 2 3; 2 3; −1 0 −2;
dei −2; 1 2; 1 2;
dei 1 2; −2 ; 1 2;
endpart
```

上述命令的执行效果如图 1-36 所示。

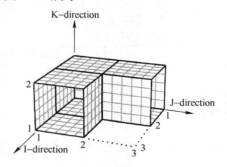

图 1-36　block 命令练习 6

1.11.7 **block 命令练习 7**

```
block 1 3 5 7 9;1 3 5 7 9;1 3 5 7 9;−2.5 −2.5 0 2.5 2.5;−2.5 −2.5
0 2.5 2.5;−2.5 −2.5 0 2.5 2.5;
dei 1 2 0 4 5; 1 2 0 4 5;;
dei 1 2 0 4 5;;1 2 0 4 5;
dei ;1 2 0 4 5;1 2 0 4 5;
sfi −1 −5;−1 −5;−1 −5; sp 0 0 0 5
```

上述命令的执行效果如图 1-37 所示。

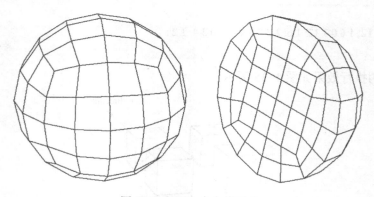

图 1-37　block 命令练习 7

1.11.8　cylinder 命令练习 1

```
cylinder 1 3 5 7 9;1 41;1 3 5 7 9;1 2 3 4 5;0 360;0 1 2 3 4;
dei 4 5;; 2 5;
dei 3 5;; 3 5;
dei 2 5;; 4 5;
```

上述命令的执行效果如图 1-38 所示。

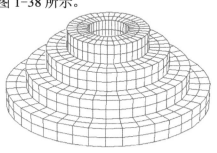

图 1-38　cylinder 命令练习 1

1.11.9　cylinder 命令练习 2

```
cylinder 1 2 3 0 -5 0 7 8 9;1 31;1 2 3 4 5;
10 11 11.5 0 11.5 0 11.5 13 14
0 360
0 1 2 3 4
dei 1 2;; 4 5;
dei 2 3;; 2 5;
dei 7 8;; 2 5;
dei 8 9;; 3 5;
dei -5;; 1 2;
endpart
merge
```

上述命令的执行效果如图 1-39 所示。

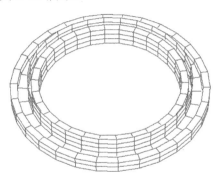

图 1-39　cylinder 命令练习 2

1.12　合并

建立模型时，可以单独建立多个部件（PART），然后将它们合并（merge），组装成一个大模型。下面是一个合并两个部件的例子，如图 1-40 所示。

1）首先，初始化部件（PART）1，生成圆柱面和球面。

```
block 1 11; 1 11; 1 11; -1 1; -1 1; -1 1;
sd 1 cy 0 0 0 0 0 1 1.1        c 圆柱面
sd 2 sp 0 0 2.5 1.5           c 球面
```

2）然后将网格投影到 3D 几何面上。

```
sfi -1 -2; -1 -2;; sd 1   c    投影到圆柱面
sfi ;; -2; sd 2           c    投影到球面
endpart
```

3）接着，初始化部件（PART）2 并投影。

```
block 1 11; 1 11; 1 11; -1 1; -1 1; 1.5 3.5;
sfi -1 -2; -1 -2; -1 -2; sd 2    c    投影到球面
sfi -1 0 -2;; -1; sd 1           c    将两条边投影到圆柱面
sfi ; -1 0 -2; -1; sd 1          c    将另外两条边投影到圆柱面
endpart
```

4）最后将两个部件合并成一个模型。

```
merge                  c    进入合并阶段
stp 0.0001             c    设置节点合并阈值
rx -45                 c    将模型绕X轴旋转-45°显示
ry -45                 c    将模型绕Y轴旋转-45°显示
labels tol 1 2         c    显示已合并的节点
```

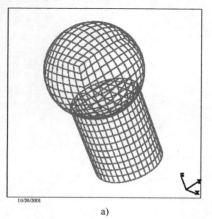 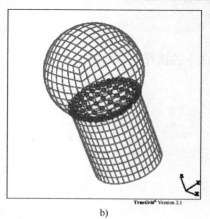

图 1-40　"合并"命令执行效果

a）合并前　b）合并后

1.13　回退

环境窗口中的"回退（Undo）"按钮可用于撤销上一步网格操作命令（图1-41）。注意：该命令不能撤销block和cylinder网格初始化命令以及CAD绘图命令，如定义的曲线和曲面。多次单击Undo按钮可撤销多个命令。

图1-41　环境窗口中的"回退（Undo）"和"历史（History）"按钮

1.14　历史窗口

在环境窗口中单击History按钮（图1-41），即可打开历史窗口，如图1-42所示，该窗口仅在PART阶段可用。在历史窗口，可以激活/不激活命令，以帮助用户检查命令对网格选定区域的执行效果，便于诊断并调整网格。用鼠标中键单击"Act/Deact"下的任意一行，可以将其由Active变为Deactive，即不激活该命令，类似于Undo按钮。再次单击，将由Deactive变为Active。

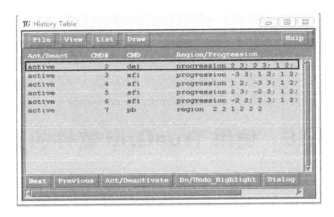

图1-42　历史窗口

1.15　命令执行顺序

TrueGrid并不是按照命令出现的先后顺序执行的，而是以特定顺序执行命令。TrueGrid中的每条命令都有其命令层级，并按以下准则执行。

（1）准则1　点、线、面、体以其顺序自动计算。

（2）准则2　根据命令的类型依次执行。

（3）准则3　同类命令按顺序执行。

TrueGrid各类命令的执行顺序，即命令层级如下：

1）初始化。有三种类型的初始化：

● block和cylinder包含了各点的初始坐标。

● BB和TRBB初始化并锁定块体界面节点。

● PB、MB、PBS、Q和TR也初始化点。

2）指定边的网格间距插值方式（CUR、CURE、CURF、CURS、EDGE、SPLINT、PATCH）。

3）将点投影到指定面上（SF、MS、SSF、SPP）。

4）对指定边进行线性插值（LIN）。

5）对默认的边进行线性插值。

6）将边投影到指定面上（SF、MF、SSF）。

7）对指定面进行双线性插值（LIN）。

8）对默认的面进行插值。

9）将面投影到指定面上（SF、MF、SSF、PATCH）。

10）对指定面进行无限插值（TF）。

11）在指定面进行等势松弛（RELAX、esm）。

12）在指定面进行 Thomas-Middlecoff 椭圆松弛（TME）。

13）对被 10）、11）、12）影响过的边、面重新插值和投影。

14）对指定实体区域进行三线性插值（LIN）。

15）对默认的实体区域进行三线性插值。

16）对指定实体区域进行无限插值（TF）。

17）对指定实体区域进行等势松弛（RELAX）。

18）对指定实体区域进行 Thomas-Middlecoff 椭圆松弛（TME）。

19）对指定实体区域进行标准光顺椭圆松弛（unifm）。

20）表达式（X=、 Y=、 X=、T1=、T2=、T3=）。

21）执行块体界面命令——主面（bb）。

1.16　使用 TrueGrid 软件的其他注意事项

下面是使用 TrueGrid 软件的一些注意事项：

1）推荐使用高版本 TrueGrid，如 3.0 以上版本。本书中许多命令只能在高版本下运行，如 for 和 endfor 命令、when 和 endwhen 命令、while 和 endwhile 命令，以及同一 PART 内的 bb 和 trbb 命令。

2）对于 TrueGrid 3.0 以上版本，工作目录和文件名中可以有空格。文件名（包含路径的文件名）必须放在双引号里，例如：

正确：tg i="blank in path/input.tg"

错误：tg i="blank in path"/input.tg

上述限制同样适用于 TrueGrid 的命令：

正确：iges "geometry/blank in filename.igs" 1 1;

错误：iges geometry/"blank in filename.igs" 1 1;

3）在 TrueGrid 2.1 版本中，同一行内 TrueGrid 命令不能超过 80 个字符，在 TrueGrid 3.0 版本中，文件名以及文件路径字符长度扩展到了 256 个字符。

4）TrueGrid 不区分大小写。

5）〈Esc〉键可用于终止任意命令行输入。

6）同一行内可以输入多个命令，中间用空格隔开。

7）一条命令可以分多行书写。

8）TrueGrid 命令中的分号 "；" 为英文半角。

9）特别注意：Merge 阶段多个 PART 之间的合并，该合并的一定要合并，不该合并的千万不要合并，这对 LS-DYNA 尤其重要。

10）在命令行上输入 help 命令名，可获取该命令的帮助说明。

11）推荐采用 UltraEdit 软件编辑 TrueGrid 命令输入文件。

12）在 TrueGrid 中，数字的格式非常灵活，如下列格式的数字都是等同的。

```
1.0
.10E+01
.10e1
10.0E-01
1
```

13）注释。单行注释以 C（或 c）开头，然后是空格，注释可以出现在 tg 输入文件的任何地方，同一行中 c 后面的字符均被视为注释。若有多行注释文字，则应该以 { } 括起来。例如：

```
c Create the Block Part
block
c Determine the Node
c Distribution
1 9; c i-list
1 10; c j-list
1 8; c k-list
c Specify the Coordinates
-2 2; c x-coordinates
-6 -6; c y-coordinates
-2 2; c z-coordinates
{These
also

are
comment
lines}
```

注：本章部分内容来自 XYZ Scientific Applications 公司的资料。

1.17　参考文献

[1] XYZ Scientific Applications Inc. TrueGrid User's Manual Version 3.0.0[Z]. 2014.

[2] XYZ Scientific Applications Inc. TrueGrid Examples Manual Version 2.1[Z]. 2001.

[3] XYZ Scientific Applications Inc. TrueGrid Training Version 2.3.0[Z]. 2007.

[4] XYZ Scientific Applications Inc. TrueGrid Tutorial Version 2.2.0[Z]. 2005.

[5] XYZ Scientific Applications Inc. TrueGrid Advanced Training Version 2.3.0[Z]. 2002.

[6] 肖泽云. TrueGrid 学习指南 [M]. https://wenku.baidu.com/view/0d25e58884868762caaed 558.html.

[7] 辛春亮，等. 由浅入深精通 LS-DYNA [M]. 北京：中国水利水电出版社, 2019.

第2章 TrueGrid 常用命令详解

TrueGrid 用户手册中命令很多，逐一掌握很不现实。实际上大部分命令极少应用，下面仅介绍建模过程中频繁使用的 TrueGrid 命令。

2.1 部件（PART）命令

2.1.1 b 和 bi

定义节点约束。

用法：

b *region options*;

这里 *options* 可以是：

- **dx** *init*　　X方向平动。
- **dy** *init*　　Y方向平动。
- **dz** *init*　　Z方向平动。
- **rx** *init*　　绕X轴转动。
- **ry** *init*　　绕Y轴转动。
- **rz** *init*　　绕Z轴转动。

这里 *init* 是：

- ➢ 0　无约束。
- ➢ 1　约束。

例子：

下面的第二条命令将约束面上节点的X方向平动自由度。

```
block 1 5;1 5;1 5;0 4 0 4 0 4
b 1 1 1 2 1 2 dx 1;
c bi 1 2; −1; 1 2; dx 1;
merge
co dx
```

上述命令的执行效果如图 2-1 所示。

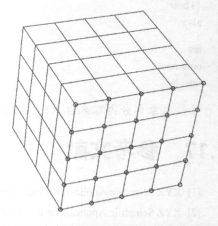

图 2-1　b命令约束面上节点的X方向平动自由度

2.1.2 bb

定义块体边界界面——主面。

用法：

bb *region interface options transform*;

这里：

- *interface* 是界面号。
- *option* 可以是：
- ➢ **map** *m* 指定主面和从面之间的映射。
- *transform* 是从左到右系列变换算子共同作用的结果。
- ➢ **mx** *x_offset*
- ➢ **my** *y_offset*
- ➢ **mz** *z_offset*
- ➢ **v** *x_offset y_offset z_offset*
- ➢ **rx** *theta*
- ➢ **ry** *theta*
- ➢ **rz** *theta*
- ➢ **raxis** *angle x0 y0 z0 xn yn zn*
- ➢ **rxy**
- ➢ **ryz**
- ➢ **rzx**
- ➢ **tf** *origin x-axis y-axis*

这里每个参数包括坐标类型和紧随其后的坐标信息：

rt *x y z*　笛卡儿坐标。

cy *rho theta z*　柱坐标。

sp *rho theta phi*　球坐标。

pt *c.i*　3D 曲线上标识点的标号。

pt *s.i.j*　面上标识点的标号。

- ➢ **ftf** *1st_origin 1st_x-axis 1st_y-axis 2nd_origin 2nd_x-axis 2nd_y-axis*

这里，每个参数包括坐标类型和紧随其后的坐标信息：

rt *x y z*　笛卡儿坐标。

cy *rho theta z*　柱坐标。

sp *rho theta phi*　球坐标。

pt *c.i*　3D 曲线上标识点的标号。

pt *s.i.j*　面上标识点的标号。

- ➢ **inv**　与当前的变换相反。
- ➢ **csca** *scale_factor*　缩放所有坐标。
- ➢ **xsca** *scale_factor*　缩放 *x* 坐标。
- ➢ **ysca** *scale_factor*　缩放 *y* 坐标。
- ➢ **zsca** *scale_factor*　缩放 *z* 坐标。
- ➢ **normal** *delta*　将从面沿主面的法线方向偏移。

备注：

bb 和 **trbb** 是一对命令，可用于对不同 PART 之间以及 PART 内部定义边界衔接对齐，能够方便地进行网格疏密渐变，减少网格数量，将多个 PART 或相同 PART 的不同部分缝合在一起。只有在 Merge 合并阶段才能查看 **bb** 和 **trbb** 命令作用效果。

下面是使用条件和限制：

1）界面区域不能有孔。

2）要先用 **bb** 定义主面，主面只有一个，从面可有多个。

3）使用时先用 **bb** 命令定义主面，然后在另一个 block 里用 **trbb** 命令定义从面，且进行网格疏密渐变的块体主、从面网格数应为 4∶2 或 3∶1。

例子 1：

不同 PART 之间网格疏密渐变

```
block 1 5;1 9;1 4;0 4;0 8;0 3
bb 2 1 1 2 2 2 1;      c  定义界面号1的主面，进行4:2网格疏密渐变。
                       c  2 1 1 2 2 2是选定区域，1是界面号。
endpart
block 1 6;1 5;1 4;4 9;0 8;0 3
trbb 1 1 1 1 2 2 1;    c  定义界面号1的从面，进行4:2网格疏密渐变
bb 2 1 1 2 2 2 2;      c  定义界面号2的主面，进行3:1网格疏密渐变。
endpart
block 1 3;1 5;1 2;9 11;0 8;0 3
trbb 1 1 1 1 2 2 2;    c  定义界面号2的从面，进行3:1网格疏密渐变。
endpart
merge
```

上述命令的执行效果如图 2-2 所示。

例子 2：

不同 PART 之间网格衔接

```
block 1 5;1 5;1 4;0 4;0 8;0 3
bb 2 1 1 2 2 2 1;
endpart
block 1 6;1 5;1 4;5 9;0 8;2 5
trbb 1 1 1 1 2 2 1;
endpart
merge
```

上述命令的执行效果如图 2-3 所示。

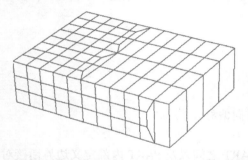

图 2-2 不同 PART 之间网格 2:1 和 3:1 疏密渐变

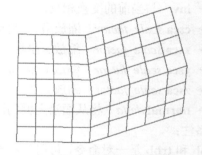

图 2-3 不同 PART 之间网格衔接

例子 3：
PART 内部网格衔接

```
block 1 6 11;1 6 11;-1;0 1 2;0 1 2;0
dei    2 3; 1 2; -1;
pb 2 1 1 2 1 1 xy 2 0
bb 2 1 1 2 2 1 1;
trbb 2 2 1 3 2 1 1;
endpart
merge
```

上述命令的执行效果如图 2-4 所示。

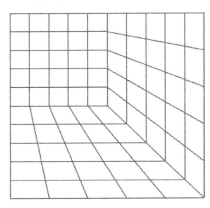

图 2-4 PART 内部网格衔接

2.1.3 dap、p、ap、rp

dap，显示全部 PART。

p *part_number*，显示特定 PART。

ap *part_number*，向当前图形中追加显示 PART。

rp *part_number*，在当前图形中不显示 PART。

2.1.4 dom

dom region，指定 x=、y=、z=、t1=、t2=和 t3=语句作用的区域，默认为指定整个 PART。当表达式用于生成坐标点时，指定区域的每个节点坐标将被重新计算，如果网格节点被删除，不会对该节点坐标进行计算或赋值。

在下面的例子中，指定区域的 z 坐标放大为原来的 1.3 倍。

```
block 1 6 11; 1 6;1 6;0 1 2;0 1;0 1
dom 2 1 1 3 2 2
z=1.3*z
```

上述命令的执行效果如图 2-5 所示。

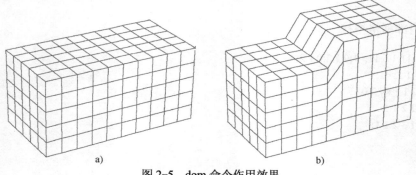

图 2-5　dom 命令作用效果

a) 作用前　b) 作用后

2.1.5　eset 和 eseti

定义输出单元组。

例子:

```
block 1 5 6;1 5;1 5;0 4 5 0 4 0 4
eset 2 1 1 3 2 2 = out
c eseti 2 3; 1 2; 1 2 = out
merge
lsdyna keyword
write
```

在输出的 trugrdo 文件中会出现如下单元组。

```
$ Solid Element set out
$
*SET_SOLID
1
65,66,67,68,69,70,71,72
73,74,75,76,77,78,79,80
```

2.1.6　fn 和 fni

为壳单元生成带有失效的固连节点组。

例子:

```
block -1;1 4;1 4;2 0 1 1 2
fn 1 1 1 1 2 2 1.23456
c fni -1; 1 2; 1 2;1.23456
endpart
merge
```

```
stp 0.001
lsdyna keyword
write
```

在输出的 trugrdo 文件中会出现如下固连失效约束。

```
$
$ TIED NODE SETS WITH FAILURE
$
*SET_NODE_LIST
1,0.,0.,0.,0.
2,17
*CONSTRAINED_TIED_NODES_FAILURE
1,1.23
*SET_NODE_LIST
2,0.,0.,0.,0.
3,18
*CONSTRAINED_TIED_NODES_FAILURE
2,1.23
*SET_NODE_LIST
3,0.,0.,0.,0.
5,19
*CONSTRAINED_TIED_NODES_FAILURE
3,1.23
*SET_NODE_LIST
4,0.,0.,0.,0.
8,26
*CONSTRAINED_TIED_NODES_FAILURE
4,1.23
*SET_NODE_LIST
5,0.,0.,0.,0.
9,27
*CONSTRAINED_TIED_NODES_FAILURE
5,1.23
*SET_NODE_LIST
6,0.,0.,0.,0.
12,34
*CONSTRAINED_TIED_NODES_FAILURE
6,1.23
*SET_NODE_LIST
7,0.,0.,0.,0.
14,35
*CONSTRAINED_TIED_NODES_FAILURE
7,1.23
*SET_NODE_LIST
```

```
8,0.,0.,0.,0.
15,36
*CONSTRAINED_TIED_NODES_FAILURE
8,1.23
*SET_NODE_LIST
9,0.,0.,0.,0.
6,20,21,22
*CONSTRAINED_TIED_NODES_FAILURE
9,1.23
*SET_NODE_LIST
10,0.,0.,0.,0.
7,23,24,25
*CONSTRAINED_TIED_NODES_FAILURE
10,1.23
*SET_NODE_LIST
11,0.,0.,0.,0.
10,28,29,30
*CONSTRAINED_TIED_NODES_FAILURE
11,1.23
*SET_NODE_LIST
12,0.,0.,0.,0.
11,31,32,33
*CONSTRAINED_TIED_NODES_FAILURE
12,1.23
```

2.1.7 fset 和 fseti

定义输出面段组。可为 LS-DYNA 软件输出 Segment Set。

例子：

```
block 1 5;1 5;1 5;0 4 0 4 0 4
fset 1 1 1 2 1 2 = face
fset 1 1 2 2 2 2 or face
c fseti 1 2; −1; 1 2; =face
c fseti 1 2; 1 2; −2; or face
merge
lsdyna keyword
write
```

在输出的 trugrdo 文件中会出现如下面段组。

```
$ Face set face
$
*SET_SEGMENT
```

```
1,0.000E+00,0.000E+00,0.000E+00,0.000E+00
5,30,35,10,0.000E+00,0.000E+00,0.000E+00,0.000E+00
30,55,60,35,0.000E+00,0.000E+00,0.000E+00,0.000E+00
...........................................
```

2.1.8　hole

通过简单地定义一个圆，就可以在一个块体结构网格中插入一个孔洞。hole 命令仅用于 TrueGrid 3.0 以上版本。

用法：

hole *region x0 y0 z0 xn yn zn radius options*;

这里：

● *region*　必须是 PART 的一个面。

● *(x0,y0,z0)*　圆柱轴上的一个点。

● *(xn,yn,zn)*　是圆柱轴方向矢量。

● *radius*　是圆柱孔的半径。

● *option*　可以是：

➤ *INR radius*　圆环的内半径。

➤ *FN xd yd zd*　圆柱外第一个节点的方向。

➤ *NET n*　圆环厚度方向上的单元数。

➤ *ANG theta*　埋头锥孔的锥角。

hole 命令选项说明如图 2-6 所示。

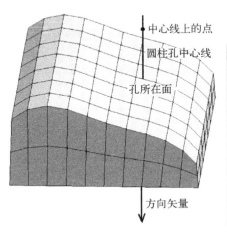
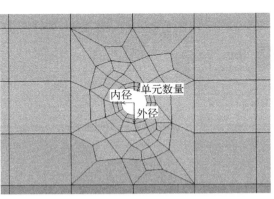

图 2-6　hole 命令选项说明

例子：

```
iges ttt.igs 1 1 ;
block 1 20;1 20;1 5;-10 10;-10 10;0 10
```

```
sfi -1;;;sd 6;
sfi -2;;;sd 7
sfi ;-1;;sd 3
sfi ;-2;;sd 5
sfi ;;-1;sd 4
sfi ;;-2;sd 2
hole 1 1 2 2 2 2 15 15 10 0 0 1 3 inr 1;
merge
```

上述命令的执行效果如图 2-7。

图 2-7　hole 命令在块体中创建孔

备注：

在进入合并阶段之前，孔是不可见的。这是因为直到 PART 结束，孔的特征才会生成，在孔形成之前，很多命令都会影响 block 部件的形状。

2.1.9　ibm

在 *I* 方向生成梁单元。

用法：

ibm *region #_in_j #_in_k material Orientation cross_section option*

这里：

● *#_in_j*　*J* 方向梁单元列数。

● *#_in_k*　*K* 方向梁单元列数。

● *material*　材料号。

● *Orientation*　截面轴线方向选项：

➢ **j**　第二轴线方向为 *J* 方向。

➢ **k**　第二轴线方向为 *K* 方向。

➢ **sd** *surface_#*　第二轴线方向为面的法线方向。

➢ **v** *xn yn zn*　通过矢量定义第二轴线方向。

➢ **none**。

● *cross_section*　**bsd** 命令定义的截面号。

● *option* 可以是：

➢ **reverse**　将节点顺序反向。

➢ **si** *sid_#*　滑移界面号。

➢ **vold** *volume*　离散单元体积。

➢ **lump** *inertia*　集中惯性矩。

➢ **cablcid** *system_#*　命令 **lsys** 定义的局部坐标系号。

➢ **cabarea** *area*　缆面积。

➢ **caboff** *offset*　缆偏移。

➢ **csarea** *area*　截面面积 (Belytschko–Schwer)。

➢ **sharea** *area*　截面的剪切面积(Belytschko–Schwer)。

➢ **inertia** *iss itt irr*　截面惯性矩(Belytschko–Schwer)。

➢ **thickness**　厚度(Hughes–Liu)。

　　ibm 命令只能用于 **block** 或者 **cylinder** 部件阶段，该命令能够顺应体和壳区域的几何和节点生成梁单元阵列，如用该命令生成混凝土中的内埋钢筋。

　　可以通过选择多种方式来定义局部坐标方向，或者不用定义。

　　v 选项通过矢量来指定方向，该矢量可在当前坐标系中定义。如果 PART 采用的是圆柱坐标系（采用 **cylinder** 命令创建 PART），矢量就是径向、角度和 *z* 偏移的形式。由于矢量偏移是在柱坐标系下进行的，根据梁的坐标，圆柱矢量会为每根梁定义一个方向，然后转换为笛卡儿坐标系。梁轴方向定义如图 2-8 所示。

　　每根梁单元可以有附加的第三个节点，用于定义截面和材料局部坐标系的方向。邻近梁单元可用于选取方向节点，**i**、**j**、**k** 选项可以选择对应邻近梁单元节点。

　　sd 选项用于将面的法线定义为梁单元方向。**v** 选项以给定的矢量方向生成梁单元方向，在后两种情况下，当需要节点来定向梁时，每个梁单元会生成新的节点。使用 **sd** 选项时要使用 **orpt** 命令。

　　要定义截面属性，使用 **bsd** 命令。

　　可以为每串梁单元指定一维滑移界面，只需指定第一个滑移界面即可，剩下的按照顺序依次递增。可采用 **sid** 命令定义每个滑移界面。

　　在下面的例子中，分别在 4 串梁单元和对应体单元之间生成了 4 个钢筋滑移界面。也正是因为这些滑移界面，才会自动生成新的梁单元节点，并且这些梁单元节点不会与体单元节点进行合并。

```
sid 1 rebar;;sid 2 rebar;;sid 3 rebar;;sid 4 rebar;;
block 1 3 5;1 3 5;1 3 5;1 3 5;1 3 5;1 3 5;
ibm 1 1 1 3 3 3 2 2 1 j si 1 1；
merge labels 1D
```

　　上述命令的执行效果如图 2-9 所示。

图 2-8　梁轴方向

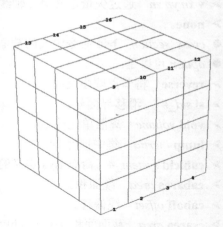

图 2-9　ibm 命令定义梁

2.1.10　ibmi

在 I 方向生成梁单元。除了指定网格区域时采用简化索引的方式外，其他同 **ibm** 命令。
例子：

```
block 1 3 5 7 9;1 3 5;-1; 1 3 5 7 9;1 3 5;0; c 创建面
bsd 1 sthi .1 tthi .2 ; ;　c 定义梁截面属性
ibmi 1 5;;;；3 1 1 j 1 ;　c 1 5;;;为简化索引，随后转变为 I 方向梁单元

c J 方向梁单元为3列
c K 方向梁单元为1列
c 材料号为1
c 梁的截面轴线与 J 方向平行
c 截面号为1
merge labels 1D　c 显示梁单元号
```

上述命令的执行效果如图 2-10 所示。

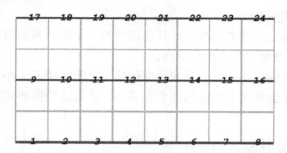

图 2-10　ibmi 命令定义梁

2.1.11 jbm

在 *J* 方向生成梁单元。解释同 **ibm** 命令。

2.1.12 jbmi

在 *J* 方向生成梁单元。解释同 **ibmi** 命令。

2.1.13 kbm

在 *K* 方向生成梁单元。解释同 **ibm** 命令。

2.1.14 kbmi

在 *K* 方向生成梁单元。解释同 **ibmi** 命令。

2.1.15 mate

为 PART 的全部区域设置材料号。**mate** 命令适用于各个阶段。

用法：

mate *material_#*

这里，*material_#* 是材料号。

备注：

默认情况下，该命令为 PART 全部区域设置材料号，但会被 **mt** 和 **mti** 命令设置的材料号覆盖。

2.1.16 mea

检查网格质量。

用法：

mea *region option*

这里，*option* 可以是：

- **volume** 检查单元的体积，壳单元被赋厚度 1。
- **avolume** 检查单元的绝对体积，不考虑负体积。
- **jacobian** 计算 Jacobian 矩阵。
- **orthogon** 检查单元四边形面的四个角度与 90°（单元正交）的偏离。
- **smallest** 检查每个单元的最小尺寸。
- **pointvol** 用单点积分算法计算体积。
- **aspect** 计算单元的纵横比。
- **triangle** 检查单元三角形面的三个角度与最佳角度（60°）的偏离。

2.1.17 mt

为 PART 的特定区域设置材料号，并覆盖以前的材料号设置。**mt** 命令仅适用于 PART 阶段。

用法:

mt *region material_#*

这里:

● *region*　待设置材料的区域。

● *material_#*　材料号。

备注:

材料号不必与预先定义的材料模型相对应。

2.1.18　mti

为特定区域设置材料号,并覆盖以前的材料号设置。**mti** 命令仅适用于 PART 阶段。

用法:

mti *progression material_number*

这里:

● *progression*　待赋予材料的进阶索引。

● *material_number*　被赋予的材料号。

备注:

材料号不必与预先定义的材料模型相对应。

2.1.19　mtv

为指定的体赋予材料号。

用法:

mtv *i1 j1 k1 i2 j2 k2 volume_# mode default_material_# material_pairs*

这里:

● *i1 j1 k1 i2 j2 k2*　区域。

● *volume_#*　vd 命令定义的体号。

● *mode* 可以是:

➢ 2　单元中心在体内。

➢ 3　一个节点在体内。

➢ 4　半数节点在体内。

➢ 5　所有节点在体内。

● *default_material_#*　默认材料号,如果在 *material_pairs* 中没有找到初始材料号, *default_material_#*将成为新的材料号。

● *material_pairs*　每对材料号里包括初始材料号和紧随其后的新材料号。

例子:

创建一个正方体 PART,材料号为 1,将正方体的一部分设置为材料 2。图 2-11a 所示是下述命令执行后的结果,图中蓝色的是材料 1,黄色的是材料 2。

```
mate 1
block 1 29;1 29;1 29;0 8;0 8;0 8
vd 1 sp 0 0 0 4
```

```
mtv 1 1 1 2 2 2 1 2 2;
endpart
merge
lsdyna keyword
write
ry 130
rx -30
tvv
```

上述命令的执行效果如图 2-11a 所示。

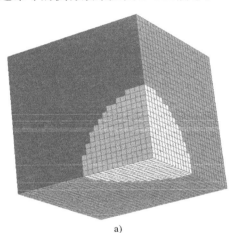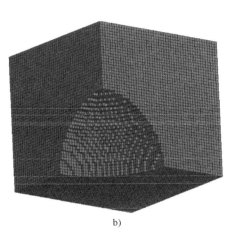

a)　　　　　　　　　　　　　　　　　b)

图 2-11　mtv 命令执行后的效果图

a) 执行效果图　b) 掏空模型中部分材料

mtv 命令还可以用于将模型中一部分掏空。例如，把上面输出的模型文件导入 LS-PrePost 软件，单击 Page 1→SelPar，选择材料"1"，然后通过菜单 File→Save As→Save Active File As… 重新输出.k 文件用于计算。掏空后的结果如图 2-11b 所示。

2.1.20　n

设置壳单元法线方向，用于定义 orpt 命令的作用区域。

2.1.21　nr 和 nri

定义非反射边界条件。

例子：

```
block 1 5;1 5;1 5;0 4 0 4 0 4
nr 2 1 1 2 2 2
c nri -2; 1 2; 1 2;
merge
lsdyna keyword
write
```

在输出的 trugrdo 文件中会出现如下面段组（SEGMENT SET）。

```
$ NONREFLECTING BOUNDARY SEGMENTS
$
*SET_SEGMENT
1,0.,0.,0.,0.

101,106,107,102,0.,0.,0.,0.
102,107,108,103,0.,0.,0.,0.
……………………………………..………
118,123,124,119,0.,0.,0.,0.
119,124,125,120,0.,0.,0.,0.
*BOUNDARY_NON_REFLECTING
1,0.,0.
```

2.1.22　nset 和 nseti

定义输出节点组。

用法：

nset *region operator set_name*

这里：

- *set_name*　是节点组名称。
- *operator*　可以是：
- ➢ **=** 初始赋名。
- ➢ **AND** 节点集的交集。
- ➢ **OR** 节点集的并集。
- ➢ **+** 将选定节点附加到节点集。
- ➢ **–** 从节点集中移走节点。

例子：

```
block 1 5;1 5;1 5;0 4 0 4 0 4
nset 1 1 1 2 1 2 = nodes
nset 1 1 2 2 2 2 or nodes
c nseti 1 2; −1; 1 −2;= nodes
c nseti 1 2; 1 2; −2; or nodes
merge
lsdyna keyword
write
```

在 TrueGrid 输出的 trugrdo 文件中会出现如下节点组。

```
$ Node set nodes
$
*SET_NODE_LIST
1,0.,0.,0.,0.
```

```
1,26,51,76,101,2,27,52
77,102,3,28,53,78,103,4
..................................................
```

2.1.23 orpt

定义壳单元法线方向。该命令会影响到 pr、pri、si、sii、fl、fli、cv、cvi、cvt、cvti、rb、rbi、re、rei、sfb、sfbi、n、ndl、bb、trbb 和 ndli 命令。

用法：

orpt + x y z   c 法线方向朝向点 x,y,z。

orpt – x y z   c 法线方向背向点 x,y,z。

orpt off   c 采用默认的正法线方向。

orpt flip   c 将默认的正法线方向反向。

例子：

```
block 1 11;1 11;-1;0 1;0 1;0
merge
co  n
co size 2
```

下面的 orpt 命令将上述模型中的壳单元法线方向置反，如图 2-12 所示。

```
block 1 11;1 11;-1;0 1;0 1;0
orpt – 4 4 4
n 1 1 1 2 2 1
merge
co  n
co size 2
```

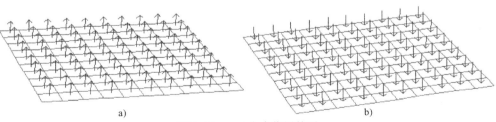

a)   b)

图 2-12   orpt 命令作用前后

a) orpt 命令作用前   b) orpt 命令作用后

2.1.24 pb

移动节点坐标命令。

用法：

pb *region coordinate_identifier coordinates*

这里 *coordinates* 的格式取决于 *coordinate_identifier*:

- **x** *x_coordinate*
- **y** *y_coordinate*
- **z** *z_coordinate*
- **xy** *x_coordinate*   *y_coordinate*
- **xz** *x_coordinate*   *z_coordinate*
- **yz** *y_coordinate*   *z_coordinate*
- **xyz** *x_coordinate*   *y_coordinate*   *z_coordinate*

例子:

移动坐标。

```
block 1 9;1 9;1 4;0 8;0 8;0 3
pb 2 1 2 2 1 2 xyz 9 0 5
```

上述命令的执行效果如图 2-13 所示。

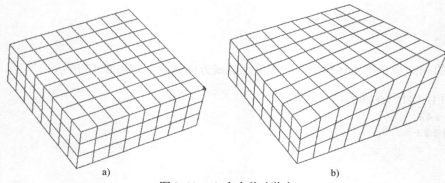

a)   b)

图 2-13   pb 命令移动节点

a) 移动前   b) 移动后

2.1.25   res

该命令用于控制节点疏密分布。类似的命令还有 **drs**、**as**、**das** 和 **nds**。

用法:

res *region direction ratio*

这里 *direction* 是 *i*、*j* 或 *k* 之一, 且: *ratio* 是正数。

例子:

```
block 1 9;1 9;1 4;0 8;0 8;0 3
res 1 1 1 2 2 2 j 1.1          c 下一网格 J 方向长度是前一网格的1.1倍
drs 1 1 1 2 2 2 i 1.5 1.5      c J 方向首单元和尾单元的尺寸是1.5和1.5
```

上述命令的执行效果如图 2-14 所示。

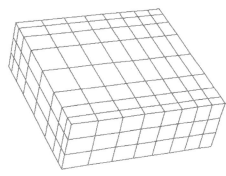

图 2-14　res 和 drs 命令分别控制 *J* 和 *I* 方向节点疏密分布

2.1.26 si

将 PART 的区域添加到滑移界面（接触面）。在节点合并阶段，stp 等命令不会合并接触面上的节点。

用法：

si *region sliding_# type options*

这里：

● *sliding_#* 是 sid 命令定义的接触。

● *type* 主从面类型，**m** 为主面，**s** 为从面。

● *options* 取决于 *type*。如果 *type* 是 "**s**"，那么 *options* 可以是：

➢ [法向失效应力或力 剪切失效应力或力]。

➢ [法向力指数 剪切力指数]。

➢ *fsf* 库伦摩擦缩放因子 黏性摩擦缩放因子。

如果 *type* 是 "**m**"，那么 *options* 可以是：

➢ *fsf* 库伦摩擦缩放因子 黏性摩擦缩放因子。

2.1.27 tf

网格无限插值，对指定网格区域进行光滑处理。

用法：

tf *region*

这里 *region* 是指定网格区域。

2.1.28 tfi

网格无限插值，对指定网格区域进行光滑处理。

用法：

tfi *progression*

这里 *progression* 是指定网格区域。

例子：

sd 1 sp 0 0 0 2

```
sd 2 cy 0 -3 0 0 0 1 1.5
block 1 6;1 6;-1;-1 1 -1 1 1
sfi ;; ; sd 1 sfi ; -1; ; sd 2
res 1 1 1 1 2 1 j 1.5
pb 2 2 1 2 2 1 xyz 0.747134 0.793349 1.15470
tfi ;;-1;
```

上述命令的执行效果如图 2-15 所示。

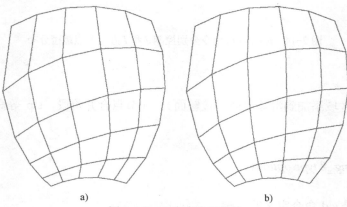

a)   b)

图 2-15　tfi 命令作用效果

a) 作用前　**b)** 作用后

2.1.29　th

设置壳单元厚度。

用法：

th *region thickness_of_shell*

这里：

● *region* 是指定网格区域。

● *thickness_of_shell* 是壳单元厚度。

2.1.30　thi

设置壳单元厚度。

用法：

thi *progression thickness_of_shell*

这里：

● *progression* 是指定网格区域。

● *thickness_of_shell* 是壳单元厚度。

2.1.31　thic

设置默认的壳单元厚度。

用法：

thic *thickness*

这里 *thickness* 是壳单元厚度。

例子：

```
cylinder −1;1 4 7;1 4 7;
1 0 45 90 1 2 3

thic .2
th 1 1 1 1 2 2 .1
th 1 2 2 1 3 3 .3
merge
co thic
```

上述命令的执行效果如图 2-16 所示。

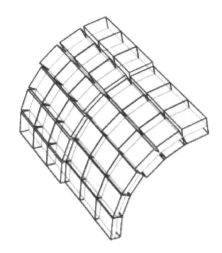

图 2-16　设置壳单元厚度

2.1.32　trbb

定义块体边界界面——从面。

用法：

trbb *region interface transform* ;

这里：

● *interface* 是界面号。

● *transform* 是从左到右系列变换算子共同作用的结果。

➢ **mx** *x_offset*

➢ **my** *y_offset*

➢ **mz** *z_offset*

➢ **v** *x_offset y_offset z_offset*

➢ **rx** *theta*

> ➢ **ry** *theta*
> ➢ **rz** *theta*
> ➢ **raxis** *angle x0 y0 z0 xn yn zn*
> ➢ **rxy**
> ➢ **ryz**
> ➢ **rzx**
> ➢ **tf** *origin x-axis y-axis*

这里每个参数包括坐标类型和紧随其后的坐标信息：

rt *x y z* 笛卡儿坐标。

cy *rho theta z* 柱坐标。

sp *rho theta phi* 球坐标。

pt *c.i* 3D 曲线上标识点的标号。

pt *s.i.j* 面上标识点的标号。

ftf *1st_origin 1st_x-axis 1st_y-axis 2nd_origin 2nd_x-axis 2nd_y-axis*

这里，每个参数包括坐标类型和紧随其后的坐标信息：

rt *x y z* 笛卡儿坐标。

cy *rho theta z* 柱坐标。

sp *rho theta phi* 球坐标。

pt *c.i* 3D 曲线上标识点的标号。

pt *s.i.j* 面上标识点的标号。

inv 与当前的变换相反。

> ➢ **csca** *scale_factor* 缩放所有坐标。
> ➢ **xsca** *scale_factor* 缩放 x 坐标。
> ➢ **ysca** *scale_factor* 缩放 y 坐标。
> ➢ **zsca** *scale_factor* 缩放 z 坐标。
> ➢ **normal** *delta* 将从面沿主面的法线方向偏移。

以下命令为网格渐变例子，执行效果如图 2-17 所示。

```
block 1 9;1 9;-1;5 10;5 10;0; c 定义Part 1
bb 1 1 1 1 2 1 1 ;   c 定义块体边界-主1
bb 1 2 1 2 2 2 1 2 ;   c 定义块体边界-主2
bb 2 1 1 2 2 2 1 3 ;   c 定义块体边界-主3
bb 1 1 1 2 1 1 4 ;   c 定义块体边界-主4
block 1 3 5 9 11 13;  c 定义Part2
1 3 5 9 11 13;-1;
1 3 5 10 12 14;
1 3 5 10 12 14;0;
dei 3 4;3 4;;    c 删除区域
trbb 3 3 1 3 1 4 1 1 ;  c 定义块体边界-从1
trbb 3 4 1 4 1 4 1 2 ;  c 定义块体边界-从2
trbb 4 3 1 4 1 4 1 3 ;  c 定义块体边界-从3
```

trbb 3 3 1 4 3 1 4；c 定义块体边界-从4
merge

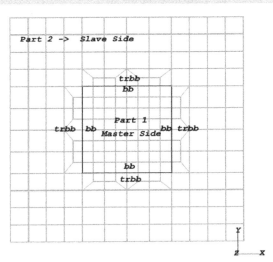

图 2-17 trbb 命令网格数量渐变

2.1.33 **x=、y=、z=、t1=、t2=、t3=**

x=、y=、z=这三条命令可以为节点 x、y、z 坐标重新赋值。这里，x、y、z 是与索引 i、j、k 相对应的节点坐标；t1、t2、t3 是临时变量。

2.2 几何命令

2.2.1 **cur**

curd 与 **cur** 是一对命令，分别为定义 3D 曲线和向 3D 曲线投影命令。

用法：

cur *region curve*

这里 *curve* 是已定义的 3D 曲线号。

2.2.2 **curd**

定义 3D 曲线。

用法：

curd 3d_curve_# type_of_curve curve_data_list

这里：

- *3d_curve_#*是 3D 曲线号。
- *type_of_curve* 和 *curve_data_list* 可以是：
- ➢ **igc** *iges_curve_#*
- ➢ **sdedge** *surface_#.edge_#*

> **lp3** *x1 y1 z1 ... xn yn zn ; trans ;*
> **contour** *surface_point_id_1 surface_point_id_2*
> **csp3** *option x1 y1 z1 ... xn yn zn ; trans ;*
> **bsp3** *knots x1 y1 z1 ... xn yn zn ;*
> **nrb3** *knots weights x1 y1 z1 ... xn yn zn ;*
> **ld2d3d** *2d_curve_# system coordinate start end trans ;*
> **intcur** *3d_curve_1 3d_curve_2 interpolate trans ;*
> **lp3pt** *point_id_1 ... point_id_n ; trans ;*
> **3dfunc** *min_u max_u x_expres ; y_expres ; z_expres ; trans ;*
> **projcur** *3d_curve_# surface_# trans ;*
> **pscur** *3d_curve_# surface_# #_iterations tol trans ;*
> **arc3** *option system point system point system point*
> **twsurf** *surface_1 surface_2 x1 y1 z1 ... xn yn zn ; trans ;*
> **cpcd** *curve_# trans ;*
> **cpcds** *list_curve_# trans ;*
> **rmseg**，且 *trans* 是下列算子从左到右共同作用的结果。

mx *x_offset*

my *y_offset*

mz *z_offset*

v *x_offset y_offset z_offset*

rx *theta*

ry *theta*

rz *theta*

raxis *angle x0 y0 z0 xn yn zn*

rxy

ryz

rzx

tf *origin x-axis y-axis*

这里，每个参数包括坐标类型和紧随其后的坐标信息：

rt *x y z*　　笛卡儿坐标。

cy *rho theta z*　　柱坐标。

sp *rho theta phi*　　球坐标。

pt *c.i*　　3D 曲线上标识点的标号。

pt *s.i.j*　　面上标识点的标号。

> **ftf** *1st_origin 1st_x-axis 1st_y-axis 2nd_origin 2nd_x-axis 2nd_y-axis*

这里，每个参数包括坐标类型和紧随其后的坐标信息：

rt *x y z*　　笛卡儿坐标。

cy *rho theta z*　　柱坐标。

sp *rho theta phi*　　球坐标。

pt *c.i* 3D 曲线上标识点的标号。

pt *s.i.j* 面上标识点的标号。

➢ **inv** 与当前的变换相反。

➢ **csca** *scale_factor* 缩放所有坐标。

➢ **xsca** *scale_factor* 缩放 *x* 坐标。

➢ **ysca** *scale_factor* 缩放 *y* 坐标。

➢ **zsca** *scale_factor* 缩放 *z* 坐标。

备注：

要生成 3D 曲线，首先在 **curd** 命令后输入曲线 ID 号，然后选择曲线类型和相关参数，还可以添加 3D 曲线段，数量不受限制，直到新的 **curd** 命令执行。当新的线段添加到 3D 曲线上时，数据被排序以最佳匹配 3D 曲线上的上一线段的终点。

例子：

```
curd 11 lp3 12 0 0 13 9 0;;        c      lp3用于生成/添加线段
arc3 seqnc rt 13 9 0 rt 15 13.4 0 rt 13 17 0;;   c   arc3用于生成/添加圆弧
block 1 11;1 11;-1;0 8;0 16;0
cur 2 1 1 2 2 1 11
```

上述命令的执行效果如图 2-18 所示。

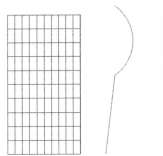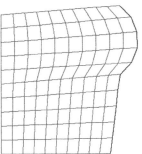

图 2-18 curd 命令定义 3D 曲线以及 cur 命令投影后效果

2.2.3 curd 曲线定义常用选项

1．3dfunc

生成/添加参数化曲线。

用法：

3dfunc *min_u max_u x_expres; y-expres; z-expres; trans;*

这里：

● *min_u* 是 *u* 的最小值。

● *max_u* 是 *u* 的最大值。

● *x_expres* 是以 *u* 为参数定义 *x* 坐标的函数。

● *y_expres* 是以 *u* 为参数定义 *y* 坐标的函数。

● *z_expres* 是以 *u* 为参数定义 *z* 坐标的函数。

- *trans* 是可选的最终变换。

例子：

```
curd 1 3dfunc -90 90 cos(u) ; sin(u) ; sin(u)*cos(u) ; ;
c 3dfunc curve, u goes from -90 to 90
c x=cos(u),y=sin(u),z=sin(u)*cos(u)
```

上述命令的执行效果如图 2-19 所示。

2．arc3

生成/添加圆弧段。

用法：

arc3 *option system point system point system point*

这里：

- *option* 可以是：
- ➢ *seqnc* 顺序指定圆弧段上三点。
- ➢ *cmplt* 是 *seqnc* 定义的圆弧段的互补（即剩余部分）。
- ➢ *whole* 定义整圆。
- *system* 和 *point* 可以是：
- ➢ *rt x y z* 笛卡儿坐标。
- ➢ *sp rho theta phi* 柱坐标。
- ➢ *cy rho theta z* 圆柱坐标。
- ➢ *pt surface.i.j* 曲面上的一点。
- ➢ *pt curve.i* 3D 曲线上的一点。

例子：

```
curd 1 arc3 seqnc rt 0 1 0 rt .5 .8 0 rt 1 0 0;
```

上述命令的执行效果如图 2-20 所示。

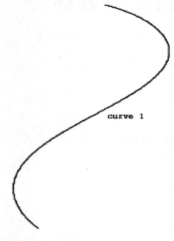

图 2-19　以 3dfunc 定义 3D 曲线

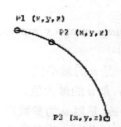

图 2-20　以 arc3 seqnc 定义 3D 曲线

curd 1 arc3 cmplt rt 0 1 0 rt .5 .8 0 rt 1 0 0;

上述命令的执行效果如图 2-21 所示。

curd 1 arc3 whole rt 0 1 0 rt .5 .8 0 rt 1 0 0;

上述命令的执行效果如图 2-22 所示。

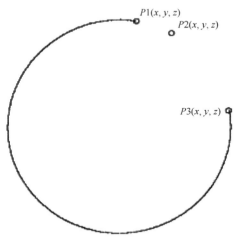

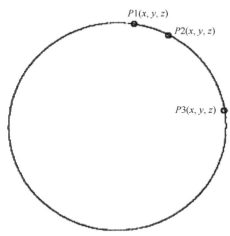

图 2-21　以 arc3 cmplt 定义 3D 曲线　　　　　　图 2-22　以 arc3 whole 定义 3D 曲线

3．igc

生成/添加 IGES 曲线到 3D 曲线上。

用法：

igc *IGES_curve transformations;*

这里 *IGES_curve* 是当前 IGES 文件中曲线的编号，并且 *trans* 是变换。

备注：

复合 IGES 曲线被看作单条曲线，3D 曲线定义后可使用 **saveiges** 和 **useiges** 命令，以方便后续进程快速读取 IGES 曲线。命令后面是系列简单变换，如旋转和平移，可以参看 **lct** 命令详细了解这些变换。

4．ld2d3d

将 2d 曲线转换添加到 3D 曲线上。

用法：

ld2d3d *2D_curve_# system coordinate start end transform ;*

这里：

● *system* 可以是：

➢ **rt** 用于笛卡儿坐标插值。

➢ **cy** 用于柱坐标插值。

➢ **sp** 用于球坐标插值。

● *coordinate* 可以是：

➢ **x** 第 1 个坐标插值。

> ➤ **y** 第 2 个坐标插值。
> ➤ **z** 第 3 个坐标插值。
> ● *start* 指定坐标的第一个值。
> ● *end* 指定坐标的最后一个值。
> ● *transform* 是可选的变换。

例子：

ld 1 **lep** 2 1 0 0 -100 100 0 ;   c 定义2d曲线，为椭圆弧
curd 1 **ld2d3d** 1 **rt** x 2 2 ;   c 定义3d曲线1，为椭圆弧
curd 2 **ld2d3d** 1 **rt** x 2 -2 ;   c 定义3d曲线2，为椭圆弧，关于x坐标非均匀插值

上述命令的执行效果如图 2-23 所示。

5. lp3

生成/添加多个线段。

用法：

lp3 *x1 y1 z1 ... xn yn zn ; trans ;*

这里：

● *x1 y1 z1 ... xn yn zn* 是坐标点。
● *trans* 是变换。

例子：

curd 1 **lp3** 0 0 0 1 1 0 3 1 0 5 0 0 6 0 0 ; ;

上述命令的执行效果如图 2-24 所示。

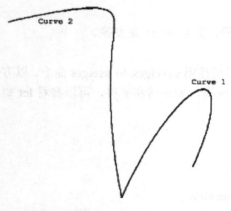

图 2-23 ld2d3d 命令定义曲线 1 和曲线 2   图 2-24 lp3 定义线段示意

6. sdedge

采用表面的边线来生成/添加曲线。

用法：

sdedge *surface_# edge_#*

这里：

- *surface_#*　是前面定义的表面的 ID 编号。
- *edge_#*　是欲采用的边线编号，边线编号从 1～4。

例子：

```
sd 1 function 0 10 0 10 u*u ; u*v ; v*v ; ;    c 表面1
sd 2 function 2 10 10 15 u*u ; u*v ; v*v ; ;   c 表面2
curd 1 sdedge 1.2 sdedge 2.2      c 以两条边线定义曲线1
```

上述命令的执行效果如图 2-25 所示。

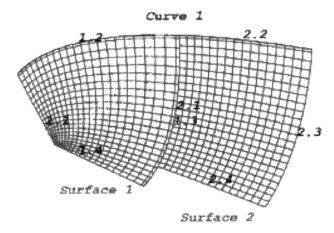

图 2-25　sdedge 添加曲线示意

2.2.4　dcd、dcds、dacd、racd、acd、rcd

这些命令用于显示或不显示 3D 曲线。

dcd 显示一条 3D 曲线。

dcds 显示一些 3D 曲线。

dacd 显示全部 3D 曲线。

racd 不显示（移去）全部曲线。

acd 向当前图形中追加显示曲线。

rcd 在当前图形中不显示（移去）曲线。

2.2.5　dsd、dsds、dasd、lasd、rsd、rasd、asd

dsd 显示单个面。

dsds 显示多个面。

dasd 显示全部面。

lasd 列出在当前图形中显示的面。

rsd 在当前图形中不显示（移去）某个面。

rasd 在当前图形中不显示（移去）全部面。

asd 向当前图形中追加显示表面。

2.2.6　iges

从 iges 文件中抽取曲线或曲面。

用法：

iges *file surface_# curve_# transformations ;*

这里：

- *file* 是 IGES 文件名。
- *surface_#* 是从 IGES 文件读取的第一个曲面被赋予的面号。
- *curve_#* 是从 IGES 文件读取的第一条 3D 曲线被赋予的线号。
- *transformations* 是全部曲面和曲线的坐标变换，其中：

  ➢ **mx** *x_offset* 是 X 方向平移。

  ➢ **my** *y_offset* 是 Y 方向平移。

  ➢ **mz** *z_offset* 是 Z 方向平移。

  ➢ **v** *x_offset y_offset z_offset* 是 X/Y/Z 三方向平移。

  ➢ **rx** *θ* 绕 X 轴旋转。

  ➢ **ry** *θ* 绕 Y 轴旋转。

  ➢ **rz** *θ* 绕 Z 轴旋转。

  ➢ **raxis** *angle x0 y0 z0 xn yn zn* 绕特定轴旋转。

  ➢ **rxy** 关于 X-Y 平面镜像。

  ➢ **ryx** 关于 Y-X 平面镜像。

  ➢ **rzx** 关于 Z-X 平面镜像。

  tf *origin x-axis y-axis* 这里，每个参数包含了坐标类型及其坐标信息：

  rt x y z 笛卡儿坐标。

  cy rho theta z 柱坐标。

  sp rho theta phi 球坐标。

  pt c.i 是 3D 曲线上标识点的标号。

  pt s.i.j 是曲面上标识点的标号。

  ➢ **ftf** *1st_origin 1st_x-axis 1st_y-axis 2nd_origin 2nd_x-axis 2nd_y-axis*

  这里，每个参数包含了坐标类型及其坐标信息：

  rt x y z 笛卡儿坐标。

  cy rho theta z 柱坐标。

  sp rho theta phi 球坐标。

  pt c.i 是 3D 曲线上标识点的标号。

  pt s.i.j 是曲面上标识点的标号。

  ➢ **inv** 置反当前变换。

  ➢ **csca** *scale_factor* 缩放所有坐标。

  ➢ **xsca** *scale_factor* 缩放 x 坐标。

  ➢ **ysca** *scale_factor* 缩放 y 坐标。

  ➢ **zsca** *scale_factor* 缩放 z 坐标。

备注：

在 TrueGrid 里，大的 IGES 文件要花费较多时间来处理，TrueGrid 每次运行都要重复读取 IGES 文件，为了节省时间，可以在第一次读取后采用命令：

saveiges binary_output_file

下一次读取时，再使用命令：

useiges airplane.bin
iges airplane.igs 1 1;

2.2.7 lcd

定义加载曲线。例子见 lcv 命令。

用法：

lcd *ld_curve_#* *t1 f1 t2 f2 ... tn fn* ;

这里：

- *ld_curve_#* 是加载曲线号。
- (*ti, fi*) 是时间和载荷数据对。

2.2.8 lcv

显示加载曲线。

lcd 3 0 0 1 1 2 1 3 4 5 8;
lcv 3;

上述命令的执行效果如图 2-26 所示。

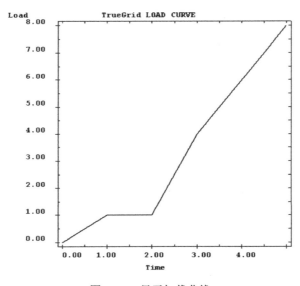

图 2-26　显示加载曲线

2.2.9 ld

定义二维曲线。

ld 1 lp2 1 1 2 2;lar 3 10 5.7009;lp2 3 13;   c   lp2用于定义线段，lar用于定义圆弧。

上述命令的执行效果如图 2-27 所示。

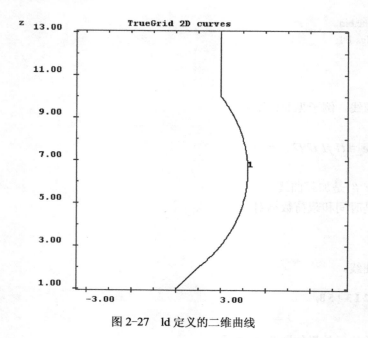

图 2-27　ld 定义的二维曲线

2.2.10 ld 曲线定义常用选项

1. lad

添加圆弧段到 2D 曲线。lad 命令圆弧定义示意如图 2-28 所示。

用法：

lad $x'_0 z'_0 \theta$

这里：

● $(x'_0 z'_0)$ 是圆弧圆心。

● θ 是圆弧角度。

例子：

ld 1 lp2 2 1 2 2; lad 0 3 45

2. lap

添加圆弧段到 2D 曲线。lap 命令圆弧定义示意如图 2-29 所示。

用法：

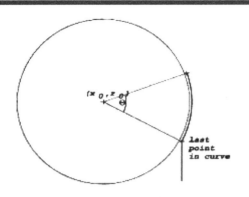

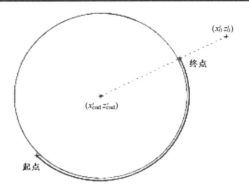

图 2-28 lad 圆弧定义示意　　　　　　图 2-29 lap 圆弧定义示意

lap $x'_{end}\ z'_{end}\ x'_0\ z'_0$

这里:

● $(x'_{end}\ z'_{end})$ 是圆弧终点与圆心连线上的点。

● $(x'_0\ z'_0)$ 是圆弧圆心。

例子:

```
ld 1 lp2 1 2; lap 4 4 2 3 ;
```

3. lar

添加圆弧段到 2D 曲线。lar 命令圆弧定义示意如图 2-30 所示。

用法:

lar $x'_{end}\ z'_{end}\ radius$

这里:

● $(x'_{end}\ z'_{end})$ 是圆弧终点。

● $radius$ 是圆弧半径。

例子:

```
ld 1 lp2 1 1 ; lar 2 3 2.5;
```

4. lep

生成/添加椭圆弧段到 2D 曲线。lep 命令椭圆弧定义示意如图 2-31 所示。

用法:

lep $radius_1\ radius_2\ x'_0\ z'_0\ \theta_{begin}\ \theta_{end}\ \phi$

这里:

● $radius_1$ 是长半轴长度。

● $radius_2$ 是短半轴长度。

● $(x'_0\ z'_0)$ 椭圆中心。

● θ_{begin} 是椭圆弧段起始角度。

● θ_{end} 是椭圆弧段终止角度。

● ϕ 是长轴和 X 轴正方向的夹角。

例子:

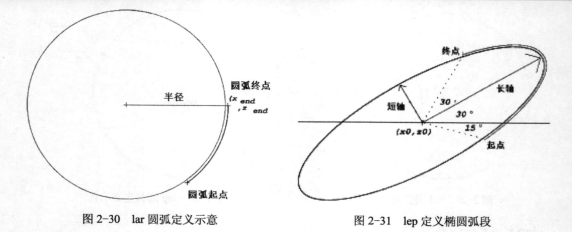

图 2-30　lar 圆弧定义示意 图 2-31　lep 定义椭圆弧段

ld 2 lep 3 1 1 1 −45 30 30;

5. lfil

添加圆角到 2D 曲线。lfil 命令圆弧定义示意如图 2-32 所示。

用法:

lfil θ x_{end} z_{end} ϕ *radius*

这里:

● θ 是 x' 轴正方向与通过当前曲线最后一点并和圆角相切的线段的夹角。

● (x_{end} z_{end}) 是 2D 曲线终点。

● ϕ 是 x' 轴正方向与通过曲线终点并和圆角相切的线段的夹角。

例子:

ld 1 lp2 1 1; lfil 45 1 2 −45 .25 lp2 1 2;

6. lod

通过法向平移生成/添加 2D 曲线。lod 命令定义示意如图 2-33 所示。

用法:

lod *curve offset*

这里:

● *curve* 是已定义的曲线编号。

● *offset* 是法向平移距离。

例子:

ld 1 lp2 0.0000 0.2266 0.0625 0.2109 0.1250 0.1875 0.1875
0.1719 0.2500 0.1875 0.3125 0.1641 0.3750 0.1250 0.4000 0.0000;
ltas .6 .025 1 1 0 .15;
ld 2 lod 1 .1 ;
ld 3 lstl 1 .2 .4;
ld 4 lod 3 .1 ;

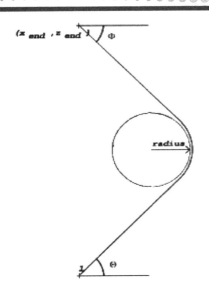

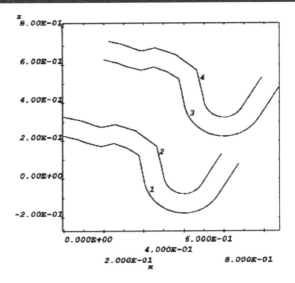

图 2-32　lfil 圆角定义示意

图 2-33　lod 添加 2D 曲线

7．lp2

以点对的方式添加线段到 2D 曲线。

用法：

lp2 $x'_1 z'_1 x'_2 z'_2 ... x'_n z'_n$;

这里 $(x'_n z'_n)$ 是点对。

例子：

ld 1 lp2
0.0000 [21.0/32.0] 0.0625 [20.8/32.0] 0.1250 [20.4/32.0] 0.1875 [20.0/32.0]
0.2500 [19.3/32.0] 0.3125 [18.0/32.0] 0.3750 [16.5/32.0] 0.4375 [15.0/32.0]
0.5000 [12.5/32.0] 0.5625 [9.6/32.0] 0.6250 [6.0/32.0] 0.6875 [3.2/32.0]
0.7500 [1.8/32.0] 0.8125 [1.0/32.0] 0.8750 [0.2/32.0] 0.9375 [0.0/32.0] ;

上述命令执行效果如图 2-34 所示。

8．lpt

添加圆弧和切线段到 2D 曲线。lpt 命令定义示意如图 2-35 所示。

用法：

lpt $x'_\text{begin} z'_\text{begin} x'_\text{end} z'_\text{end}$ *radius*

这里：

● $(x'_\text{begin} z'_\text{begin})$ 是圆弧起点和切线段起点。

● $(x'_\text{end} z'_\text{end})$ 是切线段终点。

● *radius* 是圆弧半径。

例子：

ld 1 lp2 1 1;lpt 2 3 3 3 1.5 ;

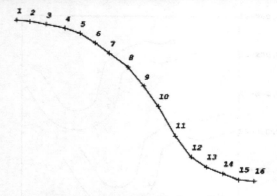

图 2-34　由 16 个点对生成 2D 曲线

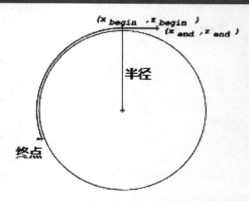

图 2-35　lpt 添加圆弧和切线段到 2D 曲线

9. lstl

通过平移生成/添加 2D 曲线。

用法：

lstl *curve* Δ*x*' Δ*z*'

这里：

- *curve* 是已定义的曲线编号。
- Δ*x*' 是 x'水平方向平移距离。
- Δ*z*' 是 z'垂直方向平移距离。

例子：

```
ld 1 lp2 1 1;lad 0 2 45
ld 2 lp2 2 1;lstl 1 2 1
```

上述命令执行效果如图 2-36 所示。

10. ltp

添加切圆弧到 2D 曲线。如图 2-37 所示。

用法：

ltp x'_{end} z'_{end} *radius*

这里：

- (x'_{end} z'_{end}) 是切圆弧终点。
- *radius* 是切圆弧半径。

例子：

```
ld 1 lp2 1 1;lar 2 3 2.5 ltp 3 6 3 ;
```

11. lvc

以极坐标的形式添加线段到 2D 曲线。

用法：

lvc θ *radius*

这里：

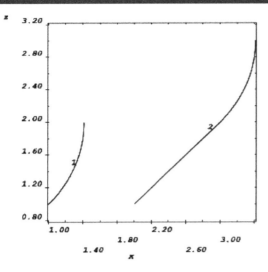

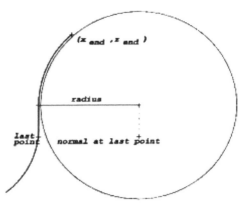

图 2-36　lstl 添加 2D 曲线　　　　　　　　图 2-37　ltp 添加切圆弧到 2D 曲线

- θ 是线段角度。
- *radius* 是线段长度。

例子：

```
ld 1 lp2 1 1;
lvc 45 1 lvc −45 1.1 lvc 50 1.2 lvc −55 1.3
lvc 60 1.4 lvc −65 1.5 lvc 70 1.6 lvc −75 1.7
lvc 80 1.8 lvc −85 1.9
lvc 90 2
```

上述命令执行效果如图 2-38 所示。

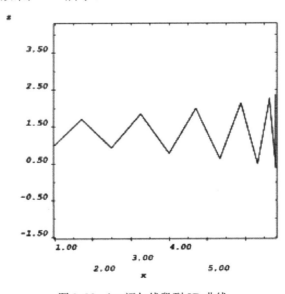

图 2-38　lvc 添加线段到 2D 曲线

2.2.11　lv、lvi 和 lvs

显示二维曲线。

lv　显示全部二维曲线。

lvi　显示一些二维曲线。如 lvi 1 3 2 4。

lvs　显示一系列二维曲线。如 lvs 1 4。该命令将曲线 ID 1 和 4 之间的 2、3（若存在的话）也显示出来。

2.2.12　sd

定义三维面。

下面的 sd 1 crz 1 命令将前面定义的二维曲线绕 Z 轴旋转成曲面。

```
ld 1 lp2 1 1 2 2;lar 3 10 5.7009;lp2 3 13;
sd 1 crz 1
```

下面的命令是定义圆柱面，圆柱面 2 的圆心坐标为 0,0,0，对称轴为 0,0,1，半径为 3。

```
sd 2 cy 0 0 0 0 1 3
```

下面的命令是定义球面，球面 3 的圆心坐标为 0,0,0，半径为 4。

```
sd 3 sp 0 0 0 4
```

下面的命令是定义平面，平面 4 通过 0,0,0，法线为 0,0,1，即 z=0 平面。

```
sd 4 plan 0 0 0 0 0 1
```

2.2.13　sd 曲面定义常用选项

1．cp

将 2D 曲线沿第三方向延伸为曲面。

用法：

cp *ln trans;*

这里：

● *ln*　是 2D 曲线号。

● *trans*　是变换。

例子：

```
ld 4 lp2 0 .25 1.62 .25; lep .25 .25 1.62 0 90 0 0 ;
sd 3 cp 4 rz -90;
```

上述命令执行效果如图 2-39 所示。

2．crx

通过 2D 曲线绕 X 轴旋转定义曲面。

用法：

crx *ln*

这里 *ln* 是 2D 曲线号。

例子：

```
ld 4 lp2 0 .25 1.62 .25; lep .25 .25 1.62 0 90 0 0 ;
sd 3 crx 4
```

上述命令执行效果如图 2-40 所示。

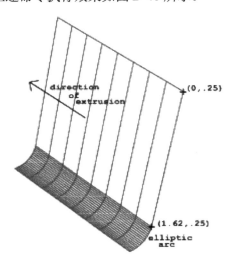

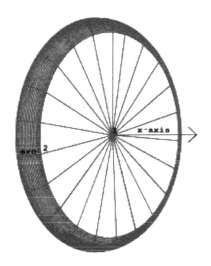

图 2-39　将 2D 曲线延伸为曲面　　　　图 2-40　以 2D 曲线绕 *X* 轴旋转定义曲面

3．cry

通过 2D 曲线绕 *Y* 轴旋转定义曲面。

用法：

cry *ln*

这里 *ln* 是 2D 曲线号。

例子：

```
ld 1 lp2 1 1 1 2 .5 3 .5 4;
sd 1 cry 1
```

上述命令执行效果如图 2-41 所示。

4．crz

通过 2D 曲线绕 *Z* 轴旋转定义曲面。

用法：

crz *ln*

这里 *ln* 是 2D 曲线号。

例子：

```
ld 1 lp2 1 1 2 1;
sd 1 crz 1
```

上述命令执行效果如图 2-42 所示。

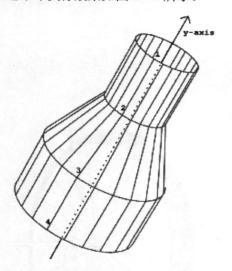

图 2-41　以 2D 曲线绕 Y 轴旋转定义曲面

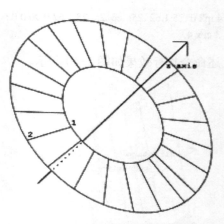

图 2-42　以 2D 曲线绕 Z 轴旋转定义曲面

5．cy

定义无限圆柱面。

用法：

cy *x0 y0 z0 xn yn zn radius*

这里：

● *x0 y0 z0*　是圆柱轴线上的一点。

● *xn yn zn*　是圆柱轴线法线。

● *radius*　是圆柱半径。

例子：

sd 5 **cy** 0 0 0 1 0 0 12.5

上述命令执行效果如图 2-43 所示。

6．er

通过椭圆绕轴旋转定义椭球。

用法：

er x_0 y_0 z_0 x_n y_n z_n r_1 r_2

这里：

● $(x_0 \, y_0 \, z_0)$　是旋转轴上的一点。

● $(x_n \, y_n \, z_n)$　是旋转轴方向余弦。

● r_1　是垂直于旋转轴的椭圆半轴长。

● r_2　是旋转轴方向的椭圆半轴长。

例子：

sd 6 **er** 0 0 0 1 0 0 12

上述命令执行效果如图 2-44 所示。

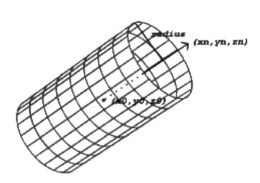

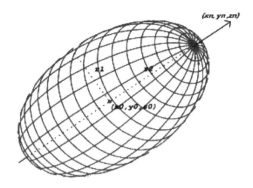

图 2-43　通过轴和半径定义圆柱面　　　图 2-44　通过轴线和两个尺寸定义椭球

7．plan

定义无限平面。如图 2-45 所示。

用法：

plan *x0 y0 z0 xn yn zn*　该平面通过点(*x0,y0,z0*)，法线为(*xn,yn,zn*)。

例子：

sd 1 **plan** 0 0 0 1 0 0

8．pl3

通过 3 点定义平面。如图 2-46 所示。

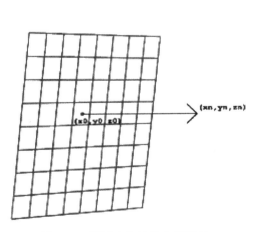

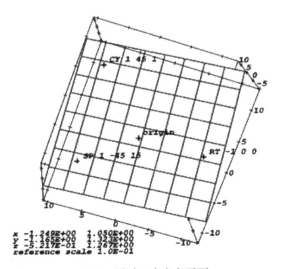

图 2-45　通过点和法线定义平面　　　图 2-46　通过三点定义平面

用法：

pl3 *system point system point system point*

这里：

● *system* 是以下三种坐标系之一。

> *rt* 是笛卡儿坐标系。
> *sp* 是球坐标系。
> *cy* 是柱坐标系。

● *point* 是与坐标系相关的坐标点。

例子：

sd 1 **pl3** cy 1 45 1 sp 1 –45 15 rt –1 0 0

9．rule3d

通过两条 3D 曲线定义 3D 规则曲面。

用法：

rule3d *3D-curve1 3D-curve2 trans* ；

这里：

● *3D-curve1* 是 3D 曲线 1。

● *3D-curve2* 是 3D 曲线 2。

● *trans*；是变换。

例子：

curd 1 **lp3** 1 2 1 3 2.5 1.1 5 2 1.5;;
curd 2 **lp3** 1.5 1 2 2 .75 3 3.5 1.25 3.5 4.5 1 3.75;;
curd 3 **lp3** 3 4.5 1;;
sd 1 **rule3d** 1 2;
sd 2 **rule3d** 1 3;

上述命令执行效果如图 2-47 所示。

10．sds

将多个曲面合并为一个曲面。

用法：

sds $s_1 s_2 \ldots s_n$

这里 s_i 是已定义的曲面。

例子：

sd 1 function 0 90 0 360 cos(u)*cos(v);cos(u)*sin(v);3*sin(u);;
sd 2 function –90 0 0 360 cos(u)*cos(v);cos(u)*sin(v);.5*sin(u);;
sd 3 **sds** 1 2;

上述命令执行效果如图 2-48 所示。

11．sp

定义球面。

用法：

sp *x0 y0 z0 radius*

这里：

● *x0 y0 z0* 是球心。

- *radius* 是球的半径。

例子:

sd 10 **sp** 1 0 -1 9

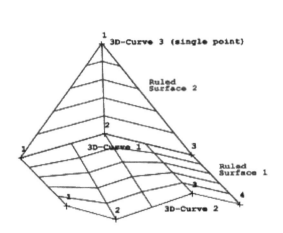

图 2-47 通过 3D 曲线定义 3D 规则曲面

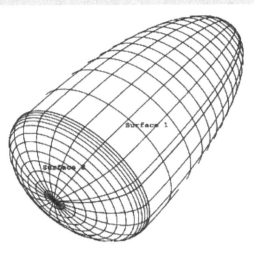

图 2-48 将两个曲面合并为一个曲面

上述命令执行效果如图 2-49 所示。

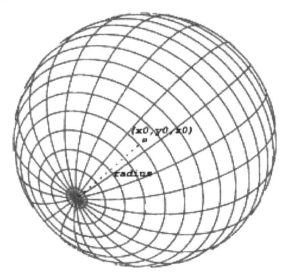

图 2-49 通过球心和半径定义球面

2.2.14 **sf** 和 **sfi**

将区域向指定面投影。

用法:

sf *region surface_type surface_parameters*

或

sfi *progression surface_type surface_parameters*

这里 *surface_type* 和 *surface_parameters* 可以是：

- **sd** *sd* 通过 sd 命令定义的面。
- **sds** *sd*1 *sd*2 ... *sdn*；将多个面合并为一个面。
- **cn2p** *x0 y0 z0 xn yn zn r1 t1 r2 t2* 锥面。
- **cone** *x0 y0 z0 xn yn zn r θ* 锥面。
- **cy** *x0 y0 z0 xn yn zn radius* 圆柱面。
- **er** *x0 y0 z0 xn yn zn r1 r2* 绕轴旋转而成的椭球面。
- **iplan** *a b c d* 通过隐函数定义的面。
- **plan** *x0 y0 z0 xn yn zn* 平面。
- **pl3** *system x1 y1 z1 system x2 y2 z2 system x3 y3 z3* 平面。
- **pr** *x0 y0 z0 xn yn zn r1 t1 r2 t2 r3 t3* 绕轴旋转而成的抛物面。
- **sp** *x0 y0 z0 radius* 球面。
- **ts** *x0 y0 z0 xn yn zn r1 t r2* 环面。
- **crx** *line_#* 平面曲线绕 *X* 轴旋转而成的面。
- **cry** *line_#* 平面曲线绕 *Y* 轴旋转而成的面。
- **crz** *line_#* 平面曲线绕 *Z* 轴旋转而成的面。
- **cr** *x0 y0 z0 xn yn zn line_#* 平面曲线绕任意轴旋转而成的面。
- **cp** *line_# transform*；平面曲线在第三方向延伸，并变换。

例子：

```
block 1 5;1 5;1 9;0 4 0 4 0 8
sd 2 cy 0 -4 0 0 0 1 3
sfi 1 2; -1; 1 2;sd 2
```

上述命令执行效果如图 2-50 所示。

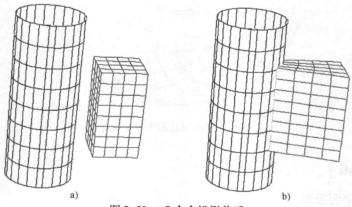

a)   b)

图 2-50   sfi 命令投影前后

a) 投影前   b) 投影后

上面的三条命令也可以合并为两条命令：

```
block 1 5;1 5;1 9;0 4 0 4 0 8
sfi 1 2; −1; 1 2; cy 0 −4 0 0 0 1 3
```

2.2.15　vd

定义一个体。该命令主要用于 mtv 命令，还可用于为 LS-DYNA 生成*DEFINE_BOX 关键字卡片。

用法：

vd *number type parameters*

这里：

● *number* 是体号，必须唯一，供 mtv 命令引用。

● *type* 和 *parameters* 可以是下面的任意选项：

➤ **sp** *x y z radius*　圆心为 *x*、*y*、*z*，半径为 *radius* 的球。

➤ **cy** *x y z xn yn zn radius*　轴线通过 *x*、*y*、*z*，法线为 *xn,yn,zn*，半径为 *radius* 的无限圆柱。

➤ **cr** *x y z xn yn zn curve*　旋转 2D 曲线，曲线号为 *curve*，轴线通过 *x*、*y*、*z*，法线为 *xn,yn,zn*。

➤ **cyf** *x y z xn yn zn radius z_min z_max*　有限圆柱。

➤ **sd** *surface distance*　厚度为 *distance* 的面，*surface* 为面号。

➤ **box** *xm ym zm xx yx zx option* ；对角点为(*xm,ym,zm*) 和(*xx,yx,zx*)的方盒，也可用于 LS-DYNA 盒子（长、宽、高相等。下同）。这里 *option* 可以是：

adaptive *material level*　用于 LS-DYNA BOX_ADAPTIVE。

coarsen *inout_flag*　用于 LS-DYNA BOX_COARSEN。

2.3　合并命令

2.3.1　bm

生成一串梁单元。

用法：

bm *options;*

这里，*option* 可以是：

（选择首节点）

● **n1** *node_#*　使已有节点成为梁的首节点。

● **pm1** *point_mass_#*　使质量节点成为梁的首节点。

● **rt1** *x y z const;*　在笛卡儿坐标系中生成梁的首节点。

● **cy1** ρ ∅ *z const;*　在柱坐标系中生成梁的首节点。

● **sp1** ρ ∅ Φ *const;*　在球坐标系中生成梁的首节点。

（选择第二个节点）

- **n2** *node_#* 使已有节点成为梁的末节点。
- **pm2** *point_mass_#* 使质量节点成为梁的末节点。
- **rt2** *x y z const*; 在笛卡儿坐标系中生成梁的末节点。
- **cy2** ρ Ø *z const*; 在柱坐标系中生成梁的末节点。
- **sp2** ρ Ø φ *const*; 在球坐标系中生成梁的末节点。

（选择方向）

- **n3** *node_#* 使已有节点成为梁的末节点。
- **pm3** *point_mass_#* 使质量节点成为梁的末节点。
- **rt3** *x y z const*; 在笛卡儿坐标系中生成梁的末节点。
- **cy3** ρ Ø *z const*; 在柱坐标系中生成梁的末节点。
- **sp3** ρ Ø φ *const*; 在球坐标系中生成梁的末节点。
- **orient** *x y z* 通过指定三点坐标来定向梁。
- **sd** *surface_#* 通过面的法线方向来定向梁轴。
- **v** *x y z* 通过矢量方向来定向梁轴。
- **mate** *material_#* 指定材料号。
- **cs** *cross_section_#* 指定截面号（参见 **bsd** 命令）。
- **nbms** *number_of_beams* 指定梁单元数量（默认值为 1）。
- **indc** *const*; 指定中间节点的约束。
- **cur** *3d_curve_#* 对一串梁单元沿 3D 曲线进行插值（即选择节点间距分布）。
- **res** *geometricratio* 控制节点疏密分布（默认为等间距）。
- **drs** *first_geometricratio second_geometricratio* 双向控制节点疏密分布。
- **nds** *nodal_distribution_function_#* 通过函数控制节点疏密分布。
- **as 0** *first_thickness* 首单元长度。
- **as 1** *last_thickness* 末单元长度。
- **das** *first_element_thickness last_element_thickness* 首单元和末单元长度。
- **sthi** *sthi* Y 方向厚度。
- **sthi1** *sthi1* 首端点 Y 方向厚度。
- **sthi2** *sthi2* 末端点 Y 方向厚度。
- **tthi** *tthi* Z 方向厚度。
- **tthi1** *tthi1* 首端点 Z 方向厚度。
- **tthi2** *tthi2* 末端点 Z 方向厚度。
- **csarea** *csarea* 截面面积。
- **sharea** *sharea* 剪切面积。
- **inertia** *Iss Itt Irr* 惯性矩。
- **vold** *volume* 离散量单元体积。
- **lump** *inertia* 集中惯性矩。
- **cablcid** *system_#* 命令 **lsys** 定义的局部坐标系号。

- **cabarea** *area*　缆的面积。
- **caboff** *offset*　缆的偏移。

（选择节点偏移）

- **noint**　没有内部节点的偏移插值。
- **roff1** *roff1*　首节点偏移矢量的 X 分量。
- **soff1** *soff1*　首节点偏移矢量的 Y 分量。
- **toff1** *toff1*　首节点偏移矢量的 Z 分量。
- **roff2** *roff2*　末节点偏移矢量的 X 分量。
- **soff2** *soff2*　末节点偏移矢量的 Y 分量。
- **toff2** *toff2*　末节点偏移矢量的 Z 分量。

（选择约束标识）

- **ldr1**　释放首节点的 X 方向平动约束。
- **lds1**　释放首节点的 Y 方向平动约束。
- **ldt1**　释放首节点的 Z 方向平动约束。
- **lrr1**　释放首节点的 X 方向转动约束。
- **lrs1**　释放首节点的 Y 方向转动约束。
- **lrt1**　释放首节点的 Z 方向转动约束。
- **ldr2**　释放末节点的 X 方向平动约束。
- **lds2**　释放末节点的 Y 方向平动约束。
- **ldt2**　释放末节点的 Z 方向平动约束。
- **lrr2**　释放末节点的 X 方向转动约束。
- **lrs2**　释放末节点的 Y 方向转动约束。
- **lrt2**　释放末节点的 Z 方向转动约束。
- **ldr3**　释放中间节点的 X 方向平动约束。
- **lds3**　释放中间节点的 Y 方向平动约束。
- **ldt3**　释放中间节点的 Z 方向平动约束。
- **lrr3**　释放中间节点的 X 方向转动约束。
- **lrs3**　释放中间节点的 Y 方向转动约束。
- **lrt3**　释放中间节点的 Z 方向转动约束。
- **ldp** *displacement*　初始径向位移。
- **theta** *angle*　截面的方向角。
- **warpage** *first_warpage_node second_warpage_node*　采用两个节点用于定义梁的弯曲度。
- **geom** *option*　定义 NASTRAN CBEND 单元曲率的方法。

这里 *option* 可以是：

➢ **1**　曲率中心。

➢ **2**　中心圆弧的切线。

➢ **3**　弯曲半径。

➢ **4**　圆弧角度。

这里 *const* 可以是下面的任意选项：

> **dx**　约束 *X* 方向平动。
> **dy**　约束 *Y* 方向平动。
> **dz**　约束 *Z* 方向平动。
> **rx**　约束绕 *X* 轴转动。
> **ry**　约束绕 *Y* 轴转动。
> **rz**　约束绕 *Z* 轴转动。

例子：

创建一个由简单 MARC 梁单元组成的框架结构。

```
block 1 2 3;1 2 3;1 2;0 5 10;0 5 10;0 5; c 首先生成结构块体
ibmi 1 3; ; ;3 2 1 j 1 ; c 在I方向生成梁单元，J方向3列，K方向2列
jbmi 1 3; ; ;3 2 1 i 1 ; c 在J方向生成梁单元，I方向3列，K方向2列
kbmi 1 3; ; ;3 3 1 i 1 ; c 在K方向生成梁单元，I方向3列，J方向3列
merge
delem lb 1 2 3 4;　 c 删除线性块单元1 2 3 4
delem lbm 1 7 8 2 27 26 25 ; c 删除线性块单元1 7 8 2 27 26 25
bsd 1 marc52 area .1 iyy .053 izz .039 ixx .0444
etsay 100 etsaz 100 ; ; c 为marc52线性梁定义截面属性1
bm n1 4 n2 12 mate 1 cs 1 ; c 采用材料1和截面1，通过节点(n1)4和节点(n2)12定义梁单元
bm n1 12 n2 16 mate 1 cs 1 ; c 采用材料1和截面1，通过节点(n1)12和节点(n2)16定义梁单元
bm n1 3 n2 11 mate 1 cs 1 ; c 采用材料1和截面1，通过节点(n1)3和节点(n2)11定义梁单元
bm n1 11 n2 15 mate 1 cs 1 ; c 采用材料1和截面1，通过节点(n1)11和节点(n2)15定义梁单元
labels nodes   c 显示节点号
labels 1d   c 显示梁单元
```

上述命令执行效果如图 2-51 所示。

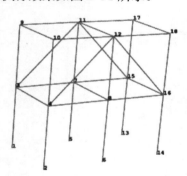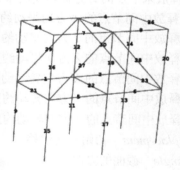

图 2-51　生成梁单元

2.3.2　**co 或 condition**

Merge 阶段命令，用于显示边界条件/约束。

```
block 1 5;1 5;1 5;0 4 0 4 0 4
b 1 1 1 2 1 2 rx 1;
merge
co rx
```

上述命令执行效果如图 2-52 所示。

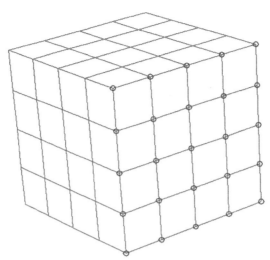

图 2-52　co 命令显示约束

2.3.3　dam、dm、am、rm

dam，显示全部材料。

dm material_number，显示特定材料。

am material_number，向当前图形中追加显示材料。

rm material_number，在当前图形中不显示（移去）材料。

2.3.4　darg、rg、rgi、arg、argi、rrg、rrgi

darg，显示全部区域。

rg region，显示特定区域。

rgi region，显示进阶索引指定的特定区域。

arg region，向当前图形中追加显示区域。

argi region，向当前图形中追加显示进阶索引指定的区域。

rrg region，在当前图形中不显示区域。

rrgi region，在当前图形中不显示进阶索引指定的区域。

2.3.5　elm

elm minimum maximum，高亮显示在 measure 范围 minimum～maximum 内的单元。

2.3.6　elmoff

关闭 elm 命令下单元高亮显示。

2.3.7 endpart

正常结束当前 PART 命令，并将其添加到数据库中。

备注：

该命令是 PART 阶段命令，当用户在 PART 阶段执行 **control**、**merge**、**block**、**blude** 或 **cylinder** 命令时，会自动产生 **endpart** 命令，结束当前 PART。PART 一旦结束，将无法进行修改。用户可以编辑 TrueGrid 进程文件，将 tsave 文件改名，在适当的地方插入 **interrupt** 调试命令，重新运行该命令文件。

2.3.8 labels

Merge 阶段命令，用于显示标号。

labels *option*

这里 *option* 可以是：

- **off** 不显示全部标号。
- **size** *scale* 缩放显示的标号标记尺寸。
- **angle** θ 改变显示标号标记的圆锥角。
- **nodes** 显示节点号。
- **1d** 显示 1D 梁单元编号。
- **2d** 显示 2D 壳单元编号。
- **2q** 显示 2D 二次壳单元编号。
- **3d** 显示 3D 体单元号。
- **3q** 显示 3D 二次体单元编号。
- **ijk1** 以标号和颜色显示简化索引。
- **ijk2** 以标号和颜色显示 PART 和简化索引。
- **ijk4** 以颜色显示索引。
- **locnd** *node_number* 根据编号查找节点。
- **loc1d** *element_number* 根据编号查找 1D 梁单元。
- **loc2d** *element_number* 根据编号查找 2D 壳单元。
- **loc3d** *element_number* 根据编号查找 3D 体单元。
- **loc2dq** *element_number* 根据编号查找 2D 二次壳单元。
- **loc3dq** *element_number* 根据编号查找 3D 二次体单元。
- **sd** 显示表面编号。
- **crv** 显示 3D 曲线编号。
- **sdedge** 显示表面外边编号。
- **sdpt** 显示表面上点的标号。
- **crvpt** 显示 3D 曲线上点的标号。
- **nodeset** *set_name* 显示节点集。
- **onset** *set_name first last* 显示排序节点集。
- **faceset** set_name 显示面集。

- **facesel** *set_name* 显示面集及其标号。
- **parts** 显示 PART。
- **tol** *part*1 *part*2 显示 PART 间合并的节点。

这里：

➢ *part1* part 序号（0 表示全部）。

➢ *part2* part 序号（0 表示全部）。

➢ *fraces* 显示自由面（仅限于当前活动的 PART）。

➢ *fredges* 显示自由边（仅限于当前活动的 PART）。

- **cracks** θ 显示指定对角下的缝隙。

例子：

显示所有节点号。

```
block 1 5;1 5;1 5;0 4 0 4 0 4
b 1 1 1 2 1 2 dx 1;
merge
labels nodes
```

上述命令执行效果如图 2-53 所示。

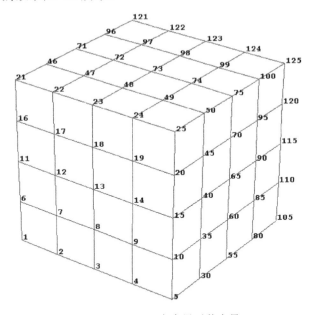

图 2-53 labels 命令显示节点号

2.3.9 mass

在屏幕上显示输出每个 PART 和材料的体积、质量以及质心信息。该命令仅适用于 ABAQUS、ALE3D、ANSYS、DYNA3D、ENIKE3D、ES3D、NASTRAN、LS-DYNA、LSNIKE、MARC、NEUTRAL、NIKE3D 和 TOPAZ3D。

例子：

```
lsdymats 1 3 rho 7800 ;
mate 1
block 1 5;1 5;1 5;0 4 0 4 0 4
merge
lsdyna keyword
mass
```

上述命令执行完毕，屏幕上显示如下信息：

```
VOLUME, MASS, AND CENTER OF MASS TABLE
part mat    volume        mass        x-center     y-center     z-center
  1    1   6.4000E+01   4.9920E+05   2.0000E+00   2.0000E+00   2.0000E+00
```

这表示 Part 1 的体积、质量、质心分别为 6.4000E+01，4.9920E+05 和 2.0000E+00、2.0000E+00、2.0000E+00。

2.3.10　measure

检查每个单元的网格质量。

用法：

measure *option*

这里 *option* 可以是：

● **volume** 检查单元的体积，壳单元被赋厚度 1。

● **avolume** 检查单元的绝对体积，不考虑负体积。

● **jacobian** 计算 Jacobian 矩阵。

● **orthogon** 检查单元四边形面的四个角度与 90°（单元正交）的偏离。

● **smallest** 检查每个单元的最小尺寸。

● **pointvol** 用单点积分算法计算体积。

● **aspect** 计算单元的纵横比。

● **triangle** 检查单元三角形面的三个角度与最佳角度（60°）的偏离。

● **dvi** 仅对结构化网格在 *I* 方向比较邻近单元体积。

● **dvj** 仅对结构化网格在 *J* 方向比较邻近单元体积。

● **dvk** 仅对结构化网格在 *K* 方向比较邻近单元体积。

● **dli** 仅对结构化网格在 *I* 方向比较邻近边的长度。

● **dlj** 仅对结构化网格在 *J* 方向比较邻近边的长度。

● **dlk** 仅对结构化网格在 *K* 方向比较邻近边的长度。

例子：

```
partmode i
block 2 1;2 1;10;0 0.35 0.35;0 0.35 0.35;0 2;
DEI   2 3; 2 3; 1 2;
sfi −3; 1 2; 1 2;cy 0 0 0 0 0 1 0.5
sfi 1 2; −3; 1 2;cy 0 0 0 0 0 1 0.5
pb 2 2 1 2 2 2 xy 0.26 0.26
endpart
```

```
merge
measure orthogon
elm -27.5 -20
measure aspect
```

measure orthogon 显示出该模型全部单元面正交性的测量结果为与 90°的偏离值在 $-2.748643E+01 \sim 3.818700E+01$ 之间,即单元角大致在 $62.51° \sim 128.2°$ 之间。如图 2-54a 中所示的尖峰对应的横坐标为 0,表示大多数单元角度接近理想的 90°。

measure aspect命令单元纵横比则在 $1.297429E+00 \sim 1.511665E+00$ 之间。如图 2-54b 所示,横轴表示测量值,纵轴为数量。

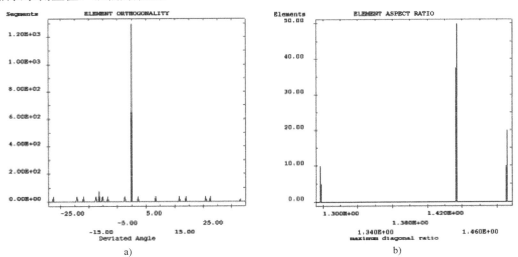

a)   b)

图 2-54 measure 命令检查单元质量

a) 显示单元正交性 b) 显示单元纵横比

"elm -27.5 -20"命令显示出正交性较差的单元集中在模型中部,如图 2-55 所示。

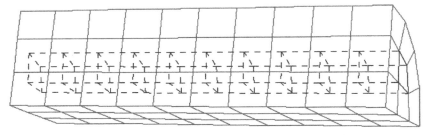

图 2-55 "elm -27.5 -20"命令显示出正交性较差的单元

2.3.11 partmode

设置 PART 生成命令的索引格式。需要用在 PART 之前才能起作用。

用法:

partmode *mode*

这里 *mode* 可以是:

- **s** 标准格式（默认）。
- **i** 间隔格式。

可以用篱笆来比喻这条命令。标准格式类似于从篱笆起始位置计算篱笆桩的位置，间隔格式则用于指定篱笆桩之间的间距。间隔格式不能用于壳单元，但便于修改三维模型中每个块体的网格密度。例如，block 1 5;1 9;1 4;0 4;0 8;0 3 是标准格式，下面的命令将其修改为间隔格式：

```
partmode i
block 4;8;3;0 4;0 8;0 3
```

block 后面的"4;8;3;"分别为 X、Y、Z 方向的网格划分数，即 4=5-1；8=9-1；3=4-1。

2.3.12 size

显示模型尺寸信息。

例子：

```
block 1 5;1 6;1 7;0 4 0 5 0 6
merge
size
```

上述命令执行完毕，屏幕上显示如下信息：

```
0.00000E+00 < x <    4.00000E+00
0.00000E+00 < y <    5.00000E+00
0.00000E+00 < z <    6.00000E+00
```

2.4 全局命令

2.4.1 array

定义数组。

用法：

array *name(d*1,*d*2,... *) data* ;

这里：

- *di* 是第 *i* 个索引中的最大值。
- *data* 是可选项，可以给数组全部参数赋一个值或给出所有值。

备注：

索引起始于 1。有两种数组赋值方法：①如果数据 *data* 部分只有一个值，则给数组全部参数赋该值；②以 FORTRAN 规范给数组全部参数分别赋值。

例子：

在下面的数组中，%height(2,1)为 1.2。

```
array height(2,3) 1 1.2 2 2.3 3 3.4;
```

在下面例子中，全部 64 个数组参数被赋为 0。

```
array switches(2,2,2,2,2,2) 0;
```

在下面一维数组例子中，有三个参数，都未被赋值。

```
array biggest(3)
```

在下面例子中，数组可以引用已定义的参数。

```
para l 1 h 2;
dc %height(2,2)/sqrt(2)
para switches(1,%l,2,2,1,1) [%height(%l,%h)/10];
pb 1 2 3 1 2 3 x %biggest(1)
if(%biggest(2).lt.2.0)then
x=x+%height(i,j)
endif
```

在下面例子中，数组先被赋值，然后被 curd 命令调用。

```
para mxi 6;
array coef(10);
para coef(1) 1 coef(2) 1;
for idx 3 %mxi 1
para coef(%idx) [%coef(%idx-2)+%coef(%idx-1)];
endfor
curd 1 csp3 0 0
for idx 2 %mxi 1
[%idx-2] [%coef(%idx)/%coef(%idx-1)] 0.0
endfor
;;;
```

2.4.2 block

初始化方形块体 PART。

用法：

block *i_indices; j_indices; k_indices; x_coordinates y_coordinates z_coordinates*

这里：

- *i_indices, j_indices, k_indices* 是系列索引（不是简化索引），每行索引具有 i1 i2 ... i*n* 的形式，这里 i1=1 并且|i1|< |i2| < ... < |i*n*|。通常情况下每个索引都是正整数，负整数用于创建壳单元，0 用于分割网格区域。

- *x_coordinates*，*y_coordinates* 和 *z_coordinates* 是物理坐标值，每个与索引值相对应，*x* 坐标对应 I 索引，*y* 坐标对应 J 索引，*z* 坐标对应 K 索引，均用于每个区域界面的物理坐标。

2.4.3　blude

根据面网格拉伸出体网格。该命令主要为一些有限元软件，如 LS-DYNA 的 usa(underwater shock analysis)模块服务。

用法：

blude *direction face_set_name*

　　　i_indices; j_indices; k_indices; x_coordinates y_coordinates z_coordinates

这里：

- *direction* 是块体的面，是拉伸的起始位置，可以是：
- ➢ **1**　最小 *i* 面。
- ➢ **2**　最大 *i* 面。
- ➢ **3**　最小 *j* 面。
- ➢ **4**　最大 *j* 面。
- ➢ **5**　最小 *k* 面。
- ➢ **6**　最大 *k* 面。
- *face_set_name* 是将被拉伸的面组名称。
- *i_indices*，*j_indices* 和 *k_indices* 是系列索引（非简化索引）。每行索引具有 i1 i2 ... i*n* 的形式，这里 i1=1 并且 |i1|< |i2| < ... < |i*n*|。通常情况下每个索引都是正整数，负整数用于创建壳单元，0 用于分割网格区域。
- *x_coordinates*，*y_coordinates* 和 *z_coordinates* 是物理坐标值，每个与索引值相对应，*x* 坐标对应 I 索引，*y* 坐标对应 J 索引，*z* 坐标对应 K 索引，均用于每个区域界面的物理坐标。

2.4.4　bptol

通常用于禁止两个部件（PART）之间合并节点。例如，在下面例子中，"bptol 1 2 −1"命令的作用是避免 Part 1 和 Part 2 之间合并节点，如果去掉这行命令，将会有 20 个节点与其他节点合并。

```
block 1 5;1 9;1 4;0 4;0 8;0 3
endpart
block 1 6;1 5;1 4;4 9;0 8;0 3
endpart
merge
bptol 1 2 −1
stp 0.01
```

2.4.5　break

控制语句 break 用于跳出 for 或 while 循环。

TrueGrid 中的控制语句与编程语言中的类似，可用于创建命令模板文件来自动生成网格。

2.4.6　c

该命令后面的文字为注释。

2.4.7　cylinder

初始化圆柱形 PART。

用法：

cylinder *i_indices; j_indices; k_indices; r_coordinates Ø_coordinates z_coordinates*

这里：

- *i_indices, j_indices, k_indices*　是系列索引（不是简化索引），每行索引具有 i1 i2 … i*n* 的形式，这里 i1=1 并且 |i1|< |i2| < … < |i*n*|。通常情况下每个索引都是正整数，但负整数用于创建壳单元，0 用于分割网格区域。
- *r_coordinates，Ø_coordinates,* 和 *z_coordinates*　是物理坐标值，每个与索引值相对应，*r* 坐标对应 I 索引，*Ø* 坐标对应 J 索引，*z* 坐标对应 K 索引，均用于每个区域界面的物理坐标。

下面的命令创建 1/4 圆柱，如图 2-56 所示。

cylinder 1 4;1 13;1 8;3 4;0 90;0 4

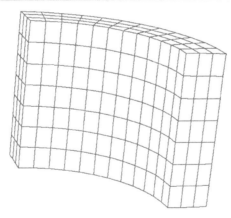

图 2-56　cylinder 命令创建 1/4 圆柱

2.4.8　detp

设置起爆点或线。

用法：

detp *material options;*

这里：

- *material*　材料编号。
- *options*　可以是：
- ➤ **time** *detonation_time*　设置起爆时间。

> **point** *x y z* 设置起爆点。
> **lnpt** *x1 y1 z1 x2 y2 z2 #_detonators* 设置起爆线。

2.4.9　else

if 或 **when** 语句的最终选项。**else** 语句必须独立成行。

2.4.10　elseif

if 语句的一个选项。**elseif** 语句必须独立成行。

2.4.11　elsewhen

when 语句的一个选项。**elsewhen** 语句必须独立成行。

2.4.12　end、exit、adios、quit

退出 TrueGrid。

2.4.13　endwhen

用于结束 **when** 语句。**endwhen** 语句必须独立成行。

2.4.14　endfor

结束 **for** 循环。对于每个 **for** 语句，必须有一个 **endfor** 与之对应。

2.4.15　endif

用于结束 **if** 语句。**endif** 语句必须独立成行。对于每个 **if** 语句，必须有一个 **endif** 与之对应。

2.4.16　endwhile

用于结束 **while** 语句。**endwhile** 语句必须独立成行。

2.4.17　exch

将该命令后面 PART 的 x、y、z 局部坐标互换。

用法：

exch *new_x_# new_y_#*

这里：

● *new_x_#* 表示旧坐标就要修改为 x：1 为 x，2 为 y，3 为 z。
● *new_y_#* 表示旧坐标就要修改为 y：1 为 x，2 为 y，3 为 z。

例子：

exch 2 1　　　　　　　c　x和y坐标互换

备注：

该命令无法撤销,除非用另一个 **exch** 命令置反其作用。

2.4.18 for

条件成立时执行一系列命令,当条件不成立时则跳出当下 **for** 循环。**for** 和 **endfor** 须成对使用,**endfor** 表示 **for** 语句作用范围的结束。可用 **break** 语句跳出 for 循环。

用法:

for *p_name start end increment*

这里:

● *p_name* 是变量名。

● *start* 是初值。

● *end* 是终值。

● *increment* 是每一迭代步变量增加值。

例子1:

采用 for 循环定义 3D 曲线。

```
curd 1 lp3
for idx 1 100 1
[sin(%idx*5)] [cos(%idx*6)] %idx
endfor
;;;
```

例子2:

下面给出了在 block 命令中带有 for 循环的输入文件,该循环可用于重复删除网格区域并投影到曲面。

```
para nindices 21;
meshscal 2
block
for il 1 [1+2*%nindices] 2
 %il
endfor
;
for il 1 [1+2*%nindices] 2
 %il
endfor
;
-1;
for il 1 [1+%nindices] 1
 %il
endfor
;
for il 1 [1+%nindices] 1
 %il
endfor
```

```
;
0;
for i1 2 %nindices 2
for j1 2 %nindices 2
dei %i1 [%i1+1]; %j1 [%j1+1]; -1;
sfi %i1 [%i1+1]; %j1 [%j1+1]; -1;
  cy [%i1+.5] [%j1+.5] 0 0 0 1 [cos(45)]
endfor
endfor
```

上述命令执行效果如图 2-57 所示。

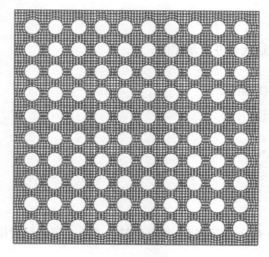

图 2-57　for 循环网格生成例子

2.4.19　gct

定义全局复制变换。

gct 用法与 lct 类似，当两者不能同时在 PART 中使用的时候，两者的作用相同。但当 PART 中已经使用了 lct、lrep，则 gct 和 grep 可以再次复制 lct、lrep 复制过的内容。具体用法可参见 lrep 命令的解释。

2.4.20　gexch

将该命令后面 PART 的 x、y、z 全局坐标互换。参看 exch 命令的说明。

例子：

```
gexch 1 3              c  y和z坐标互换
```

2.4.21　gmi

用于全局复制变换时递增材料号。用法与 lmi 命令类似。

2.4.22 grep

当前 PART 的全局复制变换。用法与 **lrep** 命令类似。

2.4.23 if

当网格的拓扑需要根据参数变化时，可使用 **if** 语句。**if** 语句用来判定所给条件是否满足，根据判定结果来决定是否执行一系列命令。**if** 和 **endif** 语句要成对使用。**if** 语句必须独立成行。**if** 语句中可有多个 **elseif** 语句和最多一个 **else** 语句。

例子：

在规划网格时可能需要一个孔，但不清楚该孔的最佳位置，可以使用 **if** 语句告知 TrueGrid 针对不同情况执行不同的操作。在本例中使用以下 **if** 语句来自动更改孔的位置。

```
para                      c 定义参数
del .5                    c 单元尺寸
r 3                       c 孔半径
xc 16                     c 孔心x坐标
yc 7                      c 孔心y坐标
x1 0
x2 [%xc-%r*.707]
x3 [%xc+%r*.707]
x4 20
y1 0
y2 [%yc-%r*.707]
y3 [%yc-%r*.707]
y4 10
;
c 上面的孔
if ((%yc+%r+%del).gt.%y4)then
  para
    r [%y4-%yc-%del]
    x2 [%xc-%r*.707]
    x3 [%xc+%r*.707]
    y2 [%yc-%r*.707]
    y3 [%yc+%r*.707];
c 下面的孔
  elseif ((%yc-%del-%r).lt.%y1)then
    para
      r [%yc-%y1-%del]
      x2 [%xc-%r*.707]
      x3 [%xc+%r*.707]
      y2 [%yc-%r*.707]
      y3 [%yc+%r*.707];
endif
para
```

```
i1 1
i2 [nint(%i1+(%x2-%x1)/%del)]
i3 [nint(%i2+(%x3-%x2)/%del)]
i4 [nint(%i3+(%x4-%x3)/%del)]
j1 1
j2 [nint(%j1+(%y2-%y1)/%del)]
j3 [nint(%j2+(%y3-%y2)/%del)]
j4 [nint(%j3+(%y4-%y3)/%del)];
sd 1 cy %xc %yc 0 0 0 1 %r
block
%i1 %i2 %i3 %i4;
%j1 %j2 %j3 %j4;
-1;
%x1 %x2 %x3 %x4;
%y1 %y2 %y3 %y4;
0
dei 2 3;2 3;-1;
sfi -2 -3;-2 -3;-1;sd 1
res 1 1 1 1 4 1 j 1
res 4 1 1 4 4 1 j 1
relaxi 1 4;1 4;-1; 10 0 1
mate 1
endpart
merge
```

上述命令执行效果如图 2-58 所示。

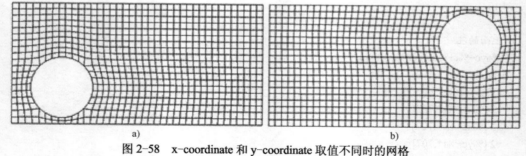

图 2-58　x-coordinate 和 y-coordinate 取值不同时的网格

a) x-coordinate=4 且 y-coordinate=3　b) x-coordinate=16 且 y-coordinate=7

2.4.24　include

调用执行 **include** 包含的批处理文件中的命令。

如果模型复杂，零件很多，可以将零件单独建模，分别存为 tg 子网格文件，然后在一个 tg 主网格文件里调用（**include**）这些零件的 tg 子网格文件，最后合并组装成整个模型。

include 命令还可以用于同类复制。例如，破片式战斗部里有许多破片，建模时只建立一个破片参数化模型，然后指定每个破片的空间位置，再调用（即 **include**）破片 tg 文件。具体用法见 3.14 节。

　　TrueGrid 最多可同时打开 10 个批处理文件，也就是 **include** 最多可嵌套 9 层。对于非嵌套的 **include** 命令则没有限制。include 调用的 tg 子网格文件需要与 tg 主网格文件在同一目录下。

2.4.25　interrupt

　　当以批处理命令模式自动执行 tg 文件时，该命令将中断 tg 文件的运行，进入交互模式，即以键盘和鼠标输入的模式。

2.4.26　lct

　　定义局部复制变换。

　　用法：

lct *n trans1* ; ... ; *transn* ;

● *n*　复制变换次数。

● *transi*　是下列基本命令从左到右共同作用的结果：

➢ **mx** *x_offset*　沿 X 方向平移。

➢ **my** *y_offset*　沿 Y 方向平移。

➢ **mz** *z_offset*　沿 Z 方向平移。

➢ **v** *x_offset y_offset z_offset*　沿着矢量平移。

➢ **rx** *theta*　绕 X 轴旋转。

➢ **ry** *theta*　绕 Y 轴旋转。

➢ **rz** *theta*　绕 Z 轴旋转。

➢ **raxis** *angle x0 y0 z0 xn yn zn*　绕轴线旋转。

➢ **rxy**　关于 X-Y 平面镜像（对称）。

➢ **ryz**　关于 Y-Z 平面镜像（对称）。

➢ **rzx**　关于 Z-X 平面镜像（对称）。

➢ **tf** *origin x-axis y-axis*

这里，每个参数包括坐标类型和紧随其后的坐标信息：

rt *x y z*　笛卡儿坐标。

cy *rho theta z*　柱坐标。

sp *rho theta phi*　球坐标。

pt *c.i*　3D 曲线上标识点的标号。

pt *s.i.j*　面上标识点的标号。

➢ **ftf** *1st_origin 1st_x-axis 1st_y-axis 2nd_origin 2nd_x-axis 2nd_y-axis*

这里，每个参数包括坐标类型和紧随其后的坐标信息：

rt *x y z*　笛卡儿坐标。

cy *rho theta z*　柱坐标。

sp *rho theta phi*　球坐标。

pt *c.i*　3D 曲线上标识点的标号。

pt *s.i.j*　　面上标识点的标号。

➤ **inv**　与当前的变换相反。

➤ **csca** *scale_factor*　　缩放所有坐标。

➤ **xsca** *scale_factor*　　缩放 x 坐标。

➤ **ysca** *scale_factor*　　缩放 y 坐标。

➤ **zsca** *scale_factor*　　缩放 z 坐标。

➤ **repe** *#_repetitions*　　当前变换重复*#_repetitions* 次。

➤ **save** *transform_#*　　沿用第 *transform_#*次变换。

➤ **last**　沿用最后一次变换。

备注：

当定义了新的 **lct** 命令后会覆盖以前的 **lct** 定义。**lct** 定义局部复制变换操作，**lrep** 则引用该定义，执行相关变换，**lct** 和 **lrep** 命令一起使用可以对 PART 进行平移、缩放、镜像、旋转。

例子 1：

```
lct 3 rz 45; rz 45 mz 10; rz 45 mz 10 mx 25;
```

上述命令定义了三个局部复制变换 1～3。第一个变换是绕 Z 轴旋转 45°；第二个变换有两个操作：首先，物体绕 Z 轴旋转 45°，然后朝 Z 方向平移 10；第三个变换有三个操作：前两个操作与第二个变换相同，第三个操作朝 X 方向平移 25。这个命令与下述命令等同。

```
lct 3 rz 45; last mz 10; last mx 25;
```

也与下述命令等同。

```
lct 3; rz 45; save 1 mz 10; save 2 mx 25;
```

例子 2：

在这个例子中加入 "lct 3 ryz;rzx;ryz rzx;" 和 "lrep 0 1 2 3;" 命令，运行后将生成如图 2-59 所示的完整圆柱。在这里，"lct 3 ryz;rzx;ryz rzx;" 命令表示欲将模型关于 Y–Z、Z–X、Y–Z 和 Z–X 平面镜像对称，"lrep 0 1 2 3;" 命令根据定义的局部复制变换对模型进行了复制操作。

```
block 1 5 9; 1 5 9;1 7;0 4 8;0 4 8;0 6;
dei    2 3; 2 3; 1 2;
sd 1 cy 0 0 0 0 0 1 8
sfi −3; 1 2; 1 2;sd 1
sfi 1 2; −3; 1 2;sd 1
sd 2 plan 0 0 0 1 −1 0
sfi 2 3; −2; 1 2;sd 2
sfi −2; 2 3; 1 2;sd 2
pb 2 2 1 2 2 2 xy 3.5 3.5
lct 3 ryz;rzx;ryz rzx;
lrep 0 1 2 3;
endpart
merge
```

上述命令执行效果如图 2-59 所示。

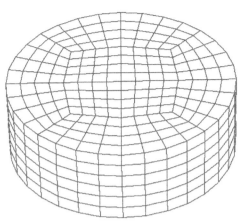

图 2-59　lct 和 lrep 命令对模型复制后的效果

2.4.27　lev

为复制 PART 定义变换。

用法：

lev *level_# list_options* ；

这里：

● *level_#* 是唯一的复制编号，为一个小的正整数。

● *list_options* 可以为：

➢ **grep** *list_global_transform_#* ；系列全局复制变换。

➢ **add** *level_#* 包含另外一个 **lev** 命令的全部变换。

➢ **prod** *first_level_# second_level_#* 包含两个 **lev** 变换的叠加作用。

➢ **levct** *n transform1* ; *transform2* ; ... ; *transformn* ; **lev** 命令定义的 *n* 次变换，可以是下列
选项的叠加：

mx *x_offset*　X 方向平移。

my *y_offset*　Y 方向平移。

mz *z_offset*　Z 方向平移。

v *x_offset y_offset z_offset*　沿着向量平移。

rx *theta*　绕 X 轴旋转 *theta*。

ry *theta*　绕 Y 轴旋转 *theta*。

rz *theta*　绕 Z 轴旋转 *theta*。

rxy　沿着 X-Y 平面镜像。

ryz　沿着 Y-Z 平面镜像。

rzx　沿着 Z-X 平面镜像。

csca *scale_factor*　缩放所有坐标。

xsca *scale_factor*　缩放 x 坐标。

ysca *scale_factor*　缩放 y 坐标。

zsca *scale_factor*　缩放 z 坐标。

repe *#_repetitions*　当前变换的重复和累加。

save *transform_#*　从以前的某次变换开始。

last　从最后的变换开始。

备注：

用 lev 命令定义复制操作，pslv 命令开始复制，pplv 命令结束复制。

例子：

```
gct 1 mx 4 my 4 rz 15;
lev 1 grep 0; levct 11 rz 30; repe 11;;
lev 2 grep 0 1;;
pslv 1
pslv 2
block 1 4;1 4;1 4;5 7 5 7 5 7
sfi -1 -2;-1 -2;-1 -2;sp 6 6 6 1
endpart
pplv
pplv
merge
```

上述命令执行效果如图 2-60 所示。

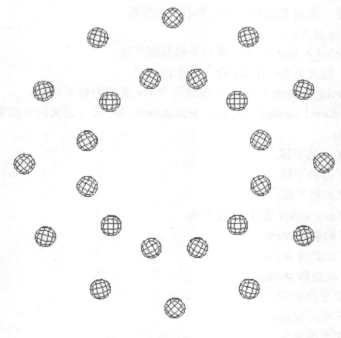

图 2-60　lev 命令嵌套复制

2.4.28 lmi

局部复制变换时递增材料号。

用法：

lmi *material_#_increment*   *material_#_increment* 为递增的材料号。

备注：

采用 lrep 复制 PART 时，lmi 用于递增材料号，默认值为 0。

例子：

在这个例子中，共生成了 25 个 PART 的复制品，每个具有不同的材料号，分别为 1~25，材料号递增根据 **lrep** 和 **grep** 命令中的变换顺序进行。

```
gmi 5   c 为grep复制设置材料号递增
lmi 1   c 为lrep复制设置材料号递增
block 1 2;1 2;1 2;1 2;1 2;1 2;   c 创建单个单元PART
mate 1   c 为初始PART设置材料号
lct 4 mx 1;repe 4; lrep 0:4;   c  5次局部复制
gct 4 my 1;repe 4; grep 0:4;   c  5次全局复制
endpart
merge
tvv
```

上述命令执行效果如图 2-61 所示。

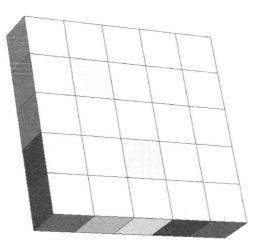

图 2-61 lmi 命令嵌套复制

2.4.29 lrep

对当前 PART 执行局部复制变换。

lrep *list_local_transform_#*;

这里 *list_local_transform_#* 最近的 **lct** 命令为当前 PART 定义的系列变换序号。

备注：

lrep 命令中的序号"0"表示包含初始 PART，不需进行变换。一条 **lrep** 命令最多可进行 300 次变换。

默认情况下，当前 PART 的所有复制品会具有相同的材料号，也可以让每个复制品具有不同的材料号，复制品的材料号根据下式计算：

初始材料号+局部材料号增量×复制序号

lmi 命令用于设置局部材料号增量。

同样地，如果打算通过局部滑移界面增量来递增滑移界面号，可用 **lsii** 命令设置；要通过关节命令增量来递增关节数量，可用 **jt** 命令中的 **inc** 选项来设置。

如果同时使用了 **grep** 命令，复制结果就是 **grep** 和 **lrep** 这两列变换共同作用的产物。例如，假设 **lct** 定义了三种变换：

lct 3 rz 90; rz 180; rz 270; **lrep** 0 1 2 3;

包括初始没有进行变换的 PART，上述命令产生了四个复制品。现在假设 **gct** 定义了一种变换：

gct 1 mz 10; **grep** 0 1;

那么将会产生 4×2=8 种变换。这等同于：

lct 7 rz 90;rz 180;rz270;mz 10;rz 90 mz 10;rz 180 mz 10;rz 270 mz 10; **lrep** 0:7;

复制后的 PART 只有在 MERGE 合并阶段才能看得到。

例子：

在这个例子中将采用 lct 和 lrep 命令局部复制变换建立一行砖，然后采用 gct 和 grep 命令复制这行砖，形成砖墙。

```
gct 12 mx 1.5 my 2;my 4; mx 1.5 my 6;
my 8; mx 1.5 my 10;my 12;
mx 1.5 my 14;my 16; mx 1.5 my 18;
my 20; mx 1.5 my 22;my 24;
block 1 2;1 2;1 2;0 2.8 0 1.8 0 4.8
lct 19 mx 3;repe 19;
lrep 0 1 2 3 4 5 6 7 8;
grep 0 1 2 3 4 5 6 7 8 9 10 11 12;
endpart
merge
```

上述命令执行效果如图 2-62 所示。

2.4.30 merge

进入 merge 阶段，合并 PART。

2.4.31 meshscal

放大所有 PART 的网格密度。

图 2-62　gct、grep 和 lct、lrep 命令对模型复制后的效果

用法：

meshscal *scale*，放大所有 PART 网格密度，scale 为正整数，默认值为 1。

该命令只能用于命令文件开头，不能与 **update** 同时使用，且仅适用于 TureGrid 2.2 以上版本。

例子：

下面的例子中，I、J、K 三个方向网格划分数均为"4"，meshscal 2 命令作用后三个方向网格划分数加密一倍，变为"8"，如图 2-63 所示。

```
meshscal 2
block 1 5;1 5;1 5;0 4 0 4 0 4
```

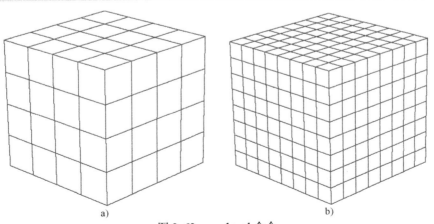

图 2-63　meshscal 命令

a) meshscal 命令作用前　b) meshscal 命令作用后

2.4.32　mseq

调整 block 和 cylinder 命令生成的 PART 中的网格数量。

用法：

mseq *direction d*1 *d*2 ... *dn* ;

这里：

● **direction** 是 *i*、*j* 或 *k*，在指定索引方向中每个区域只有一个 dn。

● **dn** 是第 *n* 个区域要修改的网格数量。

备注：

使用 update 或 x=、y=、z=、t1=、t2=、t3=命令后不要使用该命令，它不会起作用。

例子：

下面的 block 定义的 PART 在 Z 方向有 4 个分区。

```
block
1 3 5 7;1 3;1 6 8 13 15;
1 3 5 7;1 3;1 3 5 7 9;
```

应用下面的命令后，Z 方向的网格被改变。如图 2-64 所示。

```
mseq k 2 0 -1 4
```

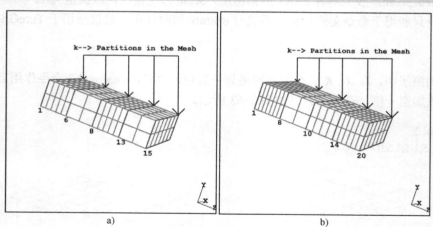

图 2-64　mseq 命令

a) mseq 命令作用前　b) mseq 命令作用后

这与下面的 block 命令具有相同的作用效果。

```
block
1 3 5 7;1 3;1 8 10 14 20;
1 3 5 7;1 3;1 3 5 7 9;
```

2.4.33　offset

在输出中偏移实体编号。该命令可对节点编号和单元编号进行偏移，避免多个模型文件中节点编号或单元编号相互冲突。

用法：

offset *type offset*

这里 *type* 可以是：

- **nodes** 节点编号。
- **bricks** 体单元。
- **shells** 壳单元。
- **beams** 梁单元。
- **tshells** 厚壳单元。
- **nsetoff** 节点集。
- **fsetoff** 面段集。
- **esetoff** 单元集。
- **partoff** part。
- **lcrsyoff** 局部坐标系。

例子：

```
offset nodes 100000;        c 将节点号偏移100000
offset bricks 200000;       c 将体单元号偏移200000
offset shells 300000;       c 将壳单元号偏移300000
```

2.4.34　para 或 parameter

用于定义参数。这些参数是代表数字的符号，可以在命令行中替代数字，用于建立参数化模型。

用法：

para *name*1 *value*1 *name*2 *value*2 ... *namen valuen* ;

或

parameter *name*1 *value*1 *name*2 *value*2 ... *namen valuen* ;

这里：

- *namen* 是参数名称。
- *valuen* 是参数的数值。

要引用已定义的参数，只要在参数前加"%"就可以了。一个 para 命令可以同时定义多个参数。例如：

```
para  Diam  44  Radius  [sqrt(%Diam)];
sd 1 cy 0 0 0 0 0 1 %Radius;
```

在 TrueGrid 中，参数要首先被定义，然后才能被引用，否则将被赋值为"0.0"。参数名称可以是下列字符以外的任何 ASCII 字符：+, %, *, /, ^, ( ), [ ], =, &, $。参数名的前8个字符必须唯一（在 2.1 以上版本中，该限制提高到 16 个字符），TrueGrid 自动忽略后面的字符。

下面是 TrueGrid 中的预定义参数：

- nextsrf 最大面号加 1。
- nextcrv 最大 3D 曲线号加 1。
- nextlc 最大载荷曲线号加 1。
- nextln 最大 2 D 曲线号加 1。
- nextmat 最大材料号加 1。
- nextbb BLOCK 块体最大 bb 边界界面号加 1。
- node **ajnp** 命令中的节点号，或者是 GUI 中选取的节点。
- xprj **project** 命令作用节点的 x 坐标。
- yprj **project** 命令作用节点的 y 坐标。
- zprj **project** 命令作用节点的 z 坐标。
- xnrm **project** 命令中第一个投影面法线的 X 分量。
- ynrm **project** 命令中第一个投影面法线的 Y 分量。
- znrm **project** 命令中第一个投影面法线的 Z 分量。
- pi π，即 3.1415926...
- mxiridx 当前 PART 最大 I 索引。
- mxjridx 当前 PART 最大 J 索引。
- mxkridx 当前 PART 最大 K 索引。

2.4.35 plane

设置边界平面。

用法：

plane *plane_# x0 y0 z0 xn yn zn tolerance type*

这里：

- *plane_#* 平面号。
- *x0 y0 z0* 平面上任意一点。
- *xn yn zn* 平面的法线。
- *tolerance* 容差。
- *type* 可以是：
> **symm** 对称平面。
> **syf** 带失效的对称平面。
> **ston** [*features*] 带选项的刚性墙。*features* 可以是：

stick *stick_condition* 带摩擦特性的墙。

limit *x0 y0 z0 x1 y1 z1* 有约束范围的墙。

move *mass initial_velocity* 可运动的墙。

penalty *penalty_stiffness* 设置罚刚度。

dlcv *velocity_ld_curve_#* 指定载荷曲线。

> **SPH** SPH 单元对称平面。

Plane 命令主要用于对称面上的节点约束，也支持某些分析软件的带失效的对称平面和刚性墙功能。对于带失效的对称平面和刚性墙，不需要定义容差（*tolerance*），采用 **sw** 和 **swi**

命令来选择刚性墙上的节点。

例子：

下面的命令定义模型对称面，对称面1通过点0，0，0，法线为0 1 0，即Y轴，模型节点Y坐标小于0.1时即位于Y=0对称面上。

plane 1 0 0 0 0 1 0 0.1 symm;

2.4.36 pplv

结束**lev**复制变换。

2.4.37 pslv

开始**lev**复制变换。

用法：

pslv *level_#*

这里*level_#*是**lev**命令定义的数字编号。

备注：

pslv和**pplv**都是control阶段的命令，必须成对出现，它们必须置于PART命令外，且在merge命令前。**pplv**必须跟在**pslv**命令后面。**pslv**和**pplv**对可以嵌套至20重。

```
pslv 1
pslv 2
block ... c Part number 1
...
endpart
pplv      c 对应pslv2
pslv 3
block ... c Part number 2
...
endpart
pplv      c 对应pslv 3
pplv      c 对应pslv 1,将2,3复制后的内容再进行一次复制
pslv 4
block ... c Part number 3
...
grep 0 1 2 3 4 5 6;
lrep 0 1 2 3 4 5;
endpart
pplv      c 对应pslv 4
```

在上面的例子中，PART 1包括复制变换1和2，PART 2包括复制变换1和3，PART 3包括复制变换4、**grep**全局复制变换以及**lrep**局部复制变换。

2.4.38 readmesh

读入其他CAE软件生成的已有网格。

readmesh *format filename cmds* **endpart**

这里：

● *format* 可以是：

➢ **nastran** 当前仅部分支持。

➢ **neutral** 当前仅部分支持。

➢ **dyna3d** 几乎全部支持。

➢ **lsdyna** 只读入节点和单元。

➢ **dynain** 这是 LS-DYNA 输出文件。

➢ **iges** 从 IGES 文件中读入有限元模型。

● *filename* 路径和文件名。

● *cmds* 可以是：

➢ **cvtab** 将 NASTRAN 格式文件读入 TrueGrid。

➢ **exclude** 输出 LS-DYNA 文件时不输出某个特定 NASTRAN 模型。

➢ **mate** *mat* 仅用于 IGES。

这里 *mat* 是文件中所有单元的材料号。

➢ **mt** *type mat* 仅用于 IGES。*Type mat* 可以重复多次。

这里 *type* 可以是下面的任意或全部：

beams

lshells 线性壳单元。

qshells 二次壳单元。

lbricks 线性体单元。

qbricks 二次体单元。

springs

dampers

这里 *mat* 是文件中所有单元的材料号。采用 0 来忽略 IGES 中的该类型单元。

➢ **ptmass** *mass* 仅用于 IGES。这里 *mass* 是全部质量点的质量，采用 0 来忽略 IGES 文件中的质量点。

➢ **rigid** *switch* 仅用于 IGES。这里 *switch* 可以是：

on 包含刚性梁（默认）。

off 忽略刚性梁。

➢ **cond** *switch* 仅用于 IGES。这里 *switch* 可以是：

on 包含节点条件（默认）。

off 忽略节点条件。

➢ **ndcons** *load_case_list*; 仅用于 IGES。这里 *load_case_list* 是要合并的一系列载荷工况。

➢ **maplabel** *list_maps*; 仅用于 IGES 到 ANSYS 转换。这里，单个转换由标号、文件名和材料号构成。

备注：

这是一个 PART，结尾必须有 **endpart** 命令。目前该命令可读入 NASTRAN、PATRAN、DYNA3D、LS-DYNA 和 IGES 文件，数据读入后会被添加到 TrueGrid 内部数据库中，能以其他格式输出。当前只能读入部分数据，材料模型、梁和壳单元的截面属性、弹簧属性和其他特殊单元无法从一种格式直接转换为另一种格式，由于这个原因，用户需要在 TrueGrid 中重新定义这些属性。

载荷、边界条件等可在 merge 阶段用 **condition** 命令来查看，还可以被修改。在 merge 阶段还可以使用节点、面和单元组功能，在这些 PART 上选择实体或赋予边界条件和属性。

2.4.39　resume

恢复批处理命令运行模式。

遇到 TrueGrid 命令执行错误时，**interrupt** 和 **resume** 命令可用于分段调试 tg 输入命令文件。**interrupt** 和 **resume** 命令还可用于演示建模过程。

2.4.40　sid

定义滑移界面（接触）。对于 LS-DYNA，sid 的用法如下：

sid *slide_#* ***lsdsi*** *type options* ；

这里：

● *type* 可以是：

➤ **1** 不带罚函数的滑移，即 SLIDING_ONLY 接触类型。

➤ **p1** 带罚函数的对称滑移，即 SLIDING_ONLY_PENALTY 接触类型。

➤ **2** 接触面固连，即 TIED_SURFACE_TO_SURFACE 接触类型。

➤ **3** 用于滑移、冲击和摩擦的面面接触，即 SURFACE_TO_SURFACE 接触类型。

➤ **a3** 用于滑移、冲击和摩擦的面面接触，不用重置接触面的法向，即 AUTOMATIC_SURFACE_TO_SURFACE 接触类型。

➤ **4** 用于单面接触，即 SINGLE_SURFACE 接触类型。

➤ **5** 用于点面接触，即 NODES_TO_SURFACE 接触类型。

➤ **a5** 用于点面接触，不用重置接触面的法向，即 AUTOMATIC_NODES_TO_SURFACE 接触类型。

➤ **6** 用于点面固连接触，即 TIED_NODES_TO_SURFACE 接触类型。

➤ **7** 用于壳边与壳面固连接触，即 TIED_SHELL_EDGE_TO_SURFACE 接触类型。

➤ **8** 节点焊接到面，即 TIEBREAK_NODES_TO_SURFACE 接触类型。

➤ **9** 接触面的固连断开，即 TIEBREAK_SURFACE_TO_SURFACE 接触类型。

➤ **10** 单向面面接触，即 ONE_WAY_SURFACE_TO_SURFACE 接触类型。

➤ **a10** 单向面面接触，不用重置接触面的法向，即 AUTOMATIC_ONE_WAY_SURFACE_TO_SURFACE 接触类型。

➤ **13** 自动单面接触，可带有梁和任意方向，即 AUTOMATIC_SINGLE_SURFACE 接触类型。

➤ **a13** 自动单面接触，可带有梁、任意方向及用于气囊接触的附加搜索选项，即 AIRBAG_SINGLE_SURFACE 接触类型。

➤ **14** 侵蚀面面接触，即 ERODING_SURFACE_TO_SURFACE 接触类型。

➤ **15** 侵蚀单面接触，即 ERODING_SINGLE_SURFACE 接触类型。

- **16** 侵蚀点面接触，即 ERODING_NODES_TO_SURFACE 接触类型。
- **17** 基于对称/不对称约束方法的面面接触，即 CONSTRAINT_SURFACE_TO_SURFACE 接触类型。
- **18** 基于约束方法的点面接触，即 CONSTRAINT_NODES_TO_SURFACE 接触类型。
- **19** 带有任意力/偏转曲线的刚体与刚体接触，即 RIGID_BODY_TWO_WAY_TO_RIGID_BODY 接触类型。
- **20** 带有任意力/偏转曲线的刚性节点与刚体接触，即 RIGID_NODES_TO_RIGID_BODY 接触类型。
- **21** 带有任意力/偏转曲线的刚体与刚体接触（单面接触），即 RIGID_BODY_ONE_WAY_TO_RIGID_BODY 接触类型。
- **22** 用于壳边的单边接触，即 SINGLE_EDGE 接触类型。
- **23** DRAWBEAD 接触。
- **24** 自动面面固连断开。
- **25** 自动单面固连断开。
- **34** 自动接触。
- **35** 自动内部接触。
- **36** 基于约束方法的力传感器接触。
- **37** 基于罚函数的力传感器接触。
- **38** 金属成形点面接触。
- **39** 金属成形单向面面接触。
- **40** 金属成形面面接触。
- **41** NODES_TO_SURFACE_INTERFERENCE 接触。
- **42** ONE_WAY_SURFACE_TO_SURFACE_INTERFERENCE 接触。
- **43** Spotweld 接触。
- **44** SPOTWELD_WITH_TORSION 接触。
- **45** SURFACE_TO_SURFACE_INTERFERENCE 接触。
- **46** TIEBREAK_NODES_ONLY 接触。
- **47** 带有失效的固连。
- **rebar** 钢筋混凝土 1D 滑移接触。
- *options* 则是接触选项。下面仅列出几个常用选项。
- **slvmat** *material_list*；从面材料编号。
- **mstmat** *material_list*；主面材料编号。

2.4.41 stp 和 tp

设置节点合并阈值，并输出合并信息。如果节点之间的距离小于设定的阈值，两个节点就被合并为一个节点。

2.4.42 title

设置标题。

用法：

title *text*　这里，*text* 是标题。

例子：

```
title airblast
block 1 4;1 4;1 4;0 3 0 3 0 3
merge
lsdyna keyword
write
```

在输出的 LS-DYNA 关键字文件里会出现如下关键字：

```
*KEYWORD
*TITLE
airblast
$
$ NODES
$
*NODE
1,0.000000000E+00,0.000000000E+00,0.000000000E+00,0,0
2,0.000000000E+00,0.000000000E+00,1.00000000,0,0
..........................................
```

2.4.43　while

开始迭代循环。**while** 语句必须独立成行。**while** 和 **endwhile** 语句须成对使用。可用 **break** 语句跳出 **while** 循环。

例子：

用于沿对角生成 10 个单网格块。

```
para n 0;
    while(%n.lt.10)
    block 1 2;1 2;1 2;0 1 0 1 0 1
    tri ;;; v %n %n %n;
    endpart
    para n [%n+1];
endwhile
```

上述命令执行效果如图 2-65 所示。

图 2-65　while 循环作用效果

2.4.44　when

与 **if** 语句类似，**when** 也是条件执行语句。**when** 语句必须独立成行。**when** 和 **endwhen** 语句必须成对使用。

当做参数化网格时，**when** 语句可用于选择各种不同的拓扑结构。

2.4.45　xoff、yoff 和 zoff

对该命令后面的 PART 进行偏移。

用法：

xoff *offset*　对 x 坐标进行偏移，这里，*offset* 是偏移距离。

yoff *offset*　对 y 坐标进行偏移，这里，*offset* 是偏移距离。

zoff *offset*　对 z 坐标进行偏移，这里，*offset* 是偏移距离。

2.4.46　xsca、ysca、zsca 和 csca

对该命令后面的 PART 进行缩放。

例如，建模时长度单位采用 mm，而计算求解文件采用的长度单位是 m，可以采用这些命令对模型进行缩放。

用法：

xsca *scale*　对 x 坐标进行缩放，这里，*scale* 是缩放比例。

ysca *scale*　对 y 坐标进行缩放，这里，*scale* 是缩放比例。

zsca *scale*　对 z 坐标进行缩放，这里，*scale* 是缩放比例。

采用一个 **csca** 命令也可完成上述全部工作：

csca *scale*　对 x、y、z 坐标进行缩放，这里，*scale* 是缩放比例。

2.4.47　ztol

将小于设定偏差的节点坐标值重置为零。

2.4.48　表达式和参数化建模

使用表达式和参数化建模，直接调整参数值，可以方便地修改模型形状和网格，能够大大提高工作效率。

TrueGrid 表达式与 FORTRAN 语句类似，只是要用方括号 "[ ]" 括起来，可用于 TrueGrid 任何需要数字的地方。例如，可以采用表达式定义网格密度：

```
block 1 [1+2.7*%d];1 [1+3.2*%d];1 [1+4.9*%d];0 2.7;1 4.2;-1 3.9;
```

还可以采用表达式计算两点之间的距离：

```
[ sqrt(%a*%a + %b*%b) ]
```

TrueGrid 支持：

1）变量和数组。

2）代数表达式。

3）生成参数化曲线和曲面。

4）函数的定义和使用。

5）全局网格密度计算。

6）局部网格密度计算。

7）采用 include 命令调用子网格。

8）根据条件执行命令。

9）在循环中重复执行一组命令。

10）替换 CAD 几何体。

11）If 语句。

12）迭代函数。

13）用户自定义函数。

14）TrueGrid 内置构造函数。

TrueGrid 支持所有 FORTRAN 内部函数，包括三角函数及其逆函数，所有角度的单位为度。例如，下列表达式都是有效浮点数字：

```
[tan(atan2(2,1))*3]
[(-2)*(-3)*4*5/4+3]
[sqrt(2)*sqrt(2)]
[2.3**2.5]
```

表达式可用于指定或修改网格区域的节点坐标，且在命令层级中最后被执行，即在 PART 初始化后、插值、投影、网格光滑后才能生效。所有的计算都是在当前 PART 采用的坐标系下进行的，这表示如果 PART 采用 cylinder 命令来初始化，那么坐标 x、y 和 z 采用的是柱坐标系。

例子 1：

```
cylinder -1;1 291;1 71;1 0 360 0 2
x=x+.1*cos(12*y+z*240)+.2*cos(4*k)
```

上述命令执行效果如图 2-66 所示。

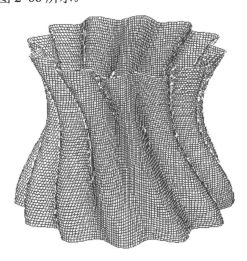

图 2-66　x=命令的作用效果

例子2：

```
cylinder 1 3 6 8 ; 1 79 80 81 82 249 250 251 252 331 ; 1 3 6 8 ;
1.92 1.92 2.08 2.08 0 312 316 320 324 992 996 1000 1004 1320
-.08 -.08 .08 .08
dei 1 2 0 3 4 ;; 1 2 0 3 4 ;
sfi -1 -4 ; ; -1 -4 ; ts 0 0 0 0 0 1 2 0 .2
dom 1 1 1 4 2 4
z=z + 4.05
dom 1 2 1 4 2 4
z=z - 4.05
dom 1 2 1 4 5 4
z=z + 4.05 + 0.05*(j-79)/3
dom 1 5 1 4 5 4
z=z - 4.1
dom 1 5 1 4 6 4
z=z + 0.05*j
dom 1 6 1 4 6 4
z=z - 12.45
dom 1 6 1 4 9 4
z=z + 12.45 + 0.05*(j-249)/3
dom 1 9 1 4 9 4
z=z - 12.5
dom 1 9 1 4 10 4
z=z + 12.5
endpart
merge
```

上述命令执行效果如图 2-67 所示。

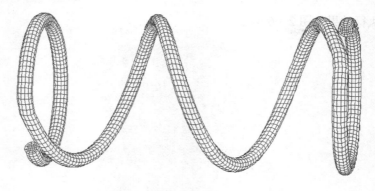

图 2-67　z=命令的作用效果

　　表达式的操作数可以是 x、y、z 坐标或临时变量 $t1$、$t2$、$t3$，节点索引 i、j、k，整数，浮点数以及参数。

　　算子可以是 +、−、*、/ 以及 ** 或 ^（指数）。默认情况下，指数 ** 和 ^ 优先级最高，其次是乘 *、除 /，而加 +、减 − 优先权最低。括号"()"可用于设定执行顺序，可以任意嵌套。

部分表达式如下：

- int(a)　只取 a 的整数部分。
- nint(a)　将 a 四舍五入取整数。
- abs(a)　a 的绝对值。
- mod(a1,a2)　a1 与 a2 的模。
- sign(a1,a2)　a1 采用 a2 的正负号。
- max(a1,...,an)　取最大值。
- min(a1,...,an)　取最小值。
- sqrt(a)　开平方。
- exp(a)　e 的 a 次方，a 不能大于 85.19。
- log(a)　a 的自然对数，a 必须为正数。
- log10(a)　以 10 为底的对数，a 必须为正数。
- sin(a)　a 的正弦函数（a 的单位是度）。
- cos(a)　a 的余弦函数（a 的单位是度）。
- tan(a)　a 的正切函数（a 的单位是度）。
- asin(a)　a 的反正弦函数（结果单位为度），a 必须在-1～1 之间。
- acos(a)　a 的反余弦函数（结果单位为度），a 必须在-1～1 之间。
- atan(a)　a 的反正切函数，a 不能为 90、-90、180 和-180。
- atan2(a1,a2)　a1/a2 的反正切函数。
- sinh(a)　双曲正弦函数（a 的单位是度）。
- cosh(a)　双曲余弦函数（a 的单位是度）。
- tanh(a)　双曲正切函数（a 的单位是度）。

还有两个随机数生成函数：

- norm([seed[,mean[,sig]]])　正态分布。
- rand([seed[,mean]])　范围为 1.0 的标准分布。

表达式最多可包含 240 个算子、操作数、函数调用和括号。美元符号$后面紧跟空格表示后面的字符全部是注释。

同一表达式可以跨多行，每行最后用&字符来连接。同一行也可以有多个表达式，中间用分号;隔开。

例子：

```
x=x+1.0      $ 在x方向移动PART
t1=x
x=y
y=t1        $ 交换x和y坐标
x=i*i;y=j*j;z=k*k;    $ 每个坐标是索引的平方
t1=sqrt(x*x+y*y)    $ 径向极坐标
t2=atan2(x,y)      $ 角极坐标
t2=t2+0.1*k      $ 增加极角
x=t1*cos(t2)      $ 转换回笛卡儿坐标
y=t1*sin(t2)      $ 同上
```

2.5 输出命令

2.5.1 abaqus

设置输出格式为 ABAQUS 软件输入文件格式。

2.5.2 autodyn

设置输出格式为 AUTODYN 软件输入文件格式。该命令必须置于所有 PART 命令之前。

2.5.3 lsdyeos

为 LS-DYNA 软件指定材料状态方程参数。

用法：

lsdyeos *material_# eos_type parameter_list* ;

这里：

● *material_#* 是定义的材料模型编号，也就是说状态方程采用了与材料模型相同的编号。

● *eos_type* 是状态方程类型。

● *parameter_list* 是与选定状态方程类型对应的参数列表。例如，对于 eos_type=1，也就是 LS-DYNA 中的*EOS_001（*EOS_LINEAR_POLYNOMIAL），parameter_list 为：c0、c1、c2、c3、c4、c5、c6、e0、v0。

2.5.4 lsdymats

为 LS-DYNA 软件指定材料本构模型参数。

用法：

lsdymats *material_# material_type parameter_list* ;

这里：

● *material_#* 是材料编号，为正整数。

● *material_type* 是材料模型类型，为正整数，如 3 表示*MAT_003。

● *parameter_list* 是与材料模型相关的参数列表。

2.5.5 lsdyna

设置输出格式为 LS-DYNA 输入文件格式。

用法：

lsdyna *type*

这里 *type* 可以是：

● *fixed* 固定格式。

● *keyword* 关键字格式。

2.5.6　lsdyopts

为 LS-DYNA 软件设置求解控制和数据输出参数。

用法:

lsdyopts *options;*

下面仅介绍几个常用的求解控制参数, 即 *options* 可以是:

- endtim　设置计算终止时间。
- d3part　设置 d3part 文件输出间隔。
- d3plot　设置 d3plot 文件输出间隔。
- d3thdt　设置 d3thdt 文件输出间隔。
- lsnwds　定义计算需要的内存。
- theory　定义壳单元算法。
- scft　　设置时间步长缩放因子。
- slsfac　设置接触界面罚因子。
- ncpu　　设置计算需要的 CPU 个数。
- dtint　 设置初始最小时间步长。

2.5.7　mof

指定输出的网格模型文件名称。

用法:

mof *[path]file_name*

这里:

- *path*　是文件路径, 为可选项。
- *file_name*　是带有后缀的文件名。

mof 命令与 TrueGrid 运行命令行中的 o=model 选项类似。

2.5.8　save

将前面运行过的命令强制写入 tsave 文件中。

2.5.9　verbatim

将文本写入输出文件中。

用法:

verbatim

text

endverbatim

text 可以是任意多行, 将会被写入到输出文件开头。

注: 本章部分内容来自 XYZ Scientific Applications 公司的资料。

2.6　参考文献

[1] XYZ Scientific Applications Inc. TrueGrid User's Manual Version 3.0.0[Z]. 2014.

[2] XYZ Scientific Applications Inc. TrueGrid Output Manual Version 2.1.0[Z]. 2001.

[3] XYZ Scientific Applications Inc. TrueGrid Output Manual For LS-DYNA Version 2.3.0[Z]. 2007.

[4] XYZ Scientific Applications Inc. TrueGrid Examples Manual Version 2.1.0 [Z]. 2001.

[5] 辛春亮，等. 由浅入深精通 LS-DYNA [M]. 北京：中国水利水电出版社, 2019.

第 3 章　TrueGrid 建模范例

许多仿真应用算例需要采用极为细密的高质量结构化网格，三维计算模型的网格数量可达数十万甚至百万以上，这样才能保证计算结果的准确性。网格规模庞大会显著增加计算时间。TrueGrid 作为一种功能强大的建模工具，非常适合用来生成特大规模网格模型，并可有效减少网格的数量，减少计算时间，提高计算网格的质量，以此保证计算结果的准确性。

需要说明的是，本章讨论的模型虽然涉及爆炸和冲击问题，但均不具有任何型号背景，也与预研项目无关，这些模型都没有具体参照，可能与实际结构差异较大，读者可以参考其中的建模思路建立适合自己的网格模型。

3.1　钢壳结构水下爆炸模型

本节介绍一个水下爆炸建模的例子。LSTC 公司提供了该范例的.k 文件，在这里，将采用 TrueGrid 软件重新建立有限元模型。

模型描述：建立 1/4 模型，钢壳结构漂浮在水中，厚度为 0.2cm，上面为空气，方形炸药位于壳结构下面的水中，共 104.32g，如图 3-1 所示。

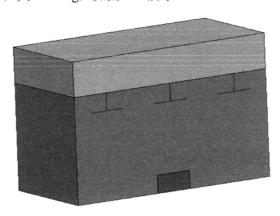

图 3-1　水下爆炸模型

title　undex	c	标题
plane 1 0 0 0 0 1 0 0 0.01 symm;	c	设置Y对称平面
plane 2 0 0 0 0 0 1 0 0.01 symm;	c	设置Z对称平面
lsdymats 10 9 rho 1.00 brick　elfob　csb;	c	指定材料参数——水
lsdyeos 10　4 vci 0.148 s1 1.75 gamma 0.28;	c	指定材料状态方程——水
lsdymats 11　8 rho 1.63 brick　elfob　csb	c	指定材料参数——炸药
d　0.784　pcj 0.26;		
lsdyeos 11　2　a 3.71 b 3.230E-02 r1 4.15	c	指定材料状态方程——炸药

```
r2 0.95 omega 0.3 e0 4.300E-02 v0 1.00;
lsdymats 12 9 rho 1.280E-03 brick  elfob csb;  c   指定材料参数——空气
lsdyeos 12 1 c4 0.4 c5 0.4;                     c   指定材料状态方程——空气
partmode i;              c   PART命令的索引格式，这里为间隔格式（interval）
mate 10                  c   指定材料——水
block 10 4 10;2 10;2 10 4;-12 -2 2 12;0 2 12;0 2 12 16;  c   生成块体网格
mti 2 3; 1 2; 1 2;11                           c   指定材料——炸药
mti 1 4; 1 3; 3 4;12                           c   指定材料——空气
endpart                                        c   PART命令结束
partmode s;             c   PART命令的索引格式，这里为标准格式（standard）
mate 1                  c   指定材料——壳结构
block 1 3 -5 7 11 -13 15 19 -21 23 25;1 13;-1 -2;     c   生成钢壳网格
     -12 -10 -8 -6 -2 0 2 6 8 10 12;0 12;9.99 11.99
dei 1 2 0 4 5 0 7 8 0 10 11; 1 2; -1;          c   删除不需要的部分
thic 0.2                                        c   设置壳结构的厚度
endpart                                         c   PART命令结束
merge                                           c   合并
tp 0.001                                        c   设置合并的间隙
lsdyna keyword                                  c   设置输出格式
write                                           c   输出网格模型文件
```

图 3-2 和图 3-3 所示为 TrueGrid 生成的网格图。

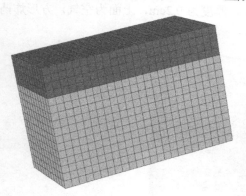 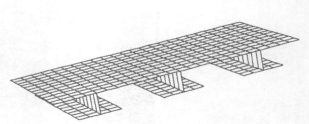

图 3-2　流体网格图　　　　　　　图 3-3　钢结构网格图

3.2　炸药自由场爆炸二维轴对称模型

模型描述：模型关于 X=0（在 LS-DYNA 二维轴对称模型中，Y 轴是默认对称轴。）和 Y=0 平面对称，炸药半径 20.75cm，空气域半径 300cm，网格划分极为细密，如图 3-4 所示。

```
plane 1 0 0 0 0 1 0 0.01 symm;
mate 2
block 1 108 158 700;1 108 158 700;-1;0 14 14 14;0 14 14 14;0
dei   2 4; 2 4; -1;
```

```
sfi 1 2; -3; -1; cy 0 0 0 0 0 1 20.75
sfi -3; 1 2; -1; cy 0 0 0 0 0 1 20.75
sfi 1 2; -4; -1; cy 0 0 0 0 0 1 300
sfi -4; 1 2; -1; cy 0 0 0 0 0 1 300
pb 2 2 1 2 2 1 xy 11 11
res 3 1 1 4 2 1 i 1.0045        c  网格尺寸渐变
res 1 3 1 2 4 1 j 1.0045        c  网格尺寸渐变
mti 1 3; 1 3; -1; 1;
nset 4 1 1 4 2 1 = nodes
nset 1 4 1 2 4 1 or nodes
endpart
merge
tp 0.001          c  设置合并的间隙
lsdyna keyword
curd 1 arc3 seqnc rt 200 0 0 rt 141.4 141.4 0 rt 0 200 0;;   c 定义3D圆周曲线
crvnset nodes 1 0 1      c 将nodes中的节点沿着曲线1逆时针排列
write
```

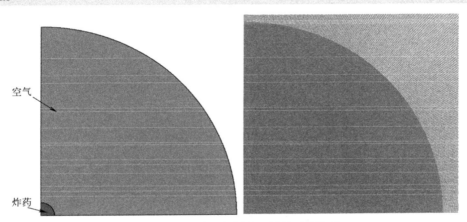

图 3-4　炸药自由场爆炸二维轴对称模型

空气

炸药

3.3　炸药自由场爆炸三维 1/8 对称模型

模型描述：模型关于 X=0、Y=0 和 Z=0 平面对称，炸药半径 20.75cm，空气域半径 300cm。由于是三维模型，为减小计算规模，网格尺寸较大，如图 3-5 所示。

```
plane 1 0 0 0 1 0 0 0.01 symm;    c 设置对称面
plane 2 0 0 0 0 1 0 0.01 symm;    c 设置对称面
plane 3 0 0 0 0 0 1 0.01 symm;    c 设置对称面
partmode i;    c  PART命令的索引格式，这里为间隔格式(interval)
mate 1     c 炸药材料号
block 10 10 40;10 10 40;10 10 40;0 11 11 11;0 11 11 11;0 11 11 11;
DEI   1 4; 2 4; 2 4;
DEI   2 4; 1 2; 2 4;
DEI   2 4; 2 4; 1 2;
sfi 1 2; 1 2; -3;sp 0 0 0 20.75
```

```
sfi 1 2; -3; 1 2;sp 0 0 0 20.75
sfi -3; 1 2; 1 2;sp 0 0 0 20.75
sfi 1 2; 1 2; -4;sp 0 0 0 300
sfi 1 2; -4; 1 2;sp 0 0 0 300
sfi -4; 1 2; 1 2;sp 0 0 0 300
pb 1 2 2 1 2 2 yz 9.1 9.1
pb 2 2 1 2 2 1 xy 9.1 9.1
pb 2 1 2 2 1 2 xz 9.1 9.1
pb 2 2 2 2 2 2 xyz 8 8 8
res 3 1 1 4 2 2 i 1.06          c  I方向控制网格尺寸渐变
res 1 3 1 2 4 2 j 1.06          c  J方向控制网格尺寸渐变
res 1 1 3 2 2 4 k 1.06          c  K方向控制网格尺寸渐变
fset 4 1 1 4 2 2 = outflow    c  输出Segment Set，以施加压力流出边界或非反射边界条件
fset 1 4 1 2 4 2 or outflow
fset 1 1 4 2 2 4 or outflow
mti 3 4; 1 2; 1 2;2     c  设置空气材料
mti 1 2; 3 4; 1 2;2     c  设置空气材料
mti 1 2; 1 2; 3 4;2     c  设置空气材料
endpart
merge
stp 0.001
lsdyna keyword         c  设置输出为LS-DYNA关键字格式输入文件
write
```

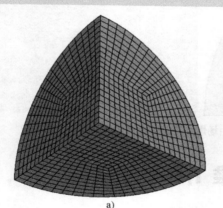 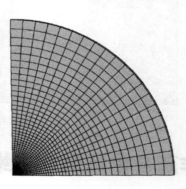

a)   b)

图 3-5　炸药自由场爆炸三维 1/8 对称模型

a) 炸药网格划分　　b) 整体网格划分

3.4　刚性弹体三维全模型

模型描述：刚性弹体长度 1000mm，直径 320mm。

```
mate 1            c  弹体材料号
lct 1 rxz;        c  定义局部复制变换
ld 2 lp2 0 0 0 12;lar 160 270 355;lp2 160 1000;;   c  定义弹体二维外轮廓曲线
```

```
sd 2 crz 2;;                    c    将弹体二维轮廓曲线绕Z轴旋转成三维外轮廓曲面
partmode i;
block 3 7 3;3 3;3 6 26;-50 -50 50 50;0 50 50;0 100 250 1000;
dei 1 2 0 3 4; 2 3; 1 4;        c  删除网格
dei 1 2 0 3 4;1 2; 1 2;
dei 2 3; 2 3; 1 2;
sfi 2 3; 1 2; -1;sd 2          c    向弹体外轮廓曲面投影
sfi -1; 1 2; 2 4;sd 2
sfi 2 3; -3; 2 4;sd 2
sfi -4; 1 2; 2 4;sd 2
pb 3 1 2 3 1 2 xz 33 103        c   移动节点
pb 2 1 2 2 1 2 xz -33 103
pb 4 1 2 4 1 2 xz 60 58.6
pb 3 1 1 3 1 1 xz 60 58.6
pb 1 1 2 1 1 2 xz -60 58.6
pb 2 1 1 2 1 1 xz -60 58.6
pb 2 2 1 2 2 1 xyz -60 60 89
pb 3 2 1 3 2 1 xyz 60 60 89
pb 3 2 2 3 2 2 xyz 41 40 110
pb 2 2 2 2 2 2 xyz -41 40 110
res 1 1 2 4 2 4 i 1     c    I方向控制网格尺寸渐变
lrep 0 1;               c     执行局部复制变换
endpart
merge
stp 0.001               c  设置节点合并阈值
lsdyna keyword          c  设置输出为LS-DYNA关键字格式输入文件
write                   c  输出网格模型文件
```

网格划分结果如图 3-6 所示。

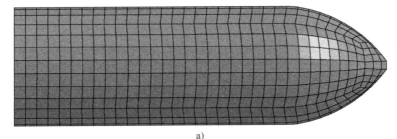

a)

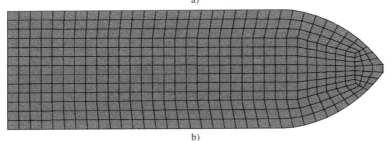

b)

图 3-6 弹体网格

a) 外形   b) 剖面

3.5 装药弹体二维轴对称模型

模型描述：Y 轴为对称轴，弹体长度 900mm，直径 90mm，弹体模型如图 3-7 所示。

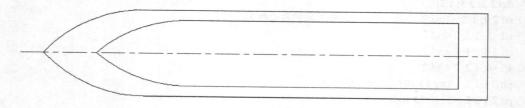

图 3-7 弹体模型

```
xsca 0.001              c 建模时长度单位采用mm，在此转换为m
ysca 0.001              c 建模时长度单位采用mm，在此转换为m
mate 1                  c 弹体壳体材料号
curd 21 arc3 seqnc rt 0 0 0 rt 69.021 98.4153 0 rt 90 216.7764 0;
        lp3 90 900 0;;      c 定义壳体外轮廓2D曲线
curd 22 arc3 seqnc rt 0 106.1109 0 rt 49.0942 187.3114 0 rt 68 280.297 0;
        lp3 68 840 0;;      c 定义壳体内腔轮廓2D曲线
block 1 9;1 16;-1;0 90;0 180;0
pb 1 1 1 1 1 1 xy 0 106
pb 2 1 1 2 1 1 xy 0 0
cur 2 1 1 2 2 1 21          c 向壳体外轮廓曲面投影
cur 1 1 1 1 2 1 22
pb 1 2 1 1 2 1 xy 54 195
bb 1 2 1 2 2 1 1;           c 网格疏密渐变-主面
endpart
block 1 10 14;1 7 91 100;-1;0 68 90;180 240 840 900;0
dei 1 2; 1 3; -1;           c 删除网格
cur 3 1 1 3 2 1 21          c 向壳体外轮廓曲面投影
cur 3 2 1 3 3 1 21          c 向壳体外轮廓曲面投影
cur 3 3 1 3 4 1 21          c 向壳体外轮廓曲面投影
cur 2 1 1 2 2 1 22          c 向壳体内轮廓曲面投影
cur 2 2 1 2 3 1 22          c 向壳体内轮廓曲面投影
trbb 2 1 1 3 1 1 1;         c 网格疏密渐变-从面
endpart
mate 2                  c 装药材料号
block 1 7 13;1 7 16 100;-1;0 34 34;106 200 280 840;0
dei 2 3; 1 2; -1;
cur 1 1 1 2 1 1 22          c 向装药内轮廓曲面投影
cur 3 2 1 3 3 1 22          c 向装药内轮廓曲面投影
cur 3 3 1 3 4 1 22          c 向装药内轮廓曲面投影
pb 2 2 1 2 2 1 xy 24 201    c 移动节点
pb 3 2 1 3 2 1 xy 45 162
```

```
pb 2 1 1 2 1 1 xy 45 162
endpart
merge
bptol 1 3 -1              c 设置Part 1和Part 3之间不合并节点
bptol 2 3 -1              c 设置Part 2和Part 3之间不合并节点
stp 0.0005               c 设置节点合并阈值
lsdyna keyword          c 设置输出文件为LS-DYNA关键字格式输入文件
write                    c 输出网格模型文件
```

网格划分结果如图 3-8 所示。

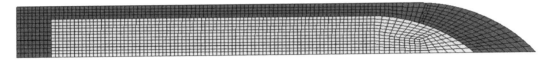

图 3-8　装药弹体二维轴对称模型

3.6　装药弹体三维 1/4 对称模型

模型描述：1/4 弹体模型关于 X=0 和 Y=0 平面对称，弹体结构同上，弹体长度 900mm，直径 90mm。

```
plane 1 0 0 0 1 0 0 0.01 symm;       c 设置模型关于X=0平面对称
plane 2 0 0 0 0 1 0 0.01 symm;       c 设置模型关于Y=0平面对称
partmode i;     c PART命令的索引格式，这里为间隔格式(interval)
ld 1 lp2 0 0;lar 90 216.7764 277.778;lp2 90 900;   c 定义壳体外轮廓2D曲线
ld 2 lp2 0 106.1109;lar 68 280.297 277.8314;       c 定义壳体内腔轮廓2D曲线
lp2 68 900;
sd 1 crz 1;      c 定义壳体外轮廓3D曲面
sd 2 crz 2;      c 定义壳体内腔轮廓3D曲面
mate 1           c 设置壳体材料号
block 4 4; 4 4;4 4 5;0 36 36;0 36 36;0 63 106 180    c 生成外壳体网格
DEI   2 3; 2 3; 1 4;       c 删除网格
DEI   1 2; 2 3; 1 2;       c 删除网格
DEI   2 3; 1 2; 1 2;       c 删除网格
DEI   1 2; 1 2; 3 4;       c 删除网格
sfi 1 2; 1 2; -1;sd 1      c 向外轮廓曲面投影
sfi 1 2; -3; 2 4;sd 1      c 向壳体外轮廓曲面投影
sfi -3; 1 2; 2 4;sd 1      c 向壳体外轮廓曲面投影
sfi 1 2; 1 2; -3;sd 2      c 向壳体外轮廓曲面投影
sfi 1 2; -2; 3 4;sd 2      c 向壳体内轮廓曲面投影
sfi -2; 1 2; 3 4;sd 2      c 向壳体内轮廓曲面投影
pb 2 2 2 2 2 2 xyz 23 23 69          c 移动节点
pb 2 1 2 2 1 2 xz 21 64
pb 1 2 2 1 2 2 yz 21 64
```

```
pb 2 1 3 2 1 3 xz 29 130
pb 1 2 3 1 2 3 yz 29 130
pb 1 3 2 1 3 2 yz 39 42
pb 1 2 1 1 2 1 yz 39 42
pb 3 1 2 3 1 2 xz 39 42
pb 2 2 3 2 2 3 xyz 20 20 144
pb 2 1 1 2 1 1 xz 39 42
pb 2 2 1 2 2 1 xyz 36 63 63
pb 1 1 2 1 1 2 z 57
sfi 1 3; 1 3; −4;plan 0 0 170 0 0 1        c    向平面投影
bb 2 1 4 3 2 4 1;            c  网格疏密渐变−主面
bb 1 2 4 2 3 4 2;            c  网格疏密渐变−主面
endpart                     c  结束当前PART命令
block 8 2 4;8 2 4;12 60 7;0 55 55 55; 0 55 55 55;180 280 840 900
DEI   2 4; 2 4; 1 4;        c  删除网格
DEI   1 3; 1 3; 1 3;
sfi 1 2; −4; 1 4;sd 1       c  向壳体外轮廓曲面投影
sfi −4; 1 2; 1 4;sd 1
sfi 1 2; −3; 1 4;sd 2
sfi −3; 1 2; 1 4;sd 2
trbb 3 1 1 4 2 1 1;         c  网格疏密渐变−从面
trbb 1 3 1 2 4 1 2;         c  网格疏密渐变−从面
pb 2 2 3 2 2 4 xy 42 42
mti 1 3; 1 3; 3 4;3;        c  设置堵盖材料号
endpart
mate 2                      c  设置装药材料号
block 4 4;4 4;4 6 8 50;0 34 34;0 34 34;106 140 180 260 840
DEI   2 3; 2 3; 1 5;        c  删除网格
DEI   1 2; 2 3; 1 2;
DEI   2 3; 1 2; 1 2;
sfi 1 2; 1 2; −1;sd 2       c  向装药外轮廓曲面投影
sfi 1 2; −3; 2 5;sd 2
sfi −3; 1 2; 2 5;sd 2
pb 2 2 2 2 2 2 xyz 11 11 141       c  移动节点
pb 2 1 2 2 1 2 xz 12 141
pb 1 2 2 1 2 2 yz 12 141
pb 3 1 2 3 1 2 xz 21 131
pb 2 1 1 2 1 1 xz 21 131
pb 1 2 1 1 2 1 yz 21 131
pb 1 3 2 1 3 2 yz 21 131
pb 3 2 2 3 2 2 xyz 19 19 144
pb 2 3 2 2 3 2 xyz 19 19 144
pb 2 2 1 2 2 1 xyz 19 19 144
pb 2 1 3 2 1 3 xz 22 181
pb 1 2 3 1 2 3 yz 22 181
pb 2 2 3 2 2 3 xyz 20 20 180
```

```
pb 2 2 4 2 2 5 xy 28 28
endpart
merge                    c 合并PART，组装模型
bptol 1 3 -1             c 设置Part 1和Part 3之间不合并节点
bptol 2 3 -1             c 设置Part 2和Part 3之间不合并节点
stp 0.01                 c 设置节点合并阈值
lsdyna keyword           c 设置输出文件为LS-DYNA关键字格式输入文件
write                    c 输出网格模型文件
```

网格划分结果如图 3-9 所示。

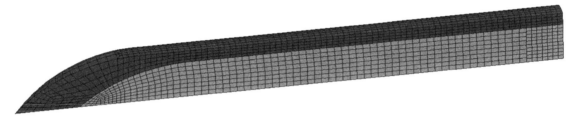

图 3-9　装药弹体三维 1/4 对称模型

3.7　二维轴对称多层靶模型

模型描述：四层靶，分别被设定为四种材料，靶厚 6m，间距 14m。

```
mate 1                   c 设置材料号
lct 3 my 20;repe 3;      c 定义局部复制变换
block 1 31;1 37;-1;0 5;0 6;0
bb 2 1 1 2 2 1 1;        c 网格疏密渐变-主面1
lrep 0 1 2 3;            c 执行局部复制变换
lmi 1                    c 局部复制变换时材料号递增
endpart
mate 1
block 1 13;1 19;-1;5 10;0 6;0
trbb 1 1 1 1 2 1 1;      c 网格疏密渐变-从面1
bb 2 1 1 2 2 1 2;        c 网格疏密渐变-主面2
res 1 1 1 2 2 1 i 1.1    c 网格尺寸渐变
lrep 0 1 2 3;            c 执行局部复制变换
lmi 1
endpart
mate 1
block 1 13;1 7;-1;10 20;0 6;0
trbb 1 1 1 1 2 1 2;      c 网格疏密渐变-从面2
res 1 1 1 2 2 1 i 1.1
lrep 0 1 2 3;
lmi 1
```

```
endpart
merge                    c 合并PART，组装模型
stp 0.01                 c 设置节点合并阈值
lsdyna keyword           c 设置输出文件为LS-DYNA关键字格式输入文件
write                    c 输出网格模型文件
```

网格划分结果如图 3-10 所示。

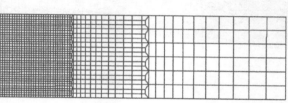

a)   b)

图 3-10   二维轴对称多层靶网格

a) 多层靶   b) 单层靶网格

3.8   半无限靶三维 1/4 对称模型

模型描述：靶厚 12m，关于 X=0 和 Y=0 平面对称。

```
plane 1 0 0 0 1 0 0 0.01 symm;   c 设置模型关于X=0平面对称
plane 2 0 0 0 0 1 0 0.01 symm;   c 设置模型关于Y=0平面对称
partmode i;              c    PART命令的索引格式，这里间隔格式(interval)
block 15 15; 15 15;36;0 5 5;0 5 5;0 -12
dei 2 3; 2 3; 1 2;               c 删除网格
sfi -3; 1 2; 1 2;cy 0 0 0 0 0 1 10;   c 投影
sfi 1 2; -3; 1 2;cy 0 0 0 0 0 1 10;
pb 2 2 1 2 2 2 xy 4.2 4.2        c 移动节点
bb 3 1 1 3 2 2 1;                c 网格疏密渐变-主面1
bb 1 3 1 2 3 2 2;                c 网格疏密渐变-主面2
endpart
```

```
cylinder 4;15 15;12;10 12;0 45 90;0 -12
trbb 1 1 1 1 2 2 1;          c 网格疏密渐变-从面1
trbb 1 2 1 1 3 2 2;          c 网格疏密渐变-从面2
bb 2 1 1 2 2 2 3;            c 网格疏密渐变-主面3
bb 2 2 1 2 3 2 4;            c 网格疏密渐变-主面4
endpart
cylinder 10;5 5;12;12 40;0 45 90;0 -12
trbb 1 1 1 1 2 2 3;          c 网格疏密渐变-从面3
trbb 1 2 1 1 3 2 4;          c 网格疏密渐变-从面4
res 1 1 1 2 3 2 i 1.1        c 控制I方向网格尺寸渐变
fset 2 1 1 2 3 2 = non-ref   c 输出Segment Set，以定义非反射边界
endpart
merge                        c 合并PART，组装模型
stp 0.01                     c 设置节点合并阈值
lsdyna keyword               c 设置输出文件为LS-DYNA关键字格式输入文件
write                        c 输出网格模型文件
```

网格划分结果如图 3-11 所示。

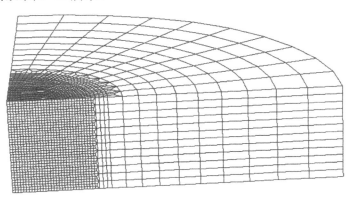

图 3-11   1/4 三维半无限靶网格一

对于 TrueGrid 2.1 版本，三维模型中只能单方向进行网格疏密渐变，而对于 TrueGrid 2.1 以上版本，则可以两个方向同时进行网格疏密渐变，上述模型可以修改为：

```
plane 1 0 0 0 1 0 0 0.01 symm;   c 设置模型关于X=0平面对称
plane 2 0 0 0 0 1 0 0.01 symm;   c 设置模型关于Y=0平面对称
partmode i;          c  PART命令的索引格式，这里为间隔格式(interval)
block 15 15; 15 15;36;0 5 5;0 5 5;0 -12
dei 2 3; 2 3; 1 2;               c 删除网格
sfi -3; 1 2; 1 2;cy 0 0 0 0 0 1 10;   c 投影
sfi 1 2; -3; 1 2;cy 0 0 0 0 0 1 10;
pb 2 2 1 2 2 2 xy 4.2 4.2        c 移动节点
bb 3 1 1 3 2 2 1;               c 网格疏密渐变-主面1
bb 1 3 1 2 3 2 2;               c 网格疏密渐变-主面2
endpart
cylinder 14;5 5;12;10 40;0 45 90;0 -12
```

```
trbb 1 1 1 1 2 2 1;              c 网格疏密渐变-从面1
trbb 1 2 1 1 3 2 2;              c 网格疏密渐变-从面2
res 1 1 1 2 3 2 i 1.1           c 控制网格I方向疏密分布
fset 2 1 1 2 3 2 = non-ref       c 输出Segment Set，以定义非反射边界
endpart
merge                            c 合并PART，组装模型
stp 0.01                         c 设置节点合并阈值
lsdyna keyword                   c 设置输出文件为LS-DYNA关键字格式输入文件
write                            c 输出网格模型文件
```

网格划分结果如图 3-12 所示。

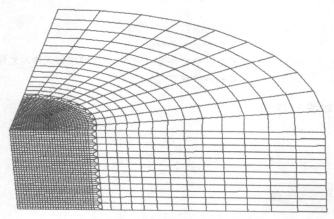

图 3-12   1/4 三维半无限靶网格二

3.9   复合靶三维 1/2 对称模型

模型描述：在该复合靶模型中靶厚 5m，上下分别为两种材料，例如，上面为覆土层，下面为混凝土，厚度不均，模型关于 Y=0 平面对称。

```
plane 1 0 0 0 0 1 0 0.01 symm;        c 设置模型关于Y=0平面对称
partmode i;        c  PART命令的索引格式，这里为间隔格式(interval)
sd 34 plan 0 0 0 [sin(20)] 0 [-1*cos(20)]    c 定义复合靶分界面
vd 34 sd 34 1.38;                     c 定义复合靶中第2种材料覆盖的区域
mate 1                                c 设置混凝土材料号
block 24 48 24; 24 24;60;-2 -2 2 2;0 2 2;0 -5
DEI   1 2 0 3 4; 2 3; 1 2;        c 删除网格
sfi -1; 1 2; 1 2;cy 0 0 0 0 0 1 4;    c 向靶板外轮廓投影
sfi 2 3; -3; 1 2;cy 0 0 0 0 0 1 4;
sfi -4; 1 2; 1 2;cy 0 0 0 0 0 1 4;
pb 3 2 1 3 2 2 xy 1.7 1.7         c 移动节点
pb 2 2 1 2 2 2 xy -1.7 1.7
mtv 1 1 1 4 3 2 34 2 2;           c 将网格模型局部掏空，设置为第2种材料
endpart
```

```
merge                         c 合并PART，组装模型
stp 0.01                      c 设置节点合并阈值
lsdyna keyword                c 设置输出文件为LS-DYNA关键字格式输入文件
write                         c 输出网格模型文件
```

网格划分结果如图3-13所示。

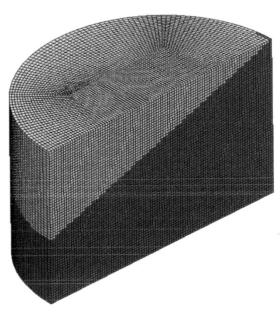

图3-13　1/2三维复合靶网格

3.10 带 20° 倾斜角的靶标三维 1/2 对称模型

模型描述：在该靶标模型中靶体长、宽、高均为4m，模型关于Y=0平面对称。

```
plane 1 0 0 0 0 1 0 0.01 symm;     c 设置模型关于Y=0平面对称
gct 1 ry 20;                       c 定义全局复制变换
partmode i    c PART命令的索引格式，这里为间隔格式(interval)
mate 7                             c 设置靶标材料号
block 60;15;120;-1000 1000;0 500;-11 -4011
bb 1 1 1 1 2 2 1;                  c 网格疏密渐变-主面1
bb 1 2 1 2 2 2 2;                  c 网格疏密渐变-主面2
bb 2 1 1 2 2 2 3;                  c 网格疏密渐变-主面3
grep 1;                           c 执行全局复制变换
endpart
block 7 20 7;5 10;40;-2000 -1000 1000 2000;0 500 2000;-11 -4011
DEI   2 3; 1 2; 1 2;
trbb 2 1 1 2 2 2 1;               c 网格疏密渐变-从面1
trbb 2 2 1 3 2 2 2;               c 网格疏密渐变-从面2
```

trbb 3 1 1 3 2 2 3;	c 网格疏密渐变–从面3
res 1 1 1 2 3 2 i 0.95	c 控制网格I方向疏密分布
res 3 1 1 4 3 2 i 1.1	c 控制网格I方向疏密分布
res 1 2 1 4 3 2 j 1.05	c 控制网格J方向疏密分布
grep 1;	c 执行全局复制变换
endpart	
merge	c 合并PART，组装模型
stp 0.1	c 设置节点合并阈值
lsdyna keyword	c 设置输出文件为LS-DYNA关键字格式输入文件
write	c 输出网格模型文件

网格划分结果如图 3-14 所示。

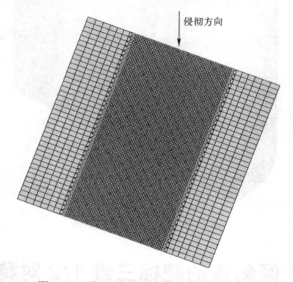

图 3-14　带 20°倾斜角的 1/2 三维方靶网格

　　如图 3-14 所示，模型中间地带细密网格的利用率不高，采用 mtv 命令可以有效降低网格数量，而且生成的网格的正交性很好。用 TrueGrid 建好模型后，把输出的模型文件导入 LS-PrePost 软件，在 Page 1→SelPar 下选择"材料 7"，然后通过菜单 File→Save As→Save Active File As…重新输出.k 文件，即可生成带有 20°倾斜角的 1/2 三维方靶网格，如图 3-15 所示。

plane 1 0 0 0 0 1 0 0.01 symm;	c 设置模型关于Y=0平面对称
partmode i	c PART命令的索引格式，这里为间隔格式(interval)
sd 34 plan 0 0 0 [sin(-20)] 0 [-1*cos(-20)]	c 定义复合靶分界面
vd 34 sd 34 700;	c 定义复合靶中第2种材料覆盖的区域
mate 7	c 设置靶标材料号
block 60;15;120;-1000 1000;0 500;-11 -4011	
bb 1 1 1 1 2 2 1;	c 网格疏密渐变–主面1
bb 1 2 1 2 2 2 2;	c 网格疏密渐变–主面2
bb 2 1 1 2 2 2 3;	c 网格疏密渐变–主面3
mtv 1 1 1 2 2 2 34 2 8;	c 为体34覆盖的区域赋予材料号8
endpart	

```
block 7 20 7;5 10;40;-2000 -1000 1000 2000;0 500 2000;-11 -4011
DEI    2 3; 1 2; 1 2;              c 删除网格
trbb 2 1 1 2 2 2 1;               c 网格疏密渐变-从面1
trbb 2 2 1 3 2 2 2;               c 网格疏密渐变-从面2
trbb 3 1 1 3 2 2 3;               c 网格疏密渐变-从面3
res 1 1 1 2 3 2 i 0.95           c 控制网格I方向疏密分布
res 3 1 1 4 3 2 i 1.1            c 控制网格I方向疏密分布
res 1 2 1 4 3 2 j 1.05           c 控制网格J方向疏密分布
mtv 1 1 1 4 3 2 34 2 8;         c 为体34覆盖的区域赋予材料号8
endpart
merge                            c 合并PART，组装模型
stp 0.1                          c 设置节点合并阈值
lsdyna keyword                   c 设置输出文件为LS-DYNA关键字格式输入文件
write                            c 输出网格模型文件
```

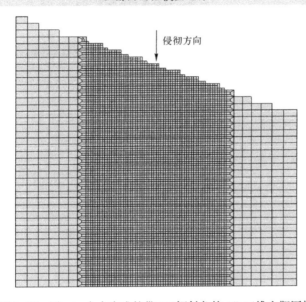

图 3-15　用 mtv 命令生成的带 20°倾斜角的 1/2 三维方靶网格

对于圆靶，网格生成命令如下：

```
plane 1 0 0 0 0 1 0 0.001 symm;      c 设置模型关于Y=0平面对称
partmode i;      c  PART命令的索引格式，这里为间隔格式(interval)
sd 34 plan 0 0 0 [sin(-20)] 0 [-1*cos(-20)]      c 定义复合靶分界面
vd 34 sd 34 780;                 c 定义复合靶中第2种材料覆盖的区域
mate 7                           c 设置靶标材料号
block 16 32 16;16 16;216;-300 -300 300 300;0 300 300;-11 -4011
DEI    1 2 0 3 4; 2 3; 1 2;      c 删除网格
sfi -1; 1 2; 1 2;cy 0 0 0 0 1 600;      c 投影
sfi 2 3; -3; 1 2;cy 0 0 0 0 1 600;
sfi -4; 1 2; 1 2;cy 0 0 0 0 1 600;
pb 3 2 1 3 2 2 xy 250 250        c 移动节点
```

```
pb 2 2 1 2 2 2 xy -250 250
mtv 1 1 1 4 3 2 34 2 8;              c 为体34覆盖的区域赋予材料号8
bb 1 1 1 1 2 2 1;                    c 网格疏密渐变-主面1
bb 2 3 1 3 3 2 2;                    c 网格疏密渐变-主面2
bb 4 1 1 4 2 2 3;                    c 网格疏密渐变-主面3
endpart
cylinder 12;8 16 8;108;600 1200;0 45 135 180;-11 -4011
res 1 1 1 2 4 2 i 1.08              c 控制网格I方向疏密分布
trbb 1 3 1 1 4 2 1;                 c 网格疏密渐变-从面1
trbb 1 2 1 1 3 2 2;                 c 网格疏密渐变-从面2
trbb 1 1 1 1 2 2 3;                 c 网格疏密渐变-从面3
bb 2 3 1 2 4 2 11;                  c 网格疏密渐变-主面11
bb 2 2 1 2 3 2 12;                  c 网格疏密渐变-主面12
bb 2 1 1 2 2 2 13;                  c 网格疏密渐变-主面13
mtv 1 1 1 2 4 2 34 2 8;             c 为体34覆盖的区域赋予材料号8
endpart
cylinder 12;4 8 4;54;1200 2500;0 45 135 180;-11 -4011
res 1 1 1 2 4 2 i 1.08              c 控制网格I方向疏密分布
trbb 1 3 1 1 4 2 11;                c 网格疏密渐变-从面11
trbb 1 2 1 1 3 2 12;                c 网格疏密渐变-从面12
trbb 1 1 1 1 2 2 13;                c 网格疏密渐变-从面13
mtv 1 1 1 2 4 2 34 2 8;             c 为体34覆盖的区域赋予材料号8
endpart
merge                               c 合并PART，组装模型
stp 0.1                             c 设置节点合并阈值
lsdyna keyword                      c 设置输出文件为LS-DYNA关键字格式输入文件
write                               c 输出网格模型文件
```

网格划分结果如图 3-16 所示。

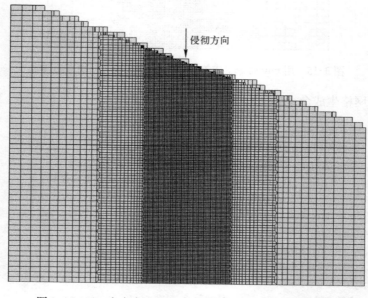

图 3-16　mtv 命令生成的带 20°倾斜角的 1/2 三维圆靶网格

3.11　带中心孔的靶标三维 1/2 对称模型

模型描述：在该靶标模型中靶厚 5m，带有盲孔，模型关于 Y=0 平面对称。用 TrueGrid 建好模型后，把输出的模型文件导入 LS-PrePost 软件，然后在 Page 1→SelPar 下选择"材料 1"，最后重新输出.k 文件。这种模型可保持网格的正交性，如图 3-17 所示。

```
plane 2 0 0 0 0 1 0 0.01 symm;    c 设置对称面，模型关于Y=0平面对称
partmode i;    c PART命令的索引格式，这里为间隔格式(interval)
ld 34 lp2 2 0 1.5 −1;lar 0 −3.5 −2.5728;    c 定义盲孔外轮廓2D曲线
vd 34 cr 0 0 0 0 0 1 34    c 定义盲孔外轮廓3D曲面
mate 1    c 设置靶标材料号
block 96; 48;60;−4 4;0 4;0 −5
mtv 1 1 1 2 2 2 34 2 2;    c 将网格模型局部掏空，形成盲孔
endpart
merge    c 合并PART，组装模型
lsdyna keyword    c 设置输出文件为LS-DYNA关键字格式输入文件
write    c 输出网格模型文件
```

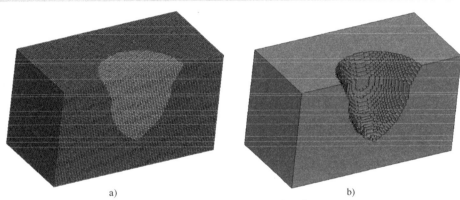

a)　　　　　　　　　　　　　　　　b)

图 3-17　带中心孔的三维网格

a) 去除材料前　b) 去除材料后

3.12　射流侵彻二维轴对称模型

模型描述：结构直径 58.7586mm，长度为 66.6424mm。在该模型中，空气、炸药、药型罩和外壳体均采用 EULER 网格，模型关于 X 轴对称，可输出 AUTODYN 格式网格文件。x 和 y 坐标互换后，该模型关于 Y 轴对称，输出 LS-DYNA 格式网格文件。（注：TG2.3.4 不能用）

```
mate 1    c 设置空气材料号
c exch 1 2    c 对于AUTODYN，x和y坐标互换
ld 1 lp2 0 0 12.3572 0 29.3793 18.2570 29.3793 66.6424;  c 定义二维轮廓曲线
ld 2 lp2 0 2.5 11.2701 2.5 26.8793 19.2417 26.8793 66.6424;
```

```
ld 3 lp2 0 29.1425 5.3947 29.1425 26.8793 66.6424;
ld 4 lp2 0 30.2925 4.6702 30.2925 25.4387 66.6424;
vd 1 cr 0 0 0 0 1 0 1                c 定义体
vd 2 cr 0 0 0 0 1 0 2
vd 3 cr 0 0 0 0 1 0 3
vd 4 cr 0 0 0 0 1 0 4
block 1 61 81; 1 21 341 401 461;-1; 0 30 50; -20 0 160 190 220;0
res 1 1 1 3 2 1 j 0.94               c 控制网格J方向疏密分布
res 2 1 1 3 5 1 i 1.08               c 控制网格I方向疏密分布
mtv 1 1 1 3 5 1 1 2 4;               c 设置外壳体材料
mtv 1 1 1 3 5 1 2 2 2;               c 设置炸药材料
mtv 1 1 1 3 5 1 3 2 3;               c 设置药型罩材料
mtv 1 1 1 3 5 1 4 2 1;               c 设置空气材料
mti 1 3; 3 4; -1; 5                  c 设置靶板材料
endpart
merge                                c 合并PART, 组装模型
lsdyna keyword                       c 设置输出文件为LS-DYNA关键字格式输入文件
write                                c 输出网格模型文件
```

TrueGrid 生成的二维曲线和网格划分结果如图 3-18 和图 3-19 所示。

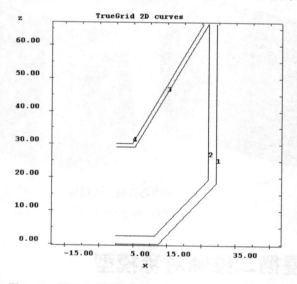

图 3-18　用于生成聚能装药结构的 TrueGrid 二维曲线

图 3-19　射流侵彻二维轴对称模型

3.13 爆炸成形弹丸三维 1/4 对称模型

模型描述：结构直径 58.7586mm，长度为 45.0921mm。在该模型中，空气、炸药和外壳体采用 EULER 网格，药型罩采用拉格朗日网格，药型罩耦合在 EULER 网格中。该模型关于X=0 和 Y=0 平面对称。

```
plane 1 0 0 0 1 0 0 0.01 symm;          c 设置对称面，模型关于X=0平面对称。
plane 2 0 0 0 0 1 0 0.01 symm;          c 设置对称面，模型关于Y=0平面对称。
ld 1 lp2 0 0 12.3572 0 29.3793 18.2570 29.3793 45.0921;
ld 2 lp2 0 2.5 11.2701 2.5 26.8793 19.2417 26.8793 45.0921;
ld 3 lp2 0 26.2697;lar 26.8793 38.4246 35.7147;lp2 26.8793 45.0921;
ld 4 lp2 0 30.2697;lar 26.8793 45.0921 31.7147;lp2 26.8793 45.0921;
sd 3 crz 3;
sd 4 crz 4;
vd 1 cr 0 0 0 0 0 1 1                   c 定义体
vd 2 cr 0 0 0 0 0 1 2
vd 3 cr 0 0 0 0 0 1 3
mate 1                                   c 定义空气材料号
partmode i;
block 15 15 12; 15 15 12;15 115;0 14 14 14;0 14 14 14;-20 0 100
DEI  2 4; 2 4; 1 3;                      c 删除多余的块体网格
sfi 1 2; -3; 1 3;cy 0 0 0 0 0 1 26.8793
sfi -3; 1 2; 1 3;cy 0 0 0 0 0 1 26.8793
sfi 1 2; -4; 1 3;cy 0 0 0 0 0 1 45
sfi -4; 1 2; 1 3;cy 0 0 0 0 0 1 45
res 1 1 1 4 4 2 k 0.95                   c 控制网格疏密分布
res 1 3 1 2 4 3 j 1.06
res 3 1 1 4 2 3 i 1.07
pb 2 2 1 2 2 3 xy 11.5 11.5
fset 1 1 1 4 4 1 = out1                  c 输出Segment Set，以定义压力流出面
fset 1 1 3 4 4 3 = out2
fset 1 4 1 2 4 3 = out3
fset 4 1 1 4 2 3 or out3
mtv 1 1 1 4 4 3 1 2 4;                   c 定义外壳体材料号
mtv 1 1 1 4 4 3 2 2 2;                   c 定义炸药材料号
mtv 1 1 1 4 4 3 3 2 1;                   c 定义空气材料号
endpart
mate 3                                   c 定义药型罩材料号
block 15 15; 15 15;4;0 14 14;0 14 14;26 30
dei 2 3; 2 3; 1 2;
sfi 1 2; -3; 1 2;cy 0 0 0 0 0 1 26.8793
sfi -3; 1 2; 1 2;cy 0 0 0 0 0 1 26.8793
sfi 1 3; 1 3; -1;sd 3
sfi 1 3; 1 3; -2;sd 4
```

```
res 1 1 1 3 1 2 i 1                c 控制网格疏密分布
res 1 1 1 1 3 2 j 1
pb 2 2 1 2 2 1 xy 12.3 12.3
pb 2 2 2 2 2 2 xy 12.5 12.5
endpart
merge                              c 合并PART，组装模型
bptol 1 2 -1                       c 不允许EULER和药型罩PART之间合并节点
stp 0.01                           c 设置节点合并阈值
lsdyna keyword                     c 设置输出文件为LS-DYNA关键字格式输入文件
write                              c 输出网格模型文件
```

网格划分结果如图 3-20 所示。

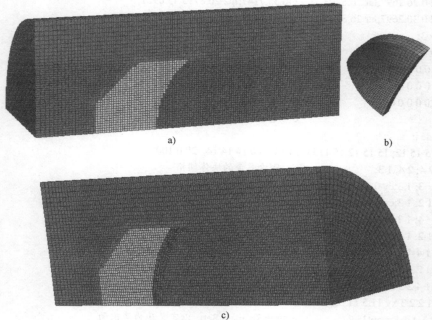

图 3-20   EFP 三维 1/4 模型网格

a) EULER 网格   b) 药型罩网格   c) 整体模型网格

3.14   破片战斗部模型

模型描述：结构直径 140mm，高度为 134mm。在该模型中，炸药和空气采用 EULER 网格，外壳体和球形破片采用拉格朗日网格，外壳体和球形破片耦合在 EULER 网格中。

```
gct 3 ryz; rzx;ryz rzx;           c 定义全局复制变换
mate 2                            c 定义空气材料号
partmode i;
block 16 16 24; 16 16 24;10 56 10;0 3 3 3;0 3 3 3;-2.5 0 12 14.5;
DEI   2 4; 2 4; 1 4;              c 删除网格
```

```
sfi -3; 1 2; 1 4;cy 0 0 0 0 0 1 5.8
sfi 1 2; -3; 1 4;cy 0 0 0 0 0 1 5.8
sfi -4; 1 2; 1 4;cy 0 0 0 0 0 1 12
sfi 1 2; -4; 1 4;cy 0 0 0 0 0 1 12
mti 1 3; 1 3; 2 3;1;              c 为指定区域赋予炸药材料
pb 2 2 1 2 2 4 xy 2.5 2.5          c 移动节点
fset 1 1 4 4 4 4 = up              c 输出空气外轮廓Segment Set，以施加非反射边界
fset 1 1 1 4 4 1 = down
fset 4 1 1 4 2 4 = out
fset 1 4 1 2 4 4 or out
grep 0 1 2 3;                      c 执行全局复制变换
endpart
mate 3
block 15 15 1 4 1;15 15 1 4 1;3;
      0 3.0 3.0 3.0 3.0 3.0;0 3.0 3.0 3.0 3.0 3.0;-0.7 0;
DEI   2 6; 2 6; 1 2;
sfi 1 2; -3; 1 2;cy 0 0 0 0 0 1 5.9
sfi -3; 1 2; 1 2;cy 0 0 0 0 0 1 5.9
sfi 1 2; -4; 1 2;cy 0 0 0 0 0 1 6.1
sfi -4; 1 2; 1 2;cy 0 0 0 0 0 1 6.1
sfi 1 2; -5; 1 2;cy 0 0 0 0 0 1 6.8
sfi -5; 1 2; 1 2;cy 0 0 0 0 0 1 6.8
sfi 1 2; -6; 1 2;cy 0 0 0 0 0 1 7.0
sfi -6; 1 2; 1 2;cy 0 0 0 0 0 1 7.0
pb 2 2 1 2 2 2 xy 2.5 2.5
grep 0 1 2 3;                      c 执行全局复制变换
endpart
block 15 15 1 4 1;15 15 1 4 1;3;
      0 3.0 3.0 3.0 3.0 3.0;0 3.0 3.0 3.0 3.0 3.0;12 12.7;
DEI   2 6; 2 6; 1 2;
sfi 1 2; -3; 1 2;cy 0 0 0 0 0 1 5.9
sfi -3; 1 2; 1 2;cy 0 0 0 0 0 1 5.9
sfi 1 2; -4; 1 2;cy 0 0 0 0 0 1 6.1
sfi -4; 1 2; 1 2;cy 0 0 0 0 0 1 6.1
sfi 1 2; -5; 1 2;cy 0 0 0 0 0 1 6.8
sfi -5; 1 2; 1 2;cy 0 0 0 0 0 1 6.8
sfi 1 2; -6; 1 2;cy 0 0 0 0 0 1 7.0
sfi -6; 1 2; 1 2;cy 0 0 0 0 0 1 7.0
mbi -2; -2; 1 2; xy -0.5 -0.5
grep 0 1 2 3;                      c 执行全局复制变换
endpart
cylinder 1 1 1;150;60;5.9 6.1 6.8 7.0;0 360;0 12;
DEI   2 3; 1 2; 1 2;
endpart
c sphere fragment
parameter mate 1001;              c 定义变量
```

```
mate %mate              c 设置球形破片初始材料号
parameter r 0.4;        c 定义球形破片半径
parameter cx [6+%r] cy [2*(%r+0.001)];    c 定义球形破片x、y坐标
parameter cz [%r+0.001];                  c 定义球形破片z坐标
parameter num [int(2*3.1415926*6.4/0.8)];
lct [%num] rz [360/%num];repe [%num];
include sphere.tg       c 调用tg子网格模型，生成球形破片
mate [%mate+50]
parameter cz [3*%r+0.001];
include sphere.tg
mate [%mate+50*2]
parameter cz [5*%r+0.001];
include sphere.tg
mate [%mate+50*3]
parameter cz [7*%r+0.001];
include sphere.tg
mate [%mate+50*4]
parameter cz [9*%r+0.001];
include sphere.tg
mate [%mate+50*5]
parameter cz [11*%r+0.001];
include sphere.tg
mate [%mate+50*6]
parameter cz [13*%r+0.001];
include sphere.tg
mate [%mate+50*7]
parameter cz [15*%r+0.001];
include sphere.tg
mate [%mate+50*8]
parameter cz [17*%r+0.001];
include sphere.tg
mate [%mate+50*9]
parameter cz [19*%r+0.001];
include sphere.tg
mate [%mate+50*10]
parameter cz [21*%r+0.001];
include sphere.tg
mate [%mate+50*11]
parameter cz [23*%r+0.001];
include sphere.tg
mate [%mate+50*12]
parameter cz [25*%r+0.001];
include sphere.tg
```

```
mate [%mate+50*13]
parameter cz [27*%r+0.001];
include sphere.tg
mate [%mate+50*14]
parameter cz [29*%r+0.001];
include sphere.tg
merge
bptol 1 2 −1
bptol 1 3 −1
bptol 1 4 −1
bptol 5 6 −1
bptol 6 7 −1
bptol 7 8 −1
bptol 8 9 −1
bptol 9 10 −1
bptol 10 11 −1
bptol 11 12 −1
bptol 12 13 −1
bptol 13 14 −1
bptol 15 16 −1
bptol 16 17 −1
bptol 17 18 −1
bptol 18 19 −1
stp 0.0001
lsdyna keyword
write
```

球形破片的 tg 输入文件 sphere.tg：

```
lmi 1         c  局部复制变换时材料号递增
block 2 2 2 2;2 2 2 2;2 2 2 2;
[%cx−%r/2] [%cx−%r/2] [%cx] [%cx+%r/2] [%cx+%r/2]
[%cy−%r/2] [%cy−%r/2] [%cy] [%cy+%r/2] [%cy+%r/2]
[%cz−%r/2] [%cz−%r/2] [%cz] [%cz+%r/2] [%cz+%r/2]
dei 1 2 0 4 5;1 2 0 4 5;;
dei; 1 2 0 4 5;1 2 0 4 5;
dei 1 2 0 4 5;;1 2 0 4 5;
sfi −1 −5;−1 −5;−1 −5;sphe [%cx] [%cy] [%cz] [%r]
lrep 1:[%num];         c  执行局部复制变换
endpart
```

网格划分结果如图 3-21 所示。

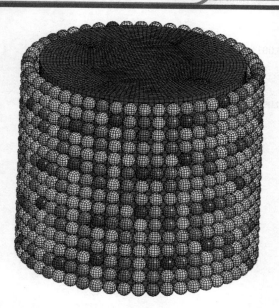

图 3-21　去掉空气、壳体后的炸药网格和破片网格

3.15　钢筋混凝土模型

目前钢筋混凝土的建模方式主要有整体式模型、组合式模型和分离式模型。整体式模型忽略钢筋，将钢筋均匀地分散在混凝土中，等效近似为一种强度增强的混凝土材料。组合式模型可在一种单元内分别考虑钢筋和混凝土，两种材料之间假定为无滑移粘结，变形协调一致，通过体积加权计算钢筋混凝土材料模型的等效参数。分离式模型将钢筋和混凝土分别用不同的单元来描述。

3.15.1　共节点分离式模型

```
partmode i;
block 10 10 10; 10 10 10;10 10 10; 0 1 2 3; 0 1 2 3;0 1 2 3;
bsd 1 sthi .1 tthi .2;;          c 为DYNA3D定义梁截面属性
ibmi;;;8 3 1 j 1;
jbmi;;;8 3 1 i 1;
merge
labels 1D                        c 显示梁单元
lsdyna keyword
write
```

网格划分结果如图 3-22 所示。

3.15.2　不共节点分离式模型

```
partmode i;
```

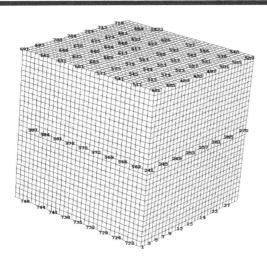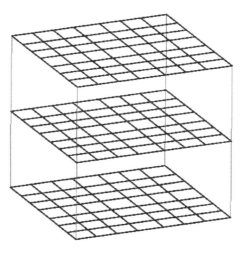

图 3-22　共节点分离式模型

```
mate 3          c 混凝土材料号
block 70;70;80;-1750 1750;-1750 1750;-4000 0
endpart
lev 1 levct 6 mz 500;repe 6;;
pslv 1
beam rt -1700 -1750 -3500;rt -1700 1750 -3500;rt -3000 0 -2000;
bm 1 2 70 2 1 3;
lct 17 mx 200;repe 17;lrep 0:17;
endpart
pplv
lev 1 levct 17 my 200;repe 17;;
pslv 1
beam rt -1700 -1700 -4000;rt -1700 -1700 0;rt -3000 0 -2000;
bm 1 2 80 2 1 3;
lct 17 mx 200;repe 17;lrep 0:17;
endpart
pplv
lev 1 levct 6 mz 500;repe 6;;
pslv 1
beam rt -1750 -1700 -3500;rt 1750 -1700 -3500;rt -3000 0 -2000;
bm 1 2 70 2 1 3;
lct 17 my 200;repe 17;lrep 0:17;
endpart
pplv
merge
bptol 1 2 -1
bptol 1 3 -1
bptol 2 3 -1
bptol 2 4 -1
stp 0.1
```

lsdyna keyword
write

网格划分结果如图 3-23 所示。

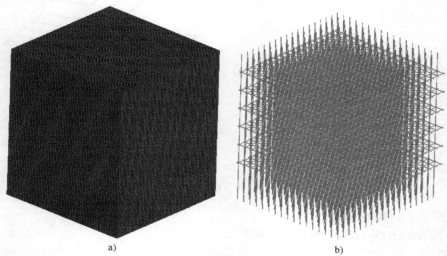

a)   b)

图 3-23　混凝土和钢筋网格

a) 混凝土　b) 钢筋

在 LS-PrePost 里可以将上面生成的.k 文件修改为圆柱靶。具体界面操作为：单击界面右边 Page 1→BLANK→Element，随后在左下角的选择按钮中依次单击 Area→Circ→Out，然后用圆选中想保留的单元，最后输出.k 文件。网格模型如图 3-24 所示。

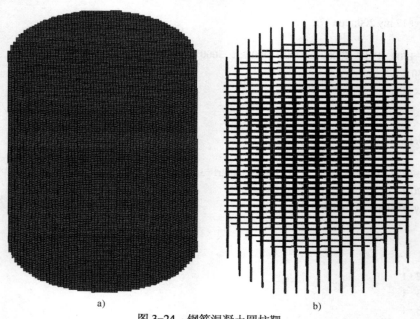

a)   b)

图 3-24　钢筋混凝土圆柱靶

a) 混凝土　b) 钢筋

3.16　SPH 模型

模型描述：模型长、宽、高分别为 20、20 和 30，粒子总数为 $20\times20\times30=12000$。

```
LSDYMATS 1 3 sph;        c    指定LS-DYNA SPH材料模型
partmode i
sparticle               c    指定为LS-DYNA输出SPH单元
block 20;20;20;0 20;0 20;0 30
endpart
merge
lsdyna keyword
write
```

SPH 粒子生成结果如图 3-25 所示。

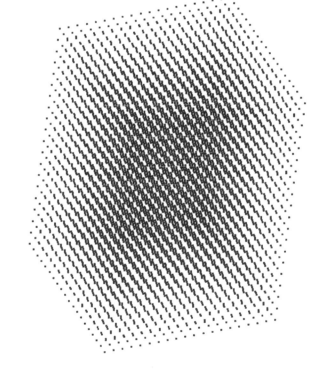

图 3-25　SPH 粒子

3.17　远场水下爆炸声固耦合模型

模型描述：船体模型长、宽、高分别为 2.85m、1.6m、1.2m。该模型可用于 LS-DYNA 或 ABAQUS 分析软件。

3.17.1 球形水域模型

```
sd 2 plan 0 0 0.65 0 0 1
sd 3 plan 0 0.8 0.21 0 1.5 1
sd 4 plan 0 -0.8 0.21 0 -1.5 1
sd 5 pl3 rt 0 0 0 rt 2.85 0 0 rt 1.2825 0.8 0.21
sd 6 pl3 rt 0 0 0 rt 2.85 0 0 rt 1.2825 -0.8 0.21
csca 100
sd 11 sp 1.425 0 0.65 4
para r 3;
mate 1
partmode i;
para x1 10 x2 40 x3 12;
para y1 16 z2 20 z3 20;
para zz 24;
block %zz %x2 %zz;%zz %y1 %y1 %zz;%zz %z2;
      [1.425-%r] 0 2.85 [1.425+%r];
       -1 -0.8 0 0.8 1;-0.2 0 [0.21+0.44];
dei 1 2 0 3 4;1 2 0 4 5;1 3;
dei 1 2 0 3 4; 2 4;1 2;
dei 2 3;1 2 0 4 5;1 2;
dei 2 3;2 4;2 3;
sfi -1 0 -4; 2 4; 2 3;sd 11
sfi 2 3; -1 0 -5; 1 3;sd 11
sfi 2 3; 2 4; -1;sd 11
sfi 1 4;1 5;-3;sd 2
sfi 2 3; -4; 1 2;sd 3
sfi 2 3; 4 5; -2;sd 3
sfi 2 3; -2; 1 2;sd 4
sfi 2 3; 1 2; -2;sd 4
pb 2 3 1 2 3 1 xyz -1.809267E+00 0.000000E+00 -1.703618E+00
pb 1 4 3 1 4 3 xyz -1.836668E+00 2.288890E+00 6.500000E-01
pb 2 4 1 2 4 1 xyz -1.437001E+00 1.734171E+00 -1.191256E+00
pb 1 3 2 1 3 2 xyz -1.634645E+00 0.000000E+00 -1.576543E+00
pb 1 2 3 1 2 3 xyz -1.836668E+00 -2.288890E+00 6.500000E-01
pb 2 2 1 2 2 1 xyz -1.437001E+00 -1.734171E+00 -1.191256E+00
pb 4 2 3 4 2 3 xyz 4.686668E+00 -2.288890E+00 6.500000E-01
pb 4 2 2 4 2 2 xyz 4.423878E+00 -1.800333E+00 -1.290499E+00
pb 3 1 2 3 1 2 xyz 4.423878E+00 -1.800333E+00 -1.290499E+00
pb 3 2 1 3 2 1 xyz 4.287001E+00 -1.734171E+00 -1.191256E+00
pb 4 3 2 4 3 2 xyz 4.484645E+00 0.000000E+00 -1.576543E+00
pb 4 4 2 4 4 2 xyz 4.423878E+00 1.800333E+00 -1.290499E+00
pb 3 5 2 3 5 2 xyz 4.423878E+00 1.800333E+00 -1.290499E+00
pb 3 4 1 3 4 1 xyz 4.287001E+00 1.734171E+00 -1.191256E+00
pb 4 4 3 4 4 3 xyz 4.686668E+00 2.288890E+00 6.500000E-01
```

```
pb 1 4 2 1 4 2 xyz −1.573877E+00 1.800333E+00 −1.290499E+00
pb 2 5 2 2 5 2 xyz −1.573877E+00 1.800333E+00 −1.290499E+00
pb 1 2 2 1 2 2 xyz −1.573877E+00 −1.800333E+00 −1.290499E+00
pb 2 1 2 2 1 2 xyz −1.573877E+00 −1.800333E+00 −1.290499E+00
pb 3 3 1 3 3 1 xyz 4.659267E+00 0.000000E+00 −1.703618E+00
sfi 2 3;3 4;−2;sd 5
sfi 2 3;2 3;−2;sd 6
res 1 2 2 2 4 3 i [1/1.1]
res 3 2 2 4 4 3 i 1.1
res 2 1 2 3 2 3 j [1/1.1]
res 2 4 2 3 5 3 j 1.1
res 2 2 1 3 4 2 k [1/1.1]
endpart
mate 2
partmode s;
para x1 24 x2 16 x3 24;
para y1 20 z2 12 z3 16;
block −1 [−1−%x1] [−1−%x1−%x2] [−1−%x1−%x2−%x3] [−1−%x1−%x2−%x3−%x1];
      −1 [1+%y1] [−1−2*%y1];−1 [1+%z2] [−1−%z2−%z3];
      0 [2.85/4] [2.85/4+2.85/5] [3*2.85/4] 2.85;
      −0.8 0 0.8;0.21 [0.21+0.44] [0.21+0.99]
pb 1 2 1 5 2 1 z 0
dei 2 4; 1 3; −3;
thic 1.45865
orpt flip
n 1 1 1 5 1 3
n 1 1 1 1 3 3
n 1 1 1 5 3 1
endpart
merge
bptol 1 2 −1
tp 0.001
lsdyna keyword
write
```

网格划分结果如图 3-26 所示。

3.17.2 椭球形水域模型

```
sd 1 cy 1 0 0 0.65 1 0 0 3
sd 2 plan 0 0 0.65 0 0 1
sd 3 plan 0 0.8 0.21 0 1.5 1
sd 4 plan 0 −0.8 0.21 0 −1.5 1
sd 5 pl3 rt 0 0 0 rt 2.85 0 0 rt 1.2825 0.8 0.21
sd 6 pl3 rt 0 0 0 rt 2.85 0 0 rt 1.2825 −0.8 0.21
csca 100
```

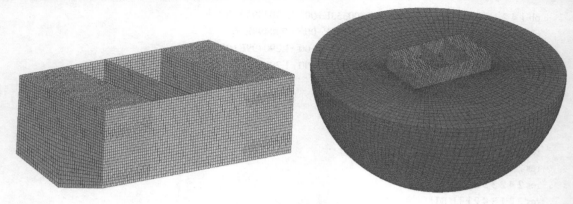

图 3-26　船体和水域网格

```
sd 11 sp 0 0 0.65 3
sd 12 sp 2.85 0 0.65 3
mate 1
partmode i;
para x1 10 x2 20 x3 12;
para y1 10 z2 12 z3 20;
para zz 20;
block %zz %x1 %x2 %x1 %zz;%zz %y1 %y1 %zz;%zz %z2;
       −2 −1 0 2.85 3.85 4.85;
       −1 −0.8 0 0.8 1;−0.2 0 [0.21+0.44];
dei 3 4;2 4;2 3;
dei 1 2 0 5 6;1 2 0 4 5;1 3;
dei 2 5;1 2 0 4 5;1 2;
dei 1 2 0 5 6;2 4;1 2;
sfi 3 4; −1; 2 3;sd 1
sfi 3 4; 2 4; −1;sd 1
sfi 3 4; −5; 2 3;sd 1
sfi 1 6; 1 5; −3;sd 2
sfi −1; 2 4; 2 3;sd 11
sfi 2 3; −1 0 −5; 2 3;sd 11
sfi 2 3; 2 4; −1;sd 11
sfi 2 5; 4 5; −2;sd 3
sfi 2 5; −4; 1 2;sd 3
sfi 2 5; 1 2; −2;sd 4
sfi 2 5; −2; 1 2;sd 4
pb 1 2 3 1 2 3 xyz −2.106834 −2.106834 0.65
pb 2 2 1 2 2 1 xyz −1.749644 −1.53511 −0.8926657
pb 2 4 1 2 4 1 xyz −1.749644 1.53511 −0.8926657
pb 1 4 3 1 4 3 xyz −2.106834 2.106834 0.65
pb 1 3 2 1 3 2 xyz −1.920553 0 −1.304664
sfi 4 5; −1; 2 3;sd 12
sfi 4 5; −5; 2 3;sd 12
sfi −6; 2 4; 2 3;sd 12
```

```
sfi 4 5; 2 4; −1;sd 12
pb 6 2 3 6 2 3 xyz 4.956834 −2.106834 0.65
pb 5 2 1 5 2 1 xyz 4.599644 −1.535110 −0.8926657
pb 6 3 2 6 3 2 xyz 4.770553 0 −1.304664
pb 6 4 3 6 4 3 xyz 4.956834 2.106834 0.65
pb 6 4 2 6 4 2 xyz 4.599643 1.53511 −0.8926657
pb 5 4 1 5 4 1 xyz 4.599643 1.53511 −0.8926657
pb 1 4 2 1 4 2 xyz −1.882630E+00 1.625129E+00 −1.027694E+00
pb 2 5 2 2 5 2 xyz −1.882630E+00 1.625129E+00 −1.027694E+00
pb 1 2 2 1 2 2 xyz −1.882630E+00 −1.625129E+00 −1.027694E+00
pb 2 1 2 2 1 2 xyz −1.882630E+00 −1.625129E+00 −1.027694E+00
pb 2 3 1 2 3 1 xyz −2.102566E+00 0.000000E+00 −1.489910E+00
pb 6 2 2 6 2 2 xyz 4.732630E+00 −1.625129E+00 −1.027694E+00
pb 5 1 2 5 1 2 xyz 4.732630E+00 −1.625129E+00 −1.027694E+00
pb 6 4 2 6 4 2 xyz 4.732630E+00 1.625130E+00 −1.027694E+00
pb 5 5 2 5 5 2 xyz 4.732630E+00 1.625130E+00 −1.027694E+00
pb 5 3 1 5 3 1 xyz 4.952566E+00 0.000000E+00 −1.489910E+00
mbi −5; −2; 2 3; xy −0.1 0.1
mbi −5; −4; 2 3;xy −0.1 −0.1
mbi −2; −2; 2 3; xy 0.1 0.1
mbi −2; −4; 2 3;xy 0.1 −0.1
sfi 3 4;3 4;−2;sd 5
sfi 3 4;2 3;−2;sd 6
c surf3
c pr 2 2 1 3 4 1 0 2
c pr 2 1 2 3 1 3 0 2
c pr 2 5 2 3 5 3 0 2
c pr 1 2 2 1 4 3 0 2
c surf4
c pr 4 2 1 5 4 1 0 3
c pr 4 1 2 5 1 3 0 3
c pr 4 5 2 5 5 3 0 3
c pr 6 2 2 6 4 3 0 3
c surf5
pr 3 2 1 4 4 1 0 4
pr 3 1 2 4 1 3 0 4
pr 3 5 2 4 5 3 0 4
endpart
mate 2
partmode s;
para x1 24 x2 16 x3 24;
para y1 20 z2 12 z3 16;
block −1 [−1−%x1] [−1−%x1−%x2] [−1−%x1−%x2−%x3] [−1−%x1−%x2−%x3−%x1];
       −1 [1+%y1] [−1−2*%y1];−1 [1+%z2] [−1−%z2−%z3];
       0 [2.85/4] [2.85/4+2.85/5] [3*2.85/4] 2.85;
       −0.8 0 0.8;0.21 [0.21+0.44] [0.21+0.99]
```

```
pb 1 2 1 5 2 1 z 0
dei 2 4; 1 3; -3;
thic 1.45865
orpt flip
n 1 1 1 5 1 3
n 1 1 1 1 3 3
n 1 1 1 5 3 1
endpart
merge
bptol 1 2 -1
tp 0.1
lsdyna keyword
write
```

网格划分结果如图 3-27 所示。

图 3-27　船体和水域网格

3.18　行星齿轮模型

本模型来自《TrueGrid Examples Manual Version 2.1.0》。模型描述：行星齿轮模型由 1 个太阳齿轮和 4 个行星齿轮组成。

```
sd 1 cy 0 12 0 0 0 1 .8
sd 2 cy 0 0 0 0 0 1 10
sd 3 cy 0 0 0 0 0 1 12
sd 4 pl3 rt 0 0 0 cy 1 95 0 rt 0 0 1
sd 5 pl3 rt 0 0 0 cy 1 85 0 rt 0 0 1
sd 6 cy 0 6 0 0 0 1 .8
sd 7 cy 0 0 0 0 0 1 4
sd 8 cy 0 0 0 0 0 1 6
sd 9 pl3 rt 0 0 0 cy 1 100 0 rt 0 0 1
sd 10 pl3 rt 0 0 0 cy 1 80 0 rt 0 0 1
gct 4 mx 17.5;mx 17.5 rz 90;mx 17.5 rz 180;mx 17.5 rz 270;
lev 1 grep 1 2 3 4;;
```

```
block 1 2 3 4 5;1 3 5;1 3;-1.2 -.6 0 .6 1.2 10 11 12 0 .5
de 2 2 0 4 3 0
sfi -2 -4;-2 -3;;sd 1
sf 0 1 0 0 0 1 0 sd 2
sf 0 3 0 0 0 3 0 sd 3
sf 1 0 0 1 0 0 sd 4
sf 5 0 0 5 0 0 sd 5
lct 35 rz 10;repe 35;
lrep 0 1 2 3 4 5 6 7 8 9 10 11 12 13 14 15 16 17 18 19
20 21 22 23 24 25 26 27 28 29 30 31 32 33 34 35;
endpart
pslv 1
block 1 2 3 4 5;1 3 5;1 3;-1.2 -.5 0 .5 1.2 4 5 6 0 .5
de 2 2 0 4 3 0
sfi -2 -4;-2 -3;;sd 6
sf 0 1 0 0 0 1 0 sd 7
sf 0 3 0 0 0 3 0 sd 8
sf 1 0 0 1 0 0 sd 9
sf 5 0 0 5 0 0 sd 10
lct 17 rz 20;repe 17;
lrep 0 1 2 3 4 5 6 7 8 9 10 11
12 13 14 15 16 17;
endpart
pplv
merge
```

网格划分结果如图 3-28 所示。

图 3-28　行星齿轮网格

3.19　自行车车轮模型

本模型来自《TrueGrid Examples Manual Version 2.1.0》。模型描述：自行车车轮外径

670mm，车胎直径 70mm。

```
parameter eps 4
rad1 300          c 车轮内半径
rad2 35           c 轮胎半径
rad5 [%rad1-%rad2]
sig [%rad2*3/(4*sqrt(2))]
rad4 [%rad5*cos(80)]
rad3 20
rad6 10
wnl 40
rad7 [%wnl*(%rad5-%rad3)/(%rad5-%rad4)];
cylinder -1;1 289;1 9;          c 生成内圈网格
[%rad1-%sig-%eps] 0 360 [-%sig] %sig
mate 1 thic 1
sfi -1;;;ts 0 0 0 0 0 1 [%rad1-%eps] 0 %rad2
endpart
cylinder 1 2 6 7; 1 145; 1 2 6 7;      c 生成车胎网格
[%rad1-%sig] [%rad1-%sig] [%rad1+%sig] [%rad1+%sig]
0 360 [-%sig] [-%sig] %sig %sig
mate 2
dei 1 2 0 3 4;;1 2 0 3 4;
sfi -1 -4;;-1 -4;ts 0 0 0 0 0 1 %rad1 0 %rad2
endpart
cylinder 1 3; 1 37; 1 3;
%rad6 %rad3 0 360 [-%rad7] %rad7
mate 3
endpart
gct 1 rxy rz 10; lev 1 grep 0 1;; pslv
1
cylinder 1 6; 1 37; -1;
%rad3 %rad4 0 360 %wnl
pb 1 0 0 1 0 0 z %rad7
mate 3
endpart
beam          c 生成辐条
cy [%rad5*.5] 10 [%wnl*.5];
cy %rad4 100 %wnl;
cy %rad5 20 0;
cy %rad4 -80 %wnl;
cy %rad5 0 0;
bm 2 3 3 4 1 1;
bm 4 5 3 4 1 1;
lct 8 rz 40;repe 8; lrep 0 1 2 3 4 5 6 7 8;
endpart merge
```

网格划分结果如图 3-29 所示。

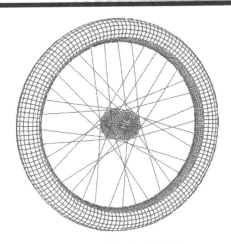

图 3-29　自行车车轮网格

3.20　随机块石层模型

随机块石层模型是一个较为复杂的网格生成模型。模型中方形靶标由石块和灰泥组成，长、宽、高均为 3.2m。块石网格随机生成，单个块石尺寸大致为 0.4m，块石之间灰泥厚度大致为 0.03m。

块石靶标的 TrueGrid 建模命令流（需要 TrueGrid 3.0 以上版本才能运行）如下，需要注意的是，由于施加了随机函数，每次生成的石块和灰泥会略有差异。

```
para i 1;
while (%i .le. 7)
para yy [1700-%i*400-%i*30];
ld %i csp2 00    -1600 %yy
        [-1200+200*rand] [%yy+280*rand] [-800+200*rand] [%yy+280*rand]
        [-400+200*rand] [%yy+280*rand] [0+200*rand][%yy+280*rand]
        [400+200*rand][%yy+280*rand] [800+200*rand] [%yy+280*rand]
        [1200+200*rand] [%yy+280*rand] [1600+200*rand] [%yy+280*rand];
sd %i cp %i;
vd %i sd %i 15;
para i [%i+1];
endwhile
while (%i .le. 14)
para xx [0+(%i-11)*400+(%i-11)*30];
ld %i csp2 00 [%xx+280*rand] [1600-200*rand] [%xx+280*rand] [1200-200*rand]
        [%xx+280*rand] [800-200*rand] [%xx+280*rand] [400-200*rand]
        [%xx+280*rand] [-00-200*rand] [%xx+280*rand] [-400-200*rand]
        [%xx+280*rand] [-800-200*rand] [%xx+280*rand] [-1200-200*rand]
        [%xx+280*rand] [-1600-200*rand];
sd %i cp %i;
vd %i sd %i 15;
```

```
sd [%i+7] cp %i rz 90;
vd [%i+7] sd [%i+7] 15;
para i [%i+1];
endwhile
mate 1
partmode i;
block 111;111;111;-1600 1600;-1600 1600;-1600 1600
for j 1 21 1
mtv 1 1 1 2 2 2 %j 2 2;    c 2灰泥为材料
endfor
;
endpart
merge
stp 0.1
lsdyna keyword
write
```

网格划分结果如图 3-30 所示。

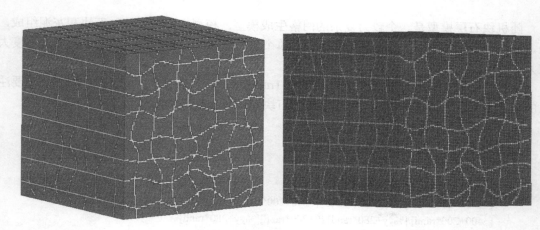

图 3-30   靶标网格模型图

3.21   参考文献

[1] TrueGrid User's Manual Version 3.0.0[Z]. XYZ Scientific Applications Inc. Sep 25, 2014.

[2] TrueGrid Output Manual Version 2.1.0[Z]. XYZ Scientific Applications Inc. Dem 18, 2001.

[3] TrueGrid Output Manual For LS-DYNA Version 2.3.0[Z]. XYZ Scientific Applications Inc. May 15, 2007.

[4] TrueGrid Examples Manual Version 2.1.0 [Z]. XYZ Scientific Applications Inc. Oct 30, 2001.

[5] 辛春亮，等. 由浅入深精通 LS-DYNA [M]. 北京：中国水利水电出版社, 2019.

第4章 TrueGrid 支持的分析软件和软件接口

TrueGrid 支持的分析软件有：

ABAQUS，ALE3D，ANSYS，AUTODYN，CF3D/ANSWER，CFD-ACE，CFX4，CRC，DYNA3D，ES3D，EXODUS II，FIDAP，FLUENT，GEMINI，GILA，GRIDGEN3，IRI，LS-DYNA，LS-NIKE，MARC，NASTRAN，NIKE3D，NEKTON2D，NEKTON3D，EUTRAL，FILE，PLOT3D，SAMI，STARCD，ASCflow，TOPAZ3D，VIEWPOINT，SAP2000，MPACT，ICFEP，KIVA，GRIDGEN3D，TASCflow，NEK5000。

4.1 TrueGrid 软件与 AUTODYN 软件接口

AUTODYN 软件只能导入 TrueGrid 软件生成的结构化网格，边界条件、载荷、材料属性和求解设置均不能在 TrueGrid 中设置。导入 AUTODYN 软件前要将 TrueGrid 输出文件 trugrdo 改名为 trugrdo.zon，否则无法读入。AUTODYN 导入 TrueGrid 生成的三维结构化网格后，如果不采用 EULER 求解器，建议将结构化网格转换为非结构化网格，求解效率更高。

要生成 AUTODYN 输入文件，AUTODYN 命令必须置于所有 PART 命令之前。

supblk 命令用于优化网格结构。只有 supblk 命令指定的块才会输出到输出文件中。使用该命令时，注意不要让网格区域相互重叠。

针对 AUTODYN 软件，材料号 2 与 MTV 命令一样也可以用于掏空模型。块体网格一旦设置为材料号 2，就不会输出到 TrueGrid 输出文件 trugrdo 中。

bb 和 trbb 命令可用于网格疏密渐变。采用该命令渐变后的网格在 TrueGrid 中显示正常，但生成的 trugrdo 文件会出现异常，因此不建议使用该命令。建议在 TrueGrid 中生成需要进行渐变的网格，导入到 AUTODYN 中，在 AUTODYN 界面中再进行网格疏密渐变。

TrueGrid 也可以为 AUTODYN 生成二维网格，输出后需要将输出文件中的"1 1 1 "替换为"1 "，这样 AUTODYN 才能正确读入。

此外，为避免 AUTODYN 读入错误，生成 PART 时最好按 x/y/z 坐标从小到大的顺序建模。

4.2 TrueGrid 软件与 LS-DYNA 软件接口

LS-DYNA 计算对网格质量较为敏感，TrueGrid 可以快速生成高质量网格，非常适合为 LS-DYNA 生成计算输入文件。

TrueGrid 中的 PART 与 LS-DYNA 中的 PART 概念是不同的。TrueGrid 中的材料号与 LS-DYNA 中的 PART 号一一对应。在 TrueGrid 中通过 block 或 cylinder 命令来定义 PART。一个 TrueGrid PART 可以包含多种材料，即对应多个 LS-DYNA 中的 PART，多个 TrueGrid PART 也可以被赋予同一种材料，即对应一个 LS-DYNA 中的 PART。

PART 建立完毕后，需要进入 Merge 阶段采用 stp 命令合并 PART。合并前要指明哪几个 PART 之间不需要合并（可采用 bptol 命令），随后采用 lsdyna keyword 命令指定准备输出

LS-DYNA 关键字格式文件，最后通过 write 命令生成 LS-DYNA 输入文件。

readmesh 命令也可以将 LS-DYNA 关键字格式文件读入 TrueGrid 中，但不能重新定义块体边界界面，无法对读入的模型进行操作，因此不推荐这么做。如果原有的 LS-DYNA 关键字格式文件与 TrueGrid 新生成模型的单元或节点号发生冲突，建议在 Merge 阶段采用 offset 命令对单元或节点号进行偏移。也可以在 LS-PrePost 软件中进行偏移。

TrueGrid 几乎支持 LS-DYNA 所有关键字格式，见附录表 A-1。对于不支持的关键字，可以采用 verbatim 命令添加，能够同时添加很多行内容。命令如下：

> **verbatim**
> *text*
> **endverbatim**

4.3 TrueGrid 建模与 LS-DYNA 计算直通算例

TrueGrid 几乎支持 LS-DYNA 全部关键字，对于不支持的关键字，可以采用 verbatim 和 endverbatim 命令将其写入到关键字输入文件中。

本节介绍两个 TrueGrid 输出 LS-DYNA 关键字格式文件并提交计算的算例。第一个固连拉脱算例，TrueGrid 生成的 trugrdo 模型文件可以不用做任何修改，直接提交给 LS-DYNA 运行。第二个多球滚落算例，采用 verbatim 和 endverbatim 命令将 TrueGrid 不支持的关键字添加输出到 trugrdo 模型文件中，仍然可直接提交给 LS-DYNA 运行。

4.3.1 固连拉脱算例

模型描述：Part 1、2、3、4 均采用塑性随动硬化材料模型，Part 1 和 Part 2、Part 2 和 Part 3、Part 3 和 Part 4 之间固连，Part 1、Part 2、Part 3 两边约束，Part 4 上表面施加朝上的拉力，在该力作用下发生固连失效。

```
lsdyna keyword              c 设置输出格式
lsdyopts endtim .01 d3plot dtcycl .001 ; ;   c 设置计算终止时间
c和D3PLOT文件写入频率
lsdymats 1 3 rho .001 e      c 定义塑性随动硬化模型材料参数
1.e7 pr .3 sigy 40000 etan 100 ;
lsdymats 2 3 rho .001 e 1.e7 pr .3 sigy 40000 etan 100 ;
lsdymats 3 3 rho .001 e 1.e7 pr .3 sigy 40000 etan 100 ;
lsdymats 4 3 rho .001 e 1.e7 pr .3 sigy 40000 etan 100 ;
sid 1 lsdsi 24 slvmat 1;mstmat 2;atbo 2 5000 5000 ;    c 定义PART之间的接触
sid 2 lsdsi 24 slvmat 2;mstmat 3;atbo 2 5000 5000 ;
sid 3 lsdsi 24 slvmat 3;mstmat 4;atbo 2 5000 5000 ;
partmode i
c
lcd 1 0 0 .01 500;
sid 1 lsdsi 24 slvmat 1;mstmat 2;atbo 2 10000 5000 ;
c ***************** Part 1 beam
block 16; 6; 2 1 2 1 2; 0 10 0 3 0 .2 .2 .4 .4 .6
```

```
dei 1 2; 1 2; 2 3 0 4 5;
mate 1 mti ;;3 4; 2 mti ;;5 6; 3
bi -1 0 -2;;; dx 1 dz 1;
endpart
c ******************** Part 2
mate 4
block 4; 4; 4; 4 6 .5 2.5 .6 3
fci 1 2;1 2;-2;1 1 0 0 1 ;
endpart
merge
write
```

图 4-1 所示是 TrueGrid 生成的网格。

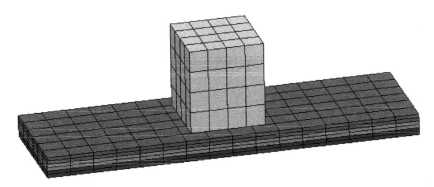

图 4-1　TrueGrid 生成的网格模型

TrueGrid 为 LS-DYNA 生成的 trugrdo 模型文件内容如下：

```
*KEYWORD
*CONTROL_TERMINATION
1.000E-02,0,0.000E+00,0.000E+00,0.000E+00
*DATABASE_BINARY_D3PLOT
0.100E-02,0
$
$ DEFINITION OF MATERIAL        1
$
*MAT_PLASTIC_KINEMATIC
1,1.000E-03,1.000E+07,0.300,4.000E+04,100.,0.000E+00
0.000E+00,0.000E+00,0.000E+00
*HOURGLASS
1,0,0.000E+00,0,0.000E+00,0.000E+00
*SECTION_SOLID
1,0,0
*PART
material type # 3 (Kinematic/Isotropic Elastic-Plastic)
1,1,1,0,1,0
$
```

```
$ DEFINITION OF MATERIAL        2
$
*MAT_PLASTIC_KINEMATIC
2,1.000E-03,1.000E+07,0.300,4.000E+04,100.,0.000E+00
0.000E+00,0.000E+00,0.000E+00
*HOURGLASS
2,0,0.000E+00,0,0.000E+00,0.000E+00
*SECTION_SOLID
2,0,0
*PART
material type # 3 (Kinematic/Isotropic Elastic-Plastic)
2,2,2,0,2,0
$
$ DEFINITION OF MATERIAL        3
$
*MAT_PLASTIC_KINEMATIC
3,1.000E-03,1.000E+07,0.300,4.000E+04,100.,0.000E+00
0.000E+00,0.000E+00,0.000E+00
*HOURGLASS
3,0,0.000E+00,0,0.000E+00,0.000E+00
*SECTION_SOLID
3,0,0
*PART
material type # 3 (Kinematic/Isotropic Elastic-Plastic)
3,3,3,0,3,0
$
$ DEFINITION OF MATERIAL        4
$
*MAT_PLASTIC_KINEMATIC
4,1.000E-03,1.000E+07,0.300,4.000E+04,100.,0.000E+00
0.000E+00,0.000E+00,0.000E+00
*HOURGLASS
4,0,0.000E+00,0,0.000E+00,0.000E+00
*SECTION_SOLID
4,0,0
*PART
material type # 3 (Kinematic/Isotropic Elastic-Plastic)
4,4,4,0,4,0
$
$ NODES
$
*NODE
1,0.000000000E+00,0.000000000E+00,0.000000000E+00,6,0
2,0.000000000E+00,0.000000000E+00,0.100000001,6,0
. . . . . . . . . . . . . . . . . . . . . . . . . . . . . . . . . . . . . . . . . . . . . .
1195,6.00000000,2.50000000,2.40000010,0,0
```

```
1196,6.00000000,2.50000000,3.00000000,0,0
$
$ ELEMENT CARDS FOR SOLID ELEMENTS
$
*ELEMENT_SOLID
1,1,1,22,25,4,2,23,26,5
2,1,22,43,46,25,23,44,47,26
. . . . . . . . . . . . . . . . . . . . . . . . . . . . . . . . . . . . . . . . . . . . . . . . . . . . .
639,4,1140,1165,1170,1145,1141,1166,1171,1146
640,4,1165,1190,1195,1170,1166,1191,1196,1171
$
$ LOAD CURVES
$
*DEFINE_CURVE
1,0,0.000E+00,0.000E+00,0.000E+00,0.000E+00,0
0.0000000000000E+00,0.0000000000000E+00
9.9999997764826E-03,500.0000000000
$
$ CONCENTRATED NODAL LOADS AND FOLLOWER FORCES
$
*LOAD_NODE_POINT
1076,3,1,1.00
. . . . . . . . . . . . . . . . . . . . . . . . . . . . . . . . . . . . . . . . . . . . . . . . . . . . .
*LOAD_NODE_POINT
1196,3,1,1.00
$
$ SLIDING INTERFACE DEFINITIONS
$
$
$ TrueGrid Sliding Interface #        1
$
*CONTACT_AUTOMATIC_SURFACE_TO_SURFACE_TIEBREAK_TITLE
1,TrueGrid Sliding Interface #                1
1,2,3,3,,,0,0
0.000E+00,0.000E+00,0.000E+00,0.000E+00,0.000E+00,0,0.000E+00,0.000E+00
0.000E+00,0.000E+00,0.000E+00,0.000E+00,0.000E+00,0.000E+00,0.000E+00,0.000E+00
2,1.000E+04,5.000E+03
$
$ TrueGrid Sliding Interface #        2
$
*CONTACT_AUTOMATIC_SURFACE_TO_SURFACE_TIEBREAK_TITLE
2,TrueGrid Sliding Interface #                2
2,3,3,3,,,0,0
0.000E+00,0.000E+00,0.000E+00,0.000E+00,0.000E+00,0,0.000E+00,0.000E+00
0.000E+00,0.000E+00,0.000E+00,0.000E+00,0.000E+00,0.000E+00,0.000E+00,0.000E+00
2,5.000E+03,5.000E+03
```

```
$
$ TrueGrid Sliding Interface #        3
$
*CONTACT_AUTOMATIC_SURFACE_TO_SURFACE_TIEBREAK_TITLE
3,TrueGrid Sliding Interface #                3
3,4,3,3,,,0,0
0.000E+00,0.000E+00,0.000E+00,0.000E+00,0.000E+00,0,0.000E+00,0.000E+00
0.000E+00,0.000E+00,0.000E+00,0.000E+00,0.000E+00,0.000E+00,0.000E+00,0.000E+00
2,5.000E+03,5.000E+03
*END
```

图 4-2 所示是 TrueGrid 结构变形计算结果。

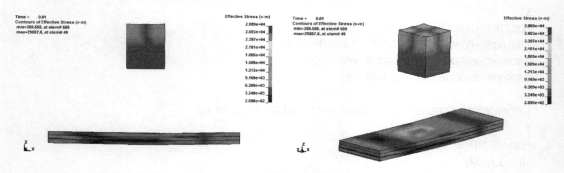

图 4-2 结构变形计算结果

4.3.2 多球滚落算例

模型描述：容器中众多小球在重力作用下倾泻而出，在 T 形槽上四处滚落，计算模型的初始状态如图 4-3 所示。

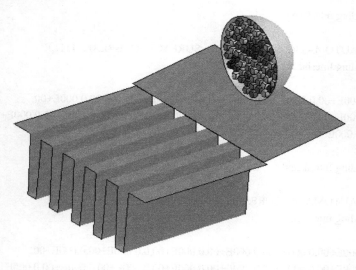

图 4-3 多球滚落模型

该算例主要用于演示 verbatim 和 endverbatim 命令的用法。相关 TrueGrid 建模命令流如下：

```
lsdyna keyword
lcd 1 0 1 0.025 1 0.030 1 1 1;
lsdyopts endtim .2 d3plot dtcycl .0006 ;
ygrav 10800 1 zgrav 3800 1 scft .75 nsbcs 5;;
para matn 1;
while(%matn.lt.153)
lsdymats %matn 1 struct rho .012 e 4.e5 pr .3;
para matn [%matn+1];
endwhile
lsdymats 200 20 shell elfor bt shth .2 rho .01 e 1.e6
pr .3 cmo con 7 7 ;
pr .3 cmo con 7 7 ;
verbatim
*CONTACT_automatic_SINGLE_SURFACE_TITLE
1,TrueGrid Sliding Interface # 1
0,0,0,0,,,0,0
0.,0.,0.,0.,10.,0.,0.
0.,0.,0.,0.,0.,0.,0.,0.
2
endverbatim
sd 1 sp 0 0 0 1
partmode i
c ***************** part 1 ***************
block 4;4;4; −.2 .2 −.2 .2 −.2 .2
sfi −1 −2; −1 −2; −1 −2;sd 1
relaxi 1 2;;; 20 0 1
lmi 1 gmi 17 mate 1
lct 16 mx −2; repe 4;
my 2 ; my 2 mx −2.5; my 2 mx −5.0; my 2 mx −7.5;
my 4 ; my 4 mx −2.1;my 4 mx −4.2;my 4 mx −6.3;
my 6 ; my 6 mx −2.2; my 6 mx −4.4;
my 8 mx −.2 ;
gct 4 my 1 mx −1;rxz my −1 mx −1;my 1 ryz mx 1;rxz my −1 ryz mx 1;
lrep 0:16; grep 1:4;
endpart
c ***************** part 2 ***************
block 4;4;4; −.2 .2 −.2 .2 −.2 .2
sfi −1 −2; −1 −2; −1 −2;sd 1
relaxi 1 2;;; 20 0 1
lmi 1 gmi 12 mate 69
lct 11 mx −2; repe 3;my 2 ; my 2 mx −2.5; my 2 mx −5.0;
my 4 ; my 4 mx −2.1;my 4 mx −4.2;my 6 ; my 6 mx −2.2;
gct 4 my 1 mx −1 mz 2 ; rxz my −1 mx −1 mz 2;
```

```
my 1 ryz mx 1 mz 2; rxz my -1 ryz mx 1 mz 2;
lrep 0:11; grep 1:4;
endpart
c ***************** part 3 **************
block 4;4;4; -.2 .2 -.2 .2 -.2 .2
sfi -1 -2; -1 -2; -1 -2;sd 1
relaxi 1 2;;; 20 0 1
lmi 1 gmi 6 mate 117
lct 5 mx -2; repe 2; my 2 ; my 2 mx -2.5; my 4 ;
gct 4 my 1 mx -1 mz 4 ; rxz my -1 mx -1 mz 4;
my 1 ryz mx 1 mz 4; rxz my -1 ryz mx 1 mz 4;
lrep 0:5; grep 1:4;
endpart
c ***************** part 4 **************
block 4;4;4; -.2 .2 -.2 .2 -.2 .2
sfi -1 -2; -1 -2; -1 -2;sd 1
relaxi 1 2;;; 20 0 1
lmi 1 gmi 3 mate 141
lct 2 mx -2 ; my 2;
gct 4 my 1 mx -1 mz 6 ; rxz my -1 mx -1 mz 6;
my 1 ryz mx 1 mz 6; rxz my -1 ryz mx 1 mz 6;
lrep 0:2; grep 1:4;
endpart
c ***************** part 5 **************
partmode s
cylinder -1; 1 90; 1 30; 10 0 360 0 9
sd 2 sp 0 0 0 10.2
mbi -1; 1 2; -2; x -9.50866
sfi -1;;;;sd 2
mbi -1; 1 2; -2; x -0.429586
mbi -1; 1 2; -2; x -0.522362e-01
mbi -1; 1 2; -2; x -0.728810e-02
mate 200
lct 1 mz -1; lrep 1;
endpart
c ***************** part 6 **************
block 1 30; -1; 1 30; -24 24 -11. -15 9
tri 1 2; -1;; v 0.841084e-07 12.0562 0.975823
tf rt -0.841084e-07 -12.0562 -0.975823
rt 1.00000 -12.0562 -0.975823
rt -0.775911e-07 -11.0674 -1.12492;
mate 201
endpart
c ***************** part 7 **************
block 1 -4 -8 -12 -16 -20 -24 -28 -32 -36 -40 44; -1 -8;
1 10; -24 -18 -14 -10 -6 -2 2 6 10 14 18 24 -30 -14 -50 -14
```

```
dei 2 3 0 4 5 0 6 7 0 8 9 0 10 11; −2;;
dei 1 2 0 3 4 0 5 6 0 7 8 0 9 10 0 11 12; −1;;
mbi −2; −1; 1 2; x .5 mbi −3; −1; 1 2; x −.5
mbi −4; −1; 1 2; x .5 mbi −5; −1; 1 2; x −.5
mbi −6; −1; 1 2; x .5 mbi −7; −1; 1 2; x −.5
mbi −8; −1; 1 2; x .5 mbi −9; −1; 1 2; x −.5
mbi −10; −1; 1 2; x .5 mbi −11; −1; 1 2; x −.5
mate 201
endpart
merge
bptol 1 2 0 bptol 2 3 0 bptol 3 4 0 bptol 1 1 0
bptol 2 2 0 bptol 3 3 0 bptol 4 4 0
stp 0.001
write
```

TrueGrid 生成的网格如图 4-4 所示。

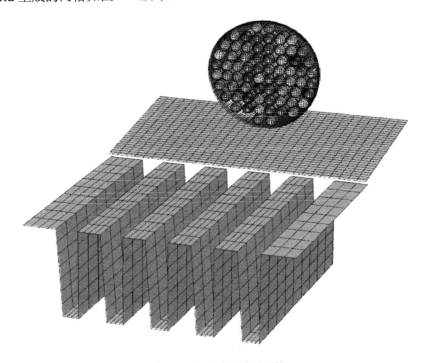

图 4-4　多球滚落模型网格

TrueGrid 为 LS-DYNA 生成的 trugrdo 模型文件部分内容如下：

```
*KEYWORD
*CONTROL_CONTACT
0.000E+00,0.000E+00,0,0,0,0,0,0,0
0,0,5,0,0.000E+00,0,0,0
*CONTROL_TERMINATION
0.200,0,0.000E+00,0.000E+00,0.000E+00
```

```
*CONTROL_TIMESTEP
0.000E+00,0.750,0,0.000E+00,0.000E+00,0,0,0
*DATABASE_BINARY_D3PLOT
0.600E-03,0
*CONTACT_automatic_SINGLE_SURFACE_TITLE
1,TrueGrid Sliding Interface # 1
0,0,0,0,,,0,0
0.,0.,0.,0.,10.,0,0.,0.
0.,0.,0.,0.,0.,0.,0.,0.
2
$
$ MATERIAL CARDS
$
$
$ DEFINITION OF MATERIAL          1
$
*MAT_ELASTIC
1,1.200E-02,4.000E+05,0.300,,,
*HOURGLASS
1,0,0.000E+00,0,0.000E+00,0.000E+00
*SECTION_SOLID
1,0,0
*PART
material type # 1    (Elastic)
1,1,1,0,1,0
$
$ DEFINITION OF MATERIAL          2
$
*MAT_ELASTIC
2,1.200E-02,4.000E+05,0.300,,,
*HOURGLASS
2,0,0.000E+00,0,0.000E+00,0.000E+00
*SECTION_SOLID
2,0,0
*PART
material type # 1    (Elastic)
2,2,2,0,2,0
..............................................................
$
$ DEFINITION OF MATERIAL      152
$
*MAT_ELASTIC
152,1.200E-02,4.000E+05,0.300,,,
*HOURGLASS
152,0,0.000E+00,0,0.000E+00,0.000E+00
```

```
*SECTION_SOLID
152,0,0
*PART
material type # 1    (Elastic)
152,152,152,0,152,0
$
$ DEFINITION OF MATERIAL    200
$
*MAT_RIGID
200,1.000E-02,1.000E+06,0.300,0.000E+00,0.000E+00,0.000E+00,
1.00,7.00,7.00
0.000E+00
*HOURGLASS
200,0,0.000E+00,0,0.000E+00,0.000E+00
*SECTION_SHELL
200,2,0.000E+00,0.000E+00,0.000E+00,0.000E+00,0
0.200,0.200,0.200,0.200,0.000E+00
*PART
material type # 20 (Rigid)
200,200,200,0,200,0
$
$ DEFINITION OF MATERIAL    201
$
*MAT_RIGID
201,1.000E-02,1.000E+06,0.300,0.000E+00,0.000E+00,0.000E+00,
1.00,7.00,7.00
0.000E+00
*HOURGLASS
201,0,0.000E+00,0,0.000E+00,0.000E+00
*SECTION_SHELL
201,2,0.000E+00,0.000E+00,0.000E+00,0.000E+00,0
1.000E-02,1.000E-02,1.000E-02,1.000E-02,0.000E+00
*PART
material type # 20 (Rigid)
201,201,201,0,201,0
$
$ NODES
$
*NODE
1,-1.57735026,0.422649741,-0.577350259,0,0
2,-1.67388618,0.326113820,-0.302910715,0,0
. . . . . . . . . . . . . . . . . . . . . . . . . . . . . . . . . . . . . . . . . . . . . . . . . .
23634,24.0000000,-14.0000000,-18.0000000,0,0
23635,24.0000000,-14.0000000,-14.0000000,0,0
$
```

```
$ ELEMENT CARDS FOR SOLID ELEMENTS
$
*ELEMENT_SOLID
1,1,1,26,31,6,2,27,32,7
2,1,26,51,56,31,27,52,57,32
........................................................
9727,152,18944,18969,18974,18949,18945,18970,18975,18950
9728,152,18969,18994,18999,18974,18970,18995,19000,18975
$
$ ELEMENT CARDS FOR SHELL ELEMENTS
$
*ELEMENT_SHELL_THICKNESS
1,200,19001,19031,19032,19002
0.000000E+00,0.000000E+00,0.000000E+00,0.000000E+00
2,200,19031,19060,19061,19032
0.000000E+00,0.000000E+00,0.000000E+00,0.000000E+00
........................................................
4438,201,23614,23615,23625,23624
0.000000E+00,0.000000E+00,0.000000E+00,0.000000E+00
4439,201,23624,23625,23635,23634
0.000000E+00,0.000000E+00,0.000000E+00,0.000000E+00
$
$ LOAD CURVES
$
*DEFINE_CURVE
1,0,0.000E+00,0.000E+00,0.000E+00,0.000E+00,0
0.0000000000000E+00,1.000000000000
2.5000000372529E-02,1.000000000000
2.9999999329448E-02,1.000000000000
1.000000000000,1.000000000000
$
$ BASE ACCELERATION IN Y-DIRECTION
$
*LOAD_BODY_Y
1,10800.0,,,
$
$ BASE ACCELERATION IN Z-DIRECTION
$
*LOAD_BODY_Z
1,3800.0,,,
*END
```

多球滚落过程计算结果如图 4-5 所示。

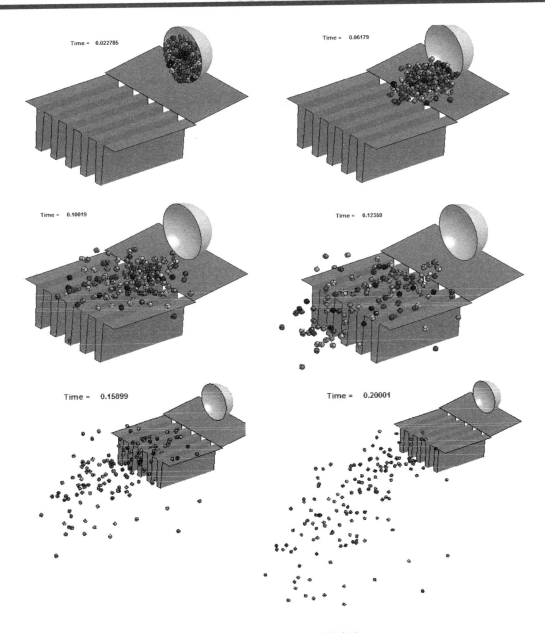

图4-5 多球滚落过程计算结果

注：本章部分内容来自 XYZ Scientific Applications 公司的资料。

4.4 参考文献

[1] TrueGrid User's Manual Version 3.0.0[Z]. XYZ Scientific Applications Inc. Sep 25, 2014.

[2] TrueGrid Output Manual Version 2.1.0[Z]. XYZ Scientific Applications Inc. Dem 18, 2001.

[3] TrueGrid Output Manual For LS–DYNA Version 2.3.0[Z]. XYZ Scientific Applications Inc. May 15, 2007.

[4] 辛春亮，等. 由浅入深精通 LS–DYNA [M]. 北京：中国水利水电出版社, 2019.

第二部分 LS-DYNA 动力学

数值计算详解

第 5 章 LS-DYNA 软件简介

LS-DYNA 起源于美国 Lawrence Livermore 国家实验室的 DYNA3D，是由 J. O. Hallquist 于 1976 年主持开发完成的，早期主要用于冲击载荷下结构的应力分析。DYNA3D 被公认为是显式有限元程序的鼻祖和理论先导，是目前所有显式求解程序的基础代码。1988 年 Hallquist 创建 LSTC 公司，推出 LS-DYNA 程序系列，并于 1997 年将 LS-DYNA2D、LS-DYNA3D、LS-TOPAZ2D、LS-TOPAZ3D 等程序合成为一个软件包，称之为 LS-DYNA。LS-DYNA 当前最新版本是 2018 年 1 月发布的 10.1 版。

目前 LS-DYNA 已经发展成为世界上最著名的通用动力学多物理场分析程序（各求解器之间相互耦合如图 5-1 所示），能够模拟真实世界的各种复杂问题，特别适合求解各种一维、二维、三维结构的爆炸、高速碰撞和金属成形等非线性动力学冲击问题，同时可以求解传热、流体、声学、电磁、化学反应及流固耦合问题，在航空航天、机械制造、兵器、汽车、船舶、建筑、国防、电子、石油、地震、核工业、体育、材料、生物/医学等行业具有广泛应用。

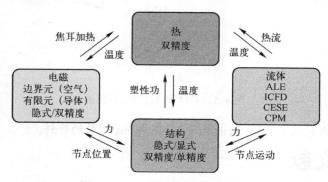

图 5-1 LS-DYNA 中的多场耦合

5.1 LS-DYNA 基本功能

LS-DYNA 程序是功能齐全的几何非线性（大位移、大转动和大应变）、材料非线性（200

多种材料动态模型）和接触非线性（60 多种）程序。它以 Lagrangian 算法为主，兼有 ALE 和 Euler 算法；以显式求解为主，兼有隐式求解功能；以结构分析为主，兼有传热、流体、声学、电磁、离散元、化学反应和多物理场耦合功能；以非线性动力分析为主，兼有静力分析功能。LS-DYNA 是军用和民用相结合的通用非线性多物理场分析程序。

LS-DYNA 功能特点如下：

1）材料模型（200 多种）

如弹性、正交各向异性弹性、随动/各向同性塑性、热塑性、可压缩泡沫、线粘弹性、Blatz-Ko 橡胶、Mooney-Rivlin 橡胶、流体弹塑性、温度相关弹塑性、各向同性弹塑性、Johnson-Cook 塑性模型、伪张量地质模型以及用户自定义材料模型等，适用于金属、塑料、玻璃、泡沫、编织物、橡胶（人造橡胶）、蜂窝材料、复合材料、混凝土、土壤、陶瓷、炸药、推进剂、生物体等材料。

2）状态方程（16 种）

如线性多项式、JWL、GRUNEISEN、MURNAGHAN、IDEAL_GAS、TABULATED、IGNITION_AND_GROWTH_OF_REACTION_IN_HE 等 16 种，此外，用户还可以自定义状态方程。

3）单元类型

单元类型有体单元、壳单元、梁单元、弹簧单元、杆单元、阻尼单元、质量单元等，如图 5-2 所示，每种单元类型又有多种单元算法可供选择。

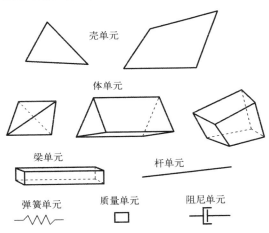

图 5-2 LS-DYNA 中的单元类型

4）接触类型

有 60 多种接触类型，如变形体对变形体接触、变形体对刚体接触、刚体对刚体接触、侵蚀接触、拉延筋接触、边边接触、面面接触、点面接触、单面接触（图 5-3）等。

5）汽车行业的专门功能

提供了用于汽车行业的安全带、滑环、预紧器、卷收器、传感器、加速计、气囊、假人模型（图 5-4）等多种专门功能。

6）初始条件、载荷和约束功能

LS-DYNA 可以定义：

● 初始速度、初始应力、初始应变、初始动量（模拟脉冲载荷）。

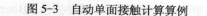

图 5-3　自动单面接触计算算例

图 5-4　气囊展开计算

- 高能炸药起爆。
- 节点载荷、压力载荷、体力载荷、热载荷、重力载荷。
- 循环约束、对称约束（带失效）、无反射边界。
- 给定节点运动（速度、加速度或位移）、节点约束。
- 铆接、焊接（点焊、对焊、角焊）。
- 两个刚体之间的连接：球形连接、旋转连接、柱形连接、平面连接、万向连接、平移连接。
- 位移/转动之间的线性约束、壳单元边与固体单元之间的固连。
- 带失效的节点固连。

7）自适应网格剖分功能

自适应网格剖分技术通常用于薄板冲压变形模拟、薄壁结构受压屈曲、三维锻压问题等大变形情况，使弯曲变形严重的区域皱纹更加清晰准确。

此外，LS-DYNA 还有三维自适应网格剖分、ALE 和 EFG 自适应网格技术，如图 5-5 所示。

图 5-5　采用自适应 EFG 技术模拟金属锻压

8）ALE 和 Euler 算法

ALE 算法和 Euler 算法可以克服 Lagrangian 单元严重畸变引起的数值求解困难，并可进行流固耦合动态分析。在 LS-DYNA 程序中 ALE 和 Euler 算法有以下功能：

- 单物质 ALE 单元算法和单物质 Euler 单元算法。
- 多物质的 ALE 单元，最多可达 20 种材料。
- 一维、二维、三维 ALE 单元算法。
- 一维到二维、一维到三维、二维到二维、二维到三维、三维到三维 ALE 结果映射，如图 5-6 所示。

- 若干种 Smoothing 算法选项。
- 一阶和二阶精度的输运算法。
- 空材料。
- 滑移和粘着 Euler 边界条件。
- 声学压力算法。
- ALE 自适应网格技术。
- 结构化 S-ALE 算法。
- 与 SPH 单元的耦合。
- 二维和三维流固耦合算法。
- 与 Lagrangian 算法的薄壳单元、体单元和梁单元的耦合。

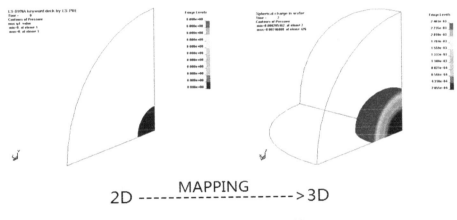

图 5-6　2D 到 3D ALE 映射

9）SPH 算法

SPH（Smoothed Particle Hydrodynamics，光滑粒子流体动力学）算法是一种无网格 Lagrangian 算法，最早用于模拟天体物理问题，后来发现可用于解决其他物理问题，如连续体结构的大变形（图 5-7），解体、碎裂、固体的层裂、脆性断裂等。SPH 算法不存在网格畸变和单元失效问题，在解决超高速碰撞、靶板贯穿等极度变形和破坏类型的问题上有着其他方法无法比拟的优势，具有很好的发展前景。

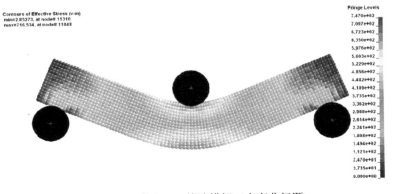

图 5-7　采用 SPH 算法模拟三点弯曲问题

10）边界元法

LS-DYNA 程序采用边界元法（BEM，Boundary Element Method）分析各类声学问题，如图 5-8 所示，适用于求解流体绕刚体或变形体的稳态或瞬态流动。该算法仅限于非黏性和不可压缩的附着流动。

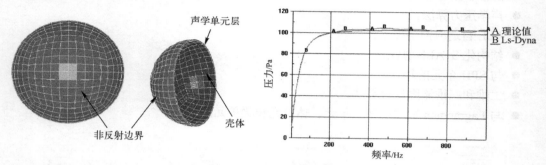

图 5-8　采用 BEM 方法求解脉动球模型

11）隐式算法

用于非线性结构静、动力分析，包括结构固有频率和振型计算。LS-DYNA 中可以交替使用隐式求解和显式求解，进行薄板冲压成形的回弹计算（图 5-9）、结构动力分析之前施加预应力等。

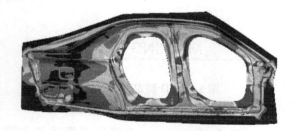

图 5-9　车门冲压弹性回弹分析

12）热分析

LS-DYNA 程序有二维和三维热分析模块，可以进行单独热分析、与 Lagrangian 结构耦合分析、与 SPH 粒子耦合分析（图 5-10）、稳态热分析、瞬态热分析等。

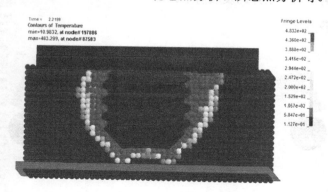

图 5-10　传热与 SPH 粒子耦合分析算例

13）多功能控制选项

多种控制选项和用户子程序使得用户在定义和分析问题时有很大的灵活性。

- 输入文件可分成多个子文件。
- 用户自定义子程序。
- 二维问题可以人工控制交互式或自动重分网格。
- 重启动分析。
- 数据库输出控制。
- 交互式实时图形显示。
- 求解感应控制开关监视计算状态。
- 单精度或双精度分析。

14）前后处理功能

多种前处理和后处理软件支持 LS-DYNA，如 ANSYS、PATRAN、HYPERMESH、ETA/VPG、LS-INGRID、ICEM CFD、FEMB、TrueGrid、EnSight、EASi-CRASH DYNA、LS-POST 和 LS-PrePost 等，可与大多数的 CAD/CAE 软件集成并有接口。

15）支持的硬件平台

LS-DYNA SMP（Shared Memory Parallel）版本和 MPP（Massively Parallel Procesing）版本是同时发布的。由图 5-11 可以看出，MPP 版本并行效率很高，可最大限度地利用已有计算设备，大幅度减少计算时间。

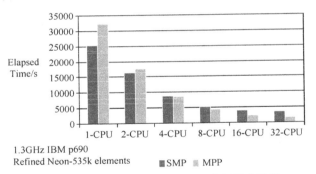

图 5-11　LS-DYNA SMP 和 MPP 并行效率比较

SMP 版本和 MPP 版本可以在 PC（Windows、Linux 环境）、工作站、超级计算机上运行。

5.2　LS-DYNA 最新发展

LS-DYNA 近年来发展极为迅猛，新增了 ICFD、CESE、化学反应、离散元、电磁、SPG、XFEM、S-ALE、Peridynamics 等算法，多种求解器之间可以相互耦合，LS-DYNA 已逐渐发展成为一款功能全面的通用型多物理场求解器。

1）ICFD 求解器

LS-DYNA 的 ICFD 不可压缩流隐式求解器用于模拟分析瞬态、不可压、黏性流体动力学现象。目前已实现 RANS k-epsilon 和 Smagorinsky LES 模型。可对流体域自动划分四面体非结构化网格，适用于解决稳态、涡流、边界层效应以及其他长时流体问题。ICFD 求解器还可以采用 ALE 网格运动方法或网格自适应技术解决流体与结构之间的强耦合问题。ICFD 求解器的典型应用包括汽车流场分析（图 5-12）、旗帜风中摆动、心脏瓣膜开合、结构低速入水砰击等，这些问题中马赫数小于 0.3。

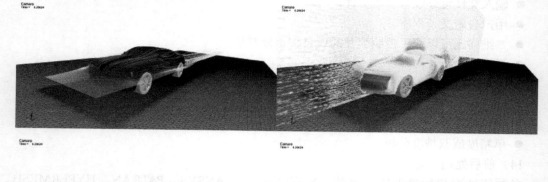

图 5-12 行驶中的汽车外流场分析

2）CESE 求解器

CESE 是高精度、单流体、可压缩流、显式求解器。采用 Eulerian 网格，能够精确捕捉非等熵问题细节，可用于超声速气动分析、高马赫数冲击波（图 5-13）和声波传播计算、流固耦合分析，这些问题中马赫数大都大于 0.3。

试验照片   计算结果

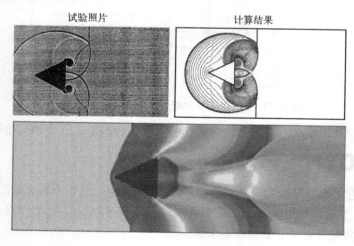

图 5-13 超声速激波捕捉

3）化学反应模块

CHEMISTRY 化学反应模块可模拟高能炸药，如 TNT 与铝粉反应、气囊烟火药燃烧反应、气体爆炸与结构的作用（图 5-14）、核容器的多尺度分析等化学反应问题。

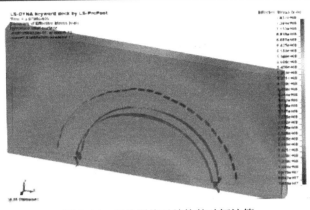

图 5-14　气体爆炸对结构的破坏计算

4）离散元

离散元 DEM 模块可用于模拟粒子之间的相互作用，如颗粒材料的混合（图 5-15）、分离、注装、存储和运输过程。

图 5-15　滚筒内药粒混合 DEM 模拟

5）电磁

电磁 EM 模块通过求解麦克斯韦方程模拟涡电流、感应加热、电阻加热问题，可以进行结构和热分析模块耦合，如图 5-16 所示。典型的应用有电磁金属成形和电磁金属焊接等。

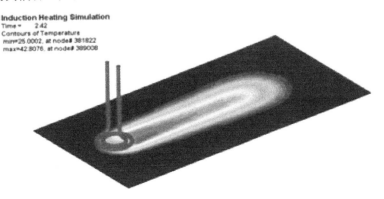

图 5-16　线圈电磁感应加热分析

6）近场动力学 PD（Peridynamics）算法

LS-DYNA 是唯一引入 Peridynamics 方法的商业软件，基于非连续 Galerkin 有限元模拟脆性材料的三维断裂，如图 5-17 所示。

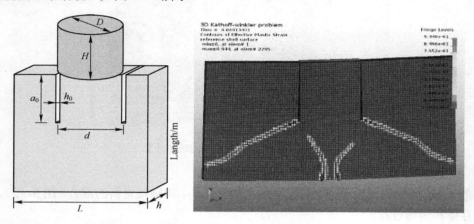

图 5-17　采用 PD 方法解决 3D Kalthoff-Winkler 问题

7）光滑粒子迦辽金 SPG（Smooth Particle Galerkin）算法

SPG 算法是 LS-DYNA 软件所独有的，目前实现的模块主要用于模拟延性/半脆性材料的失效，如钻地弹对混凝土靶标的侵彻，如图 5-18 所示。

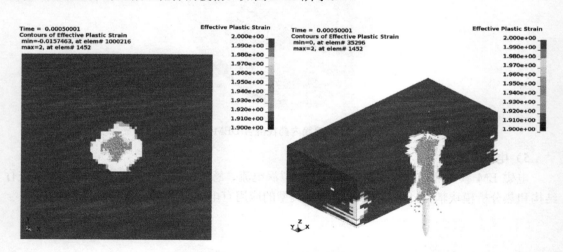

图 5-18　弹体侵彻混凝土 SPG 模拟

8）扩展有限元 XFEM（Extended Finite element method）方法

XFEM 用于模拟延性壳体材料的失效，如汽车碰撞。目前只能用于平面应变和 3D 壳单元。应用实例如图 5-19 所示。

9）结构化任意拉格朗日欧拉 S-ALE（Structured ALE）方法

LS-DYNA 能够内部自动生成正交结构化 ALE 网格，可简化有限元建模过程，提高流固耦合问题求解的稳定性，大大降低求解时间。S-ALE 求解器还可与结构、SPG 等求解器进行耦合求解，如图 5-20 所示。

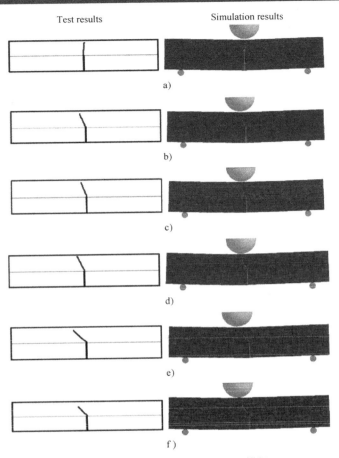

图 5-19 灰铸铁三点弯曲 XFEM 模拟

图 5-20 自然破片战斗部爆炸过程 S-ALE 和 SPG 模拟

10）随机粒子模块

随机粒子（Stochastic Particles）模块通过求解随机偏微分方程来描述粒子，目前实现了两种随机偏微分方程模型：TBX 炸药内嵌粒子模型和喷射模型。

5.3　LS-DYNA 资源网站

LSTC、DYNAmore GmbH 等多家公司网站上有许多 LS-DYNA 计算算例、动画和论文可以下载，可供大家学习之用。

1）ftp.lstc.com

这是 LSTC 公司的官方 FTP。从该 FTP 上可下载最新的 LS-DYNA 软件、优化求解器 LS-OPT、前后处理软件 LS-PrePost、各种版本用户手册、一些关键字文件和假人模型等。

2）www.lstc.com、www2.lstc.com 和 www.ls-dyna.com

这三个均是 LSTC 公司的官方网站，从前两个网站上可下载 LS-DYNA 培训课程介绍、各种版本用户手册和 LS-PrePost 网上教程。www.ls-dyna.com 上有许多 LS-DYNA 算例的 AVI 动画。

3）www.feainformation.com

这个网站上有 LSTC 公司产品的最新发展动态。

4）www.dynalook.com 和 www.ls-dynalconferences.com

www.dynalook.com 网站上有历届 LS-DYNA 国际会议和欧洲会议论文集，这两类会议隔年举行，均是每两年一次。

www.ls-dynalconferences.com 网站上有即将举办的 LS-DYNA 会议征文通知。

5）www.dynaexamples.com

这个网站上有许多 LS-DYNA 算例，包括关键字输入文件，本书的部分算例也来自该网站。

6）www.lsdynasupport.com

这个网站上有许多关于 LS-DYNA 的使用讲解。

7）www. lsoptupport.com

LSTC 公司另一产品 LS-OPT 优化求解器的技术支持网站。

8）www.dummymodels.com

这个网站上有许多关于 LS-DYNA 假人模型的说明。

9）www. dynamore.de

德国 DYNAmore GmbH 公司官方网站，有许多动画和文章可供下载。

10）www. lancemore.jp

日本 LS-DYNA 代理公司网站，有许多有关 LS-DYNA 新功能的算例动画。

注：本章部分内容来自 LSTC 公司的资料。

5.4　参考文献

[1] LS-DYNA KEYWORD USER'S MANUAL[Z], LSTC, 2017.

[2] 赵海鸥. LS-DYNA 动力分析指南 [M]. 北京：兵器工业出版社, 2003.

[3] www.lstc.com.

[4] www.ls-dyna.com.

[5] 辛春亮，等. 由浅入深精通 LS-DYNA [M]. 北京：中国水利水电出版社, 2019.

第6章　LS-DYNA 入门基础知识

6.1　单位制

数值计算模型中采用的单位制必须前后一致，基本物理量的单位和由其导出的物理量的单位必须统一，否则计算出来的结果没有实际意义。

6.1.1　力学单位

LS-DYNA 软件在计算中并不限定必须使用何种单位制。LS-DYNA 中不同力学单位的定义：

1 力单位=1 质量单位×1 加速度单位

1 加速度单位=1 长度单位/1 时间单位的平方

一些力学单位换算关系见表 6-1。

表 6-1　数值计算常用力学单位换算表

质量	长度	时间	力	应力	能量	密度	弹性模量	速度 (56.3kMPH)	重力加速度
kg	m	s	N	Pa	Joule	7.83E3	2.07E11	15.65	9.806
kg	cm	s	1.E-2N			7.83E-3	2.07E9	1.56E3	9.806E2
kg	cm	ms	1.E4N			7.83E-3	2.07E3	1.56	9.806E-4
kg	cm	μs	1.E10N			7.83E-3	2.07E-3	1.56E-3	9.806E-10
kg	mm	ms	kN	GPa	kN-mm	7.83E-6	2.07E2	15.65	9.806E-3
gm	cm	s	dyne	dy/cm^2	erg	7.83	2.07E12	1.56E3	9.806E2
gm	cm	μs	1.E7N	Mbar	1.E7Ncm	7.83	2.07	1.56E-3	9.806E-10
gm	mm	s	1.E-6N	Pa		7.83E-3	2.07E11	1.56E4	9.806E3
gm	mm	ms	N	MPa	N-mm	7.83E-3	2.07E5	15.65	9.806E-3
ton	mm	s	N	MPa	N-mm	7.83E-9	2.07E5	1.56E4	9.806E3
lbfs^2/in	in	s	lbf	psi	lbf-in	7.33E-4	3.00E7	6.16E2	386
slug	ft	s	lbf	psf	lbf-ft	15.2	4.32E9	51.33	32.17
kgfs^2/mm	mm	s	kgf	kgf/mm^2	kgf-mm	7.98E-10	2.11E4	1.56E4	9.806E3
kg	mm	s	mN	1000Pa		7.83E-6	2.07E8		9.806E3
gm	cm	ms		100000Pa		7.83	2.07E6		9.806E-4

6.1.2　热学单位

热-结构耦合分析的国际单位制见表 6-2～表 6-4。

表6-2 国际单位制基本单位

温度	kelvin	K

表6-3 国际单位制导出单位

功，能量	joule	J=N·m
功率	watt	W=J/s

表6-4 国际单位制导出量

热导率(k)	W/m·K
比热容(Cp)	J/kg·K
热流密度	W/m²

在进行热-结构耦合分析时也要采用协调一致的单位制。用于金属冲压成形的典型单位见表6-5。当功的力学单位和能量的热学单位不匹配时就会出现问题，有两种方法来达成单位制的协调一致。

方法1：将热学单位转换为力学问题中的基本单位。见表6-5中的第1和第2套单位制。第1套力学单位中的热学单位是焦耳和瓦特，而第2套却不是，虽然第2套也一致，但其中的热学单位并不为大家所熟知。

方法2：热能用国际单位，焦耳，然后定义热功转换的力学等效，见表6-5中的第3套单位。热功当量换算系数通过*CONTROL_THERMAL_SOLVER 关键字来输入。

表6-5 用于金属冲压成形的3套典型单位制

质量	长度	时间	力	压力	功或能量	热功当量	密度	弹性模量	热导率	比热容	热流密度
国际单位											
kg	m	s	N	Pa	N·m=J	N·m=J	kg/m³	Pa	W/m·K	J/kg·K	W/m²
						1.	7.87e3	2.05e11	5.19e1	4.86e2	1.
第1套单位											
kg	mm	ms	kN	Gpa	N·m=J	kN·mm=J	kg/mm³	GPa	kW/mm·K	J/kg·K	kW/mm²
						1.	7.87e-6	2.05e2	5.19e-5	4.86e2	1.e-9
第2套单位											
ton	mm	s	N	MPa	N·mm	不适用	ton/mm³	MPa	ton mm/s³·K	mm²/s²·K	ton/s³
						1.	7.87e-9	2.05e5	5.19e1	4.86e8	1.e-3
第3套单位											
ton	mm	s	N	MPa	N·mm	N·mm=10⁻³ J	ton/mm³	MPa	W/mm·K	J/ton·K	W/mm²
						1.e-03	7.87e-9	2.05e5	5.19e-2	4.86e5	1.e-6

6.1.3 电磁学单位

对于电磁学，一致单位换算见表6-6。

表6-6 电磁学一致单位换算表

	USI	等效($[kg]^\alpha \times [m]^\beta \times [s]^\gamma$)			例1	例2
质量	kg				g	g
长度	m	$[kg]^\alpha$	$[m]^\beta$	$[s]^\gamma$	mm	mm
时间	s				s	ms
功或能量	J	1	2	-2	1e-9	1e-3

（续）

	USI	等效($[kg]^{\alpha} \times [m]^{\beta} \times [s]^{\gamma}$)			例1	例2
力	N	1	1	−2	1e−6	1
应力	Pa	1	−1	−2	1	1e6
密度	kg/m³	1	−3	0	1e6	1e6
比热容	J/(kg·K)	0	2	−2	1e−6	1
热导率	W·m⁻¹·k⁻¹	1	1	−3	1e−6	1e3
电流	A	0.5	0.5	−1	1e−3	1
电阻	Ohm	0	1	−1	1e−3	1
电感	H	0	1	0	1e−3	1e−3
电容	F	0	−1	1	1e−3	1
电压	V	0.5	1.5	−2	1e−6	1
B field	T	0.5	−0.5	−1	1	1e3
电导率	Ohm⁻¹·m⁻¹	0	−2	1	1e6	1e3

6.2 LS-DYNA 关键字输入数据格式

在 LS-DYNA 程序 93x 以后的版本中，输入文件采用新的关键字输入格式。关键字格式可以更加灵活和合理地组织输入数据，使新用户易于理解，更方便地阅读输入数据。

关键字输入数据格式具有如下特点：

1）关键字输入文件以*KEYWORD 开头，以*END 终止，LS-DYNA 程序只会编译*KEYWORD 和*END 之间的部分。假如在读取过程中遇到文件结尾，则认为没有*END 文件终止关键字。

2）在关键字格式中，相似的功能在同一关键字下组合在一起。例如，在关键字*ELEMENT 下包括体单元、壳单元、梁单元、弹簧单元、离散阻尼器、安全带单元和质量单元。

3）许多关键字具有如下选项标识：OPTIONS 和{OPTIONS}。区别在于 OPTIONS 是必选项，要求必须选择其中一个选项才能完成关键字命令。而{OPTIONS}是可选项，并不是关键字命令所必需的。

4）每个关键字前面的星号"*"必须在第一列中，关键字后面跟着与关键字相关的数据块。LS-DYNA 程序在读取数据块期间遇到的下一个关键字标志该块的结束和新块的开始。

5）第一列中的美元符号"$"表示其后的内容为注释，LS-DYNA 会忽略该输入行的内容。

6）除了关键字*KEYWORD（定义文件开头）、*END（定义文件结尾）、*DEFINE_TABLE（后面须紧跟*DEFINE_CURVE）、*DEFINE_TRANSFORM（须在*INCLUDE_TRANSFORM 之前定义）、*PARAMETER（参数先定义后引用）等关键字之外，整个 LS-DYNA 输入与关键字顺序无关。

7）关键字输入不区分大小写。

8）关键字下面的数据可采用固定格式，中间用空格隔开。例如，在下面例子里，"*NODE"定义了两个节点及其坐标，"*ELEMENT_SHELL"定义了两个壳单元及其 PART 编号和构成单元的节点。

```
$ 定义两个节点
*NODE
10101 x y z
10201 x y z
$ 定义两个壳单元
*ELEMENT_SHELL
10201 pid n1 n2 n3 n4
10301 pid n1 n2 n3 n4
```

9）每个关键字也可以分多次定义成多个数据组。上面的例子还可以采用逐个定义节点和单元的输入方式。

```
$ 定义一个节点
*NODE
10101 x y z
$ 定义一个壳单元
*ELEMENT_SHELL
10201 pid n1 n2 n3 n4
$ 定义另一个节点
*NODE
10201 x y z
$ 定义另一个壳单元
*ELEMENT_SHELL
10301 pid n1 n2 n3 n4
```

10）每个关键字后面的输入数据还可采用自由格式输入，此时输入数据由逗号分隔，即：

```
*NODE
10101,x,y,z
10201,x,y,z
*ELEMENT_SHELL
10201,pid,n1,n2,n3,n4
```

11）用空格分隔的固定格式和用逗号分隔的自由格式可以在整个输入文件中混合使用，甚至可以在同一个关键字的不同行中混合使用，但不能在同一行中混用。例如，下面的关键字格式是正确的：

```
*NODE
10101 x y z
10201,x,y,z
*ELEMENT_shell
10201 pid n1 n2 n3 n4
```

如图 6-1 所示说明了 LS-DYNA 输入数据组织的原理，以及输入文件中各种实体如何相互关联。在该图中，关键字*ELEMENT 包含的数据是单元编号 EID、PART 编号 PID、节点编号 NID 和构成单元的 4 个节点：N1、N2、N3 和 N4。

```
*NODE              NID X Y Z
*ELEMENT           EID PID N1 N2 N3 N4
*PART              PID SID MID EOSID HGID
*SECTION_SHELL     SID ELFORM SHRF NIP PROPT QR ICOMP
*MAT_ELASTIC       MID RO E PR DA DB
*EOS               EOSID
*HOURGLASS         HGID
```

图 6-1   LS-DYNA 关键字输入方式的数据组织

节点编号 NID 在*NODE 中定义，每个 NID 只应定义一次。

*PART 关键字定义的 PART 将材料、单元算法、状态方程、沙漏等集合在一起，该 PART 具有唯一的 PART 编号 PID、单元算法编号 SID、材料本构模型编号 MID、状态方程编号 EOSID 和沙漏控制编号 HGID。

*SECTION 关键字定义了单元算法编号 SID，包括指定的单元算法、剪切因子 SHRF 和数值积分准则 NIP 等参数。

*MAT 关键字为所有单元类型（包括体、梁、壳、厚壳、安全带、弹簧和阻尼器）定义了本构模型参数。

*EOS 关键字定义了仅用于体单元的某些*MAT 材料的状态方程参数。

由于 LS-DYNA 中的许多单元都使用简化数值积分，因此可能导致沙漏这种零能变形模式，可通过*HOURGLASS 关键字设置人工刚度或黏性来抵抗零能模式的形成，从而控制沙漏。

在每个关键字输入文件中，下列关键字是必须有的：

```
*KEYWORD
*CONTROL_TERMINATION
*NODE
*ELEMENT
*MAT
*SECTION
*PART
*DATABASE_BINARY_D3PLOT
*END
```

在 LS-DYNA 输入文件中每个关键字命令下的每一行数据块称为一张卡片（简称卡）。在 LS-DYNA 关键字用户手册即《LS-DYNA KEYWORD USER'S MANUAL》中，每张卡片都以固定格式的形式进行描述，大多数卡片都是 8 个字段，每个字段长度为 10 个字符，共 80 个字符。示例卡片见表 6-7。当卡片格式与此不同时，都会明确说明卡片格式。

表 6-7   关键字卡片示例

Card [N]	1	2	3	4	5	6	7	8
Variable	NSID	PSID	A1	A2	A3	KAT		
Type	I	I	F	F	F	I		
Default	none	none	1.0	1.0	0	1		
Remarks	1			2		3		

对于固定格式和自由格式，用于指定数值的字符数均不得超过规定的字段长度。例如，I8 数字被限制为最大 99999999，并且不允许多于八个字符。另一个限制是忽略每行的第 80 列以后的字符。

在表 6-7 中，标有"Type"的行给出了变量类型，"F"表示浮点数，"I"表示整数。如果指定了 0、该字段留空或未定义卡片，则表示变量将采用"Default"指定的默认值。"Remark"是指该部分末尾留有备注。

每个关键字卡片之后是一组数据卡。数据卡可以是：

1）必需卡片。除非另有说明，否则卡片是必需的。

2）条件卡。条件卡需要满足一些条件。典型的条件卡见表 6-8。

表 6-8 ID 关键字选项的附加条件卡

ID	1	2	3	4	5	6	7	8
Variable	ABID				HEADING			
Type	I				A70			

3）可选卡。可选卡是可以被下一张关键字卡替换的卡。可选数据卡中省略的字段将被赋予默认值。

例如，假设*KEYWORD 由三张必需卡片和两张可选卡片组成，而第四张卡可以被下一张关键字卡替换，省略的第四张和第五张卡片中的所有字段都会被赋予默认值。虽然第四张卡是可选的，输入文件也不能从第三张卡跳到第五张卡。唯一可以替换卡四的卡片是下一张关键字卡。

LS-DYNA 程序对关键字输入文件的格式检查非常严格。在读取数据的关键字输入阶段，只对数据进行有限的检查。在输入数据的第二阶段，将进行更多的检查。由于 LS-DYNA 保留了读取较早的非关键字格式输入文件的功能，因此会像以前版本的 LS-DYNA 一样，将数据输出到 d3hsp 文件中。LS-DYNA 曾试图在输入阶段检查并给出输入文件中的所有错误，遗憾的是，这很难实现，LS-DYNA 可能会遇到第一个出错信息就终止运行，无法给出后续的错误信息。用户应该检查输出文件 d3hsp 或 messag 文件中的单词"Error"，查找出错原因。

6.3 LS-DYNA 主要关键字简要介绍

LS-DYNA 关键字用户手册即《LS-DYNA KEYWORD USER'S MANUAL》，按关键字的字母顺序编写，详细列出了每个关键字及其卡片的使用说明。为了帮助读者理解关键字概念以及选项的工作模式，本节给出主要关键字的简要说明。

*AIRBAG

本部分说明安全气囊几何定义和充气模型的热力学特性，它还可以用于轮胎、气动阻尼器等。

*ALE

该关键字为 ALE 算法定义输入数据。

*BOUNDARY

本部分用于定义固定边界条件或指定边界条件。为了与旧版本的 LS-DYNA 兼容，还可以在*NODE 卡中定义一些节点边界条件。

*CASE

此关键字选项提供了一种按顺序运行多个载荷工况的方法。在每种工况下，输入参数（包括载荷、边界条件、控制卡、接触定义、初始条件等）都可能发生变化。如果需要，可以在初始化期间使用前一个工况的结果。通过将 CIDn 附加到默认文件名，每种工况都会为所有输出结果文件创建唯一的文件名。

*COMPONENT

本部分包含专用部件，如放置在车辆内部并隐式集成的解析刚体假人。

*CONSTRAINED

本部分在结构 PART 之间施加约束。例如，刚性节点、铆钉、点焊、线性约束、带失效的壳边与壳边固连、合并刚体、在刚体上增加额外的节点以及定义刚体铰接等。

*CONTACT

该部分定义多种接触类型。这些接触选项主要用于处理变形体与变形体的接触、变形体单面接触、变形体与刚体接触以及基于塑性应变的固连失效。关键字格式的接触类型与旧的结构化版本的接触类型对应关系见表 6-9。

表 6-9 关键字格式接触类型与旧的结构化版本的接触类型对应关系

结构化输入类型	关键字输入类型
1	SLIDING_ONLY
p1	SLIDING_ONLY_PENALTY
2	TIED_SURFACE_TO_SURFACE
3	SURFACE_TO_SURFACE
a3	AUTOMATIC_SURFACE_TO_SURFACE
4	SINGLE_SURFACE
5	NODES_TO_SURFACE
a5	AUTOMATIC_NODES_TO_SURFACE
6	TIED_NODES_TO_SURFACE
7	TIED_SHELL_EDGE_TO_SURFACE
8	TIEBREAK_NODES_TO_SURFACE
9	TIEBREAK_SURFACE_TO_SURFACE
10	ONE_WAY_SURFACE_TO_SURFACE
a10	AUTOMATIC_ONE_WAY_SURFACE_TO_SURFACE
13	AUTOMATIC_SINGLE_SURFACE

（续）

结构化输入类型	关键字输入类型
a13	AIRBAG_SINGLE_SURFACE
14	ERODING_SURFACE_TO_SURFACE
15	ERODING_SINGLE_SURFACE
16	ERODING_NODES_TO_SURFACE
17	CONSTRAINT_SURFACE_TO_SURFACE
18	CONSTRAINT_NODES_TO_SURFACE
19	RIGID_BODY_TWO_WAY_TO_RIGID_BODY
20	RIGID_NODES_TO_RIGID_BODY
21	RIGID_BODY_ONE_WAY_TO_RIGID_BODY
22	SINGLE_EDGE
23	DRAWBEAD

*CONTROL

该部分用于：

1）激活求解选项，如隐式分析、自适应网格、质量缩放等。

2）重置默认的全局参数，如沙漏类型、接触罚函数缩放因子、壳单元算法、数值阻尼和终止时间。

在关键字输入文件中，对于每种选项，最多用一个*CONTROL 关键字卡片。

除了*CONTROL_TERMINATION 是必需的以外，其他所有*CONTROL 关键字卡片都是可选的。

*DAMPING

通过全局或 PART 编号定义阻尼。

*DATABASE

该关键字用于控制由 LS-DYNA 输出的 ASCII 文件和二进制文件的输出。使用这个关键字可以定义各种数据文件的写入频率。

*DEFINE

本部分用于：

1）定义加载曲线、本构行为等。

2）定义盒子用于限制某些输入的几何范围。

3）定义局部坐标系。

4）定义矢量。

5）定义针对弹簧和阻尼单元的方向矢量。

*DEFORMABLE_TO_RIGID

本部分用于在分析开始时将变形体 PART 切换为刚体。此功能为模拟事件提供了一种经济高效的分析方法。例如，在模拟车辆翻滚时，通过将不变形的 PART 切换成刚体 PART，可显著降低计算成本。在车辆与地面接触之前，可以停止计算，随后进行重启动分析，并将 PART 切换回变形体。

*ELEMENT

在 LS-DYNA 中定义包括体、壳、厚壳、梁、弹簧、阻尼器、安全带和质量单元在内的所有单元编号和节点相连性。

*EOS

本部分定义状态方程参数。状态方程编号 EOSID 指向*PART 卡上引用的状态方程编号。

*HOURGLASS

定义沙漏和体积黏性属性。*HOURGLASS 卡上的编号 HGID 指的是*PART 卡上引用的 HGID。

*INCLUDE

为了使输入文件易于维护，采用该关键字可将输入文件分割为多个子文件。每个子文件可以再次分割。当输入数据文件非常大时，此选项非常有用。

*INCLUDE_TRANSFORM 关键字还可用来：

1）缩放模型。例如，将模型从一种单位制转换为另一种单位制。不同单位制转换示例如下：

```
*INCLUDE_TRANSFORM
model.k
$ idnoff,ideoff,idpoff,idmoff,idsoff,idfoff,iddoff
0,0,0,0,0,0,0
$ idroff
0
$ fctmas,fcttim,fctlen,fcttem,incout1
$$ mks to English (inch, lbf-s^2/inch, sec)，即国际单位制到英制单位转换
  0.00571, 1.,    39.37, KtoF, 1
$$ English (inch, lbf-s^2/inch, sec) to mks，即英制单位到国际单位制转换
$ 175.1, 1.,   0.0254, FtoK, 1
$$ English (inch, lbf-s^2/inch, sec) to mm, ms, kg，即英制单位到mm-ms-kg单位制转换
$ 175.1, 1000.,   25.4, FtoK, 1
$$ g cm microsec to 1000kg mm sec，即g-cm-microsec单位制到ton-mm-sec单位制转换
$ 1.e-6, 1.e-6, 10., , 1
$$ g,micros,cm    to   mks，即g-micros-cm单位制到国际单位制转换
$ 0.001, 1.e-6, .01, , 1
$ tranid
0
```

2）平移模型。

3）偏移实体编号。对节点编号、单元编号、PART 编号等进行偏移，避免多个模型文件中节点编号或单元编号相互冲突。

*INITIAL

可以在本部分中指定结构的初始速度、动量、温度、单元应力和应变等。初始速度可由 *INITIAL_VELOCITY_NODE 卡或 *INITIAL_VELOCITY 卡指定。在 *INITIAL_VELOCITY_NODE 中，使用节点编号来指定节点的速度分量。由于系统中的所有节点速度都初始化为零，因此只需要指定速度为非零的节点。 *INITIAL_VELOCITY 卡提供了使用组或盒子指定速度的功能。

*INTEGRATION

本部分定义梁和壳单元的积分准则。IRID 指向 *SECTION_BEAM 和 *SECTION_SHELL 卡上的积分准则编号 IRID。如果 *SECTION_SHELL 和 *SECTION_BEAM 卡中的积分准则为负数，负数的绝对值是指用户自定义的积分准则编号。正的积分准则编号是指 LS-DYNA 内置的积分准则。

*INTERFACE

*INTERFACE_COMPONENTS 定义表面、节点线和节点，用于模拟大结构内部小部件（或局部区域）的详细响应。用户可在指定的输出频率（*CONTROL_OUTPUT）下保存其位移和速度时间历程。这些数据在随后的分析中用作界面 ID，作为 *INTERFACE_LINKING_DISCRETE_NODE 的主节点，或作为 *INTERFACE_LINKING_SEGMENT 的主面段，或作为 *INTERFACE_LINKING_EDGE 一系列节点的主边线。

此功能对于研究大型结构中小部件的详细响应特别有用。第一次分析时，对感兴趣的小部件划分网格的细化程度，使其边界上的位移和速度合理、准确即可。第一次分析完成后，小部件可以在界面范围内划分更为细密的网格，并忽略大结构的其他部分。最后，进行第二次分析以获得局部感兴趣区域更为详细的计算结果。

开始第一次分析时，使用 LS-DYNA 命令行上的 Z=ifac 指定界面段文件的名称。开始第二次分析时，应在 LS-DYNA 命令行上使用 L=ifac 指定在第一次运行中创建的界面段文件的名称。按照上述过程，可轻松实现多层次子模型的建立。界面段文件可能包含大量的界面定义，因此一次完整模型的运行可以为许多部件分析提供足够的界面数据。界面功能是 LS-DYNA 分析功能的强大扩展。 *INTERFACE_SSI 具有与之类似的功能，可用于地震激励下的土-结构相互作用分析。

第二次分析中，子模型的界面是由运动（位移）驱动，而不是力驱动。

不能传递到子模型的载荷必须包含在子模型的输入数据中。例如，如果第一次分析中有重力载荷，则重力（*LOAD_BODY）也应包含在子模型中。

第一次分析全模型界面必须和第二次分析子模型界面的空间位置一致。

*KEYWORD

表示 LS-DYNA 输入卡采用关键字格式，这必须是输入文件中的第一张卡。或者，在命令行上输入"keyword"，也表示采用关键字输入格式，这样输入文件中就不再需要"*KEYWORD"关键字。如果在这张卡上 KEYWORD 之后存在一个数字，它表示以字为单位的内存大小。对于 32 位和 64 位操作系统，一个字分别等于 4B 和 8B。内存大小也可以在命令行上设置，需要注意的是，命令行上指定的内存会覆盖*KEYWORD 卡上指定的内存。

*LOAD

本部分定义了加载于结构的集中点载荷、分布压力、体力载荷和各种热载荷。

*MAT

本部分定义 LS-DYNA 中材料模型的本构常数。材料编号 MID 指向*PART 卡上的 MID。

*NODE

定义节点编号、坐标以及节点约束。

*PARAMETER

定义在整个输入文件中引用的参数的数值。参数定义应该放在*KEYWORD 之后的输入文件的开头，即在使用之前定义。*PARAMETER_EXPRESSION 可使用代数表达式定义参数。引用参数时，要在参数名前加一个"&"。

*PART

这个关键字有两个用途：
1）将*SECTION、*MATERIAL、*EOS 和*HOURGLASS 部分与 PART ID 关联。
2）作为可选项，对于刚性材料，可以指定刚体惯性特性和初始条件。如果在*PART 卡，如*PART_REPOSITION 上激活重定位选项，则可以在此指定变形体材料的重定位数据。

*PERTURBATION

该关键字提供了一种定义与结构设计产生偏差的方法，如屈曲缺陷。

*RAIL

该关键字定义用于铁路的轮轨接触算法，该算法也可用于其他领域。车轮节点（在*RAIL_TRAIN 上定义）表示车轮和导轨之间的接触面。

*RIGIDWALL

刚性墙的定义分为两种：PLANAR（平面墙）和 GEOMETRIC（几何墙）。平面墙可以是静止的或以一定质量和初始速度作平移运动，可以是有限的或无限的。几何墙可以是平面的，也可以是其他几何形状，如矩形棱柱、圆柱、棱柱和球体。默认情况下，这些墙是固定的，除非激活选项 MOTION，用于指定平移速度或位移。与平面墙不同，几何墙的运动受加载曲线控制。可以定义多个几何墙的组合来以模拟复杂几何形状。例如，用 CYLINDER 选项定义的墙可以与用 SPHERICAL 选项定义的两个墙组合，以模拟两端带有半球形盖的圆柱体。

*SECTION

定义单元属性（或者统称为单元算法），包括单元算法、积分准则、节点厚度和截面特性。*SECTION 定义的所有单元算法编号，可为数字或字符，SECID 必须唯一。

*SENSOR

该关键字提供了激活/禁用边界条件、安全气囊、离散元、铰接、接触、刚性墙、单点约束和约束节点的便捷方式。传感器功能是在 971 R2 版本中发布的，并在后续版本中继续发展，以涵盖更多 LS-DYNA 功能，并取代一些现有功能，如安全气囊传感器逻辑。

*SET

定义数据实体组，即整个 LS-DYNA 输入卡中采用的节点组、单元组、材料组等。数据实体组可以用于输出，也可以用于接触定义。

关键字*SET 可以用两种方式定义：

1）选项 LIST 需要一个实体列表，每个卡片 8 个实体，可根据需要定义多个实体。

2）选项 COLUMN 需要每行输入一个实体和最多四个属性值，属性可用于其他关键字，例如，指定*CONTACT_CONSTRAINT_NODES_TO_SURFACE 所需的失效准则。

*TERMINATION

该关键字定义了在计算终止时间到达之前停止计算的条件。终止时间在*CONTROL_TERMINATION 输入中指定，并用于终止计算，无论*TERMINATION 定义的停止计算条件是否达到。

*TITLE

定义分析的标题。

*USER_INTERFACE

通过用户定义的子程序控制接触算法的某些选项，如摩擦系数。

RESTART

允许用户通过重启动文件和可选的重启动输入文件来进行重启动分析。重启动输入文件包括对模型的修改，例如，删除接触、材料、单元，将材料从刚体变为变形体，变形体变为刚体等。

*RIGID_DEFORMABLE

该部分将刚体 PART 在重启动时切换成变形体。

*STRESS_INITIALIZATION

这是一个可用于完全重启动分析的选项。在某些情况下，用户可能需要添加接触、单元等，简单和小型重启动分析就无法胜任。如果在重启动时调用*STRESS_INITIALIZATION 选项，则需要完全重启动输入文件。

6.4　LS-DYNA 常用命令行语法

运行 LS-DYNA 程序的常用命令行如下所示：

LS-DYNA　I=inf　O=otf　G=ptf　D3PART=d3part　D=dpf　F=thf　T=tpf　A=rrd　M=sif
S=iff　H=iff　Z=isf1　L=isf2　B=rlf　X=scl　C=cpu　K=kill　V=vda　Y=c3d　BEM=bof
{KEYWORD}　{THERMAL}　{COUPLE}　{INIT}　{CASE}　{PGPKEY}　MEMORY=nwds
NCPU=ncpu　PARA=para　ENDTIME=time　NCYCLE=ncycle　JOBID=jobid　D3PROP=3prop
GMINP=gminp　GMOUT=gmout　MCHECK=y

这里：

- inf=输入文件（用户指定）。
- otf=高速输出文件（默认文件名为 d3hsp）。
- ptf=用于后处理的二进制绘图文件（默认文件名为 d3plot）。
- d3part=仅包含 PART 组的二进制绘图文件（默认文件名为 d3part）。
- dpf=用于重启动分析的二进制重启动文件（默认文件名为 d3dump）。该文件在每次运行结束时和运行期间按 *DATABASE_BINARY_D3DUMP 的要求输出。要想不生成此重启动文件，应指定"d=nodump"（不区分大小写）。
- thf=所选数据的时间历程二进制绘图文件（默认文件名为 d3thdt）。
- tpf=可选温度文件。
- rrd=运行中输出的重启动文件（默认文件名为 runrsf）。
- sif=应力初始化文件（由用户指定）。
- iff=界面力文件（由用户指定）。
- isf1=要创建的界面段保存文件（默认文件名为 infmak）。
- isf2=要使用的已有界面段保存文件（由用户指定）。
- rlf=用于动态松弛的二进制绘图文件（默认文件名为 d3drfl）。
- scl=二进制文件大小的缩放因子（默认值=70）。
- cpu=整个模拟的累积 CPU 时间限制（以秒为单位）。如果 CPU 为正数，则包括所有重启动分析。如果 CPU 为负数，则 CPU 的绝对值为第一次运行和每次后续重启动分析的 CPU 时间限制（以秒为单位）。
- kill=如果 LS-DYNA 遇到这个文件名，它将输出重启动文件并终止计算（默认文件名为 d3kil）。
- vda=用于几何表面构形的 VDA/IGES 数据文件。
- c3d=CAL3D 输入文件。
- bof=*FREQUENCY_DOMAIN_ACOUSTIC_BEM 输出文件。
- nwds=要分配的内存字（word）数。在 32 位和 64 位工作站上，一个字分别是 4B 和 8B。该数字将覆盖关键字输入文件开头的 *KEYWORD 卡上指定的内存大小。
- ncpu=覆盖 *CONTROL_PARALLEL 中定义的 NCPU 和 CONST。正值设置 CONST=2，负值设置 CONST=1。可参阅 *CONTROL_PARALLEL 命令以获取这些参数的解释。*KEYWORD 关键字提供了另一种设置 CPU 数量的方法。

- para=覆盖*CONTROL_PARALLEL 中定义的 PARA。
- time=覆盖*CONTROL_TERMINATION 中定义的 ENDTIM。
- ncycle=覆盖*CONTROL_TERMINATION 中定义的 ENDCYC。
- jobid=作为所有输出文件前缀的字符串，最大长度是 72 个字符。不能包含以下六种字符："）、(*、/、?、\"。
- d3prop=可参阅* DATABASE_BINARY_D3PROP 输入参数 IFILE，来查看相关选项。
- gminp=用于在*INTERFACE_SSI（默认文件名为 gmbin）中读取记录运动的输入文件。
- gmout=用于在*INTERFACE_SSI_AUX（默认文件名为 gmbin）中写入记录运动的输出文件。

如果在同一个目录下进行多个作业计算，容易混淆计算结果，LS-PrePost 后处理计算数据时可能会显示令人困惑的结果。为了避免不希望的或令人困惑的计算结果，要么使用命令行参数"jobid"，要么应该在单独的目录中执行每个 LS-DYNA 作业。如果在同一目录中重新运行作业，应先删除或重命名旧文件以避免混淆。

在命令行的任何位置包含"keyword"，或者如果*KEYWORD 是输入文件中的第一张卡片，则采用的是关键字格式；否则，就是采用较旧的结构化输入文件格式。

要运行耦合热分析，命令 couple 必须在命令行中。若只进行热分析，则可以在命令行中包含"thermal"。

命令行选项 pgpkey 将输出 LS-DYNA 用于输入加密的当前公用 PGP 密钥。密钥和关于如何使用密钥的一些说明将输出到屏幕并写入名为"lstc_pgpkey.asc"的文件。

命令行上的 init（或输入 SW1 求解感应控制开关）命令会导致计算运行一个时间步，然后输出完全重启动文件并终止运行。不需要对这个文件做任何编辑，然后可以在有或没有任何附加输入的情况下进行重启动分析。有时，如果在命令行中提供了所需的内存，并且由于开始无法确定应需内存量，因而指定的内存太大，则可以使用此选项来减少重启动时的内存。这个选项通常在开始新计算时使用。

如果命令行中出现"case"这个词，那么输入文件中的*CASE 关键字将由内置的驱动例程处理。否则，*CASE 语句应该由外部 lscasedriver 程序处理，此时如果遇到任何*CASE 关键字，则会导致错误。

如果在命令行上给出"mcheck=y"，程序将切换到模型检查模式。在这种模式下，程序只能运行 10 个时间步，但也足以验证模型将启动。对于隐式问题，所有初始化都会执行，但执行会在第一个时间步之前停止。如果正在使用网络 license，程序将尝试检测出程序名称为"LS-DYNAMC"的 license，以免使用正常的 DYNA license。如果失败，将使用正常 license。

如果没有采用 memory=nwds 选项设置计算所需内存，LS-DYNA 将以默认的内存进行计算。如果 LS-DYNA 因默认内存值不足而终止运行，则必须用 memory=nwds 选项指定更大内存。

6.5 求解感应控制开关

LS-DYNA 程序有几个求解感应控制开关，可以用来中断运行中的 LS-DYNA，检查求解状态。可以输入〈Ctrl+C〉向 LS-DYNA 发送一个中断信号，并提示用户输入感应控制开关代码。LS-DYNA 有九个感应控制开关：

- SW1 输出重启动文件并且终止 LS-DYNA 运行。

- SW2 LS-DYNA 在屏幕上回应输出显示时间和循环数（时间步数）。
- SW3 输出重启动文件并且 LS-DYNA 继续运行。
- SW4 输出 D3PLOT 文件并且 LS-DYNA 继续运行。
- SW5 进入交互图形阶段并实时可视化。
- SW7 关闭实时可视化。
- SW8 用于体单元和实时可视化的交互式 2D 重分。
- SW9 关闭实时可视化（对于选项 SW8）。
- SWA 把输出缓冲区中的内容写入相关 ASCII 文件。
- ➤ lprint 启用/禁用方程求解器内存和 CPU 要求的输出。
- ➤ nlprint 启用/禁用输出非线性平衡迭代信息。
- ➤ iter 启用/禁用在每次平衡迭代后显示网格的二进制绘图数据文件"d3iter"的输出，用于调试收敛问题。
- ➤ conv 暂时覆盖非线性收敛容差。
- ➤ stop 立即停止运行，关闭打开的文件。

在 UNIX/Linux 和 Windows 系统上，如果作业在后台或批处理模式下运行，感应控制开关仍然可以使用。要中断 LS-DYNA，只需创建一个名为 d3kil 的文件，其中包含所需的感应控制开关，如 SW1。LS-DYNA 周期性地查找该文件，如果找到，则调用包含在文件中的感应控制开关并且 d3kil 文件被删除。空 d3kil 文件相当于 SW1。

当 LS-DYNA 终止运行时，所有暂存文件都将被销毁，只有重启动文件、绘图文件和高速输出文件（即 d3hsp 文件）保留在硬盘上。其中，只有重启动文件才能继续进行中断了的分析。

需要说明的是，LS-DYNA 开始运行时预估的 CPU 时间往往并不准确，可以在程序运行一段时间后，用〈Ctrl+C〉中断 LS-DYNA 的求解，然后使用感应控制开关 SW2 获得更为准确的运行时间预估，如图 6-2 所示。

```
dt of cycle        1 is controlled by solid      element      1

time........................    0.00000E+00
time step...................    3.30496E-05
kinetic energy..............    2.82787E+03
internal energy.............    1.00000E-20
spring and damper energy....    1.00000E-20
hourglass energy ...........    0.00000E+00
system damping energy.......    0.00000E+00
sliding interface energy....    0.00000E+00
external work...............    0.00000E+00
eroded kinetic energy.......    0.00000E+00
eroded internal energy......    0.00000E+00
total energy................    2.82787E+03
total energy / initial energy..  1.00000E+00
energy ratio w/o eroded energy.  1.00000E+00
global x velocity...........    0.00000E+00
global y velocity...........   -6.23477E+01
global z velocity...........    0.00000E+00
cpu time per zone cycle..........     6666660 nanoseconds
average cpu time per zone cycle....   6666660 nanoseconds
average clock time per zone cycle..  15167664 nanoseconds

estimated total cpu time        =        6 sec (   0 hrs  0 mins)
estimated cpu time to complete  =        6 sec (   0 hrs  0 mins)
estimated total clock time      =       13 sec (   0 hrs  0 mins)
estimated clock time to complete =      13 sec (   0 hrs  0 mins)
enter sense switch:
```

图 6-2　采用开关 SW2 预估求解时间

6.6 文件系统

LS-DYNA 输入/输出文件系统如图 6-3 所示，可输出三种类型文件：

1）二进制文件。例如，d3plot、d3plot01、d3dump01、d3dump02、d3thdt、d3thdt01 等。

2）ASCII 结果文件。例如，glstat、matsum、nodout、rwforc 等。

3）ASCII 信息文件。例如，d3hsp、messag。

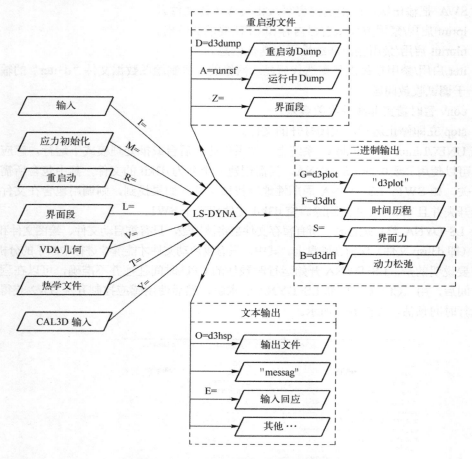

图 6-3　LS-DYNA 输入/输出文件系统

LS-DYNA 输入/输出文件具有如下特点：

（1）唯一性　文件名必须唯一。

（2）界面力　仅当在命令行"S=iff"中指定界面力文件时才会创建界面力文件。

（3）文件大小限制　对于非常大的模型，二进制输出文件的默认大小限制可能不足以使单个文件存储单个绘图状态，在这种情况下，可以在执行时指定"X=scl"来改变文件大小限制。默认文件大小限制是"X=70"，为 18.35 M 字，相当于 73.4 MB（对于 32 位输出）或 146.8 MB（对于 64 位输出）。

（4）CPU 限制　使用"C=cpu"定义最大 CPU 时间。当超过指定的 CPU 时间时，

LS-DYNA 将输出重启动文件并终止。在重启动期间，应将 cpu 设置为前面分析所用 CPU 时间加上重启动分析使用的 CPU 时间以及所需的额外时间量。

（5）重启动时的文件使用　以重启动文件进行重启动时，命令行变为：

LS-DYNA　I=inf　O=otf　G=ptf　D=dpf　R=rtf　F=thf　T=tpf　A=rrd　S=iff　Z=isf1　L=isf2 B=rlf　W=root　E=efl　X=scl　C=cpu　K=kill　Q=option　KEYWORD　MEMORY= nwds

这里 rtf=[LS-DYNA 输出的重启动文件]。

由 LS-DYNA 输出的重启动文件的文件名由 dpf（默认文件名 d3dump）和 rrd（默认文件名 runrsf）控制。一个两位数的数字跟在文件名后面，如 d3dump01、d3dump02 等，以区分一个重启动文件和下一个重启动文件。通常，每个重启动文件对应不同的模拟时间。

自适应重启动文件包含成功进行重启动所需的所有信息，以便除使用 CAD 表面数据外不需要其他文件。当重启动使用 VDA/IGES 表面数据时，vda 输入文件必须以如下方式指定：

LS-DYNA　R=d3dump01　V=vda

如果上一次运行的结果数据要重新映射到新网格上，则指定："Q=remap"。remap 是获取重映射数据的重启动文件。重映射选项仅适用于六面体单元的 SMP 版本，MPP 版本当前不支持此选项。

（6）界面段分析（即子模型分析）　对于使用界面段的分析，第一次分析中的命令行如下：

LS-DYNA　I=inf　Z=isf1

第二次分析的命令行为：

LS-DYNA　I=inf　L=isf1

6.7　重启动分析

LS-DYNA 重启动分析功能可以将分析分成多个阶段。在每个阶段计算完成后，将输出重启动文件，其中包含继续分析所需的全部信息。这个重启动文件的大小与计算所需的内存大小大致相同。

重启动分析功能通常用于删除极度扭曲的单元、不再重要的 PART 以及不再需要的接触，也可以改变各种数据的输出频率。通常，这些简单的修改可使计算得以成功完成。重启动还可以帮助诊断模型出错的原因。在出错之前进行重启动分析，并更加频繁地输出结果文件，对输出数据进行后处理分析，有助于诊断出错位置和错误发生的原因，避免将宝贵的计算时间浪费在错误分析上。

如果希望从包含在文件 D3DUMPnn 中的状态 nn 重新开始分析，需要遵循以下步骤：

1）根据需要创建重启动输入文件，如将此文件称为 restartinput。

2）从命令行启动 LS-DYNA：

LS-DYNA　I=restartinput　R=D3DUMPnn

3）如果未对模型进行任何更改，则命令行只需：

LS-DYNA　R=D3DUMPnn

如果初始分析中的默认文件名已被更改，则应该在命令行调用更改后的文件名称。

重启动分析分为简单重启动、小型重启动和完全重启动。完全重启动最为复杂，允许用户以先前分析获得的选定材料的变形形状和应力为分析起点，进行新的分析。新的分析可以与初始分析不同，例如，新增接触、新增的几何结构（新分析没有继承的部分）等。应用算例包括：

1）添加新接触，继续进行碰撞分析。

2）用不同的工件进行钣金成形，以模拟多阶段成形过程。

下面是典型的完全重启动分析过程：

使用名为"job1.k"的输入文件运行 LS-DYNA，并输出名为"d3dump01"的重启动文件。然后生成一个新的输入文件"job2.k"，并以"R=d3dump01"作为重启动文件提交。输入文件 job2.k 包含处于初始未变形状态的整个模型，但具有新增接触、新的输出数据等。

在完全重启动分析中，必须告诉 LS-DYNA 模型的哪些 PART 应该被初始化。计算开始时，LS-DYNA 会读取文件 d3dump01 中包含的重启动数据，并创建新数据以在输入文件 job2.k 中初始化模型。在初始化过程结束时，LS-DYNA 用 d3dump01 保存的数据初始化所选的全部 PART。这意味着将指定每个 PART 单元上节点的变形位置和速度，以及单元中的应力和应变（如果 PART 的材料是刚性的，将指定刚体属性）。

在此过程中假定任何初始化 PART 在 job1 和 job2 中具有相同的单元和相同的拓扑结构，但如果情况并非如此，则无法初始化 PART。这些 PART 可有不同的编号 ID。

未初始化的 PART 将没有初始变形或应力。但是，如果初始化 PART 和未初始化 PART 共节点，则节点将被初始化 PART 移动，从而导致未初始化 PART 突然变形。这可能会导致载荷突然增加。

在重启动分析中，job2 的时间和输出间隔与 job1 连续，即时间不会重置为零。

当进行重启动分析时，要保证使用的求解程序版本、内存大小（针对旧版 LS-DYNA）和 CPU 数量（针对旧版 LS-DYNA）不变。

6.8 单精度和双精度

与其他有限元求解算法相比，LS-DYNA 采用的显式时间积分算法通常对计算机精度更不敏感，因此双精度（double precision）一般很少用到。双精度版本一般比单精度（single precision）版本运行时间多 30%（对于不同平台，会略有差异），所需内存也增加一倍，但单精度版本对两时间步之间的数值截断误差比双精度版本更敏感。

以下情况，建议使用双精度版本：

1）对于内存使用超过 20 亿字的大规模计算问题或当时间步数超过 50 万时，建议使用双精度版本，以最大限度地降低四舍五入造成的误差。

2）对单精度计算结果产生怀疑时，也应使用双精度版本试算一次。

3）一般而言，隐式分析对数值截断误差比显式分析更敏感，在进行屈曲问题、特征值分析和使用线性单元算法（18 号壳、18 号体单元）等隐式分析时，也建议使用双精度版本。

4）XFEM、CESE、ICFD、EM 等求解算法必须采用双精度版本。

6.9 隐式分析和显式分析

LS-DYNA 以显式分析为主，又可进行隐式分析，还可以进行显式-隐式或隐式-显式转换连续求解。

在显式分析中，第 $n+1$ 个时间步的量可由第 n 个时间步的量直接求得，而隐式分析中第 $n+1$ 个时间步的量不可以由第 n 个时间步的量直接求得。

在静态分析中，由于没有质量（惯性）或阻尼的影响，可使用 LS-DYNA 中的隐式分析功能。在动态分析中，需要考虑与质量/惯性和阻尼相关的节点力，可采用 LS-DYNA 中的显式分析或隐式分析功能。显式分析用于求解高频响应、波传播等短时动态问题，如各类爆炸冲击。隐式分析适于求解低频响应、振动等长时结构动态问题，如静态强度计算和动态强度计算。

显式分析收敛较慢，是条件稳定的，时间步长必须小于 Courant 时间步长（声波传播通过单元的时间）。隐式分析收敛速度较快，是无条件稳定的，对时间步长的大小没有固定限制。因此，隐式分析的时间步长通常比显式分析的时间步长大几个数量级。

与隐式分析相比，显式分析处理接触非线性和材料非线性等非线性问题相对容易。

在非线性隐式分析中，每一步都要对平衡方程进行反复迭代求解。隐式分析需要在载荷/时间步内将刚度矩阵转置一次甚至多次。这种矩阵转置是一种耗时的操作，特别是对于大型模型，而显式分析不需要这一步。在显式动态分析中，节点加速度等于对角线质量矩阵转置乘以净节点力矢量，可不用迭代直接求解。显式分析计算流程如图 6-4 所示。

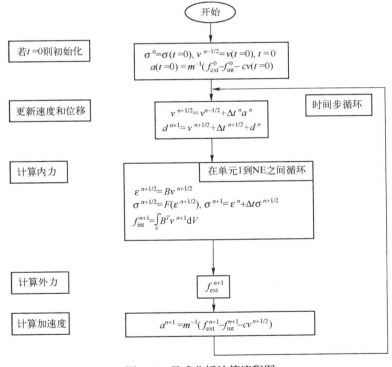

图 6-4　显式分析计算流程图

6.10　接触

接触用于定义分离的 Lagrangian 单元之间的相互作用。为了灵活地定义接触，LS-DYNA

提供了多种接触类型：

> *CONTACT_OPTION1_{OPTION2}_{OPTION3}_{OPTION4}_{OPTION5}
> *CONTACT_AUTO_MOVE
> *CONTACT_COUPLING
> *CONTACT_ENTITY
> *CONTACT_GEBOD_OPTION
> *CONTACT_GUIDED_CABLE
> *CONTACT_INTERIOR
> *CONTACT_RIGID_SURFACE
> *CONTACT_1D
> *CONTACT_2D_OPTION1_{OPTION2}_{OPTION3}

其中，*CONTACT_...和*CONTACT_2D_...分别是通用 3D 和 2D 接触算法。
下面主要介绍*CONTACT_...关键字卡片，见表 6-10～表 6-15。

1. 关键字卡 1

表 6-10　关键字卡 1

Card 1	1	2	3	4	5	6	7	8
Variable	SSID	MSID	SSTYP	MSTYP	SBOXID	MBOXID	SPR	MPR
Type	I	I	I	I	I	I	I	I
Default	none	none	none	none			0	0

- SSID：从面段（SEGMENT SET）组、节点组 ID、PART 组 ID、PART ID 或壳单元组 ID。对于 ERODING_SINGLE_SURFACE 和 ERODING_SURFACE_TO_SURFACE 接触类型，使用 PART ID 或 PART 组 ID。对于 ERODING_NODES_TO_SURFACE 接触，由于单元可能发生侵蚀失效，从面使用包含所有可能发生接触的节点组成的节点组。
- SSID=0：所有 PART ID 被包含在单面接触、自动单面接触和侵蚀单面接触中。
- MSID：主面段 ID、PART 组 ID、PART ID 或壳单元组 ID。
- MSID=0：用于单面接触、自动单面接触和侵蚀单面接触中。
- SSTYP：SSID 编号 ID 的类型。
- SSTYP=0：用于面面接触的面段组 ID。
- SSTYP=1：用于面面接触的壳单元组 ID。
- SSTYP=2：PART 组 ID。
- SSTYP=3：PART ID。
- SSTYP=4：用于点面接触的节点组 ID。
- SSTYP=5：包含所有（省略 SSID）。
- SSTYP=6：排除在外的 PART 组 ID。所有未被排除的 PART 用于接触。对于 *AUTOMATIC_BEAMS_TO_SURFACE 可指定 PART 组 ID 或 PART ID。
- MSTYP：MSID 编号 ID 的类型。
- MSTYP=0：面段组 ID。
- MSTYP=1：壳单元组 ID。

➢ MSTYP=2：part 组 ID。

➢ MSTYP=3：part ID。

➢ MSTYP=4：节点组 ID（仅用于侵蚀计算的力传感器）。

➢ MSTYP=5：包含所有（省略 MSID）。

● SBOXID：接触定义中只包含盒子 SBOXID（即*DEFINE_BOX 定义的 BOXID）内的从节点和从 SEGMENT 面段，或若 SBOXID 为负，仅是接触体|SBOXID|（即*DEFINE_ CONTACT_VOLUME 定义的 CVID）内的从节点和从 SEGMENT 面段。SBOXID 仅用于 SSTYP=2 或 3 时，即 SSID 为 PART ID 或 PART SET ID。SBOXID 不能用于带有 _ERODING 选项的侵蚀接触。

● MBOXID：接触定义中只包含盒子 MBOXID（即*DEFINE_BOX 定义的 BOXID）内的主节点和主 SEGMENT 面段，或若 MBOXID 为负，仅是接触体|MBOXID|（即*DEFINE_ CONTACT_VOLUME 定义的 CVID）内的主节点和主 SEGMENT 面段。MBOXID 仅用于 MSTYP=2 或 3 时，即 MSID 为 PART ID 或 PART SET ID。MBOXID 不能用于带有_ERODING 选项的侵蚀接触。

● SPR：在*DATABASE_NCFORC 和*DATABASE_BINARY_INTFOR 界面力文件中包含从面，并且可以选择在 dynain 文件中包含磨损。

➢ SPR=1：包含从面力。

➢ SPR=2：和 SPR=1 相同，但从节点的磨损以*INITIAL_CONTACT_WEAR 的形式写入 dynain 文件。

● MPR：在*DATABASE_NCFORC 和*DATABASE_BINARY_INTFOR 界面力文件中包含主面，并且可以选择在 dynain 文件中包含磨损。

➢ MPR=1：包含主面力。

➢ MPR=2：和 MPR=1 相同，但主节点的磨损以*INITIAL_CONTACT_WEAR 的形式写入 dynain 文件。

2. 关键字卡 2

表 6-11　关键字卡 2

Card 2	1	2	3	4	5	6	7	8
Variable	FS	FD	DC	VC	VDC	PENCHK	BT	DT
Type	F	F	F	F	F	I	F	F
Default	0.	0.	0.	0.	0.	0.	0.	1.0E20

（1）如果 OPTION1 是 TIED_SURFACE_TO_SURFACE_FAILURE，那么

● FS：失效时的拉伸正应力。在以下条件下发生失效：

$$\left[\frac{\max(0.0, \sigma_{\text{normal}})}{\text{FS}}\right]^2 + \left[\frac{\sigma_{\text{shear}}}{\text{FD}}\right]^2 > 1$$

这里，σ_{normal} 和 σ_{shear} 分别是接触面正应力和剪切应力。

● FD：失效时的剪切应力。

（2）否则

● FS：静摩擦系数。如果 FS>0 且 FS≠2，摩擦系数与接触面间的相对速度 v_{rel} 有关：

$$u_c = FD + (FS - FD)e^{-DC|v_{rel}|}$$

对于 MORTAR 接触， $u_c = FS$ ，即忽略动摩擦系数。其他几种可能情况为：

➤ FS=-2：如果用*DEFINE_FRICTION 只定义了一张摩擦系数表，就使用该表，没必要定义 FD。如果定义了不止一张摩擦系数表，就用 FD 定义表的编号 ID。

➤ FS=-1：如果要使用*PART 部分定义的摩擦系数，设置 FS=-1。

警告：注意 FS=-1.0 和 FS=-2.0 选项仅适用于以下接触类型：

> SINGLE_SURFACE
> AUTOMATIC_GENERAL
> AUTOMATIC_SINGLE_SURFACE
> AUTOMATIC_SINGLE_SURFACE_MORTAR
> AUTOMATIC_NODES_TO_SURFACE
> AUTOMATIC_SURFACE_TO_SURFACE
> AUTOMATIC_SURFACE_TO_SURFACE_MORTAR
> AUTOMATIC_ONE_WAY_SURFACE_TO_SURFACE
> ERODING_SINGLE_SURFACE

➤ FS=2：对于 SURFACE_TO_SURFACE 接触类型的子集，FD 用作表编号 ID，该表定义了不同接触压力下摩擦系数与相对速度曲线的关系，这样摩擦系数就变成压力和相对速度的函数。

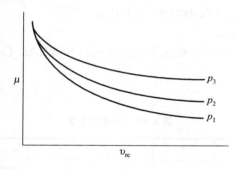

图 6-5　摩擦系数图

● FD 是动摩擦系数。摩擦系数假定为与接触面间的相对速度 v_{rel} 有关：

$$u_c = FD + (FS - FD)e^{-DC|v_{rel}|}$$

对于 MORTAR 接触， $u_c = FS$ ，即忽略动摩擦系数。如果 FS=-2，且定义了不止一张摩擦系数表，就用 FD 定义表的编号 ID。

（3）对于所有接触类型

● DC：指数衰减系数。摩擦系数假定为与接触面间的相对速度 v_{rel} 有关：

$$u_c = FD + (FS - FD)e^{-DC|v_{rel}|}$$

对于 MORTAR 接触， $u_c = FS$ ，即忽略动摩擦系数。

- VC：黏性摩擦系数。用于将摩擦力限制为一最大值：

$$F_{\lim} = \mathrm{VC} \times A_{\mathrm{cont}}$$

A_{cont} 是接触节点接触到的面段 SEGMENT 的面积，VC 建议值为剪切屈服应力：

$$\mathrm{VC} = \frac{\sigma_0}{\sqrt{3}}$$

σ_0 是接触材料的屈服应力。

- VDC：黏性阻尼系数，以临界值的百分比表示，或恢复系数，以百分比表示。为避免接触中出现不希望的振荡，如板料成形模拟，施加垂直于接触面的接触阻尼。
- PENCHK：接触搜索选项中小的渗透。如果从节点的穿透量（渗透）超过面段厚度乘以 XPENE，就忽略穿透，并释放从节点。如果面段属于壳单元则取壳单元厚度为面段厚度，或者如果面段属于体单元则取为体单元最短对角线长度的 1/20。该选项用于面面接触算法。
- BT：起始时间（该时刻激活接触面）。
- BT<0：起始时间设为|BT|。BT 为负时，动力松弛计算阶段启用起始时间，动力松弛阶段结束后，无论 BT 的数值是多少，立刻激活接触。
- BT=0：禁用起始时间，即接触始终被激活。
- BT>0：如果 DT=-9999，BT 是定义多对起始时间/终止时间的加载曲线或表编号 ID。如果 DT>0，起始时间既用于动力松弛阶段，也用于动力松弛阶段之后。
- DT：终止时间（该时刻禁用接触面）。
- DT<0：如果 DT=-9999，BT 是定义多对起始时间/终止时间的加载曲线或表编号 ID。如果 DT<0，动力松弛阶段禁用接触，起始时间/终止时间紧随动力松弛阶段之后，且分别被设为|BT|和|DT|。
- DT=0：DT 默认为 1.E+20。
- DT>0：终止时间，用于设置禁用接触的时间。

3. 关键字卡 3

表 6-12　关键字卡 3

Card 3	1	2	3	4	5	6	7	8
Variable	SFS	SFM	SST	MST	SFST	SFMT	FSF	VSF
Type	F	F	F	F	F	F	F	F
Default	1.	1.	单元厚度	单元厚度	1.	1.	1.	1.

- SFS：SOFT=0 或 SOFT=2 时，从罚刚度默认值的缩放因子。
- SFM：SOFT=0 或 SOFT=2 时，主罚刚度默认值的缩放因子。
- SST：可选的从面接触厚度（覆盖默认接触厚度）。该选项用于带有壳和梁单元的接触。SST 不会影响单元的实际厚度，仅影响接触面位置。对于*CONTACT_TIED_…选项，SST 和 MST 可定义为负值，用于根据分离距离相对于接触厚度绝对值决定节点是否固连。
- MST：可选的主面接触厚度（覆盖默认接触厚度）。该选项仅用于带有壳和梁单元的接触。

- SFST：从面接触厚度缩放因子。该选项用于带有壳和梁单元的接触。SFST 不会影响单元的实际厚度，仅影响接触面位置。如果不是 MORTAR 接触且 SST 非零，则忽略 SFST。
- SFMT：主面接触厚度缩放因子。该选项仅用于带有壳和梁单元的接触。SFMT 不会影响单元的实际厚度，仅影响接触面位置。如果不是 MORTAR 接触且 MST 非零，则忽略 SFMT。
- FSF：库伦摩擦缩放因子。库伦摩擦系数缩放为：$u_{sc} = FSC \times u_c$。
- VSF：黏性摩擦缩放因子。如果定义了该系数，则将摩擦力限制为：$F_{lim} = VSF \times VC \times A_{cont}$。

4. 关键字卡 4

对于不同的接触类型，关键字卡 4 也不相同。下面仅列出侵彻计算最常用的侵蚀接触 ERODING_..._SURFACE 所用的关键字卡 4。对于以下三种接触类型，该卡片是必需的：

```
*CONTACT_ERODING_NODES_TO_SURFACE
*CONTACT_ERODING_SINGLE_SURFACE
*CONTACT_ERODING_SURFACE_TO_SURFACE
```

表 6-13　关键字卡 4 ERODING_..._SURFACE

Card 4	1	2	3	4	5	6	7	8
Variable	ISYM	EROSOP	IADJ					
Type	I	I	I					
Default	0	0	0					

- ISYM：对称平面选项。
- ➢ ISYM=0：关闭。
- ➢ ISYM=1：不包含带有法向约束的面（如对称面上体单元的面段）。该选项有助于对称模型保持正确的边界条件。
- EROSOP：侵蚀/内部节点选项。
- ➢ EROSOP=0：只保存外部节点信息。
- ➢ EROSOP=1：保存内部和外部节点信息，这样侵蚀接触才能进行，否则，单元侵蚀后就假定不会发生接触。
- IADJ：体单元中邻近材料的处理。
- ➢ IADJ=0：在自由边界中仅包含体单元的面。
- ➢ IADJ=1：包含材料子集边界上的体单元面，该选项允许实体内的侵蚀和随后的接触处理。

5. 关键字可选卡 A

表 6-14　关键字可选卡 A

Optional	1	2	3	4	5	6	7	8
Variable	SOFT	SOFSCL	LCIDAB	MAXPAR	SBOPT	DEPTH	BSORT	FRCFRQ
Type	I	F	I	F	F	I	I	I
Default	0	0.1	0	1.025	0.	2	10-100	1

- SOFT：软约束选项。
- ➢ SOFT=0：罚函数算法。
- ➢ SOFT=1：软约束算法。
- ➢ SOFT=2：基于面段的接触。
- ➢ SOFT=4：用于 FORMING 接触选项的约束方法。
- ➢ SOFT=6：隐式重力载荷下处理板料边缘（变形体）和量规销（刚体壳）接触的特殊接触算法，仅用于*CONTACT_FORMING_NODES_TO_SURFACE 接触。

当构成接触面的单元材料弹性体积模量常数差异较大时软约束很有用。在软约束选项中，界面刚度计算基于节点质量和全局时间步长，这种方法计算出的界面刚度高于采用体积模量的方法，因此，该方法主要用于泡沫材料和金属相互作用的场合。

- SOFSCL：软约束选项中约束力的缩放因子（默认值为 0.1）。对于单面接触，该值不得大于 0.5；对于单向接触，不得大于 1.0。
- LCIDAB：为接触类型 a13(*CONTACT_AIRBAG_SINGLE_SURFACE)定义的气囊厚度关于时间的加载曲线 ID。
- MAXPAR：面段检查的最大参数化坐标（推荐值介于 1.025～1.20 之间），仅适用于 SMP。该值越大，计算成本越高，若为零，则为大多数接触设置默认值 1.025。其他默认值为：
- ➢ MAXPAR=1.006：用于 SPOTWELD。
- ➢ MAXPAR=1.006：用于 TIED_SHELL_…_CONSTRAINED_OFFSET。
- ➢ MAXPAR=1.006：用于 TIED_SHELL_…_OFFSET。
- ➢ MAXPAR=1.006：用于 TIED_SHELL_…:BEAM_OFFSET。
- ➢ MAXPAR=1.100：用于 AUTOMATIC_GENERAL。

该参数允许增大面段尺寸，这对尖角很有用。对于 SPOTWELD 和…_OFFSET 选项，更高的 MAXPAR 数值可能导致计算不稳定，但有时很有必要采用高的数值保证所有感兴趣节点固连。

- SBOPT：基于面段的接触选项（SOFT=2）。
- ➢ SBOPT=0：与默认 SBOPT=2 相同。
- ➢ SBOPT=1：pinball 边边接触（不推荐）。
- ➢ SBOPT=2：假定平面段（默认）。
- ➢ SBOPT=3：翘曲面段检查。
- ➢ SBOPT=4：滑移选项。
- ➢ SBOPT=5：SBOPT=3+SBOPT=4，即翘曲面段检查+滑移选项。
- DEPTH：自动接触的搜索深度，在最近的接触面段中检查节点渗透。对于大多数碰撞应用 DEPTH=1（即 1 个面段）就足够准确，且计算成本不高。LS-DYNA 为提高准确度将其默认值设置为 2（即两个面段），DEPTH=0 时等同于 DEPTH=2。对于*CONTACT_AUTOMATIC_ GENERAL 默认搜索深度 DEPTH=3。
- ➢ DEPTH<0：|DEPTH|定义了搜索深度关于时间的加载曲线 ID（SOFT=2 时不可用）。

- BSORT：bucket 分类查找间隔的循环数。对于接触类型 4 和 13（SINGLE_SURFACE），推荐值分别为 25 和 100。对于面面和点面接触，10～15 足够了。如果 BSORT=0，由 LS-DYNA 程序确定间隔的循环数。在 MORTAR 接触的 SOFT=2 情况下，BSORT 既可用于 SMP，也可用于 MPP，其他情况下 BSORT 仅用于 SMP。对于 MORTAR 接触，BSORT 默认值为*CONTROL_CONTACT 中的 NSBCS。

  ➤ BSORT<0：|BSORT|是定义桶排序频率 VS 时间的加载曲线 ID。

- FRCFRQ：罚函数接触中接触力更新间隔的循环数。该选项可大幅提高接触处理速度，使用时要非常谨慎，FRCFRQ>3 或 4 较为危险。

  ➤ FRCFRQ=0：FRCFRG 重设为 1，每一循环都进行力计算。强烈推荐采用此设置。

6. 关键字可选卡 B

表 6-15 关键字可选卡 B

Optional	1	2	3	4	5	6	7	8
Variable	PENMAX	THKOPT	SHLTHK	SNLOG	ISYM	I2D3D	SLDTHK	SLDSTF
Type	F	I	I	I	I	I	F	F
Default	0	0	0	0	0	0	0	0

- PENMAX：对于 3、5、8、9、10 这些旧接触类型和 MORTAR 接触，PENMAX 是最大渗透深度；对于接触类型 a3、a5、a10、13、15 和 26，面段厚度乘以 PENMAX 定义了许可的最大渗透深度。

  ➤ PENMAX=0.0：对于旧接触类型 3、5 和 10，使用小的渗透量搜索，由厚度和 XPENE 计算出数值。

  ➤ PENMAX=0.0：对于接触类型 a3、a5、a10、13 和 15，默认值为 0.4 或面段厚度的 40%。

  ➤ PENMAX=0.0：对于接触类型 26，默认值是 10 倍面段厚度。

  ➤ PENMAX=0.0：对于 MORTAR 接触，默认值是单元特征尺寸。

- THKOPT：对于接触类型 3、5、和 10，THKOPT 是厚度选项。

  ➤ THKOPT=0：从控制卡*CONTROL_CONTACT 中获取默认值。

  ➤ THKOPT=1：包含厚度偏移量。

  ➤ THKOPT=2：不包含厚度偏移量（老方法）。

- SHLTHK：只有 THKOPT≥1 时才定义。在面面接触和点面接触类型中考虑壳单元厚度，其下面的选项 SHLTHK=1 或 2 激活新的接触算法。在单面接触和约束方法接触类型中通常包含厚度偏移量。

  ➤ SHLTHK=0：不考虑厚度。

  ➤ SHLTHK=1：考虑除了刚体外的厚度。

  ➤ SHLTHK=2：考虑包含刚体在内的厚度。

- SNLOG：在厚度偏移接触中禁用发射节点逻辑。激活发射节点逻辑后，在第一个循环中从节点穿透主面段后，不用施加任何接触力即将该节点移回主面。

  ➤ SNLOG=0：激活逻辑（默认）。

- SNLOG=1：禁用逻辑（有时在金属成形计算或包含泡沫材料的接触中推荐使用）。
- ISYM：对称平面选项。
  - ISYM=0：关闭。
  - ISYM=1：不包含带有法向边界约束的面（如对称面上体单元的面段）。该选项有助于对称模型保持正确的边界条件。对于 ERODING 接触，该选项也可在关键字卡 4 上定义。
- I2D3D：面段搜索选项。
  - I2D3D=0：查找定位面段时先搜索 2D 单元（壳单元），后搜索 3D 单元（体单元和厚壳单元）。
  - I2D3D=1：查找定位面段时先搜索 3D 单元（体单元和厚壳单元），后搜索 2D 单元（壳单元）。
- SLDTHK：可选的体单元厚度。在带有偏移的接触算法中非零正值 SLDTHK 会激活接触厚度偏移，接触处理如同体单元外包空壳单元。其下面的接触刚度参数 SLDSTF 可用于覆盖默认值。SLDTHK 参数也可用于 MORTAR 接触，但 SLDSTF 被忽略。
- SLDSTF：可选的体单元刚度。非零正值 SLDSTF 会覆盖体单元所用材料模型中的体积模量。对于基于面段的接触（SOFT=2），SLDSTF 替代罚函数中所用的刚度，这个参数不能用于 MORTAR 接触。

6.11 Lagrangian/Euler/ALE 算法

Lagrangian/ALE/Euler 算法是 LS-DYNA 软件中爆炸冲击计算常用的三类算法。

6.11.1 三类算法简介

1）Lagrangian 算法

这种算法的特点是：材料附着在空间网格上，跟随着网格运动变形。Lagrangian 算法在结构大变形情况下网格极易发生畸变，导致较大的数值误差，计算时间加长，甚至计算提前终结。

2）Euler 算法

Euler 算法中网格总是固定不动，材料在网格中流动。首先，材料以一个或几个 lagrangian 时间步进行变形，然后将变形后的 lagrangian 单元变量（密度、能量、应力张量等）和节点速度矢量映射和输送到固定的空间网格中去。

3）ALE(Arbitrary Lagrangian Eulerian)算法

ALE 为任意拉格朗日-欧拉算法。ALE 与 Euler 算法类似，不同的就是 ALE 算法中空间网格是可以任意运动的。ALE 计算时先执行一个或几个 Lagrange 时间步计算，此时单元网格随材料流动而产生变形，然后执行 ALE 时间步计算。如图 6-6 所示，①保持变形后的物体边界条件，对内部单元进行重分网格，网格的拓扑关系保持不变；②将变形网格中的单元变量（密度、能量、应力张量等）和节点速度矢量输运到重分后的新网格中。

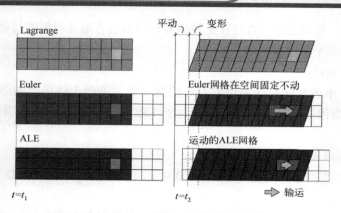

图 6-6　Lagrangian/ALE/Euler 算法网格构形

　　一般来说，Lagrangian 算法计算准确度和计算效率都比较高，但不适用于极大变形。ALE 和 Euler 算法适合求解大变形问题，但算法复杂度增加，计算效率相应降低，算法本身具有耗散和色散效应，物质界面不清晰，无法精确模拟历史与应变率相关的材料热力学行为，计算准确度通常低于 Lagrangian 算法。

6.11.2　Euler/ALE 算法常用关键字

本节介绍三类算法常用关键字。

1. *SECTION_ALE1D

*SECTION_ALE1D 为一维 ALE 单元定义单元算法，关键字卡片见表 6-16 和表 6-17。

表 6-16　*SECTION_ALE1D 关键字卡片 1

Card 1	1	2	3	4	5	6	7	8
Variable	SECID	ALEFORM	AET	ELFORM				
Type	I/A	I	I	I				
Default	none	none	0	none				

表 6-17　*SECTION_ALE1D 关键字卡片 2

Card 2	1	2	3	4	5	6	7	8
Variable	THICK	THICK						
Type	F	F						
Default	none	none						

- ● SECID：单元算法 ID。SECID 被*PART 卡片引用，可为数字或字符，其 ID 必须唯一。
- ● ALEFORM：ALE 算法。
- ➢ ALEFORM=11：多物质 ALE 算法。
- ● AET：环境单元类型。
- ➢ AET=4：压力流入。
- ● ELFORM：单元算法。

➢ ELFORM=7：平面应变。

➢ ELFORM=8：轴对称（每弧度）。

➢ ELFORM=-8：球对称。

● THICK：节点厚度。

2. *SECTION_ALE2D

*SECTION_ALE2D 为二维 ALE 单元定义单元算法，取代旧版本 LS-DYNA 中 *SECTION_SHELL 定义的二维 ALE 单元算法。关键字卡片见表 6-18。

表 6-18　*SECTION_ALE2D 关键字卡片 1

Card 1	1	2	3	4	5	6	7	8
Variable	SECID	ALEFORM	AET	ELFORM				
Type	I/A	I	I	I				
Default	none	none	0	none				

● SECID：单元算法 ID。SECID 被 *PART 卡片引用，可为数字或字符，其 ID 必须唯一。

● ALEFORM：ALE 算法。

➢ ALEFORM=11：多物质 ALE 算法。

● AET：PART 类型标识。

➢ AET=0：常规或非环境 PART（默认）。

➢ AET=4：储源或环境 PART。

➢ AET=5：储源或环境 PART，仅用于 *LOAD_BLAST_ENHANCED 和 ALEFORM=11。

● ELFORM：单元算法。

➢ ELFORM=13：平面应变（X-Y 平面）。

➢ ELFORM=14：轴对称体（X-Y 平面，Y 轴是对称轴）-面积加权。

3. *SECTION_SOLID

*SECTION_SOLID 为三维结构和流体单元定义单元 Lagrangian/ALE/Euler 算法，通过 ELFORM 选项来实现。关键字卡片见表 6-19。

表 6-19　*SECTION_SOLID 关键字卡片 1

Card 1	1	2	3	4	5	6	7	8
Variable	SECID	ELFORM	AET					
Type	I/A	I	I					

● SECID：单元算法 ID。SECID 被 *PART 卡片引用，可以为数字或字符，其 ID 必须唯一。

● ELFORM：单元算法选项。其中：

➢ ELFORM=1：Lagrangian 常应力体单元算法。

➢ ELFORM=5：单点积分 ALE 单元算法，单元内为单一材料，仅此种 ALE 单元支持接触。

➢ ELFORM=6：单点积分 Eulerian 单元算法，单元内为单一材料。

➢ ELFORM=7：单点积分环境 Euler 单元算法，用于 Eulerian 计算的进出口边界。

➢ ELFORM=11：单点积分 ALE 多物质单元算法，一个单元内可以包含多种物质，最常用。

➢ ELFORM=12：单点积分带空材料的单物质 ALE 单元算法。

● AET：环境单元类型。仅用于 ELFORM=7/11/12。

➢ AET=3：压力流出（已废弃）。

➢ AET=4：压力流入/流出（对于 ELFORM=7 是默认设置）。

➢ AET=5：爆炸载荷受体（参见*LOAD_BLAST_ENHANCED，仅用于 ELFORM=11）。

备注：

ELFORM=5 适用于具有规则几何外形的模型，且变形不能过大。ELFORM=6/7 仅适用于单流体。ELFORM=11 最为常用。ELFORM=11/12 均可用于流固耦合分析。ELFORM=5/6/7 都不能用于流固耦合分析。ELFORM=5、6、7 和 12 基本弃之不用。

4. *CONTROL_ALE

当单元算法 ELFORM=5、6、7、11、12 时，*CONTROL_ALE 为 ALE 和 Euler 计算设置全局控制参数。关键字卡片见表 6-20 和表 6-21。

表 6-20　*CONTROL_ALE 关键字卡片 1

Card 1	1	2	3	4	5	6	7	8
Variable	DCT	NADV	METH	AFAC	BFAC	CFAC	DFAC	EFAC
Type	I	I	I	F	F	F	F	F
Default	1	0	1	0	0	0	0	0

表 6-21　*CONTROL_ALE 关键字卡片 2

Card 2	1	2	3	4	5	6	7	8
Variable	START	END	AAFAC	VFACT	PRIT	EBC	PREF	NSIDEBC
Type	I	I	I	F	F	F	F	F
Default	0	10E20	1	10E-6	0.0	0	0.0	none

● DCT：激活交替输运逻辑的标识。

➢ DCT≠1：使用默认输运逻辑。

➢ DCT=1：使用交替输运逻辑，特别推荐用于炸药的爆轰模拟。

● NADV：输运步之间的循环数，即 Lagrangian 步数，通常设为 1，NADV 越大，计算速度越快，也越不稳定。

● METH：输运方法。

➢ METH=1：带有 Half Index Shift (HIS)的 Donor cell 方法，一阶精度，保证内能守恒。

➢ METH=2：带有 HIS 的 Van Leer 方法，二阶精度。

➢ METH=-2：带有 HIS 的 Van Leer 方法，并且输运阶段单调性条件被松弛，以更好地保持*MAT_HIGH_EXPLOSIVE_BURN 材料界面。

➢ METH=3：带有修正 Half Index Shift（HIS）的 Donor cell 方法，每一输运步保持总能量守恒。

- AFAC、BFAC、CFAC、DFAC、EFAC：用于 ELFORM=5。
- START：ALE 光滑或输运开始时间。
- END：ALE 光滑或输运结束时间。
- AAFAC：ALE 输运系数，这是 donor cell 算法选项，默认值为 1.0。
- VFACT：用于重置单材料和空材料算法中应力的体积份额限制，单元中的体积份额少于 VFACT 时，应力被重置为零。
- PRIT：打开/关闭多物质材料单元中压力平衡迭代选项的标识。
- ➤ PRIT=0：关闭。
- ➤ PRIT=1：打开。
- EBC：自动 Eulerian 边界条件。
- ➤ EBC=0：关闭。
- ➤ EBC=1：粘着边界条件。
- ➤ EBC=2：滑移边界条件。
- PREF：用于计算内力的参考压力。
- NSIDEBC：被 EBC 约束排除在外的节点组 ID(NSET)。

5. *ALE_MULTI-MATERIAL_GROUP

*ALE_MULTI-MATERIAL_GROUP 定义多物质组 AMMG，以进行界面重构，最多可以定义 20 种材料。可以根据物质间能否混合将各种材料定义在不同的多物质组 AMMG 中，每一 AMMG 相当于一种单独的"流体"。当*SECTION_SOLID、*SECTION_ALE1D 或 *SECTION_ALE2D 中的 ELFORM=11 时，必须定义该关键字卡片。关键字卡片见表 6-22。

表 6-22 *ALE_MULTI-MATERIAL_GROUP 关键字卡片 1

Card 1	1	2	3	4	5	6	7	8
Variable	SID	IDTYPE						
Type	I	I						
Default	none	0						

- SID：组 ID。
- IDTYPE：组类型。
- ➤ IDTYPE=0：PART SET。
- ➤ IDTYPE=1：PART。

*ALE_MULTI-MATERIAL_GROUP 关键字定义后，将允许一个单元中容纳多种 ALE 物质材料。一个 AMMG 被自动赋予一个 ID (AMMGID)，可包含一个或多个 PART ID。在 LS-PrePost 中每个 AMMGID 用一种材料云图颜色表示。

假设有一个 ALE 模型：包含三个容器，容器材料为同一种金属，容器内有两种液体，容器外是空气。容器爆炸后，液体外泄，需要跟踪流体的流动和混合情况。此模型中共有七个 PART，且都使用*SECTION_SOLID 中的 ELFORM=11 定义了 ALE 多物质单元算法。如图 6-7 所示，该模型中共有四种物质材料。

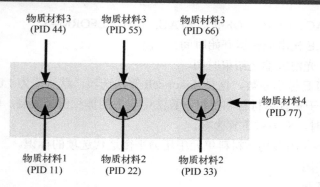

图 6-7 AMMG 多物质材料的定义

（1）方法 1 只跟踪物质材料的界面。

```
$...|....1....|....2....|....3....|....4....|....5....|....6....|....7....|....8
*SET_PART
1
11
*SET_PART
2
22,33
*SET_PART
3
44,55,66
*SET_PART
4
77
*ALE_MULTI-MATERIAL_GROUP
1,0   ←  1st line=1st AMMG ⇒ AMMGID=1
2,0   ←  2nd line=2nd AMMG ⇒ AMMGID=2
3,0   ←  3rd line=3rd AMMG ⇒ AMMGID=3
4,0   ←  4th line=4th AMMG ⇒ AMMGID=4
$...|....1....|....2....|....3....|....4....|....5....|....6....|....7....|....8
```

在这种方法中，只定义了四种 AMMG，其中两种相同液体为同一种 AMMG，三种相同容器材料为同一种 AMMG。在 LS-PrePost 中绘制物质材料云图时，只能看到四种颜色，每种颜色对应一种 AMMG。Part 22 和 Part 33 流入相同单元内时会合并，二者之间不存在明显边界。对于具有相同热力学状态的流体来说，这是允许的。而对于固体来说，就容易出问题，容器破碎后会形成相互分离的碎片，不会粘合在一起。假如 Part 44、Part 55 和 Part 66 中的固体容器材料流入一个单元内，它们会如同同种材料一样合并，它们之间没有可以跟踪的界面。

（2）方法 2 重构尽可能多的物质材料的界面，跟踪每个 PART 的界面。

```
$...|....1....|....2....|....3....|....4....|....5....|....6....|....7....|....8
*ALE_MULTI-MATERIAL_GROUP
1,1   ←  1st line=1st AMMG ⇒ AMMGID=1
```

```
2,1  ← 2nd line=2nd AMMG ⇒ AMMGID=2
3,1  ← 3rd line=3rd AMMG ⇒ AMMGID=3
4,1  ← 4th line=4th AMMG ⇒ AMMGID=4
5,1  ← 5th line=5th AMMG ⇒ AMMGID=5
6,1  ← 6th line=6th AMMG ⇒ AMMGID=6
7,1  ← 7th line=7th AMMG ⇒ AMMGID=7
$...|....1....|....2....|....3....|....4....|....5....|....6....|....7....|....8
```

这里共有七种 AMMG。由于需要额外的物质跟踪，计算耗费相应增加，计算准确度也会下降，这就需要更高分辨率网格。

6. *INITIAL_VOLUME_FRACTION_GEOMETRY

（1）背景 ALE 网格卡片 *INITIAL_VOLUME_FRACTION_GEOMETRY 是一个体积填充关键字，用于定义各种 ALE 多物质材料组（AMMG）的体积份数，关键字卡片见表 6-23~表 6-30。该关键字仅适用于*SECTION_ALE2D 中的 ALEFORM=11、*SECTION_SOLID 中的 ELFORM=11 和 ELFORM=12。对于 ELFORM=12，AMMGID 2 是空材料（见备注 2）。

表 6-23　背景 ALE 网格卡片（定义背景 ALE 网格组和最初填充它的 AMMGID）

Card 1	1	2	3	4	5	6	7	8
Variable	FMSID	FMIDTYP	BAMMG	NTRACE				
Type	I	I	I	I				
Default	none	0	0	3				

- FMSID：背景 ALE 流体网格 SID，将被初始化或填充各种 AMMG。其中的 ID 是指一个或多个 ALE PART。
- FMIDTYP：ALE 网格组 ID 类型。
- ➢ FMIDTYP=0：FMSID 是 ALE PART SET ID（PSID）。
- ➢ FMIDTYP=1：FMSID 是 ALE PART ID（PID）。
- BAMMG：背景流体组 ID 或 ALE 多物质材料组 ID（AMMGID），最初填充由 FMSID 定义的所有 ALE 网格区域。
- NTRACE：体积填充检测的采样点数量。通常 NTRACE 的范围是 3~10（或更高），NTRACE 越大，ALE 单元被分割得越细，以便可以填充两个拉格朗日壳体之间的小间隙（参阅备注 4）。

（2）容器卡对 每个容器包括一个容器卡（卡 a）和一个几何卡（卡 bi），根据需要包含尽可能多的容器卡对。此输入结束于下一个关键字（"*"）卡。

表 6-24　容器卡（定义容器类型和填充的 AMMGID）

Card a	1	2	3	4	5	6	7	8
Variable	CNTTYP	FILLOPT	FAMMG	VX	VY	VZ		
Type	I	I	I	F	F	F		
Default	none	0	none	0	0	0		

- CNTTYP：容器定义了一个空间区域的拉格朗日表面边界，AMMG 将填满其内部（或

外部）。CNTTYP 定义此表面边界（或壳体结构）的容器几何类型。

➢ CNTTYP=1：容器几何形状由 PART ID（PID）或 PART SET ID（PSID）定义，其中 PART 应由壳单元定义（参见*PART 或*SET_PART）。

➢ CNTTYP=2：容器几何由面段组（SGSID）定义。

➢ CNTTYP=3：容器几何由平面定义：点和法线方向。

➢ CNTTYP=4：容器几何形状由圆锥表面定义：两个端点和两个对应的半径（对于 2D，参阅备注 6）。

➢ CNTTYP=5：容器几何形状由长方体或矩形盒定义：两个相对的端点，从最小到最大坐标。

➢ CNTTYP=6：容器几何由球体定义：一个中心点和一个半径。

● FILLOPT：用于指定 AMMG 应填充容器表面的哪一侧的标识。容器表面/面段的"头"侧被定义为段的法线方向的头部所指向的一侧，"尾"侧指的是与"头"侧相反的方向（见备注 5）。

➢ FILLOPT=0：上面定义的几何体的"头部"一侧将充满流体（默认）。

➢ FILLOPT=1：上面定义的几何体的"尾部"一侧将充满流体。

● FAMMG：定义了将填充由容器定义的空间内部（或外部）的流体组 ID 或 ALE 多物质组 ID（AMMGID）。AMMGID 的顺序取决于它们在*ALE_MULTI-MATERIAL_ GROUP 卡中排列的顺序。例如，*ALE_MULTI-MATERIAL_GROUP 关键字下的第一个数据卡定义 ID 为 AMMGID=1 的多材料组，第二个数据卡定义为 AMMGID=2 等。

➢ FAMMG<0：|FAMMG|是列出组 ID 对的*SET_MULTI-MATERIAL_GROUP_LIST ID。对于每一对，第二组替换容器中的第一组。

● VX：此 AMMGID 在全局 X 方向上的初始速度。

● VY：此 AMMGID 在全局 Y 方向上的初始速度。

● VZ：此 AMMGID 在全局 Z 方向上的初始速度。

（3）PART/PART SET 容器卡 见表 6-25。

表 6-25 PART/PART SET 容器卡（CNTTYP=1 的附加卡）

Card b1	1	2	3	4	5	6	7	8
Variable	SID	STYPE	NORMDIR	XOFFST				
Type	I	I	I	F				
Default	none	0	0	0.0				
Remark				obsolete				

● SID：定义填充容器的拉格朗日壳单元的 PART ID（PID）或 PART SET ID（PSID）。

● SSTYPE：ID 类型。

➢ SSTYPE=0：容器 SID 是拉格朗日 PART SET ID（PSID）。

➢ SSTYPE=1：容器 SID 是拉格朗日 PART ID（PID）。

● NORMDIR：已废弃不用。

● XOFFST：将流体界面从名义流体界面偏移的绝对长度，否则将默认定义。该参数仅适用于 CNTTYP=1（第 4 列）和 CNTTYP=2（第 3 列）。这适用于容器内含有高压流体的情况，偏移量允许 LS-DYNA 程序有时间防止泄漏。通常，XOFFST 可以设置为 ALE 单元宽度的大约 5%～10%。只有当 ILEAK 打开以使程序有时间"捕捉"泄漏时，才有可能起重要作用。如果 ILEAK 未打开，则不需要该选项。

（4）面段容器卡　见表 6-26。

表 6-26　面段组容器卡（CNTTYP=2 的附加卡）

Card b2	1	2	3	4	5	6	7	8
Variable	SGSID	NORMDIR	XOFFST					
Type	I	I	F					
Default	none	0	0.0					
Remark		obsolete						

- SGSID：定义容器的面段 Segment Set ID。
- NORMDIR：已废弃不用（参见备注 5）。
- XOFFST：将流体界面从标称流体界面偏移的长度，否则 LS-DYNA 将默认定义。该参数仅适用于 CNTTYP=1（第 4 列）和 CNTTYP=2（第 3 列）。这适用于容器内含有高压流体的情况，偏移量允许 LS-DYNA 有时间来防止泄漏。通常，XOFFST 可以设置为 ALE 单元宽度的大约 5%～10%。只有当 ILEAK 打开以使程序有时间"捕捉"泄漏时，才有可能起重要作用。如果 ILEAK 未打开，则可能不需要。

（5）平面卡　见表 6-27。

表 6-27　平面卡（CNTTYP=3 的附加卡）

Card b3	1	2	3	4	5	6	7	8
Variable	X0	Y0	Z0	XCOS	YCOS	ZCOS		
Type	F	F	F	F	F	F		
Default	none	none	none	none	none	none		

- X0、Y0、Z0：平面上空间点的 x、y 和 z 坐标。
- XCOS、YCOS、ZCOS：平面法线方向的 X、Y、Z 方向余弦，填充将发生在由平面法线矢量指向的一侧（或"头部"一侧）。

（6）圆柱/圆锥容器卡　见表 6-28。

表 6-28　圆柱/圆锥容器卡（CNTTYP=4 的附加卡，参阅用于 2D 的备注 6）

Card b4	1	2	3	4	5	6	7	8
Variable	X0	Y0	Z0	X1	Y1	Z1	R1	R2
Type	F	F	F	F	F	F	F	F
Default	none	none	none	none	none	none	none	none

- X0、Y0、Z0：第一个底中心的 x、y 和 z 坐标。

- X1、Y1、Z1：第二个底中心的 *x*、*y* 和 *z* 坐标。
- R1：圆锥第一个底的半径。
- R2：圆锥第二个底的半径。

（7）矩形盒容器卡　见表 6-29。

表 6-29　矩形盒容器卡（CNTTYP=5 的附加卡）

Card b5	1	2	3	4	5	6	7	8
Variable	X0	Y0	Z0	X1	Y1	Z1	LCSID	
Type	F	F	F	F	F	F	I	
Default	none	none	none	none	none	none	none	

- X0、Y0、Z0：盒子的最小 *x*、*y* 和 *z* 坐标。
- X1、Y1、Z1：盒子的最大 *x*、*y* 和 *z* 坐标。
- LCSID：局部坐标系 ID。如果已定义，则该盒子与局部坐标系对齐，而不是全局坐标系。

（8）球形容器卡　见表 6-30。

表 6-30　球形容器卡（CNTTYP=6 的附加卡）

Card b6	1	2	3	4	5	6	7	8
Variable	X0	Y0	Z0	R0				
Type	F	F	F	F				
Default	none	none	none	none				

- X0、Y0、Z0：球心的 *x*、*y* 和 *z* 坐标。
- R0：球体的半径。

（9）备注

1）备注 1。数据卡的结构。在卡 1 定义由特定流体组（AMMGID）填充的基本网格之后，每个填充动作将需要两个额外的输入行（卡 a 和卡 b#，其中 "#" 是 CNTTYP 值）。该命令至少需要三张卡片（卡 1、卡 a 和卡 b#）用于一次填充动作。

该命令的每个实例可以有一个或多个填充动作。填充动作按照指定的顺序进行，且具有累积效果，之后的填充动作将覆盖以前的填充动作。因此，对于复杂的填充，需要提前规划填充逻辑。例如，以下卡片序列使用两个填充动作：

```
*INITIAL_VOLIME_FRACTION_GEOMTRY
[Card 1]
[Card a, CNTTYP=1]
[Card b1]
[Card a,CNTTYP=3]
[Card b3]
```

这一系列卡片规定了背景 ALE 网格要执行两个填充动作。第一个是填充 CNTTYP=1，第二个是填充 CNTTYP=3。

所有容器几何类型（CNTTYP）都需要卡 a。卡 bi 定义容器的实际几何形状，并对应于每个 CNTTYP 选项。

2）备注 2。ELFORM 12 的组 ID。如果使用 ELFORM=12，则 SECTION_SOLID 中采用单物质和空材料单元算法。其中非空材料默认为 AMMG=1，空材料为 AMMG=2。即使没有 *ALE_MULTI-MATERIAL_GROUP 卡，这些多材料组也是隐含定义的。

3）备注 3。用壳体分割空间。一个简单的 ALE 背景网格（如长方体网格）可以用一些拉格朗日壳体结构（或容器）包围构造而成。该拉格朗日壳体容器内的 ALE 区域可以填充一个多物质材料组（AMMG1），外部区域填充另一个（AMMG2）。这种方法简化了具有复杂几何形状的 ALE 材料 PART 的网格划分。

4）备注 4。NTRACE。默认 NTRACE=3，在这种情况下每个 ALE 单元的细分总数是：

$$(2 \times NTRACE+1)^3 = 7^3$$

这意味着 ALE 单元被细分为 $7 \times 7 \times 7$ 个区域，每个都要填充适当的 AMMG。此应用的例子是将多层拉格朗日安全气囊壳体单元之间的初始气体充满相同的 ALE 单元。

5）备注 5。内部/外部填充设置。要设置填充容器的哪一侧：①定义具有向内法线方向的壳体（或面段 SEGMENT）容器；②对于容器内部，设置卡片 a 上的 FILLOPT=0，对应于法线的头部，对于容器外部设置 FILLOPT=1，对应于法线的尾部。

6）备注 6。二维几何。如果 ALE 模型是 2D（采用*SECTION_ALE2D 而不是*SECTION_SOLID），则 CNTTYP=4 将定义一个四边形。在这种情况下，在 3D 情况下定义的锥体的字段被用来定义具有顺时针方向顶点的（向内法线）四边形，四个顶点为 $(x1, y1)$、$(x2, y2)$、$(x3, y3)$ 和 $(x4, y4)$。CNTYPE=4 输入字段 X0、Y0、Z0、X1、Y1、Z1、R1 和 R2 分别变为 X1、Y1、X2、Y2、X3、Y3、X4 和 Y4。CNTTYP=6 则用来填充一个圆。

（10）填充例子 考虑使用 ALE PART 的 H1～H5（可能有五个 AMMG）和一个拉格朗日壳体（容器）PART S6 的简单 ALE 模型。只有 PART H1 和 S6 最初定义了它们的网格，将执行四个填充动作。下面的命令流显示了每个步骤后的体积填充结果，以阐明体积填充关键字的概念。体积填充的输入如下所示。

```
$...|....1....|....2....|....3....|....4....|....5....|....6....|....7....|....8
$ H1=AMMG 1=流体1最初占据全部ALE网格=背景网格
$ H5=AMMG 5=流体5填充平面下的区域=填充动作1=CNTTYP=3
$ H2=AMMG 2=流体2填充S5外部区域=填充动作2=CNTTYP=1
$ H3=AMMG 3=流体3填充圆锥内的区域=填充动作3=CNTTYP=4
$ H4=AMMG 4=流体4 填充盒子内部区域=填充动作4=CNTTYP=5
$ S6=Lagrangian壳体容器
$...|....1....|....2....|....3....|....4....|....5....|....6....|....7....|....8
*ALE_MULTI-MATERIAL_GROUP
1 1
2 1
3 1
4 1
```

```
5 1
*INITIAL_VOLUME_FRACTION_GEOMETRY
$ 第一张卡用AMMG 1填充H1所在PART的全部=背景ALE网格
$ FMSID FMIDTYP BAMMG <===卡片1: 背景网格
1 1 1
$填充动作1=AMMG 5平面下的所有单元
$ CNTTYPE FILLOPT FILAMMGID <===卡片a, 容器: CNTTYPE=3为平面
3 0 5
$ X0, Y0, Z0, NX, NY, NZ <===卡片b3, 定义平面容器的信息
25.0,20.0, 0.0, 0.0,-1.0,0.0
$填充动作2: AMMG 2填充壳体S6外部区域（FILLOPT=1，法线向内）
$ CNTTYPE FILLOPT FAMMG <==卡片a: 容器1, FILLOPT=1=填充尾部
1 1 2
$ SETID SETTYPE NORMDIR <==卡片b1: 定义容器1的信息
6 1 0
$ 填充动作3=AMMG 3填充CONICAL区域内的所有单元
$ CNTTYPE FILLOPT FAMMG CNTTYP=4=容器=圆锥区域
4 0 3
$ X1 Y1 Z1 X2 Y2 Z2 R1 R2
25.0 75.0 0.0 25.0 75.0 1.0 8.0 8.0
$填充动作4=AMMG 4填充BOX内的全部单元
$ CNTTYPE FILLOPT FFLUIDID : CNTTYP=5="BOX"
5 0 4
$ XMIN YMIN ZMIN XMAX YMAX ZMAX
65.0 35.0 0.0 85.0 65.0 1.0
$...|....1....|....2....|....3....|....4....|....5....|....6....|....7....|....8
```

在第一次填充动作之前，H1PART 所在的整个 ALE 网格用 AMMG1 填充（白色）。在第一次填充动作之后，AMMG 5 填充到指定平面的下方，如图 6-8 所示。

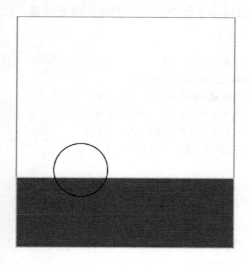
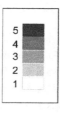

图 6-8   第一次填充动作后的填充效果

在第一次和第二次填充动作之后，用 AMMG 2 填充壳（S6）外的区域，如图 6-9 所示。

图 6-9　第二次填充动作后的填充效果

在第一次、第二次和第三次填充动作之后，使用 AMMG 3 填充球，如图 6-10 所示。

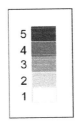

图 6-10　第三次填充动作后的填充效果

在第一、第二、第三和第四次填充动作之后，用 AMMG4 填充矩形区域，如图 6-11 所示。

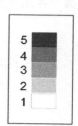

图 6-11　第四次填充动作后的填充效果

7. *SET_MULTI

*SET_MULTI 是*SET_MULTI-MATERIAL_GROUP_LIST（以后这个名称很长的关键字可能会废弃不用，由*SET_MULTI 取而代之）的缩写，用于定义 ALE 多物质组集的 ID(AMMSID)，AMMSID 可以包含一种或多种 ALE 多物质组 ID(AMMGID)。关键字卡片见表 6-31、表 6-32。

表 6-31　*SET_MULTI 关键字卡片 1

Card 1	1	2	3	4	5	6	7	8
Variable	AMMSID							
Type	I							
Default	0							

表 6-32　*SET_MULTI 关键字卡片 2

Card 2	1	2	3	4	5	6	7	8
Variable	AMMGID1	AMMGID2	AMMGID3	AMMGID4	AMMGID5	AMMGID6	AMMGID7	AMMGID8
Type	I	I	I	I	I	I	I	I
Default	0	0	0	0	0	0	0	0

- AMMSID 是 ALE 多物质组集 ID (AMMSID)，可包含一种或多种 ALE 多物质组 ID(AMMGID)。
- AMMGID1 第 1 种 ALE 多物质组 ID。AMMGID1 指的是*ALE_MULTI-MATERIAL_GROUP 关键字下的数据行号。

……

● AMMGID8 第 8 种 ALE 多物质组 ID。

6.11.3 PART 和 AMMG 的区别

在 LS-DYNA 的多物质 ALE 算法中 PART 和 AMMG 是两个不同的概念。

PART 指的是一组单元，是零时刻包含一种材料的网格。随着求解的进行，由于 ALE 材料在网格中输运，PART 中的每个单元可包含至少一种物质材料，也就是多材料。

AMMG 指的是包含一种物质材料的区域。对于多物质材料 ALE 算法，采用 *ALE_MULTI-MATERIAL_GROUP 建立 ALE 多物质组，程序跟踪每个 AMMG 的界面。ALE 多物质组可包含至少一个 PART。

6.12 流固耦合算法

流固耦合（Fluid-Structure Interaction，简称 FSI）算法用于定义流体和结构之间的相互作用，类似于 Lagrangian 单元之间采用的接触算法。在 FSI 定义中，流体单元采用 ALE 算法，结构单元采用 Lagrangian 算法，流体给结构施加压力载荷，而结构则相当于流体的边界条件，用于约束流体的运动。

对于采用流固耦合算法的计算模型，流体和结构在空间上通常不共节点。极个别情况下，流体和结构交界面处可以共节点，这时不必再采用流固耦合算法。不过这种用法已很少使用。

LS-DYNA 软件中有多个关键字用于定义流固耦合作用：如最常用的有 *CONSTRAINED_LAGRANGE_IN_SOLID，新增的有 *ALE_FSI_PROJECTION、*ALE_COUPLING_NODAL_CONSTRAINT、*ALE_COUPLING_NODAL_DRAG、*ALE_COUPLING_NODAL_PENALTY、*ALE_COUPLING_RIGID_BODY、*CONSTRAINED_SHELL_IN_SOLID 等。其中 *CONSTRAINED_LAGRANGE_IN_SOLID 关键字最为常用，也最为复杂，本节只介绍该关键字的用法。

*CONSTRAINED_LAGRANGE_IN_SOLID 中的耦合算法分为两种：罚耦合和运动约束。前者遵循能量守恒定律，在流固耦合计算中较为常用；后者遵循动量守恒定律，常用于将小构件，如钢筋耦合在大尺寸的 Lagrangian 结构，如混凝土中，而在流固耦合计算中很少采用。流固耦合时一般令结构网格较流体网格更密（即网格尺寸更小），以保证界面不出现泄漏，否则可以增大 NQUAD 参数值来增加耦合点。在 970 以上版本中，此命令第三行又增加了一个泄漏控制字 ILEAK=0、1 或 2，一般可设置为 1。关键字卡片见表 6-33～表 6-35。

1. 关键字卡片

表 6-33 *CONSTRAINED_LAGRANGE_IN_SOLID 关键字卡片 1

Card 1	1	2	3	4	5	6	7	8
Variable	SLAVE	MASTER	SSTYP	MSTYP	NQUAD	CTYPE	DIREC	MCOUP
Type	I	I	I	I	I	I	I	I
Default	none	none	0	0	0	2	1	0

表 6-34   *CONSTRAINED_LAGRANGE_IN_SOLID 关键字卡片 2

Card 2	1	2	3	4	5	6	7	8
Variable	START	END	PFAC	FRIC	FRCMIN	NORM	NORMTYP	DAMP
Type	F	F	F	F	F	I	I	F
Default	0	1.0E10	0.1	0.0	0.5	0	0	0.0

表 6-35   *CONSTRAINED_LAGRANGE_IN_SOLID 关键字卡片 3

Card 3	1	2	3	4	5	6	7	8
Variable	K	HMIN	HMAX	ILEAK	PLEAK	LCIDPOR	NVENT	IBLOCK
Type	F	F	F	I	F	I	I	I
Default	0.0	none	none	0	0.1	0	0	0

- SLAVE：从结构部分，可定义为 Lagrangian 结构 PART、PART SET 或面段组 Segment Set 的 ID。
- MASTER：主 ALE 流体部分，可定义为 ALE 流体 PART 或 PART SET。
- SSTYP：从结构的类型。
  - SSTYP=0：PART SET ID (PSID)。
  - SSTYP=1：PART ID (PID)。
  - SSTYP=2：segment set ID (SGSID)。
- MSTYP：主 ALE 流体的类型。
  - MSTYP=0：PART SET ID (PSID)。
  - MSTYP=1：PART ID (PID)。
- NQUAD：每一耦合 Lagrangian 面片上分布的耦合点数。
  - NQUAD=0：被重设为默认值 2。
  - NQUAD>0：每一耦合 Lagrangian 面片上有 NQUAD×NQUAD 个耦合点。
  - NQUAD<0：被重设为正值。在节点耦合功能已被废止。
- CTYPE：流固耦合方法。MPP 不支持约束耦合方法（CTYPE=1、2、3）。
  - CTYPE=1：约束加速度。
  - CTYPE=2：约束加速度和速度（默认）。
  - CTYPE=3：仅在法向约束加速度和速度。
  - CTYPE=4：用于壳单元（带或不带失效）和体单元（不带失效）的罚耦合方法。
  - CTYPE=5：Lagrangian 体单元和厚壳单元中可带失效的罚耦合方法。
  - CTYPE=6：专门用于安全气囊建模的罚耦合方法，可内部自动控制 DIREC 参数。其相当于对未折叠的区域，设置 CTYPE=4 和 DIREC=1，而对折叠的区域，设置 CTYPE=4 和 DIREC=2。上述两种情况，均须设置 ILEAK=2 和 FRCMIN=0.3。
  - CTYPE=11：用于将 Lagrangian 渗流壳单元耦合到 ALE 材料中。
  - CTYPE=12：用于将 Lagrangian 渗流体单元耦合到 ALE 材料中。
- DIREC：对 CTYPE=4、5 或 6，DIREC 是耦合方向。
  - DIREC=1：法向，考虑压缩和拉伸（默认值）。

➢ DIREC=2：法向，仅考虑压缩。

➢ DIREC=3：所有方向。

对 CTYPE=12，DIREC 是激活单元坐标系的标识。

➢ CTYPE=0：在全局坐标系中施加力。

➢ CTYPE=1：在附着于 Lagrangian 体单元的局部坐标系中施加力，并与*LOAD_BODY_ POROUS 中的 AOPT=1 保持一致。

● MCOUP：对 CTYPE=4、5、6、11 或 12 的多物质选项。

➢ MCOUP=0：与全部多物质组耦合。

➢ MCOUP=1：与最高密度物质耦合。

➢ MCOUP<0：MCOUP 必须为整数，-MCOUP 为 ALE 多物质组集，参见*SET_MULTI- MATERIAL_GROUP。

● START：开始耦合的时间。

● END：结束耦合的时间。如果 END<0，则在动力松弛阶段关闭耦合，动力松弛阶段结束后，其绝对值作为耦合结束时间。

● PFAC：对 CTYPE=4、5 或 6，PFAC 是罚因子，是耦合系统预估刚度的缩放因子，用于计算分布在从 PART 和主 PART 之间的耦合力。

➢ PFAC>0：预估临界刚度的缩放因子。

➢ PFAC<0：PFAC 须为整数，-PFAC 是加载曲线 ID，此曲线用于定义耦合压力（X 轴为渗透量，Y 轴为耦合压力）。

对于 CTYPE=11 或 12，PFAC 是时间步长缩放因子。

● FRIC：摩擦系数，仅用于 DIREC=1 和 2 时。

● FRCMIN：用于在一个多物质 ALE 单元中激活耦合的多物质组 AMMG 或流体的最小体积份数，默认值为 0.5。减小 FRCMIN（通常在 0.1～0.3 之间）会更早激活耦合。适用于在高速碰撞情况下避免耦合泄漏。

● NORM：Lagrangian segment 只能单面耦合于流体，NORM 决定了具体哪一面耦合于流体。要确保全部法向都指向流体内部，否则就需要改变 NORM 的参数或修改法向。

➢ NORM=0：在 Lagrangian segment 法向头部耦合于流体。

➢ NORM=1：在 Lagrangian segment 法向尾部耦合于流体。

● NORMTYP：罚耦合弹簧（或力）方向（DIREC=1 或 2 时）。

➢ NORMTYP=0：通过节点法向插值获得法线方向（默认值）。

➢ NORMTYP=1：通过 SEGMENT 法向插值获得法线方向，有时这种方法对 Lagrangian 尖角和折叠更为稳健。

● DAMP：罚耦合的阻尼因子。这是耦合阻尼缩放系数，通常在 0～1 之间。

● K：从面和主 ALE 物质之间虚拟流体的导热系数。

● HMIN：其绝对值是热传递的最小空气隙，$h$min。

➢ HMIN<0：打开 LAG 结构和 ALE 流体之间的基于约束的热节点耦合。

➢ HMIN≥0：最小空气隙，如果 HMIN=0，则被重设为 1.0E-6。

● HMAX：用于热传递的最大空气隙，$h$max。大于此值时，没有传热。

● ILEAK：耦合泄漏控制标识。

> ➤ ILEAK=0：没有控制（默认值）。
> ➤ ILEAK=1：弱耦合控制，如果渗透的体积份数>FRCMIN+0.2，就关闭泄漏控制。
> ➤ ILEAK=2：强耦合控制，改进了能量控制，如果渗透的体积份数>FRCMIN+0.4，就关闭泄漏控制。
> ● PLEAK：泄漏控制罚因子，推荐 0<PLEAK<0.2。该因子影响用于阻止泄漏的附加耦合力大小，概念与 PFAC 类似，通常 0.1 就足够。
> ● LCIDPOR：用于渗流控制。
> ● NVENT：定义出口数量。
> ● IBLOCK：用于控制 ALE 计算时 Lagrangian 接触对出口（或渗流）的阻挡。

2. 经验和建议

由于*CONSTRAINED_LAGRANGE_IN_SOLID 关键字卡片较为复杂，下面给出一些关于简单、高效和稳健耦合方法的建议。这些建议只是一些建模经验，而不是硬性规定。

（1）定义（流体和结构） 流体/结构相互作用（FSI）中的术语"流体"是指具有 ALE 单元算法的材料，而不是指那些材料的相（固体、液体或气体）。事实上，固体、液体和气体都可以通过 ALE 算法来模拟。术语"结构"是指具有拉格朗日单元算法的材料。

（2）默认值（CTYPE 和 MCOUP） 通常，推荐使用罚耦合（CTYPE 4&5），建议采用 MCOUP=负整数定义与拉格朗日面耦合的特定 ALE 多材料组集（AMMG）。至少要定义卡 1 上的所有参数，建议初始计算中其他大多数参数采用默认值（MCOUP 除外）。

（3）如何纠正泄漏 如果有泄漏，PFAC、FRCMIN、NORMTYPE 和 ILEAK 是可以调整的四个参数。

1）对于坚硬的结构（如钢）和压缩性很大的流体（如空气），PFAC 可以设置为 0.1（或更高）。PFAC=常数值。

2）保持 PFAC 为常数，并设置 PFACMM=3（可选卡 4a）。该选项通过 Lagrangian 结构的体积模量来缩放罚因子。这种新方法对某些安全气囊算例很有效。

3）从常数 PFAC 切换到加载曲线方法（即 PFAC=加载曲线，PFACMM=0）。通过查看泄漏初始位置附近的压力，可以大致估计出阻止泄漏所需的压力。

4）控制耦合力的一些迭代步之后如果仍然存在泄漏，可以尝试将 ILEAK=2 与其他控制组合，以阻止泄漏。

5）如果以上措施仍然无法阻止泄漏，可能需要重新划分网格，以便 Lagrangian 结构和 ALE 流体之间有更好的相互作用。

在下面的例子中，带下画线的参数是通常定义的参数。此完整的卡片定义可供流固耦合计算参考。

```
$...|....1....|....2....|....3....|....4....|....5....|....6....|....7....|....8
*CONSTRAINED_LAGRANGE_IN_SOLID
$ SLAVE MASTER SSTYP MSTYP NQUAD CTYPE DIREC MCOUP
1 1 1 0 0 4 4 2 -123
$ START END PFAC FRIC FRCMIN NORM NORMTYPE DAMP
0.0 0.0 0.1 0.00 0.3 0 0 0.0
$ CQ HMIN HMAX ILEAK PLEAK LCIDPOR NVENT IBLOCK
```

```
0 0 0 0 0.0000
$4A IBOXID IPENCHK INTFORC IALESOF LAGMUL PFACMM THKF
$ 0 0 0 0 0 0 0
$4B A1 B1 A2 B2 A3 B3
$ 0.0 0.0 0.0 0.0 0.0 0.0
$4C VNTSID VENTYPE VENTCOEF POPPRES COEFLCID (STYPE:0=PSID;1=PID;2=SGSID)
$ 0 0 0 0 0.0
$...|....1....|....2....|....3....|....4....|....5....|....6....|....7....|....8
```

3. 备注

（1）网格划分　为了使流体-结构发生相互作用（FSI），Lagrangian 从结构网格必须与 ALE 主流体网格在空间上重叠。每个网格应使用独立的节点 ID 进行定义。LS-DYNA 搜索 Lagrangian 和 ALE 网格之间的空间交集，网格重叠的地方，可能会发生相互作用，SLAVE、MASTER、SSTYP 和 MSTYPE 用于指定重叠域耦合搜索。

（2）耦合点的数量　NQUAD×NQUAD 个耦合点分布在每个拉格朗日面段上。通常，每个 Eulerian/ALE 单元宽度上有 2 或 3 个耦合点就足够了。因此，必须根据 Lagrangian 和 ALE 网格相对尺寸来估计适当的 NQUAD 值。

例如，如果 1 个拉格朗日壳单元跨越 2 个 ALE 单元，那么每个 Lagrangian 面段的 NQUAD 应该是 4 或 6。如果 2 或 3 个拉格朗日面段跨越 1 个 ALE 单元，那么 NQUAD=1 就足够了。

如果在耦合作用过程中任一网格发生压缩或扩张，则每个 ALE 单元的耦合点数量也会改变。用户必须考虑到这一点，并在整个过程中尽量保持每个 ALE 单元边长至少有 2 个耦合点，以防止泄漏。太多的耦合点可能会导致不稳定，而耦合点不够则会导致泄漏。

（3）约束方法　约束方法不能保证动能守恒，因此推荐使用罚函数方法。CTYPE=2 曾经用于将拉格朗日梁节点耦合到 ALE 或 Lagrangian 体单元，如用于对混凝土中的钢筋进行建模。对于这种基于约束的体单元中梁的耦合，建议首选*CONSTRAINED_BEAM_IN_SOLID 耦合方式。

（4）耦合方向　对于耦合方向来说，DIREC=2（仅压缩）通常更加稳定和稳健。然而，应该根据问题的物理本质决定耦合方向。DIREC=1 在拉伸和压缩下耦合，这有时很有用，如容器中液体突然加速的情况。DIREC=3 很少使用，通常用来模拟一种非常黏稠的液体。

（5）多材料耦合选项　当 MCOUP 是负整数时，如 MCOUP=-123，则必须存在"123"的 ALE 多材料组集 ID（AMMSID），这是由*SET_MULTI-MATERIAL_GROUP_LIST 卡片定义的 ID。

这种方法可耦合到一组特定 AMMG，与拉格朗日面相互作用的流体界面清晰。这样，可以发现任何泄漏，并且可以更精确地计算罚函数力。

MCOUP=0 表示耦合到所有材料，此时不存在用于跟踪泄漏的流体界面，一般不建议使用该选项。

（6）法线方向　拉格朗日壳体部分的法线方向（NV），根据*ELEMENT 中节点的顺序通过右手规则定义。SEGMENT 面段组以在*SET_SEGMENT 中节点的顺序定义。NV 指向的一面为"正"。用罚函数方法测量渗透作为 ALE 流体从 Lagrangian 段的正侧渗透到负侧的距离。只有正面的流体会被"看到"并耦合到。

因此，拉格朗日面段的所有法线方向应该一致指向要耦合的 ALE 流体和 AMMG，如图 6-12 所示。如果 NV 的方向都是离开流体，则不会发生耦合。在这种情况下，可以通过设置 NORM=1 来激活耦合。有时壳体 PART 或网格的法线方向并不一致（一致是指全部朝向容器的内部或外部），用户应该检查与全部流体相互作用的所有拉格朗日壳体 PART 的法线方向。NORM 参数可用于置反 Lagrangian 从结构中包含的所有 SEGMENT 面段的法线方向。

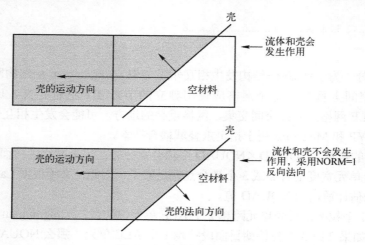

图 6-12 壳的运动和法向

（7）泄漏控制 控制耦合拉格朗日表面泄漏的力主要来自耦合罚函数，其次是用于泄漏控制的力。*DATABASE_FSI 关键字控制"dbfsi"文件的输出，该文件包含耦合力和泄漏控制力各自的份额，可用于对泄漏控制进行调试。

ILEAK=2 保证能量守恒，更适用于安全气囊。在以下情况下才激活泄漏控制：①耦合到特定的 AMMG（MCOUP 作为负整数）时；②通过*ALE_MULTI-MATERIAL_GROUP 卡清晰定义和跟踪流体界面时。

（8）初始渗透检查 通常，只有在 $t=0$ 时刻施加了很高的耦合力时才启用渗透检查（IPENCHK）。例如，通过*INITIAL_VOLUME_FRACTON_GEOMETRY 卡片填充非气态流体（即 ALE 液体或固体）的 Lagrangian 容器，有时由于网格分辨率或容器几何形状复杂的原因，流体会穿过容器表面产生初始渗透。这会在 $t=0$ 时刻在流体上产生尖锐的瞬间耦合力。打开 IPENCHK 可能有助于消除耦合力的峰值。

6.13 关键字文件的分割和编辑

虽然 TrueGrid 前处理软件支持 LS-DYNA 的大部分关键字，但仍有一些关键字 TrueGrid 并不支持，例如：

1）EULER、ALE 等单元算法。

2）一些材料模型和状态方程。

3）一些单元类型，如安全带单元。

4）局部坐标系下的刚体约束。

5）2D SEGMENT SET。

6）LS-DYNA 的最新功能（关键字），如*CESE、*EM、*ICFD 等新算法。

用户可以在关键字文件中手动修改添加相应关键字，推荐使用 UltraEdit 文本编辑软件编辑生成关键字输入文件。UltraEdit 是一款专业的文本/十六进制编辑器，查找和修改替换关键字、比较文件都非常方便，可以同时编辑多个文件，打开和处理大文件时速度非常快。

如果关键字文件包含的单元和节点数量很多，关键字文件就很大，修改编辑很不方便。本书强烈建议，对于大型算例使用*INCLUDE 将关键字文件分割成几个文件。在本书的 LS-DYNA 部分，一个算例的关键字文件至少有两个：一个计算模型参数主控文件，如 main.k，一个或多个网格模型文件，如*.k 或 trugrdo。

计算模型参数主控文件 main.k 包含了材料模型、状态方程、接触、约束、计算结束时间、时间步长、计算输出、载荷等内容。在计算准备阶段需要频繁修改主控文件中的各类计算模型参数，因此计算模型参数主控文件很小，便于快速查找关键字进行修改。建议复制一个与之相近的已有算例主控文件，在此基础上进行修改。

网格模型文件很大，包含节点、单元、节点组、单元组和面段（SEGMENT）组等。网格生成后一般不改动网格模型文件。

6.14　批处理运行 LS-DYNA

通过批处理方式运行 LS-DYNA 可以简化作业提交手续，还可以多种工况连续计算。可以创建一个*.bat 文件，如 910s-500M-4.bat。其中"910"表示 LS-DYNA 9.10 版，"s"或"d"分别代表单精度、双精度，"500M"表示计算采用的内存设置，最后的"4"表示调用 4 个 CPU。这种命名方式简单明了，通过文件名就可知悉 LS-DYNA 命令行求解设置参数。

批处理文件 910s-500M-4.bat 的语句如下：

```
F:
cd F:\work1\
D:\lsdyna \ls910s.exe   i=main.k   memory=500M   npu=4
cd..
cd F:\work2\
D:\lsdyna \ ls910s.exe   i=main.k   memory=500M   npu=4
pause
```

第 1 步："F:"表示待求解的关键字文件所在目录位于 F:盘。

第 2 步："cd F:\work1\"表示进入关键字文件所在工作目录。

第 3 步：调用 LS-DYNA 求解器。这里求解器文件名为"ls910s.exe"，位于"D:\lsdyna"目录下。待求解的关键字文件名为"main.k"，需要内存 500M 字和 4 个 CPU。

第 4 步：回到 F:盘根目录。

第 5、6 步：若有多个作业需要提交，可多次复制第 2~4 步的内容，修改相应的路径和输入文件名即可。

第 7 步："pause"表示求解完成后，不关闭 LS-DYNA 的 DOS 求解窗口，便于用户查看求解时间、警告以及错误信息。若想求解完毕自动关机，还可以在最后一行写上"shutdown –s"。

最后，保存批处理文件，双击批文件名运行求解。

注：本章部分内容来自 LSTC 公司的资料。

6.15   参考文献

[1] LS-DYNA KEYWORD USER'S MANUAL[Z], LSTC, 2017.

[2] 赵海鸥. LS-DYNA 动力分析指南 [M]. 北京：兵器工业出版社, 2003.

[3] ANSYS/LS-DYNA USER'S Guide[Z], ANSYS INC, 2009.

[4] 辛春亮，等. 由浅入深精通 LS-DYNA [M]. 北京：中国水利水电出版社, 2019.

第7章 侵彻计算

侵彻是指侵彻体钻入或穿透物体。侵彻计算是 LS-DYNA 最为常见的应用，LS-DYNA 软件中侵彻作用的计算方法有：

1）Lagrangian 法。Lagrangian 侵彻体和被侵彻体之间采用接触。

2）ALE 共节点法。侵彻体和被侵彻体共节点，均采用 ELFORM=11 单元算法。

3）ALE 接触法。侵彻体和被侵彻体可采用 ELFORM=5 单元算法，二者之间定义接触。

4）流固耦合法。侵彻体和被侵彻体一方采用 ELFORM=11/12 单元算法，另一方采用 Lagrangian 算法，二者之间定义流固耦合关系。

5）SPH、DEM、EFG 或 SPG 方法。在 LS-DYNA R9 之前，对于 SPH 方法，需要说明的是，如果体单元发生失效，建议侵彻体和被侵彻体均采用 SPH 方法。因为若分别采用 SPH 方法和 Lagrangian 方法，Lagrangian 结构局部发生失效后，各类接触均无法重新建立新的接触界面，很快就会出现接触渗透。

7.1 泰勒杆撞击刚性墙计算

本节介绍一个泰勒杆垂直撞击刚性墙的例子。

7.1.1 计算模型描述

圆柱形泰勒杆直径 10mm，长度为 70mm，材料为 OFHC 无氧铜，初速为 165m/s。泰勒杆采用*MAT_JOHNSON_COOK 材料模型，计算单位制采用 cm-g-μs。

7.1.2 TrueGrid 建模

泰勒杆的 TrueGrid 建模命令流如下：

```
xsca 0.1
ysca 0.1
zsca 0.1
lct 3 ryz;ryz rxz;rxz;
mate 1
partmode i
block 6 6;6 6;150;0 2.5 2.5;0 2.5 2.5;0 70
dei 2 3; 2 3; 1 2;
sfi -3; 1 2; 1 2;cy 0 0 0 0 0 1 5
sfi 1 2; -3; 1 2;cy 0 0 0 0 0 1 5
pb 2 2 1 2 2 2 xy 2.1 2.1
lrep 0 1 2 3;
endpart
merge
stp 0.01
```

lsdyna keyword
write

图 7-1 所示是网格划分结果。

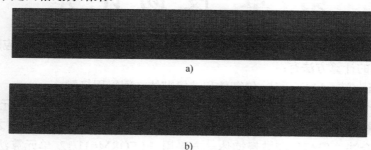

a)

b)

图 7-1　泰勒杆网格划分

a) 外部网格　b) 内部网格

7.1.3　关键字文件讲解

下面讲解相关 LS-DYNA 关键字文件。关键字文件有两个：计算模型参数主控文件 main.k 和网格模型文件 trugrdo。其中 main.k 的内容及相关讲解如下：

```
$ 首行*KEYWORD表示输入文件采用的是关键字输入格式。
*KEYWORD
$为二进制文件定义输出格式，0表示输出的是LS-DYNA数据库格式。
*DATABASE_FORMAT
$ IFORM,IBINARY
0
$ *SECTION_SOLID定义常应力体单元算法。
$ SECID可为数字或字符，其ID必须唯一，且被*PART卡片所引用。
*SECTION_SOLID
$ SECID,ELFORM,AET
1,1
$ 这是*MAT_015材料模型，用于定义泰勒杆材料模型及参数。
$ MID可为数字或字符，其ID必须唯一，且被*PART卡片所引用。
*MAT_JOHNSON_COOK
$ MID,RO,G,E,PR,DTF,VP,RATEOP
1,8.94,0.6074,1.64,0.350,0.000E+00
$ A,B,N,C,M,TM,TR,EPS0
1.4954E-3,3.0536E-3,0.096,0.034,1.09,1083,288.,5.000E-04
$ CP,PC,SPALL,IT,D1,D2,D3,D4
4.40E-6,-9.00,3.00,0.000E+00,0.000E+00,0.000E+00,0.000E+00,0.000E+00
$ D5,C2/P/XNP,EROD,EFMIN,NUMINT
0.000E+00
$ 这是*EOS_004状态方程，用于定义泰勒杆的状态方程参数。
$ PART引用*MAT_JOHNSON_COOK时，必须同时引用状态方程。
$ EOSID可为数字或字符，其ID必须唯一，且被*PART卡片所引用。
```

```
*EOS_GRUNEISEN
$ EOSID,C,S1,S2,S3,GAMAO,A,E0
1,0.394,1.489,0.000E+00,0.000E+00,2.02,0.47,0.000E+00
$V0
0.000E+00
```
$ 定义泰勒杆PART，引用定义的单元算法、材料模型和状态方程。PID必须唯一。
```
*PART
$ HEADING

$ PID,SECID,MID,EOSID,HGID,GRAV,ADPOPT,TMID
1,1,1,1,0,0,0
```
$ 给泰勒杆施加Z向初始撞击速度
```
*INITIAL_VELOCITY_GENERATION
$ ID,STYP,OMEGA,VX,VY,VZ,IVATN,ICID
1,2,,,,-1.65E-2
$ XC,YC,ZC,NX,NY,NZ,PHASE,IRIGID

```
$ 定义刚性墙
```
*rigidwall_planar
$ NSID,NSIDEX,BOXID,OFFSET,BIRTH,DEATH,RWKSF
0,
$ XT,YT,ZT,XH,YH,ZH,FRIC,WVEL
0,0,-0.1,0,0,1
```
$ 定义时间步长控制参数。
$ TSSFAC=0.9为计算时间步长缩放因子。
```
*CONTROL_TIMESTEP
$ DTINIT,TSSFAC,ISDO,TSLIMT,DT2MS,LCTM,ERODE,MS1ST
0,0.9
```
$ *CONTROL_TERMINATION定义计算结束条件。
$ ENDTIM定义计算结束时间，这里ENDTIM=200μs。
```
*CONTROL_TERMINATION
$ ENDTIM,ENDCYC,DTMIN,ENDENG,ENDMAS,NOSOL
200
```
$ 定义二进制文件D3THDT的输出。
$ DT=1μs表示输出时间间隔。
```
*DATABASE_BINARY_D3THDT
$ DT/CYCL,LCDT/NR,BEAM,NPLTC,PSETID,CID
1
```
$ 定义二进制文件D3PLOT的输出。
$ DT=10μs表示输出时间间隔。
```
*DATABASE_BINARY_D3PLOT
$ DT/CYCL,LCDT/NR,BEAM,NPLTC,PSETID,CID
10.00
```
$ 定义ASCII文件GLSTAT的输出。
$ DT=1μs表示输出时间间隔。
```
*DATABASE_GLSTAT
```

$ DT,BINARY,LCUR,IOOPT,OPTION1,OPTION2,OPTION3,OPTION4
1
$ 包含TrueGrid软件生成的网格模型文件。
*include
$ FILENAME
trugrdo
$ *end表示关键字文件的结束，LS-DYNA读入时将忽略该语句后的所有内容。
*end

7.1.4 数值计算结果

LS-DYNA 运行关键字文件结束后，生成三种类型文件：

（1）二进制状态文件 D3PLOT　D3PLOT 文件包含了以长时间间隔输出的模型完整状态信息。在 LS-DYNA 计算中，通常输出数十个这种类型的状态，可用于显示模型整体的应力-应变状态、速度、位移等，还可用于制作动画。

（2）二进制文件 D3THDT　D3THDT 文件包含了以频繁间隔输出的 PART、节点组和单元组等相关信息，通常输出数百到数十万个状态。

（3）ASCII 文件　如 d3hsp 和 messag 信息文件，这两个文件包含了初始化和计算过程中许多警告和错误信息，可用于协助诊断计算过程中出现的问题。

采用 LS-PrePost 软件读入 D3PLOT 文件，按如下步骤操作可显示泰勒杆内部变形计算结果，如图 7-2 所示。

1）在 File 菜单下读入 d3plot (File→Open→Binary Plot)。

2）单击下端工具栏中的"Mesh"，显示泰勒杆单元。

3）在右端工具栏选择 Page 1→Blank。

4）隐去部分单元。在下端选择工具栏中依次单击 Area→Sel. Elem.→ByElem，框选图形窗口里下部一半模型单元，再依次单击 Left→Agen→Mesh。

5）选择 Page 1→Fcomp→Stress→effective plastic strain。

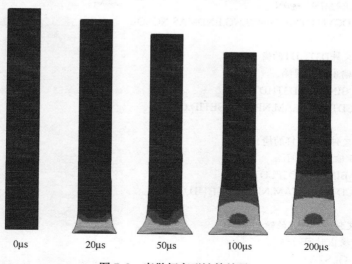

图 7-2　泰勒杆变形计算结果

7.2 弹体侵彻多层楼板计算

地面多层建筑大楼是侵彻弹的主要打击目标之一。多层建筑大楼的特点是钢筋混凝土楼板较薄，楼板间距大。侵彻弹贯穿多层楼板行程长，受力复杂，弹体姿态和侵彻弹道会逐渐发生偏转，容易出现侵彻弹道不稳定现象，给弹体强度和装药安定性带来很大风险，对打击效果产生不利影响。本节将采用 LS-DYNA 软件对侵彻弹贯穿多层楼板时的弹道偏转问题进行计算。

7.2.1 钢筋混凝土建模方法

LS-DYNA 软件支持以下三种钢筋混凝土模型：

（1）整体式模型（简称 PLAIN 模型）

整体式模型忽略钢筋，将钢筋均匀地分散在混凝土中，等效近似为一种强度增强的混凝土材料。这种均质化模型容易快速建立，计算效率很高，缺点是无法真实反映钢筋的编排、钢筋对混凝土开坑崩落和弹体姿态的影响。很多人采用该模型预测弹体对钢筋混凝土的侵彻深度、剩余速度和侵彻过载。对于多层钢筋混凝土楼板侵彻问题，钢筋对弹体也有约束或偏转作用，不考虑内部钢筋会影响弹体偏转。

（2）组合式模型

这种模型可在一种单元内分别考虑钢筋和混凝土，两种材料之间假定为无滑移粘结，变形协调一致，通过体积加权计算钢筋混凝土材料模型的等效参数。LS-DYNA 中的*MAT_PSEUDO_TENSOR、*MAT_CONCRETE_DAMAGE、*MAT_WINFRITH_CONCRETE 和*MAT_WINFRITH_CONCRET_REINFORCEMEN 组合使用、*MAT_BRITTLE_DAMAGE、*MAT_CONCRETE_EC2、*MAT_RC_BEAM、*MAT_RC_SHEAR_WALL 等材料模型均支持组合式模型。组合式模型是对整体式模型的改进，但同样作为等效模型，组合式模型也无法准确模拟钢筋编排和尺寸等对侵彻的影响，对计算结果进行后处理时无法查看钢筋和混凝土的相互位置关系、配筋率以及钢筋的变形破坏情况。Schwer 认为组合式模型仅适用于钢筋处于弹性小变形或屈服不大的场合，不建议在钢筋或混凝土发生失效的场合应用该模型。

（3）分离式模型

分离式模型将钢筋和混凝土分别用不同的单元来描述。根据钢筋和混凝土之间是否共节点又可分为：

1）共节点分离式模型（简称 MERGE 模型） 这种方式下钢筋和混凝土之间完全粘结，钢筋和混凝土须同时采用拉格朗日单元或 ALE 单元类型。采用拉格朗日单元的共节点分离式模型计算效率相对较高，缺点是建模复杂，混凝土网格划分受到钢筋编排的制约，也无法定义钢筋轴向滑移，且当钢筋采用梁单元时，混凝土和钢筋节点自由度会发生冲突：钢筋梁单元有六个自由度，而混凝土三维单元只有三个自由度。而采用 ALE 单元的共节点分离式模型可通过*INITIAL_VOLUME_FRACTION 关键字定义钢筋，简化建模过程，缺点是 ALE 单元具有物质界面不清晰、能量耗散、计算耗费大等缺点，并不适用于多层楼板侵彻这类空间和时间跨度大的场合。

2）不共节点分离式模型　不共节点分离式模型的优点是钢筋和混凝土分别划分网格，相同位置处节点并不相同，网格可以重叠，这样模型更容易建立。在 LS-DYNA 软件中可以采用 *CONTACT_1D、*CONTACT_TIED、*CONSTRAINED_LAGRANGE_IN_SOLID（简称 CLIS）、*ALE_COUPLING_NODAL_CONSTRAINT（简称 ACNC）、*CONSTRAINED_BEAM_IN_SOLID（简称 CBIS）、*DEFINE_BEAM_SOLID_COUPLING（简称 DBSC）关键字来实现。这几种关键字均将钢筋约束耦合在混凝土中来模拟钢筋和混凝土的相互作用，在约束耦合关系中钢筋为从面，混凝土为主面。

*CONTACT_1D 和*CONTACT_TIED 均为拉格朗日接触方法，通过接触来定义每条钢筋与邻近混凝土节点之间的粘结滑移关系。钢筋数量越多，定义接触过程越烦琐。其中，*CONTACT_1D 中的钢筋采用一维梁单元。*CONTACT_TIED 中的钢筋可采用一维梁单元或三维单元。钢筋采用三维单元的缺点很明显：钢筋和邻近混凝土网格尺寸很小，计算时间步长过小导致计算耗时长，且混凝土难以划分高质量六面体网格。

基于 CLIS、ACNC 和 CBIS 方法的分离式模型易于建立，钢筋和混凝土单元不必协调一致，混凝土网格划分不受钢筋几何尺寸和位置的限制。其共同的缺点是在保证质量和动量守恒的同时造成了能量损失。

CLIS、ACNC 关键字中钢筋和混凝土之间完全粘结。既可采用拉格朗日约束方法，又可采用流固耦合方法，流固耦合方法中的混凝土应采用 ALE 单元，同样存在计算耗费大的缺点。此外，Schwer 指出，采用这两类关键字时，当混凝土单元受拉失效后钢筋均不再轴向承载，由此会低估钢筋对混凝土的拉伸增强作用。钢筋轴向约束弱，使得侵彻过程中侵彻弹更易于转正。

CBIS 关键字为拉格朗日约束方法，钢筋和混凝土之间除了法向粘结外，还可自定义轴向滑移，并修正了 CLIS 关键字存在的一些错误，且计算效率更高。

DBSC 关键字既允许拉格朗日约束方法，又允许罚函数方法。

7.2.2 模型描述

采用的侵彻弹总质量 342kg，弹尖质心系数 0.534，弹长 1500mm，弹径 280mm，CRH=2.45，弹体材料为 DT300，初始速度为 600m/s，初始攻角 0°。计算模型中单位制采用 cm-g-μs。侵彻弹结构如图 7-3 所示。

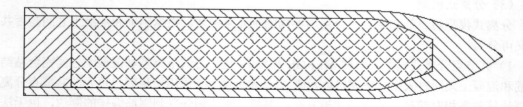

图 7-3　侵彻弹示意图

多层建筑物楼板靶标共 6 层，采用后倾 15°布置方式，如图 7-4 所示。顶层厚度为 300mm，其他楼板厚度为 180mm，层高约 3.5m。混凝土单轴抗压强度为 35MPa，内置双层钢筋网，钢筋横向间隔 200mm，直径 12mm。

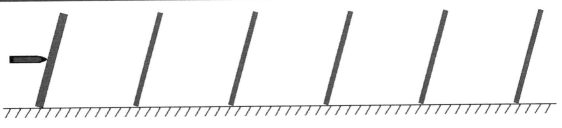

图 7-4 多层楼板靶标布置方式

建模时应使弹体质量、质心、转动惯量、头部外形与实际尽量一致，否则会影响弹体偏转。

混凝土材料采用*MAT_JOHNSON_HOLMQUIST_CONCRETE（简称 HJC 模型），并通过*MAT_ADD_EROSRION 附加失效准则，当准则满足时，即删除相应的网格。钢筋混凝土网格失效删除后，该位置处靶板抗力减小，弹体可能轻微转向，这种效应可能会逐步累积并放大。

钢筋选用*MAT_PLASTIC_KINEMATIC 材料模型来描述，并采用等效塑性应变失效准则。

虽然侵彻弹材料大都采用高强度钢，但由于弹体细长，侵彻过程中侵彻弹还是会发生剧烈的弯曲振动，侵彻弹在侵彻每一层楼板前的弯曲振动形态也会影响弹道偏转，所以不应将侵彻弹看作刚体。侵彻弹壳体和堵盖可采用*MAT_PLASTIC_KINEMATIC 材料模型，装药采用*MAT_ELASTIC 材料模型。侵彻弹壳体穿靶过程中仅仅发生轻微磨损，不必采用失效模型。

钢筋采用 Hughes-Liu 梁单元算法，侵彻弹和混凝土采用单点积分三维单元。

侵彻弹外壳体、装药、堵盖、靶板之间只采用*CONTACT_ERODING_SURFACE_TO_SURFACE 接触方式，以便每一计算时间步混凝土网格失效后能够重构新的接触界面。

7.2.3 TrueGrid 建模

弹体侵彻多层楼板数值模拟的准确程度与网格类型、网格质量、网格尺寸密切相关。弹体和混凝土均需采用高质量六面体网格，一般来说，网格越密，计算结果越准确，但三维模型网格加密一倍，计算时间会剧增为原来的 16 倍，必须在网格密度和计算耗费之间进行折中。

为了模拟侵彻弹弯曲效应，壳体厚度方向至少划分三个网格。

侵彻初始阶段靶板响应主要集中于 5 倍弹径之内，随着弹体的偏转，靶板响应区逐渐加大。靶板响应区需要采用细密网格，然后由细到粗逐步向外围过渡，以降低计算规模。为了避免侵彻过程中弹体与混凝土相互接触时出现网格渗透现象，混凝土网格尺寸不宜大于弹体头部表面网格尺寸。由于混凝土采用了失效模型，如果侵彻弹尺寸发生了改变，混凝土网格尺寸也应进行相应修改。

为了减少计算时间，本例只考虑弹体轴线、初始速度和着角在一个平面内的工况。根据对称性，只建立 1/2 模型（由于钢筋的存在，该模型并不是完全对称模型，建议最好采用全模型计算），在对称面上施加对称约束条件。

弹体的 TrueGrid 建模命令流如下：

```
lct 1 ryz;
```

```
plane 1 0 0 0 0 1 0 0.1 symm;
sd 1000 plan 0 0 0 1 0 0      c  强制对称
sd 2000 plan 0 0 0 0 1 0      c  强制对称
c 弹头
ld 1 lp2 0 0;lar 4.3657 2.5626 5;lar 140 400 686;lp2 140 1500; c out line1
sd 1 crz 1
ld 2 lp2 50 220 99.6953 344.2383;lar 114 418.5165 200;lp2 114 1500; c in line1
sd 2 crz 2
mate 1
partmode i
block 4 3;4 3;3 10;
      0 50 50;0 50 50;0 60 220
DEI    2 3; 2 3; 1 3;
DEI    1 2; 2 3; 1 2;
DEI    2 3; 1 2; 1 2;
sfi 1 2; 1 2; -1;sd 1
sfi -3; 1 2; 2 3;sd 1
sfi 1 2; -3; 2 3;sd 1
sfi 1 2; 1 2; -3;plan 0 0 220 0 0 1
pb 2 2 2 2 2 2 xyz 19 19 65
pb 1 2 2 1 2 2 yz 22 63
pb 2 1 2 2 1 2 xz 22 63
pb 1 3 2 1 3 2 yz 40 40
pb 1 2 1 1 2 1 yz 40 40
pb 2 1 1 2 1 1 xz 40 40
pb 3 1 2 3 1 2 xz 40 40
pb 2 3 2 2 3 2 xyz 28 28 51
pb 2 2 1 2 2 1 xyz 28 28 51
pb 3 2 2 3 2 2 xyz 28 28 51
sfi -1; 1 3; 1 3;sd 1000
sfi 1 3; -1; 1 3;sd 2000
bb 2 1 3 3 2 3 1;
bb 1 2 3 2 3 3 2;
mti 1 2; 1 2; 1 2;11;
lrep 0 1;
endpart
cylinder 3;8 8;12 70 10;
            114 140;0 45 90;200 400 1350 1500
sfi 1 2; 1 3; -4;plan 0 0 1500 0 0 1
sfi -2; 1 3; 1 2;sd 1
sfi -2; 1 3; 2 3;sd 1
sfi -2; 1 3; 3 4;sd 1
sfi -1; 1 3; 1 2;sd 2
sfi -1; 1 3; 2 3;sd 2
sfi -1; 1 3; 3 4;sd 2
sfi 1 2; -3; 1 4;sd 1000
```

```
sfi 1 2; −1; 1 4;sd 2000
trbb 1 1 1 2 2 1 1;
trbb 1 2 1 2 3 1 2;
bb 1 1 3 1 2 4 3;
bb 1 2 3 1 3 4 4;
lrep 0 1;
endpart
c 堵盖
mate 3
block 4 4;4 4;10;
        0 57 57;0 57 57;1350 1500
DEI    2 3; 2 3; 1 2;
sfi 1 2; −3; 1 2;sd 2
sfi −3; 1 2; 1 2;sd 2
pb 2 2 1 2 2 2 xy 46 46
sfi −1; 1 3; 1 2;sd 1000
sfi 1 3; −1; 1 2;sd 2000
trbb 3 1 1 3 2 2 3;
trbb 1 3 1 2 3 2 4;
lrep 0 1;
endpart
c 装药
partmode i
mate 2
block 4 3;4 3;12 60;0 57 57;0 57 57;200 400 1350
DEI    2 3; 2 3; 1 3;
sfi 1 2; −3; 1 3;sd 2
sfi −3; 1 2; 1 3;sd 2
res 1 1 1 3 1 3 i 1
res 1 1 1 1 3 3 j 1
pb 2 2 1 2 2 1 xy 24 24
pb 2 2 2 2 2 3 xy 52 52
sfi 1 3; 1 3; −1;plan 0 0 220 0 0 1
sfi 1 3; 1 3; −3;plan 0 0 1350 0 0 1
lrep 0 1;
endpart
merge
bptol 1 4 −1
bptol 2 4 −1
bptol 3 4 −1
stp 0.1
mof bomb.k          c 指定输出bomb.k文件
lsdyna keyword
write
```

在上述命令流中 mof 命令将网格模型文件 trugrdo 修改为 bomb.k，以避免接下来生成钢筋混凝土网格模型文件时该文件被覆盖。图 7-5 所示是弹体网格划分结果。

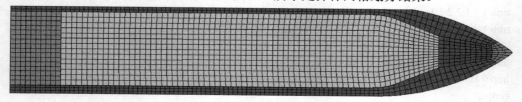

图 7-5　弹体网格

　　钢筋混凝土可采用 MERGE 共节点分离式模型或 CLIS、ACNC、CBIS 不共节点分离式模型。对于共节点分离式模型，钢筋混凝土的 TrueGrid 建模命令流（需要 2.3 以上版本才能运行）如下：

```
plane 1 0 0 0 0 1 0 0.1 symm;
partmode i
mate 27
block 150;42;21;-500 1500;0 600;-1 -301
bb 1 1 1 1 2 2 211;
bb 1 2 1 2 2 2 212;
bb 2 1 1 2 2 2 213;
ibmi ; ; ;4 4 24 j 1 ;
jbmi ; ; ;11 4 24 i 1 ;
endpart
block 10 50 10;14 10;7;-1500 -500 1500 2500;0 600 1500;-1 -301
DEI   2 3; 1 2; 1 2;
trbb 2 1 1 2 2 2 211;
trbb 2 2 1 3 2 2 212;
trbb 3 1 1 3 2 2 213;
res 1 1 1 2 3 2 i 0.9
res 1 2 1 4 3 2 j 1.1
res 3 1 1 4 3 2 i 1.1
endpart
zoff [(-3500*1-300)/cos(15)]
block 150;42;12;-500 1500;0 600;-1 -181
bb 1 1 1 1 2 2 221;
bb 1 2 1 2 2 2 222;
bb 2 1 1 2 2 2 223;
ibmi ; ; ;4 4 24 j 1 ;
jbmi ; ; ;11 4 24 i 1 ;
endpart
block 10 50 10;14 10;4;-1500 -500 1500 2500;0 600 1500;-1 -181
DEI   2 3; 1 2; 1 2;
trbb 2 1 1 2 2 2 221;
trbb 2 2 1 3 2 2 222;
trbb 3 1 1 3 2 2 223;
res 1 1 1 2 3 2 i 0.9
```

```
res 1 2 1 4 3 2 j 1.1
res 3 1 1 4 3 2 i 1.1
endpart
zoff [(-3500*2-300-180*1)/cos(15)]
block 150;42;12;-500 1500;0 600;-1 -181
bb 1 1 1 1 2 2 231;
bb 1 2 1 2 2 2 232;
bb 2 1 1 2 2 2 233;
ibmi ; ; ;4 4 24 j 1 ;
jbmi ; ; ;11 4 24 i 1 ;
endpart
block 10 50 10;14 10;4;-1500 -500 1500 2500;0 600 1500;-1 -181
DEI   2 3; 1 2; 1 2;
trbb 2 1 1 2 2 2 231;
trbb 2 2 1 3 2 2 232;
trbb 3 1 1 3 2 2 233;
res 1 1 1 2 3 2 i 0.9
res 1 2 1 4 3 2 j 1.1
res 3 1 1 4 3 2 i 1.1
endpart
zoff [(-3500*3-300-180*2)/cos(15)]
block 150;42;12;-500 1500;0 600;-1 -181
bb 1 1 1 1 2 2 241;
bb 1 2 1 2 2 2 242;
bb 2 1 1 2 2 2 243;
ibmi ; ; ;4 4 24 j 1 ;
jbmi ; ; ;11 4 24 i 1 ;
endpart
block 10 50 10;14 10;4;-1500 -500 1500 2500;0 600 1500;-1 -181
DEI   2 3; 1 2; 1 2;
trbb 2 1 1 2 2 2 241;
trbb 2 2 1 3 2 2 242;
trbb 3 1 1 3 2 2 243;
res 1 1 1 2 3 2 i 0.9
res 1 2 1 4 3 2 j 1.1
res 3 1 1 4 3 2 i 1.1
endpart
zoff [(-3500*4-300-180*3)/cos(15)]
block 150;42;12;-500 1500;0 600;-1 -181
bb 1 1 1 1 2 2 251;
bb 1 2 1 2 2 2 252;
bb 2 1 1 2 2 2 253;
ibmi ; ; ;4 4 24 j 1 ;
jbmi ; ; ;11 4 24 i 1 ;
endpart
block 10 50 10;14 10;4;-1500 -500 1500 2500;0 600 1500;-1 -181
DEI   2 3; 1 2; 1 2;
```

```
trbb 2 1 1 2 2 2 251;
trbb 2 2 1 3 2 2 252;
trbb 3 1 1 3 2 2 253;
res 1 1 1 2 3 2 i 0.9
res 1 2 1 4 3 2 j 1.1
res 3 1 1 4 3 2 i 1.1
endpart
zoff [(-3500*5-300-180*4)/cos(15)]
block 150;42;12;-500 1500;0 600;-1 -181
bb 1 1 1 1 2 2 261;
bb 1 2 1 2 2 2 262;
bb 2 1 1 2 2 2 263;
ibmi ; ; ;4 4 24 j 1 ;
jbmi ; ; ;11 4 24 i 1 ;
endpart
block 10 50 10;14 10;4;-1500 -500 1500 2500;0 600 1500;-1 -181
DEI   2 3; 1 2; 1 2;
trbb 2 1 1 2 2 2 261;
trbb 2 2 1 3 2 2 262;
trbb 3 1 1 3 2 2 263;
res 1 1 1 2 3 2 i 0.9
res 1 2 1 4 3 2 j 1.1
res 3 1 1 4 3 2 i 1.1
endpart
merge
offset nodes 500000;
offset bricks 500000;
stp 0.05
lsdyna keyword
write
```

　　每层楼板只有两层钢筋，如图 7-6 所示，而上述命令流在每层楼板中生成了 4 层钢筋，这需要在 LS-PrePost 软件中删除每层楼板中的最上层和最下层钢筋，具体操作如下：

　　1）在右侧工具栏中单击 Page 1→SelPar，选中 "24 Beam"。

　　2）单击下端工具栏中的 Zin 按钮，放大第 1 层楼板钢筋。

　　3）在右侧工具栏中单击 Page 1→Blank→Element。

　　4）在下端选择工具栏中单击 "Area"，然后框选该层楼板最上层钢筋，即可删除最上层钢筋。接着框选最下层钢筋，删除该层钢筋，即只保留第 1 层楼板中的中间两层钢筋。

　　5）单击下端工具栏中的 Zout 按钮，显示全部钢筋。

　　6）重复操作 2）～5），删除第 2～6 层楼板中的最上层和最下层钢筋。

　　7）在右侧工具栏中单击 Page 1→SelPar，选中 "24 Beam" 和 "27 Solid"，即全部 PART。然后在 LS-PrePost 软件中将每层钢筋混凝土楼板旋转 15°，具体操作如下：

　　1）在右侧工具栏中单击 Page 2→Rotate。

　　2）在 Rot.Axis 下拉菜单中选择 "Y 轴"。

3）在 Rot.Angle 文本框中输入"15"。

4）选择"Pick node as origin"，选择第 1 层楼板最左侧中间节点，这时"NodeID:"和"XYZ:"文本框中就会分别显示选中的节点号和节点坐标。

5）在左下角菜单栏中选中"Area By Elem"，框选该层靶板。

6）单击 Rotate+，并单击 Accept 按钮。

7）重复操作 4）～6），将第 2～6 层楼板旋转 15°。

8）在左上角菜单栏中依次单击 File→Save As→Save Active Keyword As...，将修改后的模型文件存为 trugrdo。

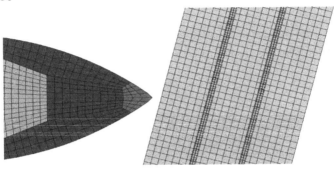

图 7-6　弹靶网格匹配

对于 CLIS、ACNC、CBIS 不共节点分离式模型，钢筋混凝土的 TrueGrid 建模命令流（需要 2.3 以上版本才能运行）如下：

```
plane 1 0 0 0 0 1 0 0.1 symm;
partmode i
mate 27
block 150;36;21;-500 1500;0 500;-1 -301
bb 1 1 1 1 2 2 211;
bb 1 2 1 2 2 2 212;
bb 2 1 1 2 2 2 213;
endpart
block 10 50 10;12 10;7;-1500 -500 1500 2500;0 500 1500;-1 -301
 DEI   2 3; 1 2; 1 2;
trbb 2 1 1 2 2 2 211;
trbb 2 2 1 3 2 2 212;
trbb 3 1 1 3 2 2 213;
res 1 1 1 2 3 2 i 0.9
res 1 2 1 4 3 2 j 1.1
res 3 1 1 4 3 2 i 1.1
endpart
zoff [(-3500*1-300)/cos(15)]
block 150;36;12;-500 1500;0 500;-1 -181
bb 1 1 1 1 2 2 221;
bb 1 2 1 2 2 2 222;
```

```
bb 2 1 1 2 2 2 223;
endpart
block 10 50 10;12 10;4;-1500 -500 1500 2500;0 500 1500;-1 -181
DEI   2 3; 1 2; 1 2;
trbb 2 1 1 2 2 2 221;
trbb 2 2 1 3 2 2 222;
trbb 3 1 1 3 2 2 223;
res 1 1 1 2 3 2 i 0.9
res 1 2 1 4 3 2 j 1.1
res 3 1 1 4 3 2 i 1.1
endpart
zoff [(-3500*2-300-180*1)/cos(15)]
block 150;36;12;-500 1500;0 500;-1 -181
bb 1 1 1 1 2 2 231;
bb 1 2 1 2 2 2 232;
bb 2 1 1 2 2 2 233;
endpart
block 10 50 10;12 10;4;-1500 -500 1500 2500;0 500 1500;-1 -181
DEI   2 3; 1 2; 1 2;
trbb 2 1 1 2 2 2 231;
trbb 2 2 1 3 2 2 232;
trbb 3 1 1 3 2 2 233;
res 1 1 1 2 3 2 i 0.9
res 1 2 1 4 3 2 j 1.1
res 3 1 1 4 3 2 i 1.1
endpart
zoff [(-3500*3-300-180*2)/cos(15)]
block 150;36;12;-500 1500;0 500;-1 -181
bb 1 1 1 1 2 2 241;
bb 1 2 1 2 2 2 242;
bb 2 1 1 2 2 2 243;
endpart
block 10 50 10;12 10;4;-1500 -500 1500 2500;0 500 1500;-1 -181
DEI   2 3; 1 2; 1 2;
trbb 2 1 1 2 2 2 241;
trbb 2 2 1 3 2 2 242;
trbb 3 1 1 3 2 2 243;
res 1 1 1 2 3 2 i 0.9
res 1 2 1 4 3 2 j 1.1
res 3 1 1 4 3 2 i 1.1
endpart
zoff [(-3500*4-300-180*3)/cos(15)]
block 150;36;12;-500 1500;0 500;-1 -181
bb 1 1 1 1 2 2 251;
bb 1 2 1 2 2 2 252;
bb 2 1 1 2 2 2 253;
endpart
```

```
block 10 50 10;12 10;4;−1500 −500 1500 2500;0 500 1500;−1 −181
DEI    2 3; 1 2; 1 2;
trbb 2 1 1 2 2 2 251;
trbb 2 2 1 3 2 2 252;
trbb 3 1 1 3 2 2 253;
res 1 1 1 2 3 2 i 0.9
res 1 2 1 4 3 2 j 1.1
res 3 1 1 4 3 2 i 1.1
endpart
zoff [(−3500*5−300−180*4)/cos(15)]
block 150;36;12;−500 1500;0 500;−1 −181
bb 1 1 1 1 2 2 261;
bb 1 2 1 2 2 2 262;
bb 2 1 1 2 2 2 263;
endpart
block 10 50 10;12 10;4;−1500 −500 1500 2500;0 500 1500;−1 −181
DEI    2 3; 1 2; 1 2;
trbb 2 1 1 2 2 2 261;
trbb 2 2 1 3 2 2 262;
trbb 3 1 1 3 2 2 263;
res 1 1 1 2 3 2 i 0.9
res 1 2 1 4 3 2 j 1.1
res 3 1 1 4 3 2 i 1.1
endpart

zoff 0
lev 1 levct 2 mz −100;repe 2;;
pslv 1
beam rt −1450 0 0;rt −1450 1500 0;rt −2000 0 0;
bm 1 2 300 24 1 3;
lct 19 mx 200;repe 19;lrep 0:19;
endpart
beam rt −1500 0 0;rt 2500 0 0;rt 0 −2000 0;
bm 1 2 800 24 1 3;
lct 7 my 200;repe 7;lrep 0:7;
endpart
pplv
zoff [(−3500*1−300)/cos(15)]
lev 1 levct 2 mz −60;repe 2;;
pslv 1
beam rt −1450 0 0;rt −1450 1500 0;rt −2000 0 0;
bm 1 2 300 24 1 3;
lct 19 mx 200;repe 19;lrep 0:19;
endpart
beam rt −1500 0 0;rt 2500 0 0;rt 0 −2000 0;
bm 1 2 800 24 1 3;
lct 7 my 200;repe 7;lrep 0:7;
```

```
endpart
pplv
zoff [(−3500*2−300−180*1)/cos(15)]
lev 1 levct 2 mz −60;repe 2;;
pslv 1
beam rt −1450 0 0;rt −1450 1500 0;rt −2000 0 0;
bm 1 2 300 24 1 3;
lct 19 mx 200;repe 19;lrep 0:19;
endpart
beam rt −1500 0 0;rt 2500 0 0;rt 0 −2000 0;
bm 1 2 800 24 1 3;
lct 7 my 200;repe 7;lrep 0:7;
endpart
pplv
zoff [(−3500*3−300−180*2)/cos(15)]
lev 1 levct 2 mz −60;repe 2;;
pslv 1
beam rt −1450 0 0;rt −1450 1500 0;rt −2000 0 0;
bm 1 2 300 24 1 3;
lct 19 mx 200;repe 19;lrep 0:19;
endpart
beam rt −1500 0 0;rt 2500 0 0;rt 0 −2000 0;
bm 1 2 800 24 1 3;
lct 7 my 200;repe 7;lrep 0:7;
endpart
pplv
zoff [(−3500*4−300−180*3)/cos(15)]
lev 1 levct 2 mz −60;repe 2;;
pslv 1
beam rt −1450 0 0;rt −1450 1500 0;rt −2000 0 0;
bm 1 2 300 24 1 3;
lct 19 mx 200;repe 19;lrep 0:19;
endpart
beam rt −1500 0 0;rt 2500 0 0;rt 0 −2000 0;
bm 1 2 800 24 1 3;
lct 7 my 200;repe 7;lrep 0:7;
endpart
pplv
zoff [(−3500*5−300−180*4)/cos(15)]
lev 1 levct 2 mz −60;repe 2;;
pslv 1
beam rt −1450 0 0;rt −1450 1500 0;rt −2000 0 0;
bm 1 2 300 24 1 3;
lct 19 mx 200;repe 19;lrep 0:19;
endpart
beam rt −1500 0 0;rt 2500 0 0;rt 0 −2000 0;
bm 1 2 800 24 1 3;
```

```
lct 7 my 200;repe 7;lrep 0:7;
endpart
pplv
merge
offset nodes 500000;
offset bricks 500000;
stp 0.05
bptol 1 13 −1
lsdyna keyword                         c 指定LS-DYNA关键字输出格式
write                                  c 输出网格模型文件
```

钢筋混凝土网格生成后，也需要在 LS-PrePost 软件中旋转 15°，具体操作同上。

7.2.4 关键字文件讲解

下面讲解相关LS-DYNA关键字文件。关键字文件有三个：计算模型参数主控文件main.k、弹体网格模型文件 bomb.k 和钢筋混凝土网格模型文件 trugrdo。

1. MERGE 共节点分离式模型

主控文件 main.k 的内容如下：

```
$ 首行*KEYWORD表示输入文件采用的是关键字输入格式。
*KEYWORD
$ 定义二进制文件的格式，0表示输出的是LS-DYNA数据库格式。
*DATABASE_FORMAT
$ IFORM,IBINARY
0
$ 这是*MAT_003材料模型，用于定义侵彻弹壳体材料模型参数。
$ MID可为数字或字符，其ID必须唯一，且被*PART卡片所引用。
*MAT_PLASTIC_KINEMATIC
$ MID,RO,E PR,SIGY,ETAN,BETA
1,7.8,2.07,0.30,0.021,0.05,1.00
$ SRC,SRP,FS,VP
0.00,0.00,0.0
$ 这是*MAT_020材料模型，用于将侵彻弹壳体头部定义为刚体。
$ MID可为数字或字符，其ID必须唯一，且被*PART卡片所引用。
*MAT_RIGID
$ MID,RO,E,PR,N,COUPLE,M,ALIAS or RE
11,7.8,2.07,0.30
$ CMO,CON1,CON2

$ LCO or A1,A2,A3,V1,V2,V3

$ 这是*MAT_001材料模型，用于将装药定义为线弹性材料。
$ MID可为数字或字符，其ID必须唯一，且被*PART卡片所引用。
*MAT_ELASTIC
$ MID,RO,E,PR,DA,DB,K
2,1.764,0.05,0.32,0.0,0.0,0.0
```

```
$ 这是*MAT_003材料模型，用于定义侵彻弹堵盖材料模型参数。
$ MID可为数字或字符，其ID必须唯一，且被*PART卡片所引用。
*MAT_PLASTIC_KINEMATIC
$ MID,RO,E PR,SIGY,ETAN,BETA
3,3.000,1.30,0.30,0.0090
$ SRC,SRP,FS,VP
0.00,0.00,0.000
$ 这是*MAT_111材料模型，用于定义混凝土材料模型参数。
$ MID可为数字或字符，其ID必须唯一，且被*PART卡片所引用。
*MAT_JOHNSON_HOLMQUIST_CONCRETE
$ MID,RO,G,A,B,C,N,FC
7,2.40,0.1486,0.79,1.6,0.007,0.61,0.00035
$ T,EPS0,EFMIN,SFMAX,PC,UC,PL,UL
0.00005,1.0,0.01,7.0,0.00016,0.001,0.0080,0.10
$ D1,D2,K1,K2,K3,FS
0.04,1.0,0.85,-1.71,2.08,0.8
$ *mat_add_erosion为混凝土材料模型附加失效方式。
$ MID的数值必须与对应的材料模型号一致。
$ 这里添加的是最大主应变和剪切应变失效方式。
*mat_add_erosion
$ MID,EXCL,MXPRES,MNEPS,EFFEPS,VOLEPS,NUMFIP,NCS
7
$ MNPRES,SIGP1,SIGVM,MXEPS,EPSSH,SIGTH,IMPULSE,FAILTM
,,,0.30,0.9
$ 这是*MAT_003材料模型，用于定义钢筋材料模型参数。
$ 钢筋采用有效塑性应变失效方式。
*MAT_PLASTIC_KINEMATIC
$ MID,RO,E PR,SIGY,ETAN,BETA
24,7.85,2.07,0.30,0.0035,0.02,1.00
$ SRC,SRP,FS,VP
0.00,0.00,0.3
$ 为壳体、装药、堵盖和混凝土定义常应力体单元算法。
*SECTION_SOLID
$ SECID,ELFORM,AET
1,1
$ 为钢筋定义梁单元算法。CST=1表示圆截面梁，TS1=TS2=1.2cm是钢筋外径。
*SECTION_beam
$ SECID,ELFORM,SHRF,QR/IRID,CST,SCOOR,NSM
24,1,,,1
$ TS1,TS2,TT1,TT2,NSLOC,NTLOC
1.2,1.2
$ 定义沙漏和体积黏性控制参数。
$ HGID的数值必须唯一，且被*PART卡片所引用。
*HOURGLASS
$ HGID,IHQ,QM,IBQ,Q1,Q2,QB/VDC,QW
1,2,0.15,1,0,0
$ 定义壳体PART，引用定义的单元算法、材料模型和沙漏号。PID必须唯一。
```

```
*PART
$ HEADING

$ PID,SECID,MID,EOSID,HGID,GRAV,ADPOPT,TMID
1,1,1,0,1,0,0
$ 定义壳体头部PART，引用定义的单元算法、材料模型和沙漏号。
$ PID必须唯一。
*PART
$ HEADING

$ PID,SECID,MID,EOSID,HGID,GRAV,ADPOPT,TMID
11,1,11,0,1,0,0
$ 定义装药PART，引用定义的单元算法、材料模型和沙漏号。PID必须唯一。
*PART
$ HEADING

$ PID,SECID,MID,EOSID,HGID,GRAV,ADPOPT,TMID
2,1,2,0,1,0,0
$ 定义堵盖PART，引用定义的单元算法、材料模型和沙漏号。PID必须唯一。
*PART
$ HEADING

$ PID,SECID,MID,EOSID,HGID,GRAV,ADPOPT,TMID
3,1,3,0,1,0,0
$ 定义混凝土PART，引用定义的单元算法、材料模型和沙漏号。
$ PID必须唯一。
*PART
$ HEADING

$ PID,SECID,MID,EOSID,HGID,GRAV,ADPOPT,TMID
27,1,7,0,1,0,0
$ 定义钢筋PART，引用定义的材料模型、单元算法。
$ PID必须唯一。

*PART
$ HEADING

$ PID,SECID,MID,EOSID,HGID,GRAV,ADPOPT,TMID
24,24,24,0,0,0,0
$在壳体与装药之间定义侵蚀面面接触。
*CONTACT_ERODING_SURFACE_TO_SURFACE
$ SSID,MSID,SSTYP,MSTYP,SBOXID,MBOXID,SPR,MPR
1,2,3,3,0,0,0,0
$ FS,FD,DC,VC,VDC,PENCHK,BT,DT
0.0000,0.000,0.000,0.000,0.000,0,0.000,0.100E+08
$ SFS,SFM,SST,MST,SFST,SFMT,FSF,VSF
1.000,1.000,0.000,0.000,1.000,1.000,1.000,1.000
```

```
$ ISYM,EROSOP,IADJ
1,1,1
$在装药与堵盖之间定义侵蚀面面接触。
*CONTACT_ERODING_SURFACE_TO_SURFACE
2,3,3,3,0,0,0,0
0.0000,0.000,0.000,0.000,0.000,0,0.000,0.100E+08
1.000,1.000,0.000,0.000,1.000,1.000,1.000,1.000
1,1,1
$在钢筋与壳体之间定义自动梁面接触。
*CONTACT_AUTOMATIC_BEAMS_TO_SURFACE
24,1,3,3,0,0,0,0
0.0000,0.000,0.000,0.000,0.000,0,0.000,0.100E+08
1.000,1.000,0.000,0.000,1.000,1.000,1.000,1.000
1,0,0,0,4,5,0,0
.0,0,0
$在壳体与混凝土之间定义侵蚀面面接触。
*CONTACT_ERODING_SURFACE_TO_SURFACE
1,27,3,3,0,0,0,0
0.0000,0.000,0.000,0.000,0.000,0,0.000,0.100E+08
1.000,1.000,0.000,0.000,1.000,1.000,1.000,1.000
1,1,1
1,0,0,0,4,5,0,0
.0,0,0
$在钢筋与壳体头部之间定义自动梁面接触。
*CONTACT_AUTOMATIC_BEAMS_TO_SURFACE
24,11,3,3,0,0,0,0
0.0000,0.000,0.000,0.000,0.000,0,0.000,0.100E+08
1.000,1.000,0.000,0.000,1.000,1.000,1.000,1.000
1,1,1
1,0,0,0,4,5,0,0
.0,0,0
$在壳体头部与混凝土之间定义侵蚀面面接触。
*CONTACT_ERODING_SURFACE_TO_SURFACE
11,27,3,3,0,0,0,0
0.0000,0.000,0.000,0.000,0.000,0,0.000,0.100E+08
1.000,1.000,0.000,0.000,1.000,1.000,1.000,1.000
1,1,1
1,0,0,0,4,5,0,0
.0,0,0
$ 给弹体施加初始速度
*INITIAL_VELOCITY_GENERATION
$ ID,STYP,OMEGA,VX,VY,VZ,IVATN,ICID
1,1,,0,,-6.0E-2
$ XC,YC,ZC,NX,NY,NZ,PHASE,IRIGID

$ 定义弹体PART SET
```

```
*SET_PART_list
$ SID,DA1,DA2,DA3,DA4,SOLVER
1
$ PID1,PID2,PID3,PID4,PID5,PID6,PID7,PID8
1,2,3,11
$ 定义时间步长控制参数。
$ TSSFAC=0.9为计算时间步长缩放因子。
*CONTROL_TIMESTEP
$ DTINIT,TSSFAC,ISDO,TSLIMT,DT2MS,LCTM,ERODE,MS1ST
0.0000000,0.9000000,0,0.0000000,-5.0E-1,0,1
$ *CONTROL_TERMINATION定义计算结束条件。
$ ENDTIM定义计算结束时间，这里ENDTIM=43000μs。
*CONTROL_TERMINATION
$ ENDTIM,ENDCYC,DTMIN,ENDENG,ENDMAS,NOSOL
43000,0,0.60000,0.00000,0.00000
$ 定义二进制文件D3PLOT的输出。
$ DT=500μs表示输出时间间隔。
*DATABASE_BINARY_D3PLOT
$ DT/CYCL,LCDT/NR,BEAM,NPLTC,PSETID,CID
500
$ 定义二进制文件D3THDT的输出。
$ DT=2μs表示输出时间间隔。
*DATABASE_BINARY_D3THDT
$ DT/CYCL,LCDT/NR,BEAM,NPLTC,PSETID,CID
2
$ 为*INCLUDE_TRANSFORM关键字定义几何变换。
$ *define_transformation必须在*INCLUDE_TRANSFORM前面定义。
$ OPTION=transl时，平移模型。
$ OPTION=scale时，缩放模型。
*define_transformation
$ TRANID
1
$ OPTION,A1,A2,A3,A4,A5,A6,A7
transl,450,0,-500
$ OPTION,A1,A2,A3,A4,A5,A6,A7
scale,0.1,0.1,0.1
$ 引用*define_transformation定义的几何变换，包含弹体网格模型文件。
$ TRANID=1是前面定义的几何变换。
*include_transform
$ FILENAME
bomb.k
$ IDNOFF,IDEOFF,IDPOFF,IDMOFF,IDSOFF,IDFOFF,IDDOFF

$ IDROFF,PREFIX,SUFFIX

$ FCTMAS,FCTTIM,FCTLEN,FCTTEM,INCOUT1

"
```

```
$ TRANID
1
$ 为*INCLUDE_TRANSFORM关键字定义几何变换。
$ *define_transformation必须在*INCLUDE_TRANSFORM前面定义。
*define_transformation
2
scale,0.1,0.1,0.1
$ 引用*define_transformation定义的几何变换，包含钢筋混凝土网格模型文件。
*include_transform
trugrdo


"
2
$ *end表示关键字文件的结束。
*end
```

2. CLIS 不共节点分离式模型

其 main.k 比 MERGE 共节点分离式模型 main.k 多出如下内容：

```
$ 定义钢筋和混凝土的约束耦合关系。
*CONSTRAINED_LAGRANGE_IN_SOLID
$ SLAVE,MASTER,SSTYP,MSTYP,NQUAD,CTYPE,DIREC,MCOUP
24,27,1,1,0,2,1,0
$ START,END,PFAC,FRIC,FRCMIN,NORM,NORMTYP,DAMP

$ K,HMIN,HMAX,ILEAK,PLEAK,LCIDPOR,NVENT,IBLOCK
```

3. ACNC 不共节点分离式模型

其 main.k 比 MERGE 共节点分离式模型 main.k 多出如下内容：

```
$ 定义钢筋和混凝土的约束耦合关系。
*ALE_COUPLING_NODAL_CONSTRAINT
$ slave,master,sstyp,mstyp,unused,unused,ncoup,cdir
24,27,1,1,2
$ start,end
```

4. CBIS 不共节点分离式模型

其 main.k 比 MERGE 共节点分离式模型 main.k 多出如下内容：

```
$ 定义钢筋和混凝土的约束耦合关系。
*CONSTRAINED_BEAM_IN_SOLID
$ slave,master,sstyp,mstyp,unused,unused,ncoup,cdir
24,27,1,1,,,2
$# ,start,end
```

7.2.5 数值计算结果

图 7-7 是不同计算工况下的弹道偏转图像。可以看出，钢筋混凝土建模方法不同，侵彻弹道偏转会截然不同。37ms 时刻（弹体穿出第 6 层楼板时刻）侵彻弹姿态角的大小次序依次为：MERGE> CBIS>CLIS>ACNC。其中 MERGE 方法弹体以抬头姿势出靶，而 CBIS、CLIS 和 ACNC 方法弹体均以低头姿势出靶。

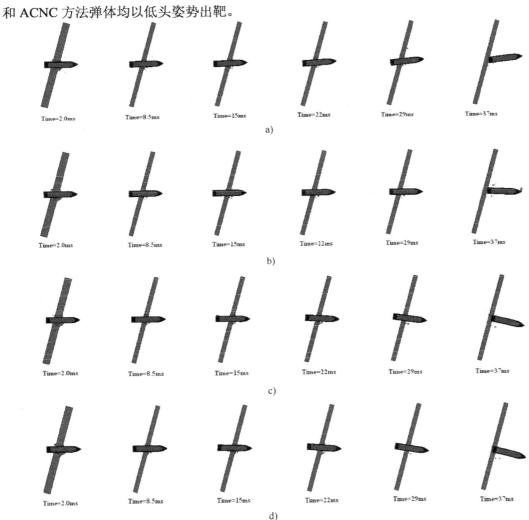

图 7-7 不同钢筋混凝土建模方法对应的侵彻弹道偏转图像

a) MERGE 方法   b) CBIS 方法   c) CLIS 方法   d) ACNC 方法

7.3 楔形体入水二维计算

船体入水、飞机迫降以及回收航天舱时会遇到结构入水砰击问题，入水冲击初期会产生巨大的冲击载荷，可能会严重影响入水物体的结构强度。本节通过一个楔形体入水计算问题来讲解这类问题的数值模拟方法。

7.3.1 模型描述

假定楔形体很长，宽度 0.5m，高度为 0.144337m，垂直入水，初速为 6.15m/s，考虑重力加速度。

采用二维平面应变模型来模拟楔形体入水过程，如图 7-8 所示。空气和水采用二维平面应变 ALE 算法，楔形体采用二维平面应变 Lagrangian 算法，并定义流固耦合关系。计算单位制采用 m-kg-s。

图 7-8　楔形体入水模型

7.3.2 TrueGrid 建模

采用平面应变模型，根据对称性，只建立一半模型。采用 TrueGrid 软件为计算模型划分了细密网格，感兴趣的读者可尝试采用较粗的网格，比较二者之间的差异。TrueGrid 建模命令流（由于同一 PART 内采用了 bb 和 trbb 命令，该模型需要 2.3 以上版本才能运行）如下：

```
plane 1 0 0 0 1 0 0 0 0.01 symm;
curd 1 lp3 0 −700 0 1250 −700 0 1250 0 0;;
mate 1
block 1 301 501;1 101 261 461;−1;0 375 1250;−700 −400 −200 0;0;
mti 1 3; 3 4; −1; 2;
res 2 1 1 3 4 1 i 1.008
res 1 3 1 3 4 1 j 1.001
res 1 1 1 3 2 1 j 0.986
c b 1 1 1 3 1 1 dy 1;        c 约束水池底面
c b 3 1 1 3 4 1 dx 1;        c 约束水池侧面
nset 1 1 1 3 1 1 or nonref
nset 3 1 1 3 4 1 or nonref
endpart
yoff −55.66
mate 3
curd 21 lp3 250 0 0 0 −144.337 0;;
block 1 101 201;1 101 201;−1;0 125 250;−144.337 −72.1685 0;0;
DEI   2 3; 1 2; −1;
cur 2 1 1 2 1 1 21
bb 2 1 1 2 2 1 1;
trbb 2 2 1 3 2 1 1;
```

```
pb 2 1 1 2 1 1 xy 106.347 −82.7786
pb 2 2 1 2 2 1 xy 83.6795 −53.4037
endpart
merge
crvnset nodes 1 0 1
bptol 1 2 −1;
stp 0.001
lsdyna keyword
write
```

7.3.3 关键字文件讲解

下面讲解相关 LS-DYNA 关键字文件。关键字文件有两个：计算模型参数主控文件 main.k 和网格模型文件 trugrdo。其中 main.k 中的内容及相关讲解如下：

```
$ 首行*KEYWORD表示输入文件采用的是关键字输入格式。
*KEYWORD
$ 定义二进制文件的格式，0表示输出的是LS-DYNA数据库格式。
*DATABASE_FORMAT
$ IFORM,IBINARY
0
$*CONTROL_ALE为ALE算法设置全局控制参数。
$ DCT=-1，表示采用交错输运逻辑。
$ NADV=1表示每两物质输运步之间有一LAGRANGIAN步计算。
$ NADV数值越大，计算速度越快，计算也越不稳定。
$ METH=-2表示采用带有HIS的Van Leer物质输运算法。
$ PREF=1.013E5 Pa为参考压力，即一个标准大气压。
*control_ale
$ DCT,NADV,METH,AFAC,BFAC,CFAC,DFAC,EFAC
−1,1,−2
$ START,END,AAFAC,VFACT,PRIT,EBC,PREF,NSIDEBC
,,,,,0,1.013E5
$ *SECTION_shell为楔形体单元定义单元算法。
$ SECID可为数字或字符，其ID必须唯一，且被*PART卡片所引用。
$ ALEFORM=13表示采用二维平面应变算法。
*SECTION_shell
$ SECID,ELFORM,SHRF,NIP,PROPT,QR/IRID,ICOMP,SETYP
3,13,
$ T1,T2,T3,T4,NLOC,MAREA,IDOF,EDGSET

$ *SECTION_ALE2D为水和空气单元定义2D ALE单元算法。
$ SECID可为数字或字符，其ID必须唯一，且被*PART卡片所引用。
$ ALEFORM=11表示采用多物质ALE算法。
$ ELFORM=13表示平面应变算法。
*SECTION_ALE2D
$ SECID,ALEFORM,AET,ELFORM
2,11,,13
```

```
$ 这是*MAT_009材料模型，用于定义水的材料模型参数。
$ MID可为数字或字符，其ID必须唯一，且被*PART卡片所引用。
*MAT_NULL
$ MID,RO,PC,MU,TEROD,CEROD,YM,PR
1,1000,.0000000,.0000000,.0000000,.0000000,.0000000,.0000000
$ 这是*EOS_001状态方程，用于定义水的状态方程参数。
$ EOSID可为数字或字符，其ID必须唯一，且被*PART卡片所引用。
*EOS_LINEAR_POLYNOMIAL
$ EOSID,C0,C1,C2,C3,C4,C5,C6
11,101325.0,2.25E9,0.0,0.0,0.0,0.0,0.0
$ E0,V0
0.000,0.000
$ 这是*MAT_009材料模型，用于定义空气的材料模型参数。
$ MID可为数字或字符，其ID必须唯一，且被*PART卡片所引用。
*MAT_NULL
$ MID,RO,PC,MU,TEROD,CEROD,YM,PR
2,1.29290,.0000000,.0000000,.0000000,.0000000,.0000000,.0000000
$ 这是*EOS_001状态方程，用于定义空气的状态方程参数。
$ EOSID可为数字或字符，其ID必须唯一，且被*PART卡片所引用。
$ E0=2.50000E5用于设置空气的初始压力，即2.50000E5*0.4=1.0E5Pa。
*EOS_LINEAR_POLYNOMIAL
$ EOSID,C0,C1,C2,C3,C4,C5,C6
2,.0000000,.0000000,.0000000,.0000000,.4000000,.4000000,.0000000
$ E0,V0
2.50000E5,1.0000000
$ 这是*MAT_020材料模型，用于将楔形体定义为刚体。
$ MID可为数字或字符，其ID必须唯一，且被*PART卡片所引用。
*MAT_RIGID
$MID,RO,E,PR,N,COUPLE,M,ALIAS orRE
3,4450.32,2.1E11,0.3


$ 定义空气PART，引用定义的单元算法、材料模型和状态方程。
$ PID必须唯一。
*PART
$ HEADING

$ PID,SECID,MID,EOSID,HGID,GRAV,ADPOPT,TMID
2,2,2,2,0
$ 定义水PART，引用定义的单元算法、材料模型和状态方程。
*PART
$ HEADING

$ PID,SECID,MID,EOSID,HGID,GRAV,ADPOPT,TMID
1,2,1,11,0
$ 定义楔形体PART，引用定义的单元算法和材料模型。
*PART
$ HEADING
```

$ PID,SECID,MID,EOSID,HGID,GRAV,ADPOPT,TMID

3,3,3,0,0

$ 当模型中存在两种或两种以上ALE多物质时，为了对同一单元内多种ALE物质

$ 界面进行重构，采用下面关键字卡片定义ALE多物质材料组AMMG。

$ 当ELFORM=11时必须定义该关键字卡片。

*ALE_MULTI-MATERIAL_GROUP

$SID,IDTYPE

1,1

$SID,IDTYPE

2,1

$ 定义楔形体和空气、水的流固耦合关系，把楔形体耦合在空气、水中。

*CONSTRAINED_LAGRANGE_IN_SOLID

$ SLAVE,MASTER,SSTYP,MSTYP,NQUAD,CTYPE,DIREC,MCOUP

3, 2, 1, 0, 2, 4, 3, −1

$ START,END,PFAC,FRIC,FRCMIN,NORM,NORMTYP,DAMP

,,,,0.3

$ K,HMIN,HMAX,ILEAK,PLEAK,LCIDPOR,NVENT,IBLOCK

$ 将空气和水所在PART定义为一个PART SET。

*SET_PART_list

$ SID,DA1,DA2,DA3,DA4,SOLVER

2

$ PID1,PID2,PID3,PID4,PID5,PID6,PID7,PID8

1,2

$ 定义ALE多物质组集，可包含一个或多个ALE多物质组。

*SET_MULTI-MATERIAL_GROUP_LIST

$ AMSID

1

$ AMGID1,AMGID2,AMGID3,AMGID4,AMGID5,AMGID6,AMGID7,AMGID8

1

$ 给楔形体施加初始速度

*INITIAL_VELOCITY_GENERATION

$ ID,STYP,OMEGA,VX,VY,VZ,IVATN,ICID

3,2,,0,−6.15,

$ XC,YC,ZC,NX,NY,NZ,PHASE,IRIGID

$ 指定重力加速度作用的PSID。

*load_body_parts

$ PSID

1

$ 将楔形体、空气和水所在PART定义为一个PART SET。

*SET_PART_list

$ SID,DA1,DA2,DA3,DA4,SOLVER

1

$ PID1,PID2,PID3,PID4,PID5,PID6,PID7,PID8

1,2,3

$ 定义重力加速度载荷。

```
*load_body_y
$ LCID,SF,LCIDDR,XC,YC,ZC,CID
1
$ 定义加载曲线。这是重力加速度加载曲线，注意与其施加方向反向。
*define_curve
$ LCID,SIDR,SFA,SFO,OFFA,OFFO,DATTYP,LCINT
1
$ A1,O1
0,9.8
$ A2,O2
5,9.8
$ *CONTROL_TERMINATION定义计算结束条件。
$ ENDTIM定义计算结束时间，这里ENDTIM=25E-3s。
*CONTROL_TERMINATION
$ ENDTIM,ENDCYC,DTMIN,ENDENG,ENDMAS,NOSOL
25E-3,,
$ 定义时间步长控制参数。
$ TSSFAC=0.9为计算时间步长缩放因子。
*CONTROL_TIMESTEP
$ DTINIT,TSSFAC,ISDO,TSLIMT,DT2MS,LCTM,ERODE,MS1ST
0.0000,0.9
$ 定义二进制文件D3PLOT的输出。
$ DT=5E-4s表示输出时间间隔。
*DATABASE_BINARY_D3PLOT
$ DT/CYCL,LCDT/NR,BEAM,NPLTC,PSETID,CID
5E-4
$ 定义二进制文件D3THDT的输出。
$ DT=2E-6s表示输出时间间隔。
*DATABASE_BINARY_D3THDT
$ DT/CYCL,LCDT/NR,BEAM,NPLTC,PSETID,CID
2E-6
$ 通过节点组定义二维非反射边界。
*BOUNDARY_NON_REFLECTING_2D
$ NSID
1
$ 为*INCLUDE_TRANSFORM关键字定义几何变换。
$ *define_transformation必须在*INCLUDE_TRANSFORM前面定义。
$ OPTION=scale时，缩放模型。
*define_transformation
$ TRANID
2
$ OPTION,A1,A2,A3,A4,A5,A6,A7
scale,0.001,0.001,0.001
$ 引用*define_transformation定义的几何变换，包含网格模型文件。
$ TRANID=2是前面定义的几何变换。
*include_transform
$ FILENAME
```

```
trugrdo
$ IDNOFF,IDEOFF,IDPOFF,IDMOFF,IDSOFF,IDFOFF,IDDOFF

$ IDROFF,PREFIX,SUFFIX

$ FCTMAS,FCTTIM,FCTLEN,FCTTEM,INCOUT1
"
$ TRANID
2
$ *end表示关键字文件的结束，LS-DYNA读入时将忽略该语句后的所有内容。
*end
```

7.3.4 数值计算结果

计算完成后，在 LS-DYNA 后处理软件 LS-PrePost 中读入 D3PLOT 文件，进行如下操作，即可显示入水过程。

1）单击最上端菜单栏 Misc→Reflect Model→Reflect About YZ Plane，将一半模型镜像对称为全模型。

2）单击右端工具栏中 Page 1→SelPar，选中"1 Part"和"2 Part"。

3）单击右端工具栏 Fcomp→Misc→volume fraction mat#1。

图 7-9、图 7-10 所示分别是楔形体入水图像和速度变化曲线，由于施加了重力加速度，楔形体入水初期，速度略有增加，随后随着入水阻力的增大，速度逐渐衰减。

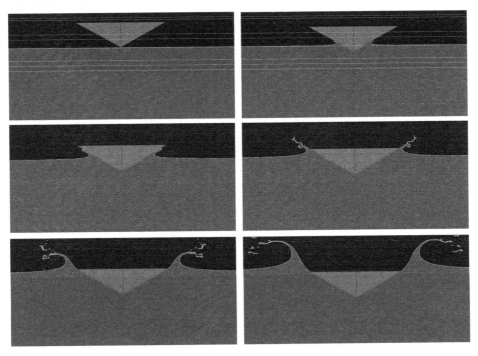

图 7-9　楔形体入水过程模拟

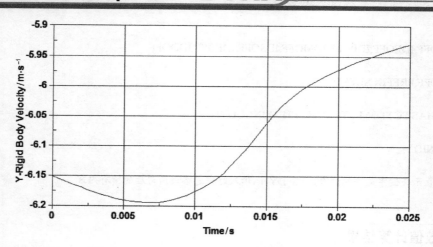

图 7-10 　楔形体入水速度曲线

7.4　参考文献

[1] LS-DYNA KEYWORD USER'S MANUAL[Z], LSTC, 2017.

[2] 吕剑, 等. 泰勒杆实验对材料动态本构参数的确认和优化确定 [J]. 爆炸与冲击, 2006, 26(4): 339-344.

[3] 辛春亮, 等. 侵彻弹贯穿多层楼板弹道计算 [C]. 第十五届全国战斗部与毁伤技术学术交流会, 北京：2017.

[4] SCHWER L E. Modeling Rebar: The Forgotten Sister in Reinforced Concrete Modeling [C]. 13th International LS-DYNA Conference, Dearborn：2014.

[5] 辛春亮, 等. 由浅入深精通 LS-DYNA [M]. 北京：中国水利水电出版社, 2019.

第8章 爆炸及其作用计算

LS-DYNA 软件中爆炸及其对结构作用的计算方法有：

1）传统 ALE 法。炸药和结构等共节点，均采用 ALE 算法。炸药可采用*EOS_JWL、*EOS_IGNITION_AND_GROWTH_OF_REACTION_IN_HE 和*EOS_PROPELLANT_DEFLAGRATION 状态方程。也有人尝试采用其他类型状态方程，如*EOS_LINEAR_POLYNOMIAL 或*INITIAL_EOS_ALE，替之以与炸药能量和体积相等的气体，这种方法计算出的炸药附近冲击波压力严重偏低，中远场则与实际较为符合。

2）Lagrangian 法（拉格朗日法）。炸药和结构共节点或采用滑移接触，主要考虑爆轰产物的作用，仅适用于近距离接触爆炸。

3）流固耦合法。炸药等采用 ALE 算法，结构采用 Lagrangian 算法，二者之间定义流固耦合关系。

4）采用*LOAD_BLAST（不考虑地面反射）、*LOAD_BRODE（不考虑地面反射）或*LOAD_BLAST_ENHANCED（考虑地面反射）关键字，将空中爆炸载荷直接施加在结构上，适用于结构之间没有相互遮挡的工况。

5）结合使用*LOAD_BLAST_ENHANCED、*SECTION_SOLID 中 ELFORM=11 和 AET=5 等关键字，计算爆炸及其对结构的作用，可用于结构之间有相互遮挡的工况。

6）采用*LOAD_SSA 关键字计算远场水下爆炸对结构的毁伤。

7）采用声固耦合法计算远场水下爆炸对结构的毁伤。

8）采用 USA 模块计算远场水下爆炸对结构的毁伤。

9）PBM 爆炸粒子法。采用*PARTICLE_BLAST 关键字模拟近距离爆炸作用，如地雷爆炸对装甲车辆的毁伤。

10）*INITIAL_IMPULSE_MINE，用于模拟地下埋藏地雷对装甲车辆的毁伤。

11）CESE+Chemistry+FSI，从化学反应层面模拟爆燃/爆炸对结构的破坏。

12）*CESE_BOUNDARY_BLAST_LOAD+*LOAD_BLAST_ENHANCED+FSI，模拟爆燃/爆炸对结构的破坏，可用于结构之间有相互遮挡的工况。

13）SPH、DEM、EFG 或 SPG 方法。做法有两种：第一种为流固耦合方法，炸药等采用 ALE 算法，结构采用 SPH、DEM、EFG 或 SPG 方法，二者之间通过*ALE_COUPLING_NODAL_DRAG、*ALE_COUPLING_NODAL_PENALTY 等定义流固耦合关系；第二种为接触方法，主要用于模拟接触爆炸，需要说明的是，如果炸药采用 SPH 方法、结构体单元采用 Lagrangian 方法，当结构局部发生失效后，各类接触均无法重新建立新的接触界面，很快就出现接触渗透。

8.1 水中爆炸气泡脉动一维计算

炸药在水中爆炸后瞬间转变为快速膨胀的高温、高压气团，并在水中形成向外传播的冲击波，一段时间后气泡因惯性过度膨胀，气泡内的压力小于周围流体静压力形成负超压，外围的水又回流挤压气泡，直至压缩过度并再度膨胀，如此反复多次形成气泡脉动现象。

水中冲击波和气泡脉动对舰船造成很大破坏：水中冲击波峰值压力高，但持续时间短，容易造成舰船局部结构的严重破损；气泡脉动峰值压力仅为冲击波峰值的 10%～20%，但作用时间长，冲量大，气泡脉动频率与舰船一、二阶频率非常接近，脉动压力对舰船产生振荡效应，给舰船造成严重的总体结构破损，并可使舰载设备损坏。此外，气泡靠近舰船时会主动朝障碍物运动，可能穿透冲击波作用后造成的薄弱环节，形成水射流，对舰船造成再次破坏。

8.1.1 Zamyshlyayev 冲击波和气泡脉动计算公式

Zamyshlyayev（1973）半经验半解析的公式对 Cole 公式做了进一步发展。该公式将水下爆炸载荷分为五个阶段：指数衰减阶段、倒数衰减阶段、倒数衰减后段、气泡膨胀收缩阶段和脉动压力阶段，可以模拟 TNT 炸药水下爆炸冲击波压力衰减演化和气泡脉动全过程，具体计算公式如下：

$$P(t) = P_m e^{-t/\theta}, \qquad t < \theta$$

$$P(t) = P_m 0.368 \frac{\theta}{t}\left[1 - \left(\frac{t}{t_p}\right)^{1.5}\right], \quad t_1 \geqslant t \geqslant \theta$$

$$P(t) = P^*\left[1 - \left(\frac{t}{t_p}\right)^{1.5}\right] - \Delta P, \quad t_p > t > t_1$$

$$P(t) = \frac{10^5}{\overline{r}}\left(\frac{0.686\overline{P}_0^{0.96}}{\xi} + 5.978\overline{P}_0^{0.62}\frac{1-\xi^2}{\xi^{0.92}} - 30.1\overline{P}_0^{0.65}\xi^{0.36}\right) - \frac{1.73\times10^{10}}{\overline{r}^4\overline{P}_0^{0.43}}\left(1-\xi^2\right)\xi^{0.1},$$

$$T - t_2 \geqslant t \geqslant t_p$$

$$P(t) = P_{m1}e^{-(t-T)^2/\theta_1^2}, \qquad T + t_2 \geqslant t > T - t_2$$

其中

$$P_m = \begin{cases} 4.41\times10^7\left(\dfrac{W^{1/3}}{R}\right)^{1.5}, & 6 < \dfrac{R}{R_0} < 12 \\[3mm] 5.24\times10^7\left(\dfrac{W^{1/3}}{R}\right)^{1.13}, & 12 \leqslant \dfrac{R}{R_0} < 240 \end{cases}$$

$$\theta = \begin{cases} 0.45R_0\overline{r}^{0.45}10^{-3}, & \overline{r} < 30 \\[3mm] 3.5\dfrac{R_0}{C}\sqrt{\lg\overline{r} - 0.9}, & \overline{r} \geqslant 30 \end{cases}$$

$$t_d = \frac{R_0}{c}(\overline{r} - m)$$

$$m = 11.4 - 10.6/\overline{r}^{0.13} + 1.51/\overline{r}^{1.26}$$

$$\overline{r} = \frac{R}{R_0}; \quad \overline{t} = \frac{c}{R_0}t$$

$$\Delta P = \frac{10^5}{\overline{r}^4}\left(5635\overline{t}^{0.54} - 0.113\overline{P}_0^{1.15}t^{-2}\right)$$

$$P^* = \frac{7.173\times10^8}{\overline{r}(\overline{t} + 5.2 - m)^{0.87}}$$

$$t_{\mathrm{p}} = \left(\frac{850}{P_0^{0.85}} - \frac{20}{P_0^{-1/3}} + m \right) \frac{R_0}{c}$$

$$\frac{t_1}{(t_1 + 5.2 - m)^{0.87}} = 4.9 \times 10^{-10} P_{\mathrm{m}} \bar{r} \theta \frac{c}{R_0}$$

$$P_0 = P_{\mathrm{atm}} + \rho g H_0 ; \quad \bar{P}_0 = \frac{P_0}{P_{\mathrm{atm}}}$$

$$P_{m1} = \frac{39 \times 10^6 + 24 P_0}{\bar{R}_{\mathrm{bc}}}$$

$$\theta_1 = 20.7 \frac{R_0}{P_0^{0.41}}$$

$$t_2 = 3290 \frac{R_0}{P_0^{0.71}}$$

$$\bar{R}_{\mathrm{bc}} = \frac{\bar{R}}{R_0}$$

$$R_{\mathrm{bc}} = \sqrt{R^2 + \Delta H^2 - 2 R \Delta H \sin \varphi}$$

$$\Delta H = 13.2 \frac{W^{11/24}}{(H + 10.3)^{5/6}}$$

式中，P_{m} 为冲击波峰值压力（Pa）；θ 为冲击波时间常数（s）；W 为 TNT 药球质量（kg）；R 为爆心到测点的距离（m）；R_0 为药球初始半径（m）；t_{d} 为冲击波到达时间（s）；t_{p} 为冲击波正压作用时间（s）；P_0 为爆心处流体静压（Pa）；P_{atm} 为标准大气压（Pa）；c 为水中声速（m/s）；H_0 为爆心的初始深度（m）；P_{m1} 为二次脉动压力峰值（Pa）；θ_1 为二次脉动压力时间常数（s）；R_{bc} 为测点到气泡中心的距离（m）；φ 为爆心与观测点之间连线与水平线之间的夹角。

8.1.2 计算模型描述

在 Swift 实施的水下爆炸实验中，0.299kg TNT 位于水下 178.6m 处，实验布设如图 8-1 所示。

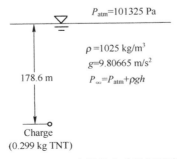

图 8-1　Swift 深水爆炸实验设置示意图

由于实验中最大气泡半径远远小于炸点深度，气泡上、下方的静水压力差异很小，可以忽略重力引起的气泡迁移。假设炸药周围所有方向的压力均等，该问题就能够简化为球对称问题，因此适合采用 LS-DYNA 中的一维球对称模型来模拟，这可显著降低计算规模和计算时间，如图 8-2 所示。在一维计算模型中炸药及其附近区域可划分细密网格以反映出足够频宽的冲击波特性，从而大大提高计算准确度。

图 8-2　LS-DYNA 一维梁单元球对称计算模型

由于一维计算模型中尚无有效方法施加非反射或压力流出边界条件，故此处取较大范围的计算水域半径 40m，人工黏性系数采用程序设定的默认值。炸药爆炸问题涉及大变形，因此，炸药和水均采用多物质欧拉算法。计算单位制采用 cm-g-μs。

TNT 炸药材料模型为*MAT_HIGH_EXPLOSIVE_BURN，爆炸产物压力用*EOS_JWL 状态方程来描述：

$$P = A\left(1 - \frac{\omega}{R_1 V}\right) e^{-R_1 V} + B\left(1 - \frac{\omega}{R_2 V}\right) e^{-R_2 V} + \frac{\omega E}{V}$$

式中，E 为单位质量内能；V 为比容；A、B、R_1、R_2、ω 为常数。其中，方程式右端第一项在高压段起主要作用，第二项在中压段起主要作用，第三项代表低压段。在爆轰产物膨胀的后期，方程式前两项的作用可以忽略，为了加快求解速度，将炸药从 JWL 状态方程转换为更为简单的理想气体状态方程（绝热指数 $\gamma = \omega + 1$）。

水的材料模型采用*MAT_NULL，该模型不用考虑偏应力，适用于模拟流体材料。采用 Gruneisen 状态方程来描述水中压力与密度、比内能的关系。

水受压时，水中压力为：

$$P = \frac{\rho_0 c^2 u \left[1 + \left(1 - \frac{v_0}{2}\right) u - \frac{a}{2} u^2\right]}{\left[1 - (S_1 - 1) u - S_2 \frac{u^2}{u+1} - S_3 \frac{u^3}{(u+1)^2}\right]^2} + (\gamma_0 + au) E$$

式中，v_0 为水的初始体积，ρ_0 为水的初始密度。水受拉时，水中压力为：

$$P = \rho_0 c^2 u + (\gamma_0 + au) E$$

式中，$u = \rho / \rho_0 - 1$，ρ 是水的密度。$u > 0$ 时，水处于压缩状态，$u < 0$ 时，水处于受拉状态；C 为 $u_s - u_p$ 曲线的截距；S_1、S_2、S_3 是 $u_s - u_p$ 曲线斜率的系数；γ_0 是 Gruneisen 系数；a 是对 γ_0 的一阶体积修正。E 为单位质量内能，计算方法为：

$$E = (\rho g h + P_0)/(\rho \gamma_0)$$

式中，h 是水深，P_0 是大气压力，计算出水下 178.6m 处水的初始比内能 $E_0 = 6608.29 J/kg$。

8.1.3　TrueGrid 建模

由于爆炸初期炸药中的爆轰波和水中冲击波频率很高，在炸药及其附近水域需划分细密网格。这里，采用如下网格划分方式：梁单元总数为 40000，梁单元尺寸为 1mm，计算水域半径为 40m（即 4000cm）。

相关的 TrueGrid 建模命令流如下：

```
merge                          c 进入MERGE阶段
bm rt1 0 0 0;rt2 4000 0 0;     c 梁起点为0，0，0，终点为4000 0 0
mate 2 cs 1 nbms 40000;        c 梁材料号为2，梁截面号为1，梁网格数40000
lsdyna keyword                 c 指定LS-DYNA关键字输出格式
write                          c 输出网格模型文件
```

8.1.4 关键字文件讲解

下面讲解相关 LS-DYNA 关键字文件。关键字文件有两个：计算模型参数主控文件 main.k 和网格模型文件 trugrdo。其中 main.k 的内容及相关讲解如下：

```
$ 首行*KEYWORD表示输入文件采用的是关键字输入格式。
*KEYWORD
$为二进制文件定义输出格式，0表示输出的是LS-DYNA数据库格式。
*DATABASE_FORMAT
$ IFORM,IBINARY
0
$*CONTROL_ALE为ALE算法设置全局控制参数。
$对于爆炸问题通常设置DCT=-1，表示采用交错输运逻辑。
$ NADV=1表示每两物质输运步之间有一拉格朗日步计算。
$ NADV数值越大，计算速度越快，计算也越不稳定。
$ METH=-2表示采用带有HIS的Van Leer物质输运算法。
$ PREF=ρgh=17.94E-6 Mbar为参考压力，即水深178.6m处的水压。
*CONTROL_ALE
$ DCT,NADV,METH,AFAC,BFAC,CFAC,DFAC,EFAC
-1,1,-2
$ START,END,AAFAC,VFACT,PRIT,EBC,PREF,NSIDEBC
,,,,,1,17.94E-6
$ *SECTION_ALE1D为1D ALE单元定义单元算法。
$ SECID可为数字或字符，其ID必须唯一，且被*PART卡片所引用。
$ ALEFORM=11表示采用多物质ALE算法。
$ ELFORM=-8表示球对称。对于ELFORM=-8，THICK的数值没有意义，但必须定义。
*SECTION_ALE1D
$ SECID,ALEFORM,AET,ELFORM
1,11,,-8
$THICK,THICK
0.1,0.1,
$ 当模型中存在两种或两种以上ALE多物质时，为了对同一单元内多种ALE物质
$ 界面进行重构，采用下面关键字卡片定义ALE多物质材料组AMMG。
$ 当ELFORM=11时必须定义该关键字卡片。
*ALE_MULTI-MATERIAL_GROUP
$SID,IDTYPE
1,1
2,1
$ 这是*MAT_008材料模型，用于定义高能炸药的爆轰。
```

$ MID可为数字或字符，其ID必须唯一，且被*PART卡片所引用。

$ RO=1.583 g/cm^{3}是炸药密度。

$ D=0.6880 cm/μs是炸药爆速。

$ PCJ=0.194 Mbar是炸药爆压。

*MAT_HIGH_EXPLOSIVE_BURN

$MID,RO,D,PCJ,BETA,K,G,SIGY

1,1.583,.6880,.194,.0000000,.0000000,.0000000,.0000000

$ 这是*EOS_002状态方程，用于定义炸药爆炸产物内的压力。

$ EOSID可为数字或字符，其ID必须唯一，且被*PART卡片所引用。

*EOS_JWL

$ EOSID,A,B,R1,R2,OMEG,E0,V0

1,3.07,0.03898,4.485000,0.7900000,.3000000,0.069684,1.000000

$ 这是*MAT_009材料模型，用于定义水的材料模型参数。

$ MID可为数字或字符，其ID必须唯一，且被*PART卡片所引用。

*MAT_NULL

$ MID,RO,PC,MU,TEROD,CEROD,YM,PR

2,1.025,.0000000,9.982e-9,.0000000,.0000000,.0000000,.0000000

$ 这是*EOS_004状态方程，用于定义水的状态方程参数。

$ EOSID可为数字或字符，其ID必须唯一，且被*PART卡片所引用。

$ E0=6.608E-5用于设置水的初始压力。

*EOS_GRUNEISEN

$ EOSID,C,S1,S2,S3,GAMAO,A,E0

2,0.152,1.920000,.0000000,.0000000,0.280000,.0000000,6.608E-5

$V0

$ 定义炸药PART，引用定义的单元算法、材料模型和状态方程。PID必须唯一。

*PART

$ HEADING

$ PID,SECID,MID,EOSID,HGID,GRAV,ADPOPT,TMID

1,1,1,1,0,0,0

$ 定义水PART，引用定义的单元算法、材料模型和状态方程。PID必须唯一。

*PART

$ HEADING

$ PID,SECID,MID,EOSID,HGID,GRAV,ADPOPT,TMID

2,1,2,2,0,0,0

$ *INITIAL_DETONATION为高能炸药定义起爆点和起爆时间。

$ PID为采用*MAT_HIGH_EXPLOSIVE_BURN材料的PART。

$ X,Y,Z是起爆点。

$ LT是起爆时间。

*INITIAL_DETONATION

$PID,X,Y,Z,LT

2,0,0,0

$ *initial_volume_fraction_geometry在ALE网格中填充多物质材料。

$ FMSID为背景ALE网格。

$ 当FMSID为PART SET时，FMIDTYP=0；当FMSID为PART时，FMIDTYP=1。

$ BAMMG为最初填充FMSID定义的ALE网格区域的多物质材料组。
$ BAMMG=2，表示空气材料所在的多物质材料组AMMG 2。
$ CNTTYP=6，表示采用球体方式进行填充。
$ FILLOPT表示采用几何体内或体外方式填充多物质材料组。
$ FILLOPT=0表示体内填充方式。
$ FAMMG是要填充的多物质材料组。
$ X0,Y0,Z0表示球心坐标。
$ R0表示球体半径。
*initial_volume_fraction_geometry
$FMSID,FMIDTYP,BAMMG,NTRACE
2,1,2,
$ CNTTYP,FILLOPT,FAMMG,VX,VY,VZ
6,0,1
$ X0,Y0,Z0,R0
0,0,0,3.55928
$ *DATABASE_TRACER定义示踪粒子，将物质点时间历程数据记录到ASCII文件中。
$ TIME为示踪粒子开始记录时间。
$ TRACK=0表示示踪粒子跟随物质材料运动。
$ X,Y,Z为示踪粒子初始坐标。
$ AMMGID为被跟踪的多物质ALE单元内的AMMG组。
$ 若AMMGID=0，则按多物质ALE单元内全部AMMG组的体积份数加权
$ 平均输出压力。
*DATABASE_TRACER
$ TIME,TRACK,X,Y,Z,AMMGID,NID,RADIUS
,0,3.55928,0,0,0
$ TRACK=1表示示踪粒子在空间固定不动。
*DATABASE_TRACER
$ TIME,TRACK,X,Y,Z,AMMGID,NID,RADIUS
,1,78,0,0,0
$ DT定义TRHIST文件的输出时间间隔，这里DT=1μs。
*DATABASE_TRHIST
$ DT,BINARY,LCUR,IOOPT,OPTION1,OPTION2,OPTION3,OPTION4
1
$ *CONTROL_TERMINATION定义计算结束条件。
$ ENDTIM定义计算结束时间，这里ENDTIM=50000μs。
*CONTROL_TERMINATION
$ ENDTIM,ENDCYC,DTMIN,ENDENG,ENDMAS,NOSOL
50000
$ 定义时间步长控制参数。
$ TSSFAC=0.9为计算时间步长缩放因子。
*CONTROL_TIMESTEP
$ DTINIT,TSSFAC,ISDO,TSLIMT,DT2MS,LCTM,ERODE,MS1ST
0,0.9
$ 定义二进制文件D3PLOT的输出。
$ DT=1000μs表示输出时间间隔。
*DATABASE_BINARY_D3PLOT
$ DT/CYCL,LCDT/NR,BEAM,NPLTC,PSETID,CID

```
1000
$ 定义二进制文件D3THDT的输出。
$ DT=1μs表示输出时间间隔。
*DATABASE_BINARY_D3thdt
$ DT/CYCL,LCDT/NR,BEAM,NPLTC,PSETID,CID
1
$ 包含TrueGrid软件生成的网格模型文件。
*INCLUDE
$ FILENAME
trugrdo
$ *end表示关键字文件的结束，LS-DYNA读入时将忽略该语句后的所有内容。
*end
```

8.1.5 数值计算结果

经 LS-DYNA R8.0 计算完毕，打开 LS-PrePost 软件读入计算结果，显示气泡半径变化过程，具体操作如下：

1）在右侧菜单栏中单击 Page 1→ASCII。

2）在 Ascii File Operation 下拉菜单栏中选取 "trhist"，然后单击左侧 Load 按钮。

3）在 Particle Id 下拉菜单栏中选取 1 号测点。

4）在 Trhist Data 下端下拉菜单栏中选取 "1-X-coordinate"，然后单击左侧 Plot 按钮，即可绘出气泡半径变化曲线。

图 8-3 是深水爆炸气泡半径变化过程数值计算曲线，气泡最大半径、气泡脉动周期 LS-DYNA 计算值与测试值的对比见表 8-1。可以看出，计算值与实测值吻合较好。由于气泡收缩时向外辐射压力波导致了额外的能量损失，三次气泡脉动最大半径和脉动周期均呈逐渐递减趋势。对于气泡第一个最大半径和脉动周期，数值计算值略小于实验测试值，原因可能在于：通过炸药标准圆筒实验标定爆炸产物状态方程时，二十几个微秒内圆筒很快破裂，由此标定出的参数忽略了爆炸产物内剩余低压气体的能量。而数值计算出的气泡第二个脉动周期和最大半径均大于实测值，主要因为数值模拟没有考虑气泡与周围流体的物质和热交换带来的能量损失。深水气泡接近最小半径时很不稳定，水下摄影表明此时大量针状水射流喷射进入气泡内部，使热气泡降温。

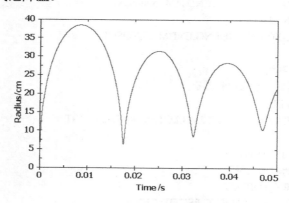

图 8-3 气泡半径变化过程数值计算曲线

表 8-1 实验测试与数值模拟气泡脉动最大半径和脉动周期对比

	第一个最大半径/cm	第一个脉动周期/ms	第二个最大半径/cm	第二个脉动周期/ms	第三个最大半径/cm	第三个脉动周期/ms
实验结果	39.1	17.85	29.5	13.00	–	–
数值计算结果	38.64	17.61	31.63	14.75	28.58	14.63
误差（%）	−1.18	1.34	7.22	13.46		

在 LS-PrePost 软件中显示特定点压力变化曲线，具体操作如下：

1）在右侧菜单栏中单击 ASCII。

2）在 Ascii File Operation 下拉菜单栏中选取"trhist"，然后单击左侧 Load 按钮。

3）在 Particle Id 下拉菜单栏中选取"2 号测点"。

4）在 Trhist Data 下端下拉菜单栏中选取"15-Pressure"（显示气泡半径），然后单击左侧 Plot 按钮，即可绘出特定点的压力曲线。

图 8-4 是离装药中心 0.78m（大约气泡最大半径的两倍）处水质点的超压时间历程。由图可见，LS-DYNA 计算曲线较为光滑，没有出现明显的数值噪声。Zamyshlyayev 公式和数值计算出的冲击波和脉动压力对比见表 8-2。

图 8-4 和表 8-2 表明：

1）主冲击波。LS-DYNA 和 Zamyshlyayev 公式超压峰值计算值非常接近，差别仅 1.21%，主冲击波曲线大致重合。

2）第一次脉动压力。该阶段的计算曲线对称性很好，Zamyshlyayev 公式计算曲线爬升段和下降段较为平缓，LS-DYNA 计算曲线则要尖锐得多。且公式计算出的脉动压力波峰值远低于 LS-DYNA 计算值，与主冲击波峰值比值为 9.95%，而 LS-DYNA 计算压力波峰值与主冲击波峰值比值为 29.56%。

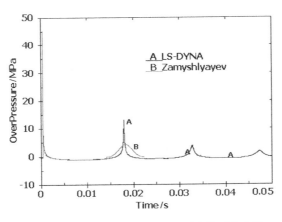

图 8-4 离装药中心 0.78m 处水质点的压力曲线

3）多次脉动压力。LS-DYNA 计算多次脉动压力波超压峰值逐次递减，波形也渐趋平缓。

表 8-2　Zamyshlyayev 公式和数值计算出的冲击波和脉动压力对比　　　　（单位：MPa）

	冲击波峰值超压	第一次脉动峰值超压	第二次脉动峰值超压	第三次脉动峰值超压
公式计算结果	45.34	4.51	–	–
数值计算结果	44.79	13.24	4.07	2.16
差别（%）	−1.21	193.57		

8.2　爆炸成形弹丸侵彻钢板二维 ALE 计算

聚能装药爆炸形成的爆炸成形弹丸（简称 EFP）具有对不同炸高适应性强、穿孔直径和后效大、抗旋转能力强的优点，在军事上具有广泛应用。本节将采用二维 ALE 算法来模拟爆炸成形弹丸形成及对钢板的侵彻过程。

8.2.1　计算模型描述

聚能装药直径 84mm，装药为 B 炸药，药型罩为紫铜，钢板采用 30mm 厚 4340 钢，炸高 78mm。几何模型如图 8-5 所示。

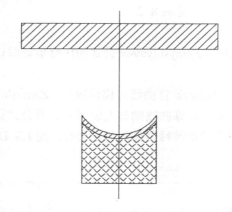

图 8-5　爆炸成形弹丸侵彻钢板几何模型

在该算例中，炸药、空气、药型罩和钢板均采用 2D ALE 算法。药型罩采用*MAT_STEINBERG 材料模型和*EOS_GRUNEISEN 状态方程，钢板采用*MAT_JOHNSON_COOK 材料模型和*EOS_GRUNEISEN 状态方程。计算单位制为 cm-g-μs。

8.2.2　TrueGrid 建模

关于该算例的相关 TrueGrid 建模命令（采用 mm 作为长度单位）如下：

```
mate 1
block 1 89 129;1 41 560;−1;0 44 74;−30 0 260;0
res 1 1 1 3 2 1 j 0.99
res 2 1 1 3 3 1 i 1.01
endpart
merge
```

```
lsdyna keyword
write
```

8.2.3 关键字文件讲解

关键字输入文件有两个：计算模型参数主控文件 main.k 和网格模型文件 trugrdo。其中 main.k 的内容及相关讲解如下：

```
$ 首行*KEYWORD表示输入文件采用的是关键字输入格式。
*KEYWORD
$为二进制文件定义输出格式，0表示输出的是LS-DYNA数据库格式。
*DATABASE_FORMAT
$ IFORM,IBINARY
0
$ *initial_volume_fraction_geometry在ALE网格中填充多物质材料。
$ FMSID为背景ALE网格。
$ 当FMSID为PART SET时，FMIDTYP=0；当FMSID为PART时，FMIDTYP=1。
$ BAMMG为最初填充FMSID定义的ALE网格区域的多物质材料组。
$ BAMMG=1，表示空气材料所在的多物质材料组AMMG 1。
$ CNTTYP=6，表示采用球体方式进行填充。X0,Y0,Z0为球心坐标。R0为球体半径。
$ CNTTYP=4，表示采用方形方式进行填充。X1,Y1,X2,Y2,X3,Y3,X4,Y4为四点坐标。
$ FILLOPT表示采用几何体内或体外方式填充多物质材料组。
$ FILLOPT=0表示体内填充方式。
$ FAMMG是要填充的多物质材料组。
*INITIAL_VOLUME_FRACTION_GEOMETRY
$FMSID,FMIDTYP,BAMMG,NTRACE
1,1,1
$ CNTTYP,FILLOPT,FAMMG,VX,VY,VZ
4,0,2
$ X1,Y1,X2,Y2,X3,Y3,X4,Y4
0,0.2,4.2,0.2,4.2,8.1747,0,8.1747
$ CNTTYP,FILLOPT,FAMMG,VX,VY,VZ
6,0,3
$ X0,Y0,Z0,R0
0,10.9147,0,5.515
$ CNTTYP,FILLOPT,FAMMG,VX,VY,VZ
6,0,1
$ X0,Y0,Z0,R0
0,10.9147,0,5.015
$ CNTTYP,FILLOPT,FAMMG,VX,VY,VZ
4,1,1
$ X1,Y1,X2,Y2,X3,Y3,X4,Y4
0,0.2,4.2,0.2,4.2,8.1747,0,8.1747
$ CNTTYP,FILLOPT,FAMMG,VX,VY,VZ
4,0,4
$ X1,Y1,X2,Y2,X3,Y3,X4,Y4
```

0,17,8,17,8,20,0,20
$ *SECTION_ALE2D定义2D ALE单元算法。
$ SECID可为数字或字符，其ID必须唯一，且被*PART卡片所引用。
$ ALEFORM=11表示采用多物质ALE算法。
$ ELFORM=14表示面积加权轴对称算法。
*SECTION_ALE2D
$ SECID,ALEFORM,AET,ELFORM
1,11,,14
$ 这是*MAT_009材料模型，用于定义空气的材料模型参数。
$ MID可为数字或字符，其ID必须唯一，且被*PART卡片所引用。
*MAT_NULL
1,0.001290,0.000,0.000,0.000,0.000,0.000,0.000
$ 这是*EOS_001状态方程，用于定义空气的状态方程参数。
$ EOSID可为数字或字符，其ID必须唯一，且被*PART卡片所引用。
$ E0=2.53E-6用于设置空气的初始压力：(2.53E-6)*0.4=1.012E-6 Mbar，即一个标准大气压。
*EOS_LINEAR_POLYNOMIAL
$ EOSID,C0,C1,C2,C3,C4,C5,C6
1,0.000,0.000,0.000,0.000,0.400000,0.400000,0.000
$ E0,V0
2.53E-6,1.000000
$ 这是*MAT_008材料模型，用于定义高能炸药的爆轰。
$ MID可为数字或字符，其ID必须唯一，且被*PART卡片所引用。
$ RO=1.717g/cm^{3}是炸药密度。
$ D=0.8211cm/μs是炸药爆速。
$ PCJ=0.28 Mbar是炸药爆压。
*MAT_HIGH_EXPLOSIVE_BURN
$MID,RO,D,PCJ,BETA,K,G,SIGY
2,1.7170000,.8211000,.2800000,.0000000,.0000000,.0000000,.0000000
$ 这是*EOS_002状态方程，用于定义炸药爆炸产物内的压力。
$ EOSID可为数字或字符，其ID必须唯一，且被*PART卡片所引用。
*EOS_JWL
$ EOSID,A,B,R1,R2,OMEG,E0,V0
2,5.2420000,.0767600,4.2000000,1.1000000,.3400000,.0950000,1.000000
$ 这是*MAT_011材料模型，用于定义紫铜材料模型参数。
$ MID可为数字或字符，其ID必须唯一，且被*PART卡片所引用。
*MAT_STEINBERG
$ MID,RO,G0,SIGO,BETA,N,GAMA,SIGM
3,8.93,4.770E-01,1.2E-03,3.6E+01,4.5E-01,0.0,6.4E-03
$ B,BP,H,F,A,TMO,GAMO,SA
2.83,2.83,3.770E-04,1.0E-03,6.355E+01,1.00E+03,2.02,1.5
$ PC,SPALL,RP,FLAG,MMN,MMX,ECO,EC1
-9.0,3.0
$ EC2,EC3,EC4,EC5,EC6,EC7,EC8,EC9

$ 这是*EOS_004状态方程，用于定义紫铜的状态方程参数。
$ EOSID可为数字或字符，其ID必须唯一，且被*PART卡片所引用。
*EOS_GRUNEISEN

```
3,0.394,1.49,0.0,0.0000,2.02,0.47,0.0
$V0
1.0
$ 这是*MAT_015材料模型，用于定义钢板材料模型参数。
$ MID可为数字或字符，其ID必须唯一，且被*PART卡片所引用。
*MAT_JOHNSON_COOK
$ MID,RO,G,E,PR,DTF,VP,RATEOP
4,7.85,0.818,2.10,0.330,0.000E+00
$ A,B,N,C,M,TM,TR,EPS0
7.920E-03,5.100E-03,0.260,1.400E-02,1.03,1.793E+03,294.,1.000E-06
$ CP,PC,SPALL,IT,D1,D2,D3,D4
4.770E-06,-9.00,3.00,0.000E+00,0.000E+00,0.000E+00,0.000E+00,0.000E+00
$ D5,C2/P/XNP,EROD,EFMIN,NUMINT
0.000E+00
$ 这是*EOS_004状态方程，用于定义钢板的状态方程参数。
$ EOSID可为数字或字符，其ID必须唯一，且被*PART卡片所引用。
*EOS_GRUNEISEN
$ EOSID,C,S1,S2,S3,GAMAO,A,E0
4,0.457,1.49,0.000E+00,0.000E+00,2.17,0.000E+00,0.000E+00
$V0
0.000E+00
$ 定义空气PART，引用定义的单元算法、材料模型和状态方程。
$ PID必须唯一。
*PART
$ HEADING

$ PID,SECID,MID,EOSID,HGID,GRAV,ADPOPT,TMID
1,1,1,1,0,0,0
$ 定义炸药PART，引用定义的单元算法、材料模型和状态方程。
*PART
$ HEADING

$ PID,SECID,MID,EOSID,HGID,GRAV,ADPOPT,TMID
2,1,2,2,0,0,0
$ 定义紫铜PART，引用定义的单元算法、材料模型和状态方程。
*PART
$ HEADING

$ PID,SECID,MID,EOSID,HGID,GRAV,ADPOPT,TMID
3,1,3,3,0,0,0
$ 定义钢板PART，引用定义的单元算法、材料模型和状态方程。
*PART
$ HEADING

$ PID,SECID,MID,EOSID,HGID,GRAV,ADPOPT,TMID
4,1,4,4,0,0,0
```

```
$ 当模型中存在两种或两种以上ALE多物质时，为了对同一单元内多种ALE物质
$ 界面进行重构，采用下面关键字卡片定义ALE多物质材料组AMMG。
$ 当ELFORM=11时必须定义该关键字卡片。
*ALE_MULTI-MATERIAL_GROUP
$SID,IDTYPE
1,1
2,1
3,1
4,1
$ *INITIAL_DETONATION为高能炸药定义起爆点和起爆时间。
$ PID为采用*MAT_HIGH_EXPLOSIVE_BURN材料的PART。
$ X,Y,Z是起爆点。
$ LT是起爆时间。
*INITIAL_DETONATION
$PID,X,Y,Z,LT
2,0,0.2,0
$ *CONTROL_TERMINATION定义计算结束条件。
$ ENDTIM定义计算结束时间，这里ENDTIM=350μs。
*CONTROL_TERMINATION
$ ENDTIM,ENDCYC,DTMIN,ENDENG,ENDMAS,NOSOL
350
$ 定义时间步长控制参数。
$ TSSFAC=0.9为计算时间步长缩放因子。
*CONTROL_TIMESTEP
$ DTINIT,TSSFAC,ISDO,TSLIMT,DT2MS,LCTM,ERODE,MS1ST
0,0.9
$ 定义二进制文件D3PLOT的输出。DT=5μs表示输出时间间隔。
*DATABASE_BINARY_D3PLOT
$ DT/CYCL,LCDT/NR,BEAM,NPLTC,PSETID,CID
5
$ 定义二进制文件D3THDT的输出。DT=1μs表示输出时间间隔。
*DATABASE_BINARY_D3thdt
$ DT/CYCL,LCDT/NR,BEAM,NPLTC,PSETID,CID
1
$ 为*INCLUDE_TRANSFORM关键字定义几何变换。
$ *define_transformation必须在*INCLUDE_TRANSFORM前面定义。
$ OPTION=scale时，缩放模型，即建模的长度单位采用mm，计算采用cm。
*DEFINE_TRANSFORMATION
$ TRANID
1
$ OPTION,A1,A2,A3,A4,A5,A6,A7
SCALE,0.1,0.1,0.1
$ 引用*define_transformation定义的几何变换，包含网格模型文件。
$ TRANID=1是前面定义的几何变换。
*INCLUDE_TRANSFORM
$ FILENAME
```

```
trugrdo
$ IDNOFF,IDEOFF,IDPOFF,IDMOFF,IDSOFF,IDFOFF,IDDOFF

$ IDROFF,PREFIX,SUFFIX

$ FCTMAS,FCTTIM,FCTLEN,FCTTEM,INCOUT1
"
$ TRANID
1
$ *end表示关键字文件的结束，LS-DYNA读入时将忽略该语句后的所有内容。
*end
```

8.2.4 数值计算结果

计算完成后，在 LS-DYNA 后处理软件 LS-PrePost 中读入 D3PLOT 文件，进行如下操作，即可显示如图 8-6 所示的 EFP 形成和侵彻过程。

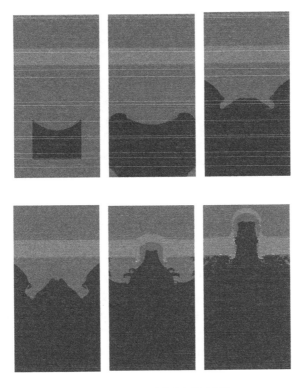

图 8-6　EFP 形成和侵彻过程

1）单击最上端菜单栏 Misc→Reflect Model→Reflect About YZ Plane，将一半模型镜像对称为全模型。

2）单击右端工具栏中 Page 1→SelPar，选中"1 Part"。

3）选中"Shell"和"Fluid/Ale"选项。

4）单击下端工具栏中的"Anim"。

8.3　空中爆炸二维到三维映射计算

新版本 LS-DYNA 提供了 ALE 计算结果映射 MAPPING 技术。采用该技术可以将低维模型计算结果映射到高维模型中，或将同维模型计算结果映射到其他同维模型中，以便接着计算。在低维模型中可采用细密网格，而高维模型中可采用较粗网格，这有利于减少计算耗费，提高计算准确度。

本节介绍一个二维到三维映射计算的算例。

8.3.1　计算模型描述

半径为 0.20m 的球形 TNT 在空气中爆炸，距离药球中心 3m 处有一方形钢板，钢板尺寸为 5m×5m×0.3m。由于炸药球心在通过钢板中心的法线上，因此三维模型可以采用 1/2 对称模型，如图 8-7 所示。计算单位制采用 m-kg-s。

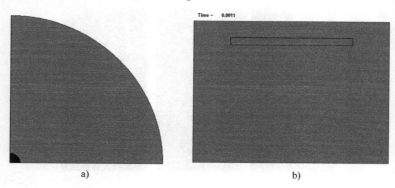

图 8-7　计算模型

a）二维模型　b）三维模型

TNT 为球形，可采用二维轴对称模型模拟其爆炸过程（实际上，采用一维球对称模型更适合，这里主要是为了顺便演示空气中炸药爆炸二维计算模拟方法），当冲击波将要到达钢板底部时终止计算，并将最后一步计算结果输出到映射文件。映射文件包含了如下节点和单元信息：最后一步节点坐标、节点速度、PART ID、单元的节点相连性、单元中心、密度、体积份数、应力、塑性应变、内能、体积黏性、相对体积。

采用三维模型计算爆炸对钢板作用，初始时刻读入二维模型计算结果映射文件中的数据。

二维和三维模型中炸药和空气均采用 ALE 算法。三维模型中钢板采用 Lagrangian 算法，钢板和炸药、空气之间定义流固耦合关系。

8.3.2　TrueGrid 建模

关于 2D 模型 TrueGrid 建模的命令流如下：

```
plane 2 0 0 0 0 1 0 0.001 symm;
mate 2
```

```
block 1 54 79 350;1 54 79 350;-1;0 0.14 0.14 0.14;0 0.14 0.14 0.14;0
DEI   2 4; 2 4; -1;
sfi 1 2; -3; -1; cy 0 0 0 0 0 1 0.2
sfi -3; 1 2; -1; cy 0 0 0 0 0 1 0.2
sfi 1 2; -4; -1; cy 0 0 0 0 0 1 3.0
sfi -4; 1 2; -1; cy 0 0 0 0 0 1 3.0
pb 2 2 1 2 2 1 xy 0.11 0.11
res 3 1 1 4 2 1 i 1.008
res 1 3 1 2 4 1 j 1.008
mti 1 3; 1 3; -1; 1;
endpart
stp .001
merge
mof trugrdo2d.k        c 指定输出trugrdo2d.k网格模型文件，mof仅用于高版本
lsdyna keyword
write
```

关于 3D 模型 TrueGrid 建模的命令流如下：

```
plane 1 0 0 0 0 1 0 0.001 symm;
mate 2
partmode i
block 80;40;60;-4 4;0 4;-2 4
fset 1 1 2 2 2 2 = up
fset 1 1 1 2 2 1 = down
fset 1 1 1 1 2 2 = left
fset 2 1 1 2 2 2 = right
fset 1 2 1 2 2 2 = front
endpart
mate 15
block 50;25;3;-2.5 2.5;0 2.5;3 3.3
endpart
merge
bptol 1 2 -1
mof trugrdo3d.k        c 指定输出trugrdo3d.k网格模型文件，mof仅用于高版本
lsdyna keyword
write
```

8.3.3　关键字文件讲解

下面讲解相关 LS-DYNA 关键字输入文件。关键字输入文件有两个：计算模型参数主控文件 2d.k 和网格模型文件 trugrdo。其中 2d.k 的内容及相关讲解如下：

```
$ 首行*KEYWORD表示输入文件采用的是关键字输入格式。
*KEYWORD
$*CONTROL_ALE为ALE算法设置全局控制参数。
$ DCT=2对于早期LS-DYNA版本表示采用Eulerian算法。
```

$ 对于新LS-DYNA版本DCT≠-1，表示采用默认输运逻辑。

$ NADV=1表示每两步物质输运之间有一拉格朗日步计算。

$ NADV数值越大，计算速度越快，计算也越不稳定。

$ METH=2表示采用带有HIS的Van Leer物质输运算法。

$ PREF=1.01E5Pa为参考压力，即一个标准大气压力。

*CONTROL_ALE

$ DCT,NADV,METH,AFAC,BFAC,CFAC,DFAC,EFAC

2,1,2,-1.0,0.00,0.00,0.00,0.00

$ START,END,AAFAC,VFACT,PRIT,EBC,PREF,NSIDEBC

0.00,0.100E+21,1.00,0.00,0.00,0,1.01e5

$ 定义2D ALE单元算法。

$ ALEFORM=11表示采用多物质ALE单元算法。

$ ELFORM=14表示采用2D轴对称面积加权算法。

*SECTION_ALE2d

$ SECID,ALEFORM,AET,ELFORM

1,11,,14

$ 当模型中存在两种或两种以上ALE多物质时，为了对同一单元内多种ALE物质

$ 界面进行重构，采用下面关键字卡片定义ALE多物质材料组AMMG。

$ 当ELFORM=11时必须定义该关键字卡片。

*ALE_MULTI-MATERIAL_GROUP

$SID,IDTYPE

1,1

$SID,IDTYPE

2,1

$ 这是*MAT_008材料模型，用于定义高能炸药的爆轰。

$ MID可为数字或字符，其ID必须唯一，且被*PART卡片所引用。

*MAT_HIGH_EXPLOSIVE_BURN

$MID,RO,D,PCJ,BETA,K,G,SIGY

1,1.63e3,6930,.21e11,.0000000,.0000000,.0000000,.0000000

$ 这是*EOS_002状态方程，用于定义炸药爆炸产物内的压力。

$ EOSID可为数字或字符，其ID必须唯一，且被*PART卡片所引用。

*EOS_JWL

1,3.712e11,3.231e9,4.1500000,0.9500000,.3000000,7e9,1.000000

$ 这是*MAT_009材料模型，用于定义空气的材料模型参数。

$ MID可为数字或字符，其ID必须唯一，且被*PART卡片所引用。

*MAT_NULL

$ MID,RO,PC,MU,TEROD,CEROD,YM,PR

2,1.2929,.0000000,.0000000,.0000000,.0000000,.0000000,.0000000

$ 这是*EOS_001状态方程，用于定义空气的状态方程参数。

*EOS_LINEAR_POLYNOMIAL

$ EOSID,C0,C1,C2,C3,C4,C5,C6

2,.0000000,.0000000,.0000000,.0000000,.4000000,.4000000,.0000000

$ E0,V0

2.5e5,1.0000000

$ 定义炸药PART，引用定义的单元算法、材料模型和状态方程。

$ PID必须唯一。

```
*PART
$ HEADING

$ PID,SECID,MID,EOSID,HGID,GRAV,ADPOPT,TMID
1,1,1,1,0,0,0
$ 定义空气PART，引用定义的单元算法、材料模型和状态方程。
$ PID必须唯一。
*PART
$ HEADING

$ PID,SECID,MID,EOSID,HGID,GRAV,ADPOPT,TMID
2,1,2,2,0,0,0
$ *INITIAL_DETONATION为高能炸药定义起爆点和起爆时间。
$ PID为采用*MAT_HIGH_EXPLOSIVE_BURN材料的PART。
$ X,Y,Z是起爆点。
$ LT是起爆时间。
*INITIAL_DETONATION
$PID,X,Y,Z,LT
2,0,0,0
$ 定义时间步长控制参数。TSSFAC=0.8为计算时间步长缩放因子。
*CONTROL_TIMESTEP
$ DTINIT,TSSFAC,ISDO,TSLIMT,DT2MS,LCTM,ERODE,MS1ST
0.0000,0.8000,0,0.00,0.00
$ *CONTROL_TERMINATION定义计算结束条件。
$ ENDTIM定义计算结束时间，这里ENDTIM=1.1E-3s。
*CONTROL_TERMINATION
$ ENDTIM,ENDCYC,DTMIN,ENDENG,ENDMAS,NOSOL
1.1E-3
$ 定义二进制文件D3PLOT的输出。DT=50E-6s表示输出时间间隔。
*DATABASE_BINARY_D3PLOT
$ DT/CYCL,LCDT/NR,BEAM,NPLTC,PSETID,CID
50E-6
$ 定义二进制文件D3THDT的输出。
$ DT=1E-6s表示输出时间间隔。
*DATABASE_BINARY_D3THDT
$ DT/CYCL,LCDT/NR,BEAM,NPLTC,PSETID,CID
1E-6
$ 包含TrueGrid软件生成的网格节点模型文件，这里为trugrdo2d.k。
*include
$ FILENAME
trugrdo2d.k
$ *end表示关键字输入文件的结束，LS-DYNA读入时将忽略该语句后的所有内容。
*end
```

三维模型关键字输入文件也有两个：计算模型参数主控文件 3d.k 和网格模型文件 trugrdo3d.k。其中 3d.k 中的内容及相关讲解如下：

```
*KEYWORD
$*CONTROL_ALE为ALE算法设置全局控制参数。
*CONTROL_ALE
$ DCT,NADV,METH,AFAC,BFAC,CFAC,DFAC,EFAC
2,1,2,-1.0,0.00,0.00,0.00,0.00
$ START,END,AAFAC,VFACT,PRIT,EBC,PREF,NSIDEBC
0.00,0.100E+21,1.00,0.00,0.00,0,1.01E5
$ *SECTION_SOLID定义3D ALE单元算法。
$ SECID可为数字或字符，其ID必须唯一，且被*PART卡片所引用。
$ ELFORM=11为单点多物质ALE单元算法。
*SECTION_SOLID
$ SECID,ELFORM,AET
1,11
$ *SECTION_SOLID为钢板定义常应力体单元算法。
*SECTION_SOLID
$ SECID,ELFORM,AET
3,1
$ 读入上次ALE计算中最后一步ALE计算结果。
$ PID和TYP指定3D模型网格。
$ AMMSID是3D模型中*SET_MULTI-MATERIAL_GROUP定义的ALE多物质组。
$ X0,Y0,Z0是映射坐标原点。
$ VECID定义映射对称轴。
$ ANGLE定义3D到3D映射时绕*DEFINE_VECTOR定义的轴旋转的角度。
*INITIAL_ALE_MAPPING
$ PID,TYP,AMMSID
100,0,200
$ X0,Y0,Z0,VECID,ANGLE
0,0,0,300
$ 定义PART组
*SET_PART
$ SID,DA1,DA2,DA3,DA4,SOLVER
100
$ PID1,PID2,PID3,PID4,PID5,PID6,PID7,PID8
1,2
$ 定义ALE多物质组集，可包含一个或多个ALE多物质组。
*SET_MULTI-MATERIAL_GROUP_LIST
$ AMSID
200
$ AMGID1,AMGID2,AMGID3,AMGID4,AMGID5,AMGID6,AMGID7,AMGID8
1,2
$ 定义方向矢量，即旋转轴。
*DEFINE_VECTOR
$ VID,XT,YT,ZT,XH,YH,ZH,CID
300,0,0,0,0,1,0
$ 当模型中存在两种或两种以上ALE多物质时，为了对同一单元内多种ALE物质
$ 界面进行重构，采用下面关键字卡片定义ALE多物质材料组AMMG。
```

```
$ 当ELFORM=11时必须定义该关键字卡片。
*ALE_MULTI-MATERIAL_GROUP
1,1
2,1
$ 这是*MAT_008材料模型，用于定义高能炸药的爆轰。
*MAT_HIGH_EXPLOSIVE_BURN
$MID,RO,D,PCJ,BETA,K,G,SIGY
1,1.63e3,6930,.21e11,.0000000,.0000000,.0000000
$ 这是*EOS_002状态方程，用于定义炸药爆炸产物内的压力。
*EOS_JWL
$ EOSID,A,B,R1,R2,OMEG,E0,V0
1,3.712e11,3.231e9,4.1500000,0.9500000,.3000000,7e9,1.000000
$ 这是*MAT_009材料模型，用于定义空气的材料模型参数。
*MAT_NULL
$ MID,RO,PC,MU,TEROD,CEROD,YM,PR
2,1.2929,.0000000,.0000000,.0000000,.0000000,.0000000,.0000000
$ 这是*EOS_001状态方程，用于定义空气的状态方程参数。
*EOS_LINEAR_POLYNOMIAL
$ EOSID,C0,C1,C2,C3,C4,C5,C6
2,.0000000,.0000000,.0000000,.0000000,.4000000,.4000000,.0000000
$ E0,V0
2.5e5,1.0000000
$ 这是*MAT_PLASTIC_KINEMATIC材料模型，可用材料序号替代，即*MAT_003。
$ 用于定义钢板的材料模型参数。
*MAT_003
$ MID,RO,E,PR,SIGY,ETAN,BETA
3,7800,2.1e11,0.3,4e8,1e9,1
$ SRC,SRP,FS,VP


$ 定义炸药PART。
*PART
$ HEADING

$ PID,SECID,MID,EOSID,HGID,GRAV,ADPOPT,TMID
1,1,1,1,0,0,0
$ 定义空气PART。
*PART
$ HEADING

$ PID,SECID,MID,EOSID,HGID,GRAV,ADPOPT,TMID
2,1,2,2,0,0,0
$ 定义钢板PART。
*PART
$ HEADING

$ PID,SECID,MID,EOSID,HGID,GRAV,ADPOPT,TMID
15,3,3,0,0,0,0
```

```
$ 定义PART组
*SET_PART_LIST
$ SID,DA1,DA2,DA3,DA4,SOLVER
1
$ PID1,PID2,PID3,PID4,PID5,PID6,PID7,PID8
15
$ 定义PART组
*SET_PART_LIST
$ SID,DA1,DA2,DA3,DA4,SOLVER
2
$ PID1,PID2,PID3,PID4,PID5,PID6,PID7,PID8
1,2
$ 定义流固耦合作用，即将从结构PART组耦合到主流体PART组中。
*CONSTRAINED_LAGRANGE_IN_SOLID
$ SLAVE,MASTER,SSTYP,MSTYP,NQUAD,CTYPE,DIREC,MCOUP
1,2,0,0,3,5,0,0
$ START,END,PFAC,FRIC,FRCMIN,NORM
,,0.5
$ K HMIN HMAX ILEAK PLEAK LCIDPOR NVENT IBLOCK

$ 将流体外围面（对称面除外）定义为非反射边界，这里为最上面。
*BOUNDARY_NON_REFLECTING
$ SSID,AD,AS
1,
$ 将流体最下面定义为非反射边界。
*BOUNDARY_NON_REFLECTING
$ SSID,AD,AS
2,
$ 将流体最左面定义为非反射边界。
*BOUNDARY_NON_REFLECTING
$ SSID,AD,AS
3,
$ 将流体最右面定义为非反射边界。
*BOUNDARY_NON_REFLECTING
$ SSID,AD,AS
4,
$ 将流体最前面定义为非反射边界。
*BOUNDARY_NON_REFLECTING
$ SSID,AD,AS
5,
*CONTROL_TIMESTEP
$ DTINIT,TSSFAC,ISDO,TSLIMT,DT2MS,LCTM,ERODE,MS1ST
0.0000,0.8000,0,0,0.00,0.00
*CONTROL_TERMINATION
$ ENDTIM,ENDCYC,DTMIN,ENDENG,ENDMAS,NOSOL
2e-2
*DATABASE_BINARY_D3PLOT
```

```
$ DT/CYCL,LCDT/NR,BEAM,NPLTC,PSETID,CID
1e-3
*DATABASE_BINARY_D3THDT
$ DT/CYCL,LCDT/NR,BEAM,NPLTC,PSETID,CID
1e-6
$ 包含TrueGrid软件生成的网格节点模型文件。
*INCLUDE
$ FILENAME
trugrdo3d.k
*end
```

8.3.4 运行批处理文件

运行二维模型的批处理文件内容如下：

LS971.EXE   i=2d.k   MEMORY=50M   map=2dto3dmap

2dto3dmap 即是结果映射文件。运行三维模型的批处理文件内容如下：

LS971.EXE   i=3d.k   map=2dto3dmap   MEMORY=100M

8.3.5 数值计算结果

图 8-8 是 2D 模型计算出的炸药爆炸和冲击波在空气中的传播过程。图 8-9、图 8-10 依次显示了 3D 模型计算出的冲击波传播和爆炸产物绕射过程。

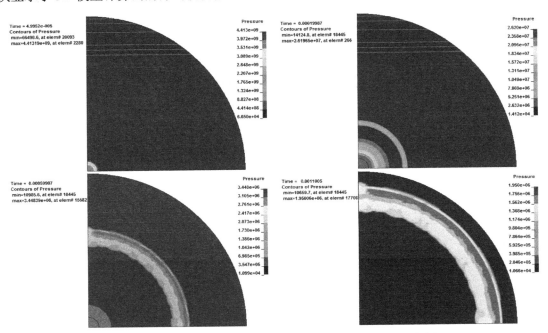

图 8-8　2D 模型计算出的炸药爆炸和冲击波在空气中的传播过程

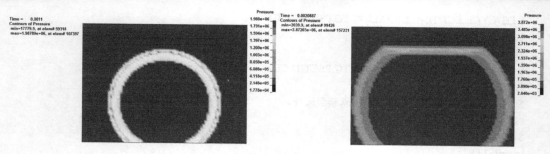

图 8-9 3D 模型计算出的冲击波传播过程

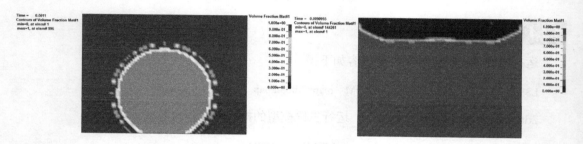

图 8-10 3D 模型计算出的爆炸产物绕射过程

本节介绍了 2D ALE 到 3D ALE 映射计算方法，如果要实现链式映射，如 1D 到 2D 再到 3D 映射计算，则在 2D 计算命令行中既要读入映射文件又要输出映射文件，应采用"map="命令读入 1D 模型 ALE 计算数据，并采用"map1="命令输出 2D 模型 ALE 计算数据，命令行如下：

```
LS971.EXE   i=2d.k   MEMORY=50M   map=1dmap   map1=2dmap
```

8.4　含铝炸药水下冲击起爆二维计算

含铝炸药爆热大，水下爆轰反应结束后铝粉燃烧供热，可以维持较长时间的高温高压状态，能够在较远距离处保持较高的冲击波能，与理想炸药相比具有更强的做功能力，因此，含铝炸药广泛应用于水雷、鱼雷以及反舰导弹战斗部装药中。研究含铝炸药的起爆及其作用机理对于水中弹药的研制具有很强的指导意义。

8.4.1　计算模型描述

扩爆药 PE4 药量为 0.39kg，被起爆的含铝炸药为 37.75kg PBXW-115，PBXW-115 内含 RDX、高氯酸氨（AP）、铝粉和 HTPB 黏结剂。玻璃钢厚度为 9mm，计算水域为 0.6m×1.4m。几何模型如图 8-11 所示。采用二维轴对称模型，将炸药单元细分为 1mm×1mm，水和玻璃钢单元尺寸为 2mm×2mm，单元总数为 248884，采用默认人工黏性系数，不考虑重力的影响，水域外围施加非反射边界条件，模拟无限水域。

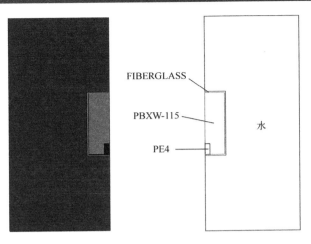

图 8-11 含铝炸药水下冲击起爆计算轴对称模型

扩爆药 PE4 及其爆炸产物采用*MAT_HIGH_EXPLOSIVE_BURN 材料模型和 JWL 状态方程，含铝炸药 PBXN-115 及其爆炸产物采用*MAT_ELASTIC_PLASTIC_HYDRO 材料模型和*EOS_IGNITION_AND_GROWTH_OF_REACTION_IN_HE 状态方程。含铝炸药爆炸后外围的玻璃钢承受十几吉帕的压力，此时材料呈现流体性质，可以忽略材料的强度，采用*MAT_ELASTIC_PLASTIC_HYDRO 材料模型，状态方程采用*EOS_Gruneisen。计算单位制采用 cm–g–μs。

8.4.2 TrueGrid 建模

相关的 TrueGrid 建模命令流如下：

```
title underwater explosion
curd 1 lp3 0 6.8 0;;arc3 seqnc rt 3.0 6.8 0
          rt 3.3 6.6 0 rt 3.4 6.4 0;lp3 3.4 0 0;;
mate 1
c PE4
block 1 35;1 69;−1;0 3.4;0 6.8;0;
cur 1 2 1 2 2 1 1
cur 2 1 1 2 2 1 1
endpart
c AL−EXP
mate 2
block 1 35 127;1 69 401;−1; 0 3.401 12.6;0 6.801 40;0;
dei 1 2; 1 2; −1;
cur 1 2 1 2 2 1 1
cur 2 1 1 2 2 1 1
endpart
c water
mate 3
block 1 64 301;1 247 451 701;−1; 0 13.501 60;−50 −0.901 40.901 90;0;
```

```
dei 1 2; 2 3; −1;
nset 1 1 1 3 1 1 = bset2
nset 3 1 1 3 4 1 + bset2
nset 1 4 1 3 4 1 + bset2
endpart
c fiberglass
mate 4
block 1 64 68;1 5 205 209;−1; 0 12.601 13.5;−0.9 −0.001 40.001 40.9;0;
dei 1 2; 2 3; −1;
endpart
merge
curd 1 lp3 0 −50 0 60 −50 0 60 60 0 0 60 0;;
crvnset bset2 1 0 1
lsdyna keyword
write
labels nodeset    bset2
```

TrueGrid 生成的网格如图 8-12 所示。

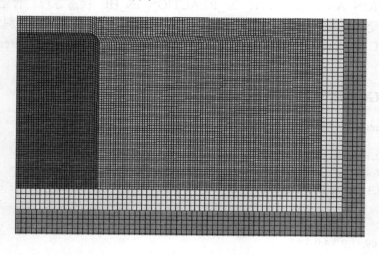

图 8-12　有限元网格图（局部放大模型）

8.4.3　关键字文件讲解

下面讲解相关 LS-DYNA 关键字输入文件。关键字输入文件有两个：计算模型参数主控文件 main.k 和网格模型文件 trugrdo。其中 main.k 中的内容及相关讲解如下：

```
$ 首行*KEYWORD表示输入文件采用的是关键字输入格式。
*KEYWORD
$为二进制文件定义输出格式，0表示输出的是LS-DYNA数据库格式。
*DATABASE_FORMAT
$ IFORM,IBINARY
0
```

$ *SECTION_SHELL定义单元算法1，14表示面积加权轴对称算法。
*SECTION_SHELL
$ SECID,ELFORM,SHRF,NIP,PROPT,QR/IRID,ICOMP,SETYP
1,14,0.833,5.0
$ T1,T2,T3,T4,NLOC,MAREA,IDOF,EDGSET
0.00,0.00,0.00,0.00,0.00
$ 这是*MAT_008材料模型，用于定义高能炸药的爆轰。
$ MID可为数字或字符，其ID必须唯一，且被*PART卡片所引用。
*MAT_HIGH_EXPLOSIVE_BURN
$MID,RO,D,PCJ,BETA,K,G,SIGY
1,1.59,0.79,0.240,0.000E+00
$ 这是*EOS_002状态方程，用于定义PE4炸药爆炸产物内的压力。
$ EOSID可为数字或字符，其ID必须唯一，且被*PART卡片所引用。
*EOS_JWL
$ EOSID,A,B,R1,R2,OMEG,E0,V0
1,7.74054,8.677E−02,4.837,1.1074,0.284,9.3810E−02,1.0
$ 这是*MAT_010材料模型，用于定义含铝炸药材料模型参数。
*MAT_ELASTIC_PLASTIC_HYDRO
$ MID,RO,G,SIG0,EH,PC,FS,CHARL
2,1.792E+00,4.540E−02,2.0E−3,0.003,0.000E+00,0.000E+00,0.000E+00
$ EPS1,EPS2,EPS3,EPS4,EPS5,EPS6,EPS7,EPS8
0.000E+0,0.000E+00,0.000E+00,0.000E+00,0.000E+00,0.000E+00,0.000E+00,0.000E+00
$ EPS9,EPS10,EPS11,EPS12,EPS13,EPS14,EPS15,EPS16
0.000E+00,0.000E+00,0.000E+00,0.000E+00,0.000E+00,0.000E+00,0.000E+00,0.000E+00
$ ES1,ES2,ES3,ES4,ES5,ES6,ES7,ES8
0.000E+00,0.000E+00,0.000E+00,0.000E+00,0.000E+00,0.000E+00,0.000E+00,0.000E+00
$ ES9,ES10,ES11,ES12,ES13,ES14,ES15,ES16
0.000E+00,0.000E+00,0.000E+00,0.000E+00,0.000E+00,0.000E+00,0.000E+00,0.000E+00
$ 这是*EOS_007状态方程，用于定义含铝炸药的冲击起爆行为。
*EOS_IGNITION_AND_GROWTH_OF_REACTION_IN_HE
$ EOSID,A,B,XP1,XP2,FRER,G,R1
2,3.729,0.05412,4.453,1.102,0.6667,4.884e−6,40.66,
$ R2,R3,R5,R6,FMXIG,FREQ,GROW1,EM
−1.339,2.091e−5,7.2,3.6,0.015,15,1.95,1
$ AR1,ES1,CVP,CVR,EETAL,CCRIT,ENQ,TMP0
0.1111,0.6667,1.4e−5,4.18e−5,4.0,0.0,0.1295,298
$ GROW2,AR2,ES2,EN,FMXGR,FMNGR
8,0.1111,1.0,2.0,0.25,0,
$ 这是*MAT_009材料模型，用于定义水的材料模型参数。
*MAT_NULL
$ MID,RO,PC,MU,TEROD,CEROD,YM,PR
3,1.00,0.000E+00,0.000E+00,0.000E+00,0.000E+00
$ 这是*EOS_004状态方程，用于定义水的状态方程参数。
*EOS_GRUNEISEN

```
$ EOSID,C,S1,S2,S3,GAMAO,A,E0
3,0.165,1.92,0.000E+00,0.000E+00,0.1,0.000E+00,0.000E+00
$V0
1.00
$ 这是*MAT_010材料模型，用于定义玻璃钢材料模型参数。
*MAT_ELASTIC_PLASTIC_HYDRO
$ MID,RO,G,SIG0,EH,PC,FS,CHARL
4,1.700E+00,1.500E-01,2.0E-3,0.003,0.000E+00,0.000E+00,0.000E+00
$ EPS1,EPS2,EPS3,EPS4,EPS5,EPS6,EPS7,EPS8
0.000E+0,0.000E+00,0.000E+00,0.000E+00,0.000E+00,0.000E+00,0.000E+00
$ EPS9,EPS10,EPS11,EPS12,EPS13,EPS14,EPS15,EPS16
0.000E+00,0.000E+00,0.000E+00,0.000E+00,0.000E+00,0.000E+00,0.000E+00,0.000E+00
$ ES1,ES2,ES3,ES4,ES5,ES6,ES7,ES8
0.000E+00,0.000E+00,0.000E+00,0.000E+00,0.000E+00,0.000E+00,0.000E+00,0.000E+00
$ ES9,ES10,ES11,ES12,ES13,ES14,ES15,ES16
0.000E+00,0.000E+00,0.000E+00,0.000E+00,0.000E+00,0.000E+00,0.000E+00,0.000E+00
$ 这是*EOS_004状态方程，用于定义玻璃钢的状态方程参数。
*EOS_GRUNEISEN
$ EOSID,C,S1,S2,S3,GAMAO,A,E0
4,0.3016,1.005,0.000E+00,0.000E+00,1.01,0.000E+00,0.000E+00
$V0
1.00
$ 定义PE4炸药PART，引用定义的单元算法、材料模型和状态方程。
$ PID必须唯一。
*PART
$ HEADING

$ PID,SECID,MID,EOSID,HGID,GRAV,ADPOPT,TMID
1,1,1,1,0,0,0
$ 定义含铝炸药PART，引用定义的单元算法、材料模型和状态方程。
$ PID必须唯一。
*PART
$ HEADING

$ PID,SECID,MID,EOSID,HGID,GRAV,ADPOPT,TMID
2,1,2,2,0,0,0
$ 定义水PART，引用定义的单元算法、材料模型和状态方程。
$ PID必须唯一。
*PART
$ HEADING

$ PID,SECID,MID,EOSID,HGID,GRAV,ADPOPT,TMID
3,1,3,3,0,0,0
```

```
$ 定义玻璃钢PART，引用定义的单元算法、材料模型和状态方程。
$ PID必须唯一。
*PART
$ HEADING

$ PID,SECID,MID,EOSID,HGID,GRAV,ADPOPT,TMID
4,1,4,4,0,0,0
$ 定义2D自动接触，所有PART均包含在内。
*CONTACT_2d_automatic
$ SIDS,SIDM,SFACT,FREQ,FS,FD,DC

"
$ TBIRTH,TDEATH,SOS,SOM,NDS,NDM,COF,INIT

$ *CONTROL_TERMINATION定义计算结束条件。
$ ENDTIM定义计算结束时间，这里ENDTIM=220μs。
*CONTROL_TERMINATION
$ ENDTIM,ENDCYC,DTMIN,ENDENG,ENDMAS,NOSOL
220
$ 定义时间步长控制参数。TSSFAC=0.2为计算时间步长缩放因子。
*CONTROL_TIMESTEP
$ DTINIT,TSSFAC,ISDO,TSLIMT,DT2MS,LCTM,ERODE,MS1ST
0,0.2,,,,,1,
$ 定义二进制文件D3PLOT的输出。DT=10μs表示输出时间间隔。
*DATABASE_BINARY_D3PLOT
$ DT/CYCL,LCDT/NR,BEAM,NPLTC,PSETID,CID
10
$ 定义2D非反射边界。
*boundary_non_reflecting_2d
$ NSID
1
$ *INITIAL_DETONATION为PE4炸药定义起爆点和起爆时间。
*INITIAL_DETONATION
$PID,X,Y,Z,LT
1,0,20,0
$ 定义二进制文件D3THDT的输出。DT=0.2μs表示输出时间间隔。
*DATABASE_BINARY_D3THDT
$ DT/CYCL,LCDT/NR,BEAM,NPLTC,PSETID,CID
0.2
$ 定义要输出到二进制文件D3THDT文件的壳单元组。
*DATABASE_HISTORY_SHELL_SET
$ ID1,ID2,ID3,ID4,ID5,ID6,ID7,ID8
1
$ 定义壳单元组。
*SET_SHELL_LIST
$ SID,DA1,DA2,DA3,DA4
```

```
1
$ EID1,EID2,EID3,EID4,EID5,EID6,EID7,EID8
12241,10813,13533,50335,50400,7957,32000,42948
$ EID1,EID2,EID3,EID4,EID5,EID6,EID7,EID8
32001
$ 定义要输出数据到二进制文件D3THDT文件的壳单元组。
*DATABASE_HISTORY_SHELL_SET
$ ID1,ID2,ID3,ID4,ID5,ID6,ID7,ID8
2
$ 定义壳单元组。
*SET_SHELL_LIST
2
$ EID1,EID2,EID3,EID4,EID5,EID6,EID7,EID8
69238,72388,75538,78688,164157,163972,164022,164310
$定义附加写入D3PLOT文件的时间历程变量数目。
*DATABASE_EXTENT_BINARY
$ NEIPH,NEIPS,MAXINT,STRFLG,SIGFLG,EPSFLG,RLTFLG,ENGFLG
,8,3,0,1,1,1,1
$ CMPFLG,IEVERP,BEAMIP,DCOMP,SHGE,STSSZ,N3THDT,IALEMAT
0,0,0,0,0,0,2
$ 包含TrueGrid软件生成的网格节点模型文件。
*INCLUDE
$ FILENAME
trugrdo
$ *end表示关键字输入文件的结束，LS-DYNA读入时不会解析该语句后的所有内容。
*end
```

8.4.4 数值计算结果

计算完成后，在 LS-DYNA 后处理软件 LS-PrePost 中读入 D3PLOT 或 D3THDT 文件，显示计算结果。其中可通过如下操作绘制含铝炸药单元的反应度曲线：

1）读入 D3THDT 文件。

2）单击右端工具栏中的 Page 1→History→Element。

3）在下拉列表里选择"history var #8"（对于温度，则是 history var #5）。

4）在左下角单元列表中选取欲绘制的单元，然后单击 Apply 按钮。

5）最后单击"PLOT"按钮，绘制曲线。

图 8-13 是炸药中爆轰波和水中冲击波形成、传播过程图。从图中可以看出 PE4 炸药首先起爆，然后爆轰波逐渐向四周传播，4～5μs 时爆轰波传播到含铝炸药边界，含铝炸药受到高温高压的爆炸产物的强烈压缩而起爆。由于含铝炸药爆压较低，其内部单元峰值压力比 PE4 炸药中的明显要低一些。同时，爆炸产物也在强烈压缩下面的玻璃钢和水，在其中透射形成冲击波，冲击波峰值压力和传播速度比炸药中要低很多。爆轰波（冲击波）在遇到水界面时会反射回来形成稀疏波，降低介质中的压力。

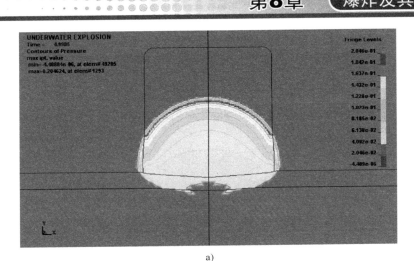

a)

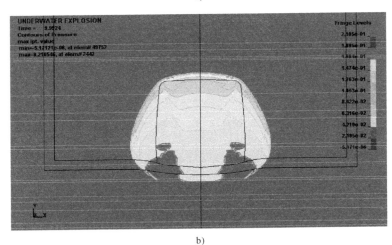

b)

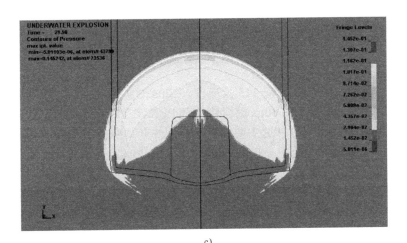

c)

图 8-13　含铝炸药中爆轰波的形成和水中冲击波的传播过程

a) $t=5\mu s$　b) $t=10\mu s$　c) $t=30\mu s$

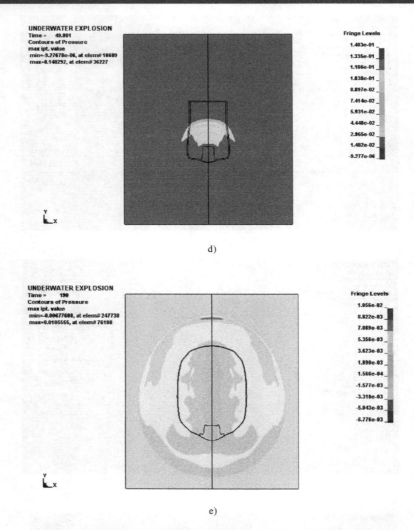

图 8-13　含铝炸药中爆轰波的形成和水中冲击波的传播过程（续）

d) t=50μs　e) t=190μs

图 8-14 所示是含铝炸药 PBXW-115 反应度。20μs 时扩爆药上端含铝炸药反应度最高，下端由于贴近玻璃钢反应度较低。60μs 时含铝炸药 PBXW-115 中心处反应度也较高，与其下端一起的高反应度区域遥相呼应，这主要归功于含铝炸药本身的能量释放加速铝粉的燃烧。200μs 时高反应度区域已经移至中上端，部分炸药已有 70%发生了反应，而邻近玻璃钢的区域反应度依然很低。

图 8-15 所示是不同位置处 PBXW-115 单元反应度时间历程。含铝炸药在 2～3μs 内反应度达到了 25%，实际上 RDX 在 1μs 内即可反应完成，这说明采用的含铝炸药点火增长模型参数略微低估了 RDX 的反应速度。高氯酸铵的分解和铝粉的燃烧则要慢得多，曲线 D 上的 2313 号单元（位于 PE4 扩爆药的正上方，具体位置如图 8-16 所示）的 AP 分解和铝粉燃烧反应时间超过 100μs。200μs 时所有单元的反应度不再继续提高。位于 PBXW-115 中上端的 11153 号单元反应度最高，达到了 0.706，而位于装药下端的 13601、13651、13691 号单元由于离玻

璃钢和扩爆药距离较近，其反应度最低。

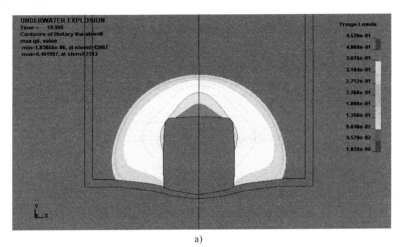

a)

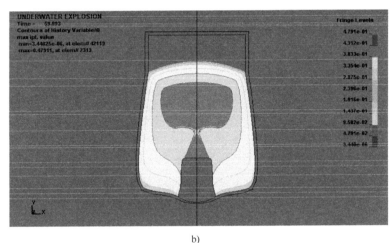

b)

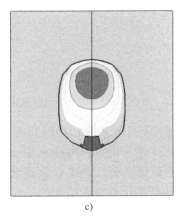

c)

图 8-14　含铝炸药 PBXW-115 反应度

a) t=20μs　b) t=60μs　c) t=200μs

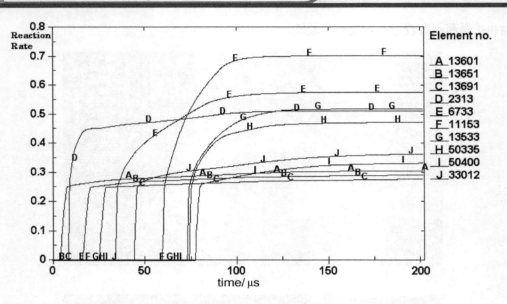

图 8-15   不同位置处 PBXW-115 单元反应度时间历程

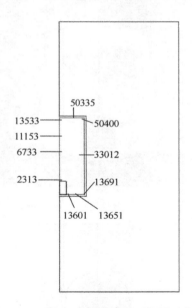

图 8-16   PBXW-115 输出单元位置示意图

图 8-17 所示是不同位置处 PBXW-115 单元压力时间历程。很明显，曲线 D 的压力最高，因为该单元（2313）位于扩爆药 PE4 的正上方。曲线 B 由于邻近玻璃钢和扩爆药压力最低，其反应度很低，曲线下面对应的面积就很小。曲线 C 距离玻璃钢和扩爆药也较近，但其峰值压力比曲线 B 稍高，这是由于玻璃纤维边界反射引起的。曲线 F 下面对应的面积最大，这是因为该单元（11153）的反应度最高。

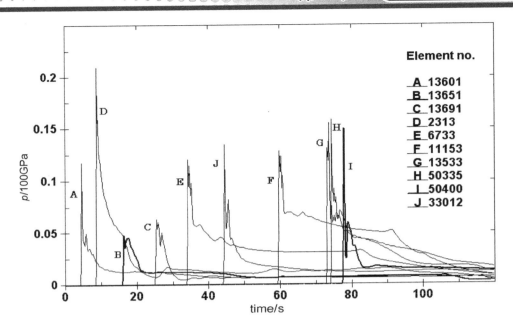

图 8-17　不同位置处 PBXW-115 单元压力时间历程

8.5　参考文献

[1] LS-DYNA KEYWORD USER'S MANUAL[Z], LSTC, 2017.

[2] 辛春亮. 高能炸药爆炸能量输出结构的数值分析 [D]. 北京：北京理工大学, 2008.

[3] DAY J. Guidelines for ALE Modeling in LS-DYNA[R], LSTC, 2009.

[4] 辛春亮, 等. TNT 空中爆炸冲击波的工程和数值计算 [J]. 导弹与航天运载技术, 2018, 361(3):98-102.

[5] 辛春亮, 等. 远场水下爆炸作用下平板的冲击响应仿真 [J]. 弹箭与制导学报, 2017, 37(2): 80-94.

[6] 宋浦, 杨凯, 梁安定, 等. 国内外 TNT 炸药的 JWL 状态方程及其能量释放差异分析 [J]. 火炸药学报, 2013, 36(2): 42-45.

[7] SWIFT, DECIUS. Measurement of Bubble Phenomena Ⅲ:Radius and Period Studies, Underwater Explosion Research: A Compendium of British and American Reports[R]. 1950, 2:553-599.

[8] 辛春亮, 等. 由浅入深精通 LS-DYNA [M]. 北京：中国水利水电出版社, 2019.

第9章　裂纹扩展计算

裂纹扩展一直是数值计算的难点和热点之一，LS-DYNA 软件中有多种方法可用来模拟裂纹产生和破碎过程。

（1）单元失效删除方法　此方法有两种：第一种采用自带失效准则的材料模型，如 *MAT_PLASTIC_KINEMATIC 模型的有效塑性应变失效准则，*MAT_STRAIN_RATE_DEPENDENT_PLASTICITY 模型的 von Mises 应力、有效塑性应变、最大主应力、最小时间步长失效准则；第二种通过关键字 *MAT_ADD_EROSION 添加主应力、主应变或拉应力等失效准则，模型中单元满足该失效准则后即可删除该单元，多个单元被删除后相互贯通形成裂纹。单元失效删除方法无法保证系统的质量守恒、动量守恒和能量守恒。实际上，数值计算中的材料删除失效不是真实材料特性，更多地是一种为了保持拉格朗日算法求解稳定性的数值处理手段，从某种意义上来说是非物理的。失效参数取值要与网格尺寸、应变率、变形模式、壳和厚壳单元厚度方向积分点数量匹配，且必须经过试验标定及验证。

（2）节点分离方法　同一位置处的节点采用 *CONSTRAINED_TIED_NODES_FAILURE 进行固连约束，达到塑性失效应变后固连节点断开形成裂纹。

（3）带有损伤的本构模型　如 *MAT_JOHNSON_HOLMQUIST_CERAMICS、*MAT_RHT、*MAT_GLASS，以损伤来表示裂纹，*MAT_JOHNSON_HOLMQUIST_CERAMICS 模型还自带单元失效准则。

（4）相邻单元之间插入内聚单元（Cohesive）方法　用于模拟非弹性材料的三维断裂。

（5）XFEM (Extended Finite Element Method)方法　XFEM 只能用于 2D 和 3D 壳单元，不能用于三维体单元，仅支持显式求解器，最适于脆性和半脆性材料。XFEM 不允许裂纹分叉，通常用于存在预裂纹和几何缺陷的计算工况。

（6）EFG、SPH 和 DEM 方法　其中 DEM 方法用于模拟地质或其他脆性材料的断裂。

（7）SPG(Smooth Particle Galerkin)方法　这是 LS-DYNA 独有的，主要用于模拟延性/半脆性材料的失效。脆性材料断裂模拟尚在开发中。

（8）Peridynamics 理论　为了解决传统数值方法在不连续问题上的求解困难，更为准确地预测裂纹的起裂和扩展，2000 年美国 Sandia 国家实验室的 Silling 提出了近场动力学方法（Peridynamics，简称 PD）。PD 方法是一种考虑非局部作用的无网格方法。PD 方法有两种：键基 PD 方法（Bond-Based Peridynamics）和态基 PD 方法（State-Based Peridynamics），分别主要用于脆性材料和延性材料的断裂模拟。

在上述方法中，方法（1）、（2）、（3）、（4）需要事前知道裂纹形式、发生的位置和尺寸，并针对性地划分网格，添加相应的材料断裂失效准则或损伤模型，裂纹扩展的计算是网格相关的，是非物理的，计算结果对网格尺寸和网格走向具有强烈的依赖性。

方法（5）、（6）、（7）和（8）属于非局部方法，网格敏感性相对要低。其中 XFEM 方法允许裂纹顺着单元的表面扩展，这种方法通常与 Cohesive 方法联合解决脆性材料的裂纹传播问题。XFEM 方法的缺点是需要多次重分网格，计算非常耗时，不允许裂纹分叉，不适用于计算多个裂纹的扩展和相互作用，且只能用于二维壳单元，难以模拟三维裂纹的扩展。EFG、SPH 和 DEM 方法属于无网格方法，处理多个裂纹时并不稳定。PD 方法不再基于连续性假设建模，不需要外在失效准则，裂纹能够自然产生并扩展，降低了计算结果对计算网格的依赖。

9.1 采用节点分离方法模拟钢球撞击铝板

9.1.1 计算模型描述

钢球撞击铝板模型中的钢球直径为4cm，初速为200m/s。铝板长、宽均为20cm，厚度为0.1cm。

钢球和铝板材料模型均为*MAT_PLASTIC_KINEMATIC。铝板的破碎采用*CONSTRAI-NED_TIED_NODES_FAILURE 来模拟，节点间发生分离的塑性失效应变阈值为0.2。计算单位制为 cm-g-μs。

9.1.2 TrueGrid 建模

TrueGrid 建模命令流如下：

```
mate 1
partmode i;
block 4 4 4 4;4 4 4 4;4 4 4 4; -1 -1 0 1 1; -1 -1 0 1 1; -1 -1 0 1 1;
dei 1 2 0 4 5;1 2 0 4 5;;
dei ;1 2 0 4 5;1 2 0 4 5;
dei 1 2 0 4 5;;1 2 0 4 5;
sfi -1 -5; -1 -5; -1 -5;sphe 0 0 0 2
endpart
mate 2
partmode s;
block 1 81;1 81; -1; -10 10; -10 10; -2.1;
fni ;; -1; 0.2              c 为壳单元设置固连失效模式
thi ;; -1; 0.1             c 设置壳单元厚度
endpart
merge
stp 0.01
lsdyna keyword
write
```

TrueGrid 生成的网格如图 9-1 所示，其中铝板中的节点是相互分离的。

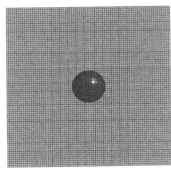

图 9-1　网格模型

9.1.3 关键字文件讲解

下面讲解相关 LS-DYNA 关键字文件。关键字文件有两个：计算模型参数主控文件 main.k 和网格模型文件 trugrdo。其中 main.k 的内容及相关讲解如下：

```
$ 首行*KEYWORD表示输入文件采用的是关键字输入格式。
*KEYWORD
$为二进制文件定义输出格式，0表示输出的是LS-DYNA数据库格式。
*DATABASE_FORMAT
$ IFORM,IBINARY
0
$ *SECTION_SOLID为钢球定义常应力体单元算法。
$ SECID可为数字或字符，其ID必须唯一，且被*PART卡片所引用。
*SECTION_SOLID
$ SECID,ELFORM,AET
1,1
$ *SECTION_SHELL定义Belytschko-Tsay壳单元算法。
$ SECID可为数字或字符，其ID必须唯一，且被*PART卡片所引用。
$ T1,T2,T3,T4为壳单元厚度，由于TrueGrid已在trugrdo文件中设置，这里不用设置。
*SECTION_SHELL
$ SECID,ELFORM,SHRF,NIP,PROPT,QR/IRID,ICOMP,SETYP
2,2
$ T1,T2,T3,T4,NLOC,MAREA,IDOF,EDGSET

$ 这是*MAT_003材料模型，用于定义钢球材料模型参数。
$ MID可为数字或字符，其ID必须唯一，且被*PART卡片所引用。
*MAT_PLASTIC_KINEMATIC
$ MID,RO,E,PR,SIGY,ETAN,BETA
1,7.79,1.87,0.30,0.400e-2,1.000e-2
$ SRC,SRP,FS,VP
0.00,0.00,0.000
$ 这是*MAT_003材料模型，用于定义铝板材料模型参数。
$ MID可为数字或字符，其ID必须唯一，且被*PART卡片所引用。
*MAT_PLASTIC_KINEMATIC
$ MID,RO,E,PR,SIGY,ETAN,BETA
2,2.75,0.69,0.30,0.300e-2,0.800e-2
$ SRC,SRP,FS,VP
0.00,0.00,0.000
$ 定义钢球PART，引用定义的单元算法和材料模型。PID必须唯一。
*PART
$ HEADING

$ PID,SECID,MID,EOSID,HGID,GRAV,ADPOPT,TMID
1,1,1,0,0
$ 定义铝板PART，引用定义的单元算法和材料模型。PID必须唯一。
*PART
```

```
$ HEADING

$ PID,SECID,MID,EOSID,HGID,GRAV,ADPOPT,TMID
2,2,2,0,0
$ 给钢球施加初始速度。
*INITIAL_VELOCITY_GENERATION
$ ID,STYP,OMEGA,VX,VY,VZ,IVATN,ICID
1,2,,0,,-0.02,
$ XC,YC,ZC,NX,NY,NZ,PHASE,IRIGID

$ 在钢球和铝板之间定义自动面面接触。
*CONTACT_AUTOMATIC_SURFACE_TO_SURFACE
$ SSID,MSID,SSTYP,MSTYP,SBOXID,MBOXID,SPR,MPR
1,2,3,3,0,0,0,0
$ FS,FD,DC,VC,VDC,PENCHK,BT,DT
0.0000,0.000,0.000,0.000,0.000,0 0.000,0.1000E+08
$ SFS,SFM,SST,MST,SFST,SFMT,FSF,VSF
1.000,1.000,0.000,0.000,1.000,1.000,1.000,1.000
$ ENDTIM定义计算结束时间，这里ENDTIM=1000μs。
*CONTROL_TERMINATION
$ ENDTIM,ENDCYC,DTMIN,ENDENG,ENDMAS,NOSOL
1000
$ 定义时间步长控制参数。
*CONTROL_TIMESTEP
$ DTINIT,TSSFAC,ISDO,TSLIMT,DT2MS,LCTM,ERODE,MS1ST
0.0000,0.9
$ 定义二进制文件D3PLOT的输出。
$ DT=20μs表示输出时间间隔。
*DATABASE_BINARY_D3PLOT
$ DT/CYCL,LCDT/NR,BEAM,NPLTC,PSETID,CID
20
$ 定义二进制文件D3THDT的输出。
$ DT=1μs表示输出时间间隔。
*DATABASE_BINARY_D3THDT
$ DT/CYCL,LCDT/NR,BEAM,NPLTC,PSETID,CID
1
$ 包含TrueGrid软件生成的网格模型文件。
*include
$ FILENAME
trugrdo
$ *end表示关键字输入文件的结束，LS-DYNA读入时将忽略该语句后的所有内容。
*end
```

TrueGrid 生成的 trugrdo 文件中除了单元和节点内容外，还有如下关键字：

```
$ TIED NODE SETS WITH FAILURE
$ 将同一位置处的两个节点定义为节点组。
```

```
*SET_NODE_LIST
$ SID,DA1,DA2,DA3,DA4,SOLVER
1,0.,0.,0.,0.
$ NID1,NID2,NID3,NID4,NID5,NID6,NID7,NID8
2275,8835
$ 为节点组定义固连失效，节点间塑性失效应变阈值0.200。
*CONSTRAINED_TIED_NODES_FAILURE
$ NSID,EPPF,ETYPE
1,0.200
.................................................
```

9.1.4 数值计算结果

铝板在钢球撞击作用下的破碎计算结果如图 9-2 所示。

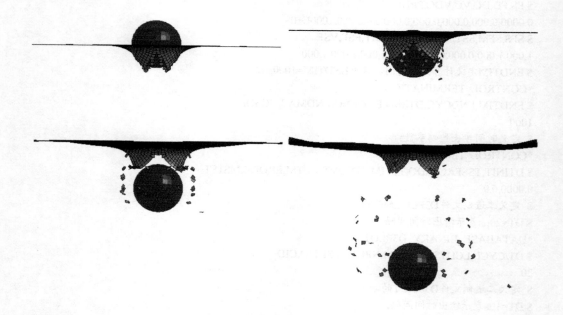

图 9-2   破碎计算结果

9.2   用单元失效删除和带有损伤的本构模型方法 模拟弹体侵彻混凝土

9.2.1 模型描述

钢弹直径为 320mm，长度为 1000mm，混凝土厚度为 4000mm，垂直侵彻，可采用二维轴对称模型，如图 9-3 所示。在 LS-DYNA 中二维轴对称模型默认的对称轴为 Y 轴，所有几何模型必须位于 Y 轴右侧。单位制采用 mm–ms–kg。

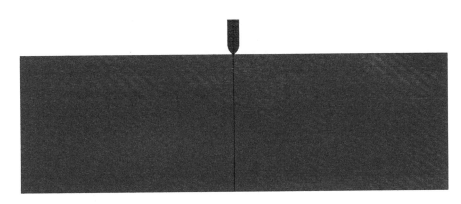

图 9-3　弹体侵彻混凝土计算模型（已将一半模型镜像对称为全模型）

9.2.2　TrueGrid 建模

关于该算例的相关 TrueGrid 建模命令如下：

```
curd 1 arc3 seqnc rt 0 0 0 rt 116.1575 123.6337 0 rt 160 287.5108 0;;lp3 160 1000 0;;
mate 1
block 1 13 25;1 13 25 101;−1;0 80 160;0 140 287 1000;0
dei　2 3; 1 2; −1;
cur 1 1 1 2 1 1 1
cur 3 2 1 3 3 1 1
cur 3 3 1 3 4 1 1
pb 3 2 1 3 2 1 xy 125.545 94.5268
pb 2 1 1 2 1 1 xy 125.545 94.5268
pb 2 2 1 2 2 1 xy 55.1588 154.324
endpart
mate 3
block 1 301;1 301; −1;0 4000; −4001 −1;0
bb 2 1 1 2 2 1 11;
endpart
block 1 31;1 101; −1;4000 6000; −4001 −1;0
res 1 1 1 2 2 1 i 1.02
trbb 1 1 1 1 2 1 11;
endpart
merge
stp 0.001
lsdyna keyword
write
```

在 TrueGrid 软件中运行上述命令后，输出 trugrdo 网格模型文件，计算网格如图 9-4 所示。

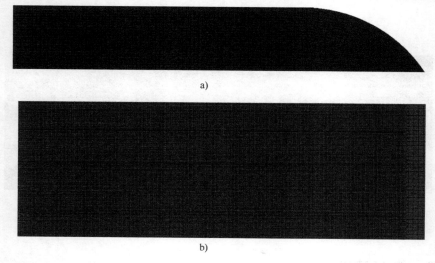

a)

b)

图 9-4　TrueGrid 生成的网格模型

a) 弹体模型　b) 混凝土模型局部

　　下面讲解相关 LS-DYNA 关键字文件。关键字文件有两个：计算模型参数主控文件 main.k 和网格模型文件 trugrdo。其中 main.k 中的内容及相关讲解如下：

```
$ 首行*KEYWORD表示输入文件采用的是关键字输入格式。
*KEYWORD
$为二进制文件定义输出格式，0表示输出的是LS-DYNA数据库格式。
*DATABASE_FORMAT
$ IFORM,IBINARY
0
$ *SECTION_SHELL定义单元算法1，14表示面积加权轴对称算法。
$ SECID可为数字或字符，其ID必须唯一，且被*PART卡片所引用。
*SECTION_SHELL
$ SECID,ELFORM,SHRF,NIP,PROPT,QR/IRID,ICOMP,SETYP
1,14,0.833,5.0,0.0,0.0,0,0
$ T1,T2,T3,T4,NLOC,MAREA,IDOF,EDGSET
0.00,0.00,0.00,0.00,0.00
$ 这是*MAT_003材料模型，用于定义弹体材料模型参数。
$ MID可为数字或字符，其ID必须唯一，且被*PART卡片所引用。
*MAT_PLASTIC_KINEMATIC
$ MID,RO,E,PR,SIGY,ETAN,BETA
1,7.8e-6,210,0.32,1.693,2.16,1.0000000
$ SRC,SRP,FS,VP
"
$ 这是*MAT_272材料模型，用于定义混凝土材料模型参数。
$ MID可为数字或字符，其ID必须唯一，且被*PART卡片所引用。
*MAT_RHT
```

```
$ MID,RO,SHEAR,ONEMPA,EPSF,B0,B1,T1
3,2.7e-6,26.7,-3,2.0,1.22,1.22,100
$ A,N,FC,FS*,FT*,Q0,B,T2
1.6,0.61,0.035,0.18,0.1,0.6805,0.0105,0.0
$ E0C,E0T,EC,ET,BETAC,BETAT,PTF
3.e-8,3.e-9,3.e22,3.e22,0.032,0.036,0.001
$ GC*,GT*,XI,D1,D2,EPM,AF,NF
0.53,0.70,0.5,0.04,1.0,0.01,1.6,0.61
$ GAMMA,A1,A2,A3,PEL,PCO,NP,ALPHA0
0.0,35.27,39.58,9.04,0.0233,6.0,3.0,1.1884
$ *mat_add_erosion为混凝土材料模型附加失效方式。
$ MID的数值必须与对应的材料模型号一致。
$ 这里添加的是最大主应变失效方式。
*mat_add_erosion
$ MID,EXCL,MXPRES,MNEPS,EFFEPS,VOLEPS,NUMFIP,NCS
3
$ MNPRES,SIGP1,SIGVM,MXEPS,EPSSH,SIGTH,IMPULSE,FAILTM
,,,0.4
$ 定义弹体PART，引用定义的单元算法和材料模型。PID必须唯一。
*PART
$ HEADING

$ PID,SECID,MID,EOSID,HGID,GRAV,ADPOPT,TMID
1,1,1,0,0,0,0
$ 定义混凝土PART，引用定义的单元算法和材料模型。PID必须唯一。
*PART
$ HEADING

$ PID,SECID,MID,EOSID,HGID,GRAV,ADPOPT,TMID
3,1,3,0,0,0,0
$ 定义二维自动接触。
*CONTACT_2d_automatic
$ SIDS,SIDM,SFACT,FREQ,FS,FD,DC
,,1
$ TBIRTH,TDEATH,SOS,SOM,NDS,NDM,COF,INIT

$ *CONTROL_TERMINATION定义计算结束条件。
$ ENDTIM定义计算结束时间，这里ENDTIM=30ms。
*CONTROL_TERMINATION
$ ENDTIM,ENDCYC,DTMIN,ENDENG,ENDMAS,NOSOL
30
$ 定义时间步长控制参数。
*CONTROL_TIMESTEP
$ DTINIT,TSSFAC,ISDO,TSLIMT,DT2MS,LCTM,ERODE,MS1ST
0,0.9
$ 定义二进制文件D3PLOT的输出。
$ DT=200E-3ms表示输出时间间隔。
```

```
*DATABASE_BINARY_D3PLOT
$ DT/CYCL,LCDT/NR,BEAM,NPLTC,PSETID,CID
200E-3
$ 定义二进制文件D3THDT的输出。
$ DT=1E-3ms表示输出时间间隔。
*DATABASE_BINARY_D3THDT
$ DT/CYCL,LCDT/NR,BEAM,NPLTC,PSETID,CID
1E-3
$ 定义附加写入D3PLOT文件的时间历程变量数目。
$ 第4个时间历程变量表示RHT混凝土材料的损伤参数。
*DATABASE_EXTENT_BINARY
$ NEIPH,NEIPS,MAXINT,STRFLG,SIGFLG,EPSFLG,RLTFLG,ENGFLG
0,4
$ CMPFLG,IEVERP,BEAMIP,DCOMP,SHGE,STSSZ,N3THDT,IALEMAT

$ 给弹体施加初始速度
*initial_velocity_generation
$ ID,STYP,OMEGA,VX,VY,VZ,IVATN,ICID
1,2,,,-600
$ XC,YC,ZC,NX,NY,NZ,PHASE,IRIGID

$ 包含TrueGrid软件生成的网格模型文件。
*INCLUDE
$ FILENAME
trugrdo
$ *end表示关键字输入文件的结束，LS-DYNA读入时将忽略该语句后的所有内容。
*end
```

9.2.4 计算结果

计算完成后，在 LS-DYNA 后处理软件 LS-PrePost 中读入 D3PLOT 文件，进行如下操作，即可显示侵彻过程中混凝土裂纹扩展，如图 9-5 所示。

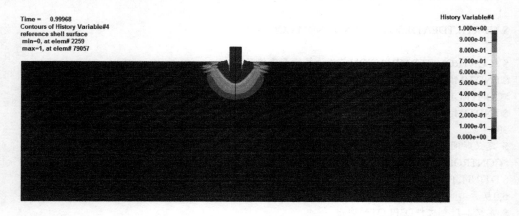

图 9-5　侵彻过程中混凝土裂纹扩展过程

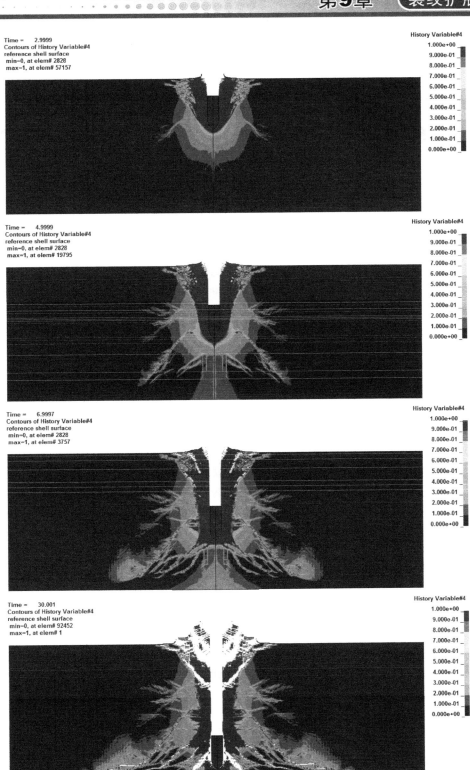

图 9-5 侵彻过程中混凝土裂纹扩展过程（续）

1）单击最上端菜单栏中 Misc→Reflect Model→Reflect About YZ Plane，将一半模型镜像对称为全模型。

2）单击右端工具栏中 Page 1→SelPar，选中"3 PART"。

3）单击右端工具栏中 Fcomp→Misc→history #4。

9.3 用 SPH 方法和带有损伤的本构模型方法模拟水射流冲蚀煤层

Lagrangian 单元在处理大变形问题时可能会发生严重畸变，引起数值求解困难。无网格方法可以很好地解决这一问题，LS-DYNA 中的无网格方法有 SPH、EFG、SPG、DEM、Peridynamics 等。

其中 SPH（Smooth Particle Hydrodynamics）方法是将连续的物质表示为带有速度的可运动的离散粒子的集合。粒子遵从质量、动量及能量的守恒定律，结合材料本构方程求解，从而获得物质的运动规律，可用于解决爆炸模拟、固体的延性和脆性断裂等问题。

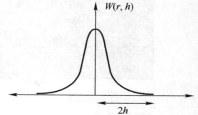

在 SPH 方法中每个粒子均可以表示为其他粒子的插值点。如粒子 I 与其相距设定距离（通常为 $2h$）范围内的所有其他粒子 J 发生相互作用，SPH 算法 2D 核函数的支持域如图 9-6 所示。这种相互作用是用称为光滑函数（或核函数）的近似函数 $W(x-x',h)$ 来衡量的，h 称为光滑长度。因此，任意粒子 I 的连续函数的值或其导数都可以利用周围粒子 J 的已知值估计出来。这样整个问题的解就转化为

图 9-6 SPH 算法 2D 核函数的支持域

采用规则的插值函数，对所有粒子进行插值计算的问题，守恒方程可以转化为用流量或内力表示的形式。

9.3.1 计算模型描述

水射流冲蚀煤层计算模型中水射流宽度为 3mm，高度为 120mm，初速为 250mm/ms。煤层宽 150mm，高度为 75mm。水射流和煤层假定无限宽，可以用二维平面应变模型来模拟，如图 9-7 所示。

水射流采用 *MAT_NULL 材料模型，状态方程为 *EOS_GRUNEISEN，煤层采用 *MAT_RHT 材料模型。计算单位制为 mm-kg-ms。

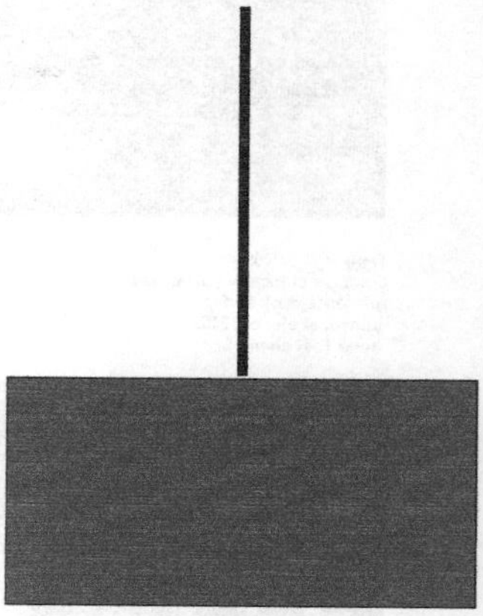

9.3.2 TrueGrid 建模

图 9-7 水射流冲蚀煤层计算模型

TrueGrid 建模命令流如下：

```
mate 2          c 煤层PART
block 1 301;1 151;-1;-75 75;-76 -1;0;
```

```
      endpart
      mate 1                 c  水射流PART
      block 1 7;1 241;-1;-1.5 1.5;0 120;0;
      endpart
      merge
      lsdyna keyword
      write
```

在 TrueGrid 中运行上述命令，生成网格模型文件 trugrdo，网格如图 9-8 所示。

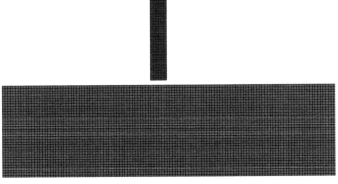

图 9-8　计算网格（局部）

还需要在 LS-PrePost 中将 trugrdo 网格模型文件修改为 SPH 粒子模型文件。具体操作如下：

1）单击右端工具栏中 Page 7→sphGen→Create。

2）选择"Method"为"Shell Volume"。

3）选中"Pick Part"，在图形显示区单击水射流 PART，下拉列表中就会显示"1 Shell"。

4）依次输入："PID:3"（自动显示该数字），"NID:47139"（自动显示该数字），"Den:1.0E-6""PitX:0.5""PitY:0.5""PitZ:0.5"。

5）选择"Fill%"为"100.0%"。

6）依次单击"Apply""Accept"和"Done"按钮，完成水射流 SPH PART 的创建。

7）单击右端工具栏中 Page 7→sphGen→Create。

8）选择"Method"为"Shell Volume"。

9）选中"Pick Part"，在下拉列表中单击"1 Shell"，再单击"RemovePart"，删除下拉列表中的水射流 PART。

10）在图形显示区单击煤层 PART，下拉列表中就会显示"2 Shell"。

11）依次输入："PID:4"（自动显示该数字），"NID:48579"（自动显示该数字），"Den:1.7E-6"，"PitX:0.5""PitY:0.5""PitZ:0.5"。

12）选择"Fill%"为"100.0%"。

13）依次单击"Apply""Accept"和"Done"按钮，完成煤层 SPH PART 的创建。

14）单击 Page 1→Sel Part，选择"3 SphNode"和"4 SphNode"。

15）依次单击主菜单 File→Save As→Save Keyword As...，将当前活动的 SPH PART 另存为 k.k。

最后用 UltaEdit 软件打开 k.k 文件，删除全部 PART 定义行（即文件尾*END 前的第 92888~92897 行），并仍以原文件名 k.k 保存。

9.3.3 关键字文件讲解

　　下面讲解相关 LS-DYNA 关键字文件。关键字文件有两个：计算模型参数主控文件 main.k 和 SPH 粒子模型文件 k.k。其中 main.k 的内容及相关讲解如下：

```
$ 首行*KEYWORD表示输入文件采用的是关键字输入格式。
*KEYWORD
$ 定义SPH控制参数。IDIM是SPH粒子空间维数，2表示2D平面应变模型。
*CONTROL_SPH
$ NCBS,BOXID,DT,IDIM,MEMORY,FORM,START,MAXV
1,,,2
$ *SECTION_ SPH定义SPH粒子算法。
*SECTION_SPH
$ SECID,CSLH,HMIN,HMAX,SPHINI,DEATH,START
3,1.200000,0.2,4
$ 这是*MAT_009材料模型，用于定义水的材料模型参数。
*MAT_NULL
$ MID,RO,PC,MU,TEROD,CEROD,YM,PR
1,1.0e-6,0.000E+00,0.000E+00,0.000E+00,0.000E+00
$ 这是*EOS_004状态方程，用于定义水的状态方程参数。
*EOS_GRUNEISEN
$ EOSID,C,S1,S2,S3,GAMAO,A,E0
1,1480,1.75,0.000E+00,0.000E+00,0.49340,0.000E+00,
$V0
1.00
$ 这是*MAT_272材料模型，用于定义煤层材料模型参数。
$ 只输入几个参数，其他参数由LS-DYNA程序自动生成。
*mat_rht
$ MID,RO,SHEAR,ONEMPA,EPSF,B0,B1,T1
2,1.7e-6,2,-3
$ A,N,FC,FS*,FT*,Q0,B,T2
,,0.024,
$ E0C,E0T,EC,ET,BETAC,BETAT,PTF

$ GC*,GT*,XI,D1,D2,EPM,AF,NF

$ GAMMA,A1,A2,A3,PEL,PCO,NP,ALPHA0

$ 定义水PART，引用定义的单元算法、材料模型和状态方程。PID必须唯一。
*PART
$ HEADING

$ PID,SECID,MID,EOSID,HGID,GRAV,ADPOPT,TMID
3,3,1,1,0,0,0
$ 定义煤层PART，引用定义的单元算法和材料模型。PID必须唯一。
*PART
```

```
$ HEADING

$ PID,SECID,MID,EOSID,HGID,GRAV,ADPOPT,TMID
4,3,2,0,0,0,0
$ 给水射流施加初始速度
*INITIAL_VELOCITY_GENERATION
$ ID,STYP,OMEGA,VX,VY,VZ,IVATN,ICID
3,2,0,,-250,
$ XC,YC,ZC,NX,NY,NZ,PHASE,IRIGID

$ 定义时间步长控制参数。
*CONTROL_TIMESTEP
$ DTINIT,TSSFAC,ISDO,TSLIMT,DT2MS,LCTM,ERODE,MS1ST
0.0000,0.9000,,,,,1
$定义附加写入D3PLOT文件的时间历程变量数目。
$ 第4个时间历程变量表示RHT煤层的损伤参数。
*DATABASE_EXTENT_BINARY
$ NEIPH,NEIPS,MAXINT,STRFLG,SIGFLG,EPSFLG,RLTFLG,ENGFLG
4,4
$ CMPFLG,IEVERP,BEAMIP,DCOMP,SHGE,STSSZ,N3THDT,IALEMAT

$ *CONTROL_TERMINATION定义计算结束条件。
$ ENDTIM定义计算结束时间，这里ENDTIM=1.38ms。
*CONTROL_TERMINATION
$ ENDTIM,ENDCYC,DTMIN,ENDENG,ENDMAS,NOSOL
1.38,,0.9
$ 定义二进制文件D3PLOT的输出。
$ DT=0.02ms表示输出时间间隔。
*DATABASE_BINARY_D3PLOT
$ DT/CYCL,LCDT/NR,BEAM,NPLTC,PSETID,CID
0.02
$ 定义二进制文件D3THDT的输出。
$ DT=0.001ms表示输出时间间隔。
*DATABASE_BINARY_D3thdt
0.001
$包含SPH粒子文件。
*INCLUDE
$ FILENAME
k.k
$ *END表示关键字输入文件的结束，LS-DYNA读入时将忽略该语句后的所有内容。
*END
```

9.3.4 数值计算结果

计算完成后，在 LS-DYNA 后处理软件 LS-PrePost 中读入 D3PLOT 文件，进行如下操作，即可显示水射流对煤层的冲蚀过程，如图 9-9 所示。

1）单击右端工具栏中 Page 1→SelPar，选中"3 Part"和"4 Part"。

2）单击右端工具栏中 Fcomp→Misc→history #4。

3）单击下端工具栏中的"Anim"。

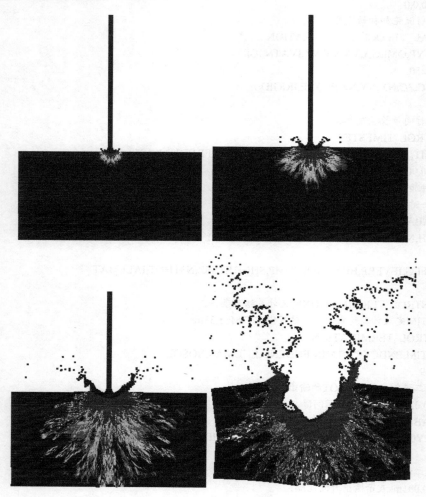

图 9-9　水射流冲蚀作用下煤层损伤发展过程

9.4　钢板裂纹扩展二维 XFEM 计算

　　XFEM 方法（Extended Finite Element Method）是由力学大师 Belytschko 首先提出然后逐渐发展起来的。LS-DYNA 自 971 版开始，加入了 XFEM 方法，用于模拟二维平面应变和壳体结构的材料失效及断裂问题。裂纹采用水平集方法（Level Set method）表示，裂纹的张开则采用内聚材料本构来描述。

　　LS-DYNA 中的 XFEM 方法采用*SECTION_SHELL_XFEM 关键字来激活。关键字卡片见表 9-1 和表 9-2。

表 9-1　*SECTION_SHELL_XFEM 关键字卡片 1

Card 1	1	2	3	4	5	6	7	8
Variable	SECID	ELFORM	SHRF	NIP	PROPT	QR/IRID	ICOMP	SETYP
Type	I	I	F	I	F	F	I	I

- SECID：单元属性（算法）ID。SECID 由*PART 引用，且 ID 必须唯一。
- ELFORM：单元算法选项。
- ELFORM=52：平面应变（在 X-Y 平面建模）XFEM，基单元类型为 13。
- ELFORM=54：3D 壳单元 XFEM，基单元类型由 BASELM 定义（2 或 16）。

表 9-2　*SECTION_SHELL_XFEM 关键字卡片 4

Card 4	1	2	3	4	5	6	7	8
Variable	CMID	BASELM	DOMINT	FAILCR	PROPCR	FS	LS/FS1	NC/LC
Type	I	I	I	I	I	F	F	F

- CMID：内聚(cohesive)材料本构模型 ID(目前可用的材料模型只有*MAT_COHESIVE_TH)。
- BASELM：XFEM 的基单元类型。
- BASELM=2：Belytschko-Lin-Tsay 壳。
- BASELM=16：假定应力、假定应变壳。
- DOMINT：XFEM 中的区域积分选项。
- DOMINT=0：虚拟单元积分。
- DOMINT=1：带有三角局部边界积分的子域积分（仅用于 2D，在 3D 壳单元 XFEM 中尚不可用）。
- FAILCR：不同失效准则选项。
- FAILCR=1：最大拉应力。
- FAILCR=2：最大剪切应力。
- FAILCR=-1：临界有效塑性应变。
- FAILCR=-2：与裂纹长度相关的有效塑性应变。
- FAILCR=-n：$n>10$，$(n-10)$ 指材料 mat282/283 中 HSVS 的 $n-10$ 个点。
- PROPCR：裂纹方向选项。
- PROPCR=0：主应变方向。
- PROPCR=1：平均主应变方向。
- PROPCR=2：最大有效塑性应变。
- FS：失效应变或 FAILCR<0 时的临界失效值。
- LS：应变正则化的长度尺度。LS>0，激活正则化。对于 mat282/28，FAILCR=-1/-n 时可用。
- FS1：FAILCR=-2 时的最终失效应变（FS 是初始失效应变）。
- LC：FAILCR=-2 时失效应变从 FS 降为 FS1 的裂纹长度。
- FAILCR≠-2 时许可的最大裂纹条数。

➢ LC＜0（或 LC=-99）激活将失效 XFEM 单元侵蚀掉。

*MAT_185(*MAT_COHESIVE_TH)是由 Tvergaard 和 Hutchinson 提出的用于模拟 XFEM 内聚单元失效行为的材料模型，该材料模型遵循 Espinosa 和 Zavattieri 定义的带有不可逆加载/卸载行为的内聚材料本构（本构 I 和本构 II）。关键字卡片见表 9-3~表 9-5。

表 9-3　*MAT_COHESIVE_TH 关键字卡片 1

Card 1	1	2	3	4	5	6	7	8
Variable	MID	RO	IRO	IGF	TMAX	DN	DT1	DT2
Type	I	F	I	I	F	F	F	I

- MID：材料模型编号 ID，此 ID 必须唯一。
- RO：材料密度。
- IRO：密度标识。
➢ IRO=0：密度以单位体积计。
➢ IRO=1：密度以单位面积计。
- IGF：失效的积分点数。对于 XFEM，用于控制何时激活内聚区域。
➢ IGF=1：任一积分点满足准则即可。
➢ IGF=2：必须所有积分点均值满足准则。
- TMAX：最大法向拉力（sigm）。
- DN：法向临界长度尺度。
- DT1：面内切向临界长度尺度。
- DT2：面外切向临界长度尺度（未用于 2D）。

表 9-4　*MAT_COHESIVE_TH 关键字卡片 2

Card 2	1	2	3	4	5	6	7	8
Variable	XLAMCR1	XLAMCR2	XLAMF	ISW	PSM	ALPHA1	ALPHA2	
Type	F	F	F	F	I	F	F	

- XLAMCR1：临界长度尺度 1。
- XLAMCR2：临界长度尺度 2（未使用）。
- XLAMF：失效长度尺度。
- PSM：穿透刚度乘子。
- ISW：切换标识。
➢ ISW=1：初始弹性内聚单元（本构 I）。
➢ ISW=-1：初始刚性内聚单元（本构 I）。
➢ ISW=2：初始弹性内聚单元（本构 II）。
➢ ISW=-2：初始刚性内聚单元（本构 II）。
- ALPHA1：最大 II 型剪切拉力/法向拉力的比值。
- ALPHA2：最大 III 型剪切拉力/法向拉力的比值（未用于 2D）。

表 9-5 *MAT_COHESIVE_TH 关键字卡片 3

Card 3	1	2	3	4	5	6	7	8
Variable	DR	ALPHA3						
Type	I	F						

- DR：临界旋转尺度（未用于 2D）。
- ALPHA3：最大弯曲动量/法向拉力的比值（未用于 2D）。

计算模型中的预裂纹通过*BOUNDARY_PRECRACK 关键字定义，关键字卡片见表 9-6 和表 9-7。

表 9-6 *BOUNDARY_PRECRACK 关键字卡片 1

Card 1	1	2	3	4	5	6	7	8
Variable	PID	CTYPE	NP					
Type	I	I	I					

- PID：用于定义预裂纹的 PART ID。
- CTYPE：预裂纹类型。
- ➢ CTYPE=1：直线。
- NP：定义预裂纹的点数。

表 9-7 *BOUNDARY_PRECRACK 关键字卡片 2

Card 2	1	2	3	4	5	6	7	8
Variable	X	Y	Z					
Type	I	I	I					

- X、Y、Z：用于定义预裂纹的点的坐标。

目前预裂纹仅由简单的直线段组成。定义预裂纹时，点应该位于或邻近壳体表面，且线段不应通过节点。

XFEM 方法对网格的依赖性低，而 LS-DYNA 中的 XFEM 尚处于发展中，还很不完善，计算结果受网格划分和求解器等影响很大（个人观点，请大家验证），也不支持三角形单元。建议采用 LS-DYNA 双精度版本计算 XFEM 问题。

9.4.1 计算模型描述

钢板尺寸为 200mm×100mm×1mm。预置两道裂纹，长度为 50mm，裂纹之间距离为 50mm。钢板中心区域施加恒速 8.25mm/ms。根据对称性，取 1/2 模型，如图 9-10 所示。

钢板采用*MAT_ELASTIC 和*MAT_COHESIVE_TH（模拟裂纹的内聚失效）材料模型。计算单位制采用 kg-mm-ms。

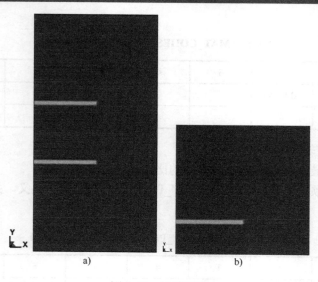

图 9-10   计算模型

a) 全模型   b) 1/2 模型

9.4.2   TrueGrid 建模

TrueGrid 建模命令流如下：

```
mate 1
block 1 51;1 13 51;-1; 0 100;0 24 100;0
nset 1 1 1 1 2 1 = nodes
b 1 1 1 2 1 1 dy 1;
endpart
merge
lsdyna keyword
write
```

9.4.3   关键字文件讲解

下面讲解相关 LS-DYNA 关键字输入文件。关键字输入文件有两个：计算模型参数主控文件 main.k 和网格模型文件 trugrdo。其中 main.k 的内容及相关讲解如下：

```
$ 首行*KEYWORD表示输入文件采用的是关键字输入格式。
*KEYWORD
$ *CONTROL_TERMINATION定义计算结束条件。
$ ENDTIM定义计算结束时间，这里endtim=0.2ms。
*CONTROL_TERMINATION
$ endtim,endcyc,dtmin,endeng,endmas
.20,0,0.0,0.0,0.0
$ 定义时间步长控制参数。
$ TSSFAC=0.40为计算时间步长缩放因子。
```

```
*CONTROL_TIMESTEP
$ DTINIT,TSSFAC,ISDO,TSLIMT,DT2MS,LCTM,ERODE,MS1ST
0.0,0.40,0,0.0
$ 定义要输出力的节点组。
*DATABASE_NODAL_FORCE_GROUP
$ NSID,CID
1
$ 定义将节点组的力输出到NODFOR文件中。
*DATABASE_NODFOR
$ dt,binary,lcur,ioopt
0.00200
$ 定义二进制文件D3PLOT的输出。
$ DT=.1000E-2ms表示输出时间间隔。
*DATABASE_BINARY_D3PLOT
$ DT/CYCL,LCDT/NR,BEAM,NPLTC,PSETID,CID
.1000E-2,0,0,0
$ 定义二进制文件D3THDT的输出。
$ DT=100.000ms表示输出时间间隔。
*DATABASE_BINARY_D3THDT
$ dt/cycl,lcdt
100.000,0
$定义附加输出到D3PLOT的数据。
$ neips=1表示输出壳单元的1个时间历程变量，即裂纹。
*DATABASE_EXTENT_BINARY
$ neiph,neips,maxint,strflg,sigflg,epsflg,rtflg,engflg
0,1
$ cmpflg,ieverp,beamip,dcomp,shge,stssz,n3thdt,ialemat


$ 定义钢板PART，引用定义的单元算法和材料模型。PID必须唯一。
*PART
$ HEADING


$ PID,SECID,MID,EOSID,HGID,GRAV,ADPOPT,TMID
1,1,100
$ 定义XFEM单元算法，ELFORM=52。
$ 壳单元厚度T1=T2=T3=T4=1.000E+00mm。
$ 内聚材料模型MCID为400，基单元类型IOPB=16。
*SECTION_SHELL_XFEM
$ SECID,ELFORM,SHRF,NIP,PROPT,QR/IRID,ICOMP
1,54,,3
$ T1,T2,T3,T4,NLOC
1.000E+00,1.000E+00,1.000E+00,1.000E+00
$ MCID,IOPB,INTC,INITC,PROPC,FS,LS,NC
400,16,0,1
```

```
$ 定义XFEM单元算法中引用的内聚材料模型MCID=400。
*MAT_COHESIVE_TH
$ MID,DEN,DENFG,NPF,STRM,DN,DT1,DT2
400,8.0e-6,1,1,0.8439,5.245e-2,5.245e-2,5.245e-2
$ LCR,LCR1,LFC,KPS,LAW,ALPHA1,ALPHA2
0.0,0.0,1.0,2.2,-2
$ 这是*MAT_001材料模型，用于定义钢板线弹性材料模型参数。
*MAT_ELASTIC
$ MID,RO,E,PR
100,8.000E-06,1.900e+2,0.3
$ 将预裂纹定义为由两个点组成的线段。
*BOUNDARY_PRECRACK
$ PID,CTYPE,NP
1,1,2
$ X,Y,Z
0.00,25.00,0.0
$ X,Y,Z
50.00,25.00,0.0
$ 指定节点组1的X向恒速。
*BOUNDARY_PRESCRIBED_MOTION_SET
$ typeID,DOF,VAD,LCID,SF,VID,DEATH,BIRTH
1, 1, 0,1000, 0.50000
$ 定义速度加载曲线。
*define_curve
$ LCID,SIDR,SFA,SFO,OFFA,OFFO,DATTYP,LCINT
1000,0,1.000,1.000,0.0,0.0,0
$ A1,O1
0.000000E+00,16.500000E+00
$ A2,O2
1.000000E+00,16.500000E+00
$ A3,O3
80.000000E+00,16.500000E+00
$ 包含TrueGrid软件生成的网格节点模型文件。
*INCLUDE
$ FILENAME
trugrdo
$ *END表示关键字输入文件的结束，LS-DYNA读入时将忽略该语句后的所有内容。
*END
```

9.4.4 数值计算结果

计算完成后，在 LS-DYNA 后处理软件 LS-PrePost 中读入 D3PLOT 文件，单击右端工具栏中 Page 1→Fcomp→Misc→history #1，即可显示钢板中裂纹扩展过程，如图 9-11 所示。

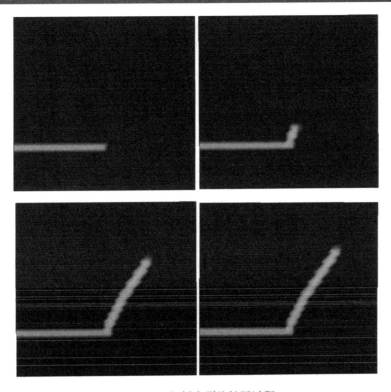

图 9-11 钢板中裂纹扩展过程

9.5 金属切削 SPG 计算

由 C. T.Wu 博士主持开发的光滑粒子迦辽金算法（Smoothed Particle Galerkin，简称 SPG）是 LS-DYNA（自 R9.0 始）所独有的，目前有 SMP 和 MPP 版本。SPG 也是一种无网格方法，在处理大变形问题时计算时间步长不会突然下降。与 EFG 算法相比，它不需要背景网格。SPG 与常用的 SPH 方法的异同点见表 9-8。

表 9-8 SPG 与 SPH 方法的异同点

SPH	SPG
显式 配点法 效率高，准确度低	显式/隐式 迦辽金法 准确度高，效率低
难以与 FEM 耦合	很容易与 FEM 耦合
高速问题	从低速到高速问题
碰撞/侵彻 固体、流体 可压缩流 处理自由液面流体流动	碰撞/侵彻 汽车碰撞、机械制造 可压缩/不可压缩流（开发中） 处理材料失效
2D 和 3D	3D
拉伸不稳定性、低能模式、自愈、材料融合	比 SPH 稳定 自接触、无伪损伤生长 还需要不断发展，如 SPG 热学分析算法尚处于开发中

SPG 粒子算法通过*SECTION_SOLID_SPG 关键字卡片定义，见表 9-9~表 9-11，且必须设置*CONTROL_SOLID 中的 ESORT=0，否则 LS-DYNA 程序仍将采用 FEM 算法。

表 9-9 *SECTION_SOLID_SPG 关键字卡片 1

Card 1	1	2	3	4	5	6	7	8
Variable	SECID	ELFORM	AET					
Type	I/A	I	I					

- SECID：单元/粒子属性（算法）ID。SECID 由*PART 引用，可为数字或字符，ID 必须唯一。
- ELFORM：定义 SPG 单元/粒子算法，对于 SPG 粒子，ELFORM=47。
- AET：环境单元类型。

表 9-10 *SECTION_SOLID_SPG 关键字卡片 2

Card 2	1	2	3	4	5	6	7	8
Variable	DX	DY	DZ	ISPLINE	KERNEL	LSCALE	SMSTEP	SWTIME
Type	F	F	F	I	I	F	I	F
Default	1.50	1.50	1.50	0	3		15	

- DX、DY、DZ：核函数在 X、Y、Z 方向的归一化支撑尺寸，用于在构建无网格形函数时提供光滑性和紧支性。该值不得小于 1.0，推荐值为 1.0~1.5 之间。该值越大计算成本越高，也易于出现收敛困难问题。对于高速变形问题 KERNEL=2，DX、DY、DZ 默认值为 1.5；对于以拉伸为主的问题 KERNEL=0，DX、DY、DZ 默认值为 1.6；对于制造问题 KERNEL=1，DX、DY、DZ 默认值为 1.8。
- ISPLINE：样条函数类型。
  - ISPLINE=0：三次样条（默认）。
  - ISPLINE=1：二次样条。
  - ISPLINE=2：圆形支撑三次样条。
- KERNEL：核近似函数类型。
  - KERNEL=0：增量 Lagrangian。适用于进行失效和非失效分析，小变形和大变形分析。可用于金属剪切、铆接等领域。
  - KERNEL=1：Eulerian 核函数。适用于进行失效分析，大变形和极大变形分析，全局响应分析。可用于金属剪切、切削、磨削、自攻螺接、铆接、内爆等领域。
  - KERNEL=2: 半伪 Lagrangian 核函数。适用于进行失效分析，极大变形分析，局部响应分析。可用于碰撞侵彻、金属切削、磨削、加工等领域。
- SMSTEP：核函数更新的时间步间隔。对于局部响应问题，如碰撞侵彻和金属加工，当 KERNEL=2 时默认值为 30。对于以拉伸为主的失效分析，当 KERNEL=0 时默认值为 15。对于全局响应问题，如钻孔、铆接和冲压，当 KERNEL=1 时默认值为 2。

表9-11 *SECTION_SOLID_SPG 关键字可选卡片3

Card 3	1	2	3	4	5	6	7	8
Variable	IDAM	FS	STRETCH	ITB		ISC		
Type	I	F	F					
Default	0							

- IDAM：损伤机制选项。
  - IDAM=0：连续损伤力学（不带键失效的零应力）。已废弃，不再使用。
  - IDAM=1：（默认）唯象应变损伤（有效塑性应变）。
  - IDAM=2：最大主应力。
  - IDAM=3：最大剪切应变。
  - IDAM=4：最小主应变。
  - IDAM=5：有效塑性应变+最大剪切应变。
- FS：失效应变。有效塑性应变、最大剪切应变、主应力等。
- STRETCH：拉伸参数。相对伸长或压缩比。
- ITB：稳定指示器。
  - ITB=0：标准无网格近似+T-bond 失效算法（已废弃）。
  - ITB=1：流体粒子近似（准确但慢）。通常与 KERNEL=0 或 1 一起使用，ITB=1 很少与伪 Lagrangian 核函数一起用。用于冲压、切削、钻孔、自攻螺接、铆接、内爆。
  - ITB=2：简化流体粒子近似（高效稳健）。ITB=2 通常与 KERNEL=2 一起使用，常用于碰撞侵彻和机加工。
- ISC：自接触指示器。
  - ISC=0：不考虑自接触。
  - ISC>0：考虑自接触。通常取为材料的弹性模量，对于碰撞侵彻分析很重要，可避免自渗透和材料融合，目前仅有 SMP 版本。

可以通过*CONSTRAINED_IMMERSED_IN_SPG 等关键字将钢筋耦合在 SPG 混凝土中，模拟钢筋混凝土之间的粘结关系。

SPG 粒子可与 FEM 面通过*CONTACT_[AUTOMATIC_]NODES_TO_SURFACE 建立接触关系，其中 SPG 粒子为从面，FEM 面为主面（非失效）。这种接触方式也可用于两个不同的 SPG PART。需要注意的是：

1）从面最好定义为节点组，而不是 PART 或 PART SET。

2）使用可选卡 A 的 SOFT=1 选项。

3）对于可变形的主面（可能为曲面或变形为曲面），使用可选卡 A 的 SBOPT=5 选项，这对机加工应用很重要，因为涉及很多曲面刀具。

也可采用*CONTACT_[AUTOMATIC_]SURFACE_TO_SURFACE，其中必须使用 SOFT=2 选项。

SPG 算法通过键失效模拟材料破坏，采用*SECTION_SOLID_SPG 关键字中的 IDAM、FS 和 STRETCH 选项实现，SPG 算法中键失效准则见表9-12。SPG 计算结果如侵深、剩余速度等对失效准则、网格划分不是特别敏感。

表 9-12　SPG 算法中键失效准则

IDAM	准　则	FS	STRETCH	备　注
0	连续损伤力学	未使用	未使用	由于材料本构造成的零应力，无键失效，可能发生过度应变化
1	有效塑性应变	临界塑性应变	相对伸长	拉伸为主，无过度应变化
2	第一主应力	临界应力	相对伸长	拉伸为主，无过度应变化
3	最大剪切应变	临界应变	伸长或压缩	剪切为主，无过度应变化
4	第三主应变	临界应变	伸长或压缩	压缩为主，无过度应变化
5	塑性应变+最大剪切应变	临界塑性应变	最大剪切应变	剪切为主，无过度应变化

SPG 失效与 FEM 失效的对比见表 9-13。

表 9-13　SPG 失效与 FEM 失效的对比

	FEM 失效	SPG 失效
准则	有效塑性应变 *MAT_ADD_EROSION 附加失效 网格相关	有效塑性应变 *MAT_ADD_EROSION 附加失效 网格依赖性低
失效后	零应力 可能删除单元	正常的应力-应变演化 不用删除单元的键失效
动量	不守恒	守恒
质量	可能不守恒	守恒
力	低估	物理的

9.5.1　计算模型描述

铝块切削计算模型中铝块尺寸为 20mm×5mm×10mm，局部节点施加 V=-16mm 的 Z 向位移模拟刀具作用，并约束部分节点，如图 9-12 所示。

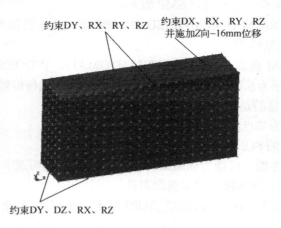

约束DY、RX、RY、RZ　　约束DX、RX、RY、RZ 并施加Z向-16mm位移

约束DY、DZ、RX、RZ

图 9-12　计算模型

铝块材料模型采用*MAT_POWER_LAW_PLASTICITY。计算单位制采用 kg-mm-ms。采用 LS-DYNA 双精度版本计算。

9.5.2 TrueGrid 建模

TrueGrid 建模命令流如下：

```
mate 1
partmode i
block 15 5;5;10;0 15 20;0 5;0 10
nset 2 1 2 3 2 2 = nodes1
nset 1 1 1 1 2 2 = nodes2
nset 1 1 1 2 2 1 or nodes2
nset 1 1 1 3 1 2 = nodes3
nset 1 2 1 3 2 2 or nodes3
nset 2 1 2 3 1 2 - nodes3
nset 2 2 2 3 2 2 - nodes3
endpart
merge
lsdyna keyword
write
```

有限元网格生成后，在 LS-PrePost 中按如下操作步骤显示 SPG 粒子：

1）单击右侧工具栏中的"Model and Part Appearance"（必要时先按〈F11〉进入新界面，界面如图 9-13 所示）。

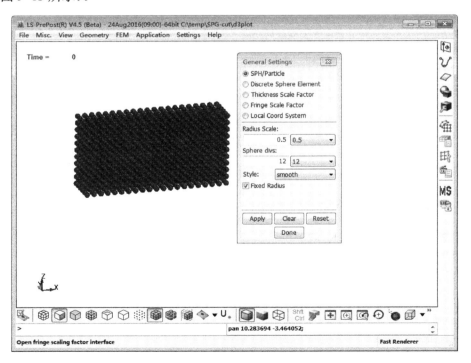

图 9-13　显示 SPG 粒子

2）在"Appearance"中，选中"Sphere"和"Shrn"，然后单击目标 PART，单击后 PART

显示由网格变成节点形式。

3）打开上面菜单栏"Settings General settings"。

4）在"General settings"中，选择"SPH/Particle"，并设置合适的"Radius"和"Divs"。

5）在"General settings"中，选择"Style"为"Smooth"，并选择"Fixed Radius"，然后单击 Apply 按钮。

9.5.3 关键字文件讲解

下面讲解相关 LS-DYNA 关键字输入文件。关键字输入文件有两个：计算模型参数主控文件 main.k 和网格模型文件 trugrdo。其中 main.k 的内容及相关讲解如下：

```
$ 首行*KEYWORD表示输入文件采用的是关键字输入格式。
*KEYWORD
$ 能量计算控制。
*CONTROL_ENERGY
$ hgen,rwen,slnten,rylen
2,2,1,1
$ *CONTROL_TERMINATION定义计算结束条件。
$ ENDTIM定义计算结束时间，这里endtim=0.300000ms。
*CONTROL_TERMINATION
$ endtim,endcyc,dtmin,endeng,endmas
0.300000
$ 定义时间步长控制参数。
$ TSSFAC=0.100000为计算时间步长缩放因子。
*CONTROL_TIMESTEP
$ DTINIT,TSSFAC,ISDO,TSLIMT,DT2MS,LCTM,ERODE,MS1ST
0.000,0.100000
$ dt2msf,dt2mslc,imscl
0.000,0,0
$ 定义铝块PART，引用定义的单元算法和材料模型。PID必须唯一。
*PART
$ HEADING

$ PID,SECID,MID,EOSID,HGID,GRAV,ADPOPT,TMID
1,1,3
$定义SPG单元算法，ELFORM=47。
*SECTION_SOLID_SPG
$ SECID,ELFORM,AET
1,47
$ dx,dy,dz,ispline, KERNEL,lscale,smstep,swtime
1.8,1.8,1.8,,2,,2
$ idam,fs,stretch,itb,,isc
1,0.2
$ 这是*MAT_018材料模型，用于定义铝块材料模型参数。
*MAT_POWER_LAW_PLASTICITY
$ mid,ro,e,pr,k,n
```

```
3,2.700e-6,78.200,0.300000,0.47,0.1
$ sigy,vp
0.29
$ 定义将边界力和能量输出到文件BNDOUT中。
*DATABASE_BNDOUT
$ dt,binary,lcur,ioopt
1.0000E-5
$ 定义将整体模型数据输出到文件GLSTAT中。
*DATABASE_GLSTAT
$ dt,binary,lcur,ioopt
1.0000E-10
$ 定义将材料能量数据输出到文件MATSUM中。
*DATABASE_MATSUM
$ dt,binary,lcur,ioopt
1.0000E-5
$ 定义将刚体数据输出到文件RBDOUT中。
*DATABASE_RBDOUT
$ dt,binary,lcur,ioopt
1.0000E-5
$ 定义将合成界面力输出到文件RCFORC中。
*DATABASE_RCFORC
$ dt,binary,lcur,ioopt
1.0000E-7
$ 定义二进制文件D3PLOT的输出。
$ DT=0.002000ms表示输出时间间隔。
*DATABASE_BINARY_D3PLOT
$ DT/CYCL,LCDT/NR,BEAM,NPLTC,PSETID,CID
0.002000
$ 定义将节点组的力输出到文件NODFOR中。
*DATABASE_NODFOR
$ dt,binary,lcur,ioopt
0.002000
$ 定义要输出力的节点组。
*DATABASE_NODAL_FORCE_GROUP
$ NSID,CID
1
$ 定义节点组3的自由度约束，这里约束Y向平动、X向转动、Y向转动、Z向转动。
*boundary_spc_set
$ NID/NSID,CID,DOFX,DOFY,DOFZ,DOFRX,DOFRY,DOFRZ
3,,0,1,0,1,1,1
$ 定义节点组2的自由度约束，这里约束全部自由度。
*boundary_spc_set
$ NID/NSID,CID,DOFX,DOFY,DOFZ,DOFRX,DOFRY,DOFRZ
2,,1,1,1,1,1,1
$ 定义节点组1的自由度约束。
```

```
$ 这里约束X向平动、Y向平动、X向转动、Y向转动、Z向转动。
*boundary_spc_set
$ NID/NSID,CID,DOFX,DOFY,DOFZ,DOFRX,DOFRY,DOFRZ
1,,1,1,0,1,1,1
$ 指定节点组1的Z向位移。
*boundary_prescribed_motion_set
$ typeID,DOF,VAD,LCID,SF,VID,DEATH,BIRTH
1,3,2,1
$ 定义位移加载曲线。
*define_curve
$ LCID,SIDR,SFA,SFO,OFFA,OFFO,DATTYP,LCINT
1
$ A1,O1
0.0,0.0
$ A2,O2
0.4,-16.0
$ 包含TrueGrid软件生成的网格节点模型文件。
*INCLUDE
$ FILENAME
trugrdo
$ *end表示关键字输入文件的结束，LS-DYNA读入时将忽略该语句后的所有内容。
*end
```

9.5.4　数值计算结果

铝块切削效果如图 9-14 所示。

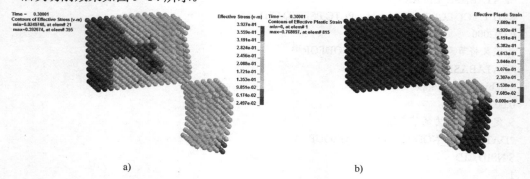

图 9-14　铝块切削效果

a) 应力　b) 塑性应变

9.6　爆炸作用下玻璃破碎的近场动力学计算

　　2015 年 6 月 LSTC 公司采用不连续迦辽金法将键基 PD 方法植入 LS-DYNA 试用版中，态基 PD 方法已完成外部测试。

　　下面将采用键基 PD 方法来模拟爆炸作用下玻璃的破碎问题。

9.6.1 键基 PD 方法简介

传统的数值计算方法，如有限元理论是建立在连续介质力学之上的，这类方法的控制方程需要进行求导，在处理裂纹等不连续区域时会产生奇异性。而 PD 方法将物体离散成一系列空间域内的物质点，一个物质点的状态被在一个有限半径的区域内的物质点所影响，采用积分方程描述物质点的运动，该理论突破了连续性假设和空间微分方程在不连续问题上的求解瓶颈。

键基 PD 方法可以看作是宏观意义上的分子动力学。对于在参考构型下 t 时刻任意点(X)的运动方程用如下方程描述：

$$\rho \ddot{u} = \int_{H_X} f[u(X',t) - u(X,t), X' - X]\mathrm{d}V_{X'} + b(X,t)$$

式中，H_X 是以 δ 为半径的近场邻域，$H_X = \{X' \| X' - X | \leqslant \delta\}$；$f$ 是 PD 键中连接点 X 和 X' 的对力函数；b 是外力密度函数。

引入两个变量，相对位置 ξ 和相对位移 η：

$$\xi = X' - X$$

$$\eta = u(X',t) - u(X,t)$$

对力只在邻域内起作用：

$$当 |\xi| > \delta 时，\quad f(\eta, \xi) = 0$$

且满足牛顿第三定律：

$$f(-\eta, -\xi) = -f(\eta, \xi)$$

在键基 PD 模型中，材料被看作微弹性材料，那么，对力可由下式得出：

$$f(\eta, \xi) = \frac{\partial w(\eta, \xi)}{\partial \eta}$$

式中，$w(\eta, \xi)$ 是对力势能函数，是存储在键中的弹性能。

对与点 X 相连的全部键上的弹性能进行求和，可得总势能：

$$W = \frac{1}{2} \int_{H_X} w(\eta, \xi)\mathrm{d}V_{X'}$$

$w(\eta, \xi)$ 表示材料类型，可以是线性各向同性、非线性各向同性和各向异性材料，LS-DYNA 目前仅加入了微弹性脆性材料模型，这是一种线性各向同性材料模型。在微弹性脆性材料中，每个键被看作一个线形弹簧，根据键的伸长计算微势能：

$$w(|\eta|, |\xi|) = \frac{1}{2} cs^2 |\xi|$$

式中，c 是微模量，是个常数，可由体积模量 K 求得：

$$c = \frac{18K}{\pi \delta^4}$$

s 定义为键的伸长率：

$$s = \frac{|\xi + \eta - |\xi\|}{|\xi|}$$

在小变形条件下，对力函数为：

$$f(\eta, \xi) = cs\xi / |\xi|$$

当两点之间的键伸长率超过临界值 s_c 时，两点之间的键就断开，且不可恢复。s_c 与经典断裂力学中的临界能量释放率 G_c 有关，三维条件下：

$$G_c = \frac{\pi c s_c^2 \delta^5}{10}$$

9.6.2 爆炸作用下玻璃破碎数值计算模型

计算模型中采用的是普通钠钙平板玻璃，长、宽均为 1m，厚度为 8mm，被夹持在窗框中间，窗框四周固定约束，几何模型如图 9-15 所示。药球中心距离玻璃中心 5m，与玻璃中心同一高度。单位制采用 m-kg-s。

玻璃采用 *MAT_ELASTIC_PERI 材料模型，材料参数取值如下：密度 $\rho = 2440 kg/m^3$，弹性模量 $E = 72GPa$，临界断裂能释放率 $G_c = 8J/m^2$，在键基 PD 方法中泊松比内定为恒值 0.25。

图 9-15 几何模型

9.6.3 TrueGrid 建模和加载

玻璃上的爆炸载荷可通过流固耦合算法施加。流固耦合算法需要在炸药和空气中划分细密网格，计算量大，这种计算方法还会带来能量耗散，导致计算出的玻璃破坏程度低于试验值。本例采用 *LOAD_BLAST 关键字将爆炸载荷加到玻璃上表面。由于 PD 方法中每个玻璃单元与邻近单元连接处节点相互分离，不再共节点，建模时加载面的生成较为困难。该模型是采用 TrueGrid 软件逐个生成玻璃单元，然后提取每个上层单元的上表面组合成加载面实现的。玻璃板长、宽、厚度方向网格尺寸分别为 5mm、5mm 和 4mm。

关于该模型的 TrueGrid 建模文件有 6 个，分别为：主控模型文件 model.tg、中心玻璃模型文件 center.tg、左侧被夹持部分玻璃模型文件 left.tg、右侧被夹持部分玻璃模型文件 right.tg、上侧被夹持部分玻璃模型文件 up.tg 和下侧被夹持部分玻璃模型文件 down.tg。

主控模型文件 model.tg 的命令流如下：

```
partmode i
mate 2
block 16 200 16;16 200 16;1 2 1;
    -0.58 -0.5 0.5 0.58;-0.58 -0.5 0.5 0.58;-0.012 -0.008 0 0.004
DEI   2 3; 2 3;;
DEI   1 4; 1 4; 2 3;
b 1 1 1 1 4 4 dx 1 dy 1 dz 1 rx 1 ry 1 rz 1;
```

```
b 1 1 1 4 1 4 dx 1 dy 1 dz 1 rx 1 ry 1 rz 1;
b 4 1 1 4 4 4 dx 1 dy 1 dz 1 rx 1 ry 1 rz 1;
b 1 4 1 4 4 4 dx 1 dy 1 dz 1 rx 1 ry 1 rz 1;
endpart
mate 3
gct 199 mx 0.005;repe 199;
lct 199 my 0.005;repe 199;
include center.tg      c center frame
gct 9 mx 0.005;repe 9;
lct 219 my 0.005;repe 219;
include left.tg        c left frame
gct 9 mx 0.005;repe 9;
lct 219 my 0.005;repe 219;
include right.tg       c right frame
gct 199 mx 0.005;repe 199;
lct 9 my 0.005;repe 9;
include up.tg          c up frame
gct 199 mx 0.005;repe 199;
lct 9 my 0.005;repe 9;
include down.tg        c down frame
merge
bptol 1 2 −1
lsdyna keyword
write
```

中心玻璃模型文件 center.tg 的命令流如下：

```
block 1;1;1;−0.5 [−0.5+0.005];−0.5 [−0.5+0.005];−0.004 0
fset 1 1 2 2 2 2 or blast
lrep 0:199;
grep 0:199;
endpart
block 1;1;1;−0.5 [−0.5+0.005];−0.5 [−0.5+0.005];−0.008 −0.004
lrep 0:199;
grep 0:199;
endpart
```

左侧被夹持部分玻璃模型文件 left.tg 的命令流如下：

```
block 1;1;1;−0.55 [−0.55+0.005];−0.55 [−0.55+0.005];−0.004 0
lrep 0:219;
grep 0:9;
endpart
block 1;1;1;−0.55 [−0.55+0.005];−0.55 [−0.55+0.005];−0.008 −0.004
lrep 0:219;
grep 0:9;
endpart
```

右侧被夹持部分玻璃模型文件 right.tg 的命令流如下：

```
block 1;1;1;0.5 [0.5+0.005];−0.55 [−0.55+0.005];−0.004 0
lrep 0:219;
grep 0:9;
endpart
block 1;1;1;0.5 [0.5+0.005];−0.55 [−0.55+0.005];−0.008 −0.004
lrep 0:219;
grep 0:9;
endpart
```

上侧被夹持部分玻璃模型文件 up.tg 的命令流如下：

```
block 1;1;1;−0.5 [−0.5+0.005];0.5 [0.5+0.005];−0.004 0
lrep 0:9;
grep 0:199;
endpart
block 1;1;1;−0.5 [−0.5+0.005];0.5 [0.5+0.005];−0.008 −0.004
lrep 0:9;
grep 0:199;
endpart
```

下侧被夹持部分玻璃模型文件 down.tg 的命令流如下：

```
block 1;1;1;−0.5 [−0.5+0.005];−0.55 [−0.55+0.005];−0.004 0
lrep 0:9;
grep 0:199;
endpart
block 1;1;1;−0.5 [−0.5+0.005];−0.55 [−0.55+0.005];−0.008 −0.004
lrep 0:9;
grep 0:199;
endpart
```

TrueGrid 生成的网格模型如图 9-16 所示，在该模型中相邻玻璃单元不再共节点和边。

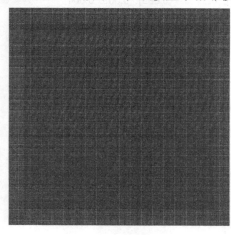

图 9-16　网格模型

*LOAD_BLAST 关键字采用的是与 ConWep 爆炸近似的加载模型。ConWep 模型是在对大量炸药爆炸试验数据总结分析的基础上提出的，较为准确可靠。不同位置单元上的压力载荷计算公式为：

$$P_i = P_r \cos^2 \theta + P_i(1 + \cos^2 \theta - 2\cos\theta)$$

式中，P_r 是正反射压力，P_i 是入射压力，θ 是入射角，即单元上表面中心和爆源连线与单元法线的夹角。

爆炸冲击波具有正压段和负压段。图 9-17 所示为 ConWep 模型计算出的 0.6kg TNT 爆炸后 5m 处冲击波入射和反射压力曲线。从图上可以看出，ConWep 模型只考虑冲击波正压段。

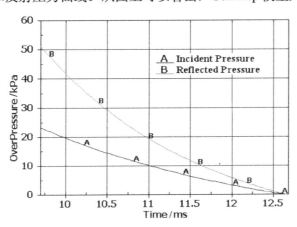

图 9-17　0.6kg TNT 爆炸后 5m 处冲击波入射和反射压力曲线

9.6.4 关键字文件讲解

下面讲解相关 LS-DYNA 关键字文件。关键字文件有两个：计算模型参数主控文件 main.k 和网格模型文件 trugrdo。其中 main.k 的内容及相关讲解如下：

```
$ 首行*KEYWORD表示输入文件采用的是关键字输入格式。
*KEYWORD
$*CONTROL_TERMINATION用于定义计算结束条件。
$ endtim定义计算结束时间，计算结束时间为endtim=25e-3s。
*CONTROL_TERMINATION
$#   endtim,endcyc,dtmin,endeng,endmas
25e-3
$ 定义时间步长控制参数。
$ tssfac=0.5为计算时间步长缩放因子。
*CONTROL_TIMESTEP
$#  dtinit,tssfac,isdo,tslimt,dt2ms,lctm,erode,ms1st
0.000,0.5
$#dt2msf,dt2mslc,imscl
0.000,0,0
$ 用于定义玻璃框采用的单元算法，elform=1表示采用常应力体单元算法。
*SECTION_SOLID
```

```
$ secid,elform,aet
2,1
$ 用于定义玻璃采用的单元算法，elform=48表示采用PD算法。
*SECTION_SOLID_PERI
$# secid,elform,aet
3,48
$   dr,ptype
0.80,0
$ 这是*MAT_020材料模型，用于将窗框定义为刚体。
$ MID可为数字或字符，其ID必须唯一，且被*PART卡片所引用。
*MAT_RIGID
$MID,RO,E,PR,N,COUPLE,M,ALIAS orRE
2,2400,0.15E11,0.26
$ cmo,con1,con2


$ lco or a1,a2,a3,v1,v2,v3


$采用*MAT_ELASTIC_PERI将玻璃定义为线弹性PD材料。
*MAT_ELASTIC_PERI
$# mid,ro,E,G
3,2.440E+3,72.0E+09,8.0E+0
$ 定义窗框PART，引用定义的单元算法和材料模型。PID必须唯一。
*PART
$# title
Glass Frame
$# pid,secid,mid,eosid,hgid,grav,adpopt,tmid
2,2,2
$ 定义玻璃PART，引用定义的单元算法和材料模型。PID必须唯一。
*PART
$# title
Glass
$# pid,secid,mid,eosid,hgid,grav,adpopt,tmid
3,3,3
$ 定义二进制文件D3THDT的输出，DT=1E-6s表示输出时间间隔。
*DATABASE_BINARY_D3THDT
$#   dt,lcdt,beam,npltc,psetid
1E-6
$ 定义二进制文件D3PLOT的输出，DT=5.0000E-4s表示输出时间间隔。
*DATABASE_BINARY_D3PLOT
$# dt,lcdt,beam,npltc,psetid
5.0000E-4
$# ioopt
0
$ 爆炸载荷采用*load_blast关键字定义。
$ 0.6表示TNT 药量为0.6kg。
$ 0,0,5表示起爆点坐标。
$ -9e-3为爆炸零点，爆炸载荷提前9e-3s到达，即在冲击波峰值将要到达时刻
```

```
$ 才进行加载, 这可减少大量计算时间。
*load_blast
$ WGT,XBO,YBO,ZBO,TBO,IUNIT,ISURF
0.6,0,0,5,-9e-3,0
$ CFM,CFL,CFT,CFP,DEATH


$ 采用*load_segment_set来定义加载面。
$ SSID=1表示加载面ID即玻璃上表面, LCID=-2表示采用*load_blast加载方式。
*load_segment_set
$ SSID,LCID,SF,AT
1,-2,1
$ 通过*define_curve为*load_blast加载方式定义两条假的加载曲线。
$ 虽是假的, 但必须定义。
*define_curve
$LCID,SIDR,SFA,SFO,OFFA,OFFO,DATTYP,LCINT
1,0,
$A1,O1
0,0
$A2,O2
1,1
$为*load_blast加载方式定义第二条假的加载曲线。
*define_curve
$LCID,SIDR,SFA,SFO,OFFA,OFFO,DATTYP,LCINT
2,0,
$A1,O1
0,0
$A2,O2
1,1
$在玻璃与窗框之间定义自动面面接触。
*CONTACT_AUTOMATIC_SURFACE_TO_SURFACE
$ SSID,MSID,SSTYP,MSTYP,SBOXID,MBOXID,SPR,MPR
2,3,3,3,0,0,0,0
$ FS,FD,DC,VC,VDC,PENCHK,BT,DT
0.1000,0.100,0.000,0.000,0.000,0,0.000,0.1000E+08
$ SFS,SFM,SST,MST,SFST,SFMT,FSF,VSF
1.000,1.000,0.000,0.000,1.000,1.000,1.000,1.000
$ 包含网格节点模型文件trugrdo。
*include
$FILENAME
trugrdo
$ *end表示输入文件的结束, LS-DYNA将忽略该语句后的所有内容。
*end
```

9.6.5 数值计算结果

计算完毕, 打开 LS-PrePost 软件读入计算结果, 显示玻璃碎裂过程。具体操作如下:

1）单击右端工具栏中 Page 1→SelPar，选中"3 Part"。

2）单击右端工具栏中 Fcomp→Stress→effective plastic strain。

图 9-18 所示是爆炸作用下玻璃碎裂过程图像。以炸药爆炸时刻作为零点，9.7ms 冲击波最先到达玻璃中心，10.5ms 时刻窗框内缘处的玻璃开始出现首道环绕裂纹。11ms 时刻距离窗框内缘 0.12m 处出现第二道环绕裂纹，沿着对角线向第一道环绕裂纹扩展，且角隅处玻璃碎裂区逐渐扩大，这是由于应力波在此处反射叠加导致的应力集中所致。11.5ms 时刻距离窗框内缘大约 0.16m 处出现第三道环绕裂纹，并沿对角线与第二道环绕裂纹贯通。13ms 时刻裂纹宽度加大，第二、三道环绕裂纹多处相互扩展连通，同时玻璃中心出现多条放射状裂纹，通向环绕裂纹，形成大块碎片。17ms 时刻第二、三道环绕裂纹已完全贯通，贯通区域局部产生穿透性裂纹，并开始脱落。24ms 时刻已经破裂的板心区域的方形玻璃块与本体完全分离，向加载方向飞出，而周围的玻璃则大多反方向飞溅。葛杰在建筑玻璃爆炸试验中也观测到这种部分玻璃碎片反方向飞溅现象，但他认为，这种现象主要是由冲击波负压段引起的。而 ConWep 加载模型没有考虑冲击波负压段，说明冲击波正压段也能造成玻璃碎片反方向飞溅，这可能是由于在爆炸载荷作用下框支玻璃板产生的波动效应引起的。

通过对比图 9-18b 和图 9-18c、图 9-18g 和图 9-18h，还可以发现，由于拉伸反射波的作用，同一时刻玻璃板背爆面的破坏要比迎爆面略微严重。

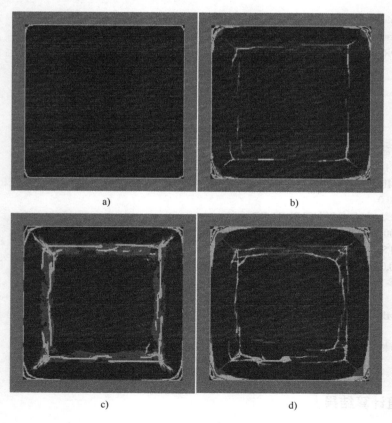

a)   b)

c)   d)

图 9-18   0.6kg TNT 爆炸作用下玻璃碎裂过程

a) t=10.5ms（迎爆面） b) t=11ms（迎爆面） c) t=11ms（背爆面） d) t=11.5ms（迎爆面）

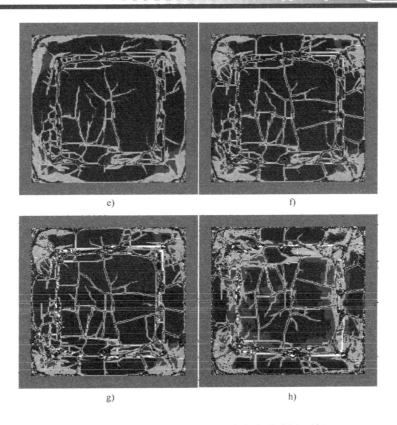

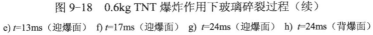

图 9-18　0.6kg TNT 爆炸作用下玻璃碎裂过程（续）

e) t=13ms（迎爆面）　f) t=17ms（迎爆面）　g) t=24ms（迎爆面）　h) t=24ms（背爆面）

9.7　参考文献

[1] LS-DYNA KEYWORD USER'S MANUAL[Z], LSTC, 2017.

[2] REN B, WU C T, GUO Y, et al. An Introduction of LS-DYNA-Peridynamics for Brittle Failure Analysis[R].LSTC, 2016.

[3] 葛杰，李国强，陈素文. 建筑玻璃板在爆炸荷载下的破碎性能(II)——试验验证 [J]. 土木工程学报，2014, 47(3):59-68.

[4] 辛春亮，等. 由浅入深精通 LS-DYNA [M]. 北京：中国水利水电出版社, 2019.

第10章 热学计算

LS-DYNA 可以求解各类二维、三维稳态和瞬态热传递问题，热分析还可与其他功能耦合进行热-结构耦合或热-流体耦合分析。

10.1 热学计算基础

LS-DYNA 中用于热学分析的主要关键字有：

1）*CONTROL_SOLUTION，用于定义分析类型。

2）*CONTROL_THERMAL_SOLVER，用于定义进行数值积分的参数。

3）*CONTROL_THERMAL_TIMSTEP，定义用于热传导方程第一项的时间积分参数。

4）*CONTROL_THERMAL_NONLINEAR，定义处理材料和边界非线性的参数。

10.1.1 *CONTROL_SOLUTION 关键字

LS-DYNA 通过*CONTROL_SOLUTION 关键字（见表 10-1）或在命令行上指定 THERMAL 或 COUPLE 来区别是否进行结构分析、热分析或热耦合分析。

表 10-1 *CONTROL_SOLUTION 关键字卡片

Card 1	1	2	3	4	5	6	7	8
Variable	SOLN	NLQ	ISNAN	LCINT	LCACC			
Type	I	I	I	I	I			
Default	0	0	0	100	0			

- SOLN：分析求解程序：
- ➤ SOLN=0：仅结构分析。
- ➤ SOLN=1：仅热分析。
- ➤ SOLN=2：热-结构耦合分析。
- NLQ：定义求解采用的矢量长度。
- ISNAN：检查生成的力和动量矩阵是否存在 NaN 数（如被零除导致的无穷大数字）。该选项可用于调试，激活该选项会增加2%计算成本。
- ➤ ISNAN=0：不检查。
- ➤ ISNAN=1：激活检查。
- LCINT：关键字*DEFINE_CURVE 定义的曲线被重新均匀离散化后的点数。仅用于材料模型。定义载荷和运动等的曲线不用被重新离散。

10.1.2 *CONTROL_THERMAL_SOLVER 关键字

热分析时间步长与结构分析时间步长无关。对于大多数问题，隐式热分析时间步长可设定为显式结构分析时间步长的 10~100 倍。确定时间步长时要综合考虑结构运动速率、变形速率和热传递速率。

结构变形消耗的单位体积的机械功 w 等同于应力-应变曲线下的面积。

$$w = \int_0^\varepsilon \sigma \mathrm{d}\varepsilon = \rho c \Delta T$$

而

$$\left(\frac{\mathrm{N}}{\mathrm{m}^2}\right)\left(\frac{\mathrm{m}}{\mathrm{m}}\right) = \left(\frac{\mathrm{J}}{\mathrm{m}^3}\right)$$

$$\left(\frac{\mathrm{kg}}{\mathrm{m}^3}\right)\left(\frac{\mathrm{J}}{\mathrm{kg}\cdot\mathrm{K}}\right)(\mathrm{K}) = \left(\frac{\mathrm{J}}{\mathrm{m}^3}\right)$$

当采用国际单位制时，上面公式的单位制协调一致。当采用其他单位制时需要通过 *CONTROL_THERMAL_SOLVER 关键字来输入热力等效系数（即热功当量换算系数），见表 10-2。

$$(\mathrm{eqheat})(\mathrm{fwork})w = \rho c \Delta T$$

表 10-2　*CONTROL_THERMAL_SOLVER 关键字卡片

Card 1	1	2	3	4	5	6	7	8
Variable	ATYPE	PTYPE	SOLVER	CGTOL	GPT	EQHEAT	FWORK	SBC
Type	I	I	I	F	I	F	F	F
Default	0	0	3	10E-4/10E-6	8	1.	1.	0.

- ATYPE：热分析类型。
  - ➤ ATYPE=0：稳态分析。
  - ➤ ATYPE=1：瞬态分析。
- PTYPE：热问题类型，即线性或非线性问题。
- SOLVER：热分析求解器类型。
- CGTOL：SOLVER=3 或 4 时的收敛容差。
- GPT：体单元采用的高斯点个数。
- EQHEAT：热功当量换算系数。

$$\mathrm{eqheat} = 1\mathrm{J}/\mathrm{N}\cdot\mathrm{m}$$
$$\mathrm{eqheat} = 1\mathrm{BTU}/(778\mathrm{ft}\cdot\mathrm{lbf}) = 1.285\mathrm{e}-03\mathrm{BTU}/(\mathrm{ft}\cdot\mathrm{lbf})$$

- FWORK：机械功转换为热的份数。默认值为 1.0。
- SBC：封闭体辐射采用的 Stefan Boltzmann 常数。

10.1.3　*CONTROL_THERMAL_TIMESTEP 关键字

对于结构，显式分析时间步长计算公式（以铝材、壳单元为例）为：

$$\Delta t \leqslant \frac{l}{c} = \frac{l}{\sqrt{\dfrac{E}{\rho(1-v^2)}}} = \frac{0.005}{\sqrt{\dfrac{70\times10^9}{2700\times(1-0.3^2)}}} \approx 1.0\times10^{-6}\mathrm{s}$$

热学计算时间步长（热响应时间）：

$$\Delta t \leqslant \frac{l^2}{\alpha} = \frac{l^2}{k/\rho c} = \frac{0.005^2}{220/(2700 \times 900)} \approx 3.0 \times 10^{-1} \text{s}$$

可以看出，热学计算时间步长远大于显式分析时间步长，可大致取显式分析时间步长的 10~100 倍作为热学计算时间步长。

*CONTROL_THERMAL_TIMESTEP 关键字为热学求解设置时间步长控制，见表 10-3。

表 10-3　*CONTROL_THERMAL_TIMESTEP 关键字卡片

Card 1	1	2	3	4	5	6	7	8
Variable	TS	TIP	ITS	TMIN	TMAX	DTEMP	TSCP	LCTS
Type	I	F	F	F	F	F	F	I
Default	0	0.5	none			1.0	0.5	0.

- TS：时间步长控制。
- ➤ TS=0：采用固定不变的时间步长。
- ➤ TS=1：采用变化的时间步长（可增大或减小）。
- TIP：时间积分参数。
- ➤ TIP=0.0：设置为 0.5，Crank-Nicholson 模式。
- ➤ TIP=1.0：全隐式。
- ITS：热学计算初始时间步长。
- TMIN：热学计算最小时间步长。默认值为热响应时间的 0.01 倍。
- ➤ TMIN=0.0：设置为结构显式时间步长。默认值为热响应时间的 100 倍。
- TMAX：热学计算最大时间步长。
- ➤ TMAX=0.0：设置为结构显式时间步长的 100 倍。
- DTEMP：每一时间步最大温度变化，高于此值时间步会下降。
- ➤ DTEMP=0.0：温度变化设为 1.0。
- TSCP：时间步长控制参数。如果不收敛，就通过该因子降低热学时间步长。0.<TSCP<1.0。
- ➤ TSCP=0.0：该因子设置为 0.5。
- LCTS：定义数据对（热学时间断点 VS 新时间步长）的加载曲线。

10.1.4　*CONTROL_THERMAL_NONLINEAR 关键字

*CONTROL_THERMAL_NONLINEAR 关键字设置热学求解非线性参数，见表 10-4。

表 10-4　*CONTROL_THERMAL_NONLINEAR 关键字卡片

Card 1	1	2	3	4	5	6	7	8
Variable	REFMAX	TOL	DCP	LUMPBC	THLSTL	NLTHPR	PHCHPN	
Type	I	F	F	I	F	I	F	
Default	10	1.e-04	1.0 或 0.5	0	0	1.0	0.5	100.

- REFMAX：每一时间步矩阵变换的最大次数。
- ➤ REFMAX=0：设置为 10 次变换。
- TOL：温度收敛容差。
- ➤ TOL=0.0：设置为计算机舍入误差的 1000 倍。

- DCP：收敛控制参数。
- ➢ 对于稳态问题：建议 0.3≤DCP≤1.0，默认值 1.0。
- ➢ 对于瞬态问题：建议 0.0<DCP≤1.0 ，默认值 0.5。
- LUMPBC：集中封闭体辐射边界条件。LUMPBC=1，滤除由过大时间步函数边界条件引起的反常温度振荡。通常不推荐使用该选项。
- ➢ LUMPBC=0：关闭（默认）。
- ➢ LUMPBC=1：打开。
- THLSTL：线搜索收敛容差。
- ➢ THLSTL=0.0：不用线搜索。
- ➢ THLSTL >0.0：线搜索收敛容差。
- NLTHPR：热学非线性输出。
- ➢ NLTHPR=0：无输出。
- ➢ NLTHPR=1：在求解非线性系统时输出收敛参数。
- PHCHPN：相变罚参数。
- ➢ PHCHPN=0.0：设置为默认值 100。
- ➢ PHCHPN >0.0：强制恒定相变温度的罚因子。

10.1.5 热学边界和加载关键字

用于热学边界条件和加载的关键字有：
- *INITIAL_TEMPERATURE，在节点上施加初始温度。
- *BOUNDARY_TEMPERATURE，在节点上施加恒温。
- *BOUNDARY_CONVECTION，在面段上施加对流边界条件。
- *BOUNDARY_FLUX，在面段上施加热流边界条件。
- *BOUNDARY_RADIATION，在面段上施加辐射边界条件。
- *BOUNDARY_THERMAL_BULKNODE，定义热体节点。
- *BOUNDARY_THERMAL_BULKFLOW，定义热体流单元。
- *LOAD_HEAT_GENERATION，在单元上施加热源。
- *LOAD_THERMAL，定义加载于结构的节点温度。

10.2 长杆瞬态热传导计算

长杆热传递算例的计算控制参数来自 LSTC 公司的教程《Introductory Examples Manual for LS-DYNA®Users》，作者为 James M. Kennedy。本例采用 TrueGrid 重建网格模型。

10.2.1 计算模型描述

长杆尺寸为 0.01m×0.01m×0.1m。长杆一端的节点上承受随时间变化的热载荷：$T = 100\sin(\pi t/40)$℃，另一端上的节点的温度恒定：$T=0$℃。长杆在长度方向与外界绝热。计算 32s 后距离热端 0.02m 处的温度。

计算单位制采用 kg-m-s-N-Pa-N • m-℃。

10.2.2　TrueGrid 建模

TrueGrid 建模命令流如下：

```
mate 1
partmode i
block 2;2;5;0 0.01;0 0.01;0 0.1
nset 1 1 1 2 2 1 = nodes1
nset 1 1 2 2 2 2 = nodes2
nset 1 1 1 2 2 2 = nodes3
endpart
merge
lsdyna keyword
write
```

10.2.3　关键字文件讲解

TrueGrid 建模命令流如下：

```
$ 首行*KEYWORD表示输入文件采用的是关键字输入格式。
*KEYWORD
$ 指定求解分析程序，SOLN=1表示仅进行热分析。
*CONTROL_SOLUTION
$ SOLN,NLQ,ISNAN,LCINT,LCACC
1,0,0,0
$ 为热分析设置求解选项。
$ ATYPE=1表示进行瞬态热分析。
$ SOLVER=3表示采用默认的对角比例共轭梯度迭代热分析求解器。
*CONTROL_THERMAL_SOLVER
$ ATYPE,PTYPE,SOLVER,CGTOL,GPT,EQHEAT,FWORK,SBC
1,0,3,1.00e-06,8,1.000000,1.000000,0.000000
$ 设置热分析时间步长。
$ TS=1表示采用变化的时间步长。
$ ITS=1.000e-04s表示初始时间步长。
$ TMIN=1.000e-04s表示最小时间步长。
$ TMAX=0.1s表示最大时间步长。
*CONTROL_THERMAL_TIMESTEP
$ TS,TIP,ITS,TMIN,TMAX,DTEMP,TSCP,LCTS
1,0.500000,1.000e-04,1.000e-04,0.100000,1.000000,0.500000
$ *CONTROL_TERMINATION定义计算结束条件。
$ 这里计算结束时间ENDTIM=32.00000s。
*CONTROL_TERMINATION
$ ENDTIM,ENDCYC,DTMIN,ENDENG,ENDMAS,NOSOL
32.00000,0,0.0,0.0,0.0,0
$ 定义热输出，将相关数据输出到TPRINT文件。
*DATABASE_TPRINT
$ DT,BINARY,LCUR,IOOPT
```

```
1.000000,0,0,1
$ 定义要输出数据的节点。
*DATABASE_HISTORY_NODE
$ nid1,nid2,nid3,nid4,nid5,nid6,nid7,nid8
5,6,11,12,17,18,23,24
29,30,35,36,41,42,47,48
53,54
$ 定义二进制文件D3PLOT的输出。
*DATABASE_BINARY_D3PLOT
$ DT/CYCL,LCDT/NR,BEAM,NPLTC,PSETID,CID
1.000000,0,0,0,0
$ 定义长杆PART，引用定义的单元算法和材料模型TMID。
$ PID必须唯一。
*PART
$ HEADING

$ PID,SECID,MID,EOSID,HGID,GRAV,ADPOPT,TMID
1,1,0,0,0,0,0,1
$ *SECTION_SOLID定义全积分S/R体单元算法。
$ SECID可为数字或字符，其ID必须唯一，且被*PART卡片所引用。
*SECTION_SOLID
$ SECID,ELFORM,AET
1,2,1
$ 定义材料热学特性。
$ 密度为TRO=7200kg/m³，比热容HC=为440.5J/kg·℃，热导率TC=为35W/(m·℃)。
$ TMID可为数字或字符，其ID必须唯一，且被*PART卡片所引用。
*MAT_THERMAL_ISOTROPIC
$ TMID,TRO,TGRLC,TGMULT,TLAT,HLAT
1,7200.000,0.0,0.0
$ HC,TC
440.5000,35.0000
$ 为热分析中的节点组定义温度边界条件，这里定义常温0℃。
*BOUNDARY_TEMPERATURE_SET
$ NID/SID,TLCID,TMULT,LOC
1,0,0.0,0
$ 为热分析中的节点组指定温度边界条件，这里定义温度载荷曲线。
*BOUNDARY_TEMPERATURE_SET
$ NID/SID,TLCID,TMULT,LOC
2,1,1.000000,0
$ 为节点组定义初始温度0℃。
*INITIAL_TEMPERATURE_SET
$ NSID/NID,TEMP,LOC
3,0.0,0
$ 定义温度载荷曲线
*DEFINE_CURVE
$ lcid,sdir,sfa,sfo,offa,offo,dattyp
1,0,0.0,0.0,0.0,0.0
```

```
$#                  a1                         o1
                   0.0                        0.0
            1.00000000                 7.84194040
            2.00000000                15.63558102
            3.00000000                23.33292198
            4.00000000                30.88655281
            5.00000000                38.24995041
            6.00000000                45.37776184
            7.00000000                52.22608948
            8.00000000                58.75275421
            9.00000000                64.91754913
           10.00000000                70.68251801
           11.00000000                76.01214600
           12.00000000                80.87360382
           13.00000000                85.23696136
           14.00000000                89.07533264
           15.00000000                92.36508179
           16.00000000                95.08594513
           17.00000000                97.22116852
           18.00000000                98.75759888
           19.00000000                99.68576813
           20.00000000                99.99996948
           21.00000000                99.69825745
           22.00000000                98.78250122
           23.00000000                97.25833130
           24.00000000                95.13513947
           25.00000000                92.42600250
           26.00000000                89.14760590
           27.00000000                85.32013702
           28.00000000                80.96717834
           29.00000000                76.11553955
           30.00000000                70.79508972
           31.00000000                65.03861237
           32.00000000                58.88155746
$ 包含TrueGrid软件生成的网格节点模型文件。
*INCLUDE
$ FILENAME
trugrdo
$ *end表示关键字输入文件的结束。
*end
```

10.2.4 数值计算结果

计算完毕，打开 LS-PrePost 软件读入 D3PLOT 文件，单击右端工具栏中 Page 1→Fcomp →Misc→Temperature，显示 32s 后长杆温度分布，如图 10-1 所示。

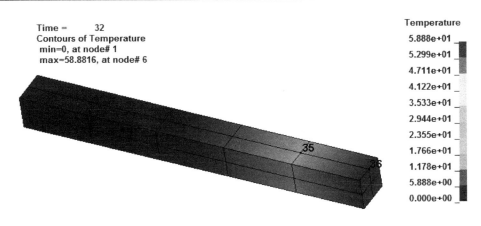

图 10-1　长杆温度分布

单击 LS-PrePost 软件右端工具栏中 Page 1→ASCII→Load，载入 tprint 文件，可绘制节点温度变化曲线，如图 10-2 所示。

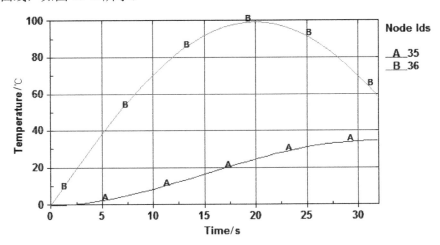

图 10-2　35 号和 36 号节点温度变化曲线

10.3　厚板稳态对流计算

该算例的计算控制参数来自 LSTC 公司的教程《Introductory Examples Manual for LS-DYNA®Users》，作者为 James M. Kennedy。本例采用 TrueGrid 重建网格模型。

10.3.1　计算模型描述

厚板尺寸为 0.6m×1.0m×1.0m，如图 10-3 所示。厚板承受的稳态热载荷为：

1）节点 11-737-847-121 所在面温度保持不变，$T_0 = 100℃$。

2）节点 837-847-737-727 所在面和节点 111-837-727-1 所在面与外界环境（$T_0 = 0℃$）发生自然对流（传热系数 $h = 750 \text{W/m}^2 \cdot ℃$）。

3）节点 111-1-11-121 所在面与外界绝热。

计算 845 号节点（坐标为 0.6、1.0、−0.2）的温度。计算单位制采用 kg-m-s-N-Pa-N·m-℃。

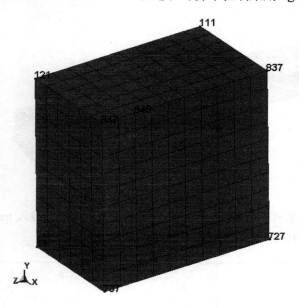

图 10-3　数值计算模型网格图

10.3.2　TrueGrid 建模

TrueGrid 建模命令流如下：

```
mate 1
partmode i
block 6;10;10;0 0.6;0 1;−1 0
nset 1 1 2 2 2 2 = nodes
fset 2 1 1 2 2 2 = Xface
fset 1 1 1 2 2 1 = Zface
endpart
merge
lsdyna keyword
write
```

10.3.3　关键字文件讲解

下面讲解相关 LS-DYNA 关键字输入文件。关键字输入文件有两个：计算模型参数主控文件 main.k 和网格模型文件 trugrdo。其中 main.k 的内容及相关讲解如下：

```
$ 首行*KEYWORD表示输入文件采用的是关键字输入格式。
*KEYWORD
$ 指定求解分析程序，SOLN=1表示仅进行热分析。
*CONTROL_SOLUTION
```

```
$ SOLN,NLQ,ISNAN,LCINT,LCACC
1,0,0,0
$ 为热分析设置求解选项。
$ ATYPE=0表示进行稳态热分析。
$ SOLVER=3表示采用默认的对角比例共轭梯度迭代热分析求解器。
*CONTROL_THERMAL_SOLVER
$ ATYPE,PTYPE,SOLVER,CGTOL,GPT,EQHEAT,FWORK,SBC
0,0,3,1.00e-06,8,1.000000,1.000000,0.000000
$ *CONTROL_TERMINATION定义计算结束条件。
$ 对于稳态热分析，ENDTIM可任意定义计算结束时间。
*CONTROL_TERMINATION
$ ENDTIM,ENDCYC,DTMIN,ENDENG,ENDMAS,NOSOL
1.000000,0,0.000,0.000,0.000
$ 定义热输出，将相关数据输出到TPRINT文件。
*DATABASE_TPRINT
$ DT,BINARY,LCUR,IOOPT
1.000000,0,0,1
$ 定义要输出数据的节点。
*DATABASE_HISTORY_NODE
$   nid1,nid2,nid3,nid4,nid5,nid6,nid7,nid8
845
$ 定义二进制文件D3PLOT的输出。
*DATABASE_BINARY_D3PLOT
$ DT/CYCL,LCDT/NR,BEAM,NPLTC,PSETID,CID
1.000000,0,0,0,0
$ 定义厚板PART，引用定义的单元算法和材料模型。PID必须唯一。
*PART
$ HEADING

$ PID,SECID,MID,EOSID,HGID,GRAV,ADPOPT,TMID
1,1,0,0,0,0,0,1
$ *SECTION_SOLID定义全积分S/R体单元算法。
$ SECID可为数字或字符，其ID必须唯一，且被*PART卡片所引用。
*SECTION_SOLID
$ SECID,ELFORM,AET
1,2,0
$ 定义材料热学特性。TMID必须唯一，且被*PART所引用。
$ 密度为TRO=8000kg/m³，比热容HC=为1J/kg·℃，热导率TC=为52W/(m·℃)。
*MAT_THERMAL_ISOTROPIC
$ TMID,TRO,TGRLC,TGMULT,TLAT,HLAT
1,8000.000,0.000,0.000,0.000,0.000
$ HC,TC
1.000,52.0000
$ 在面段组SEGMENT SET上定义对流边界条件。
$ 传热系数HMULT=750W/m²℃。
*BOUNDARY_CONVECTION_SET
```

```
$ SSID
1
$ HLCID,HMULT,TLCID,TMULT,LOC
0,750.00000,0,0.000,0
$ 在面段组SEGMENT SET上定义对流边界条件。
*BOUNDARY_CONVECTION_SET
$ SSID
2
$ HLCID,HMULT,TLCID,TMULT,LOC
0,750.00000,0,0.000,0
$ 为热分析中的节点组指定温度边界条件，这里定义恒温100℃。
*BOUNDARY_TEMPERATURE_SET
$ NID/SID,TLCID,TMULT,LOC
1,0,100.00000,0
$ 为节点组定义初始温度100℃。
*INITIAL_TEMPERATURE_SET
$ NSID/NID,TEMP,LOC
1,100.00000,0
$ 包含TrueGrid软件生成的网格节点模型文件。
*INCLUDE
$ FILENAME
trugrdo
$ *end表示关键字输入文件的结束。
*end
```

10.3.4 数值计算结果

厚板温度分布如图 10-4 所示，节点 845 的最终温度为 17.954℃。

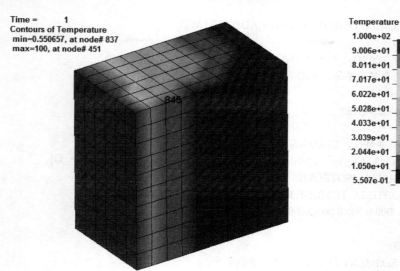

图 10-4　厚板温度分布

10.4 空心柱体热应力计算

该算例的计算控制参数来自 LSTC 公司的教程《Introductory Examples Manual for LS-DYNA®Users》，作者为 James M. Kennedy。本例采用 TrueGrid 重建网格模型。

10.4.1 计算模型描述

空心柱体最上端为空心圆柱，下端为空心球，中间为过渡段。空心柱体上下表面约束 Z 方向运动。尺寸如图 10-5 所示。空心柱体的径向和轴向承受线性温度载荷：$T(℃) = \sqrt{x^2 + y^2} + z$。柱体材料具有热膨胀特性：$\varepsilon = \alpha T$。求空心柱体的 Z 向应力分布。

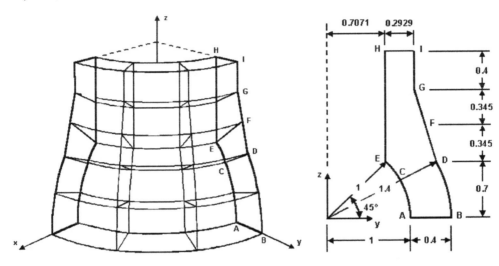

图 10-5　空心柱体结构图

根据对称性，采用 1/4 对称模型，即在 X-Z 和 Y-Z 平面施加对称边界条件。计算单位制采用 kg-m-s-N-Pa-N·m-℃。

10.4.2 TrueGrid 建模

该算例 TrueGrid 建模命令流如下：

```
plane 1 0 0 0 1 0 0 0.001 symm;
plane 2 0 0 0 0 0 1 0 0 0.001 symm;
mate 1
ld 1 lp2 1.4 0;lar 1.2124 0.7 1.4;
        lp2 1 1.39 1 1.79;;      c outer line
sd 1 crz 1;
ld 2 lp2 1.0 0;lar 0.7071 0.7 1.0;
        lp2 0.7071 1.79;;     c inner line
sd 2 crz 2;
partmode i
```

```
cylinder 1;3;2 1 1 1;0.7071 1.0;0 90;0 0.7 1.045 1.39 1.79
sfi -2; 1 2; 1 5;sd 1
sfi -1; 1 2; 1 5;sd 2
sfi 1 2; 1 2; -1;plan 0 0 0 0 0 1
sfi 1 2; 1 2; -2;plan 0 0 0.7 0 0 1
sfi 1 2; 1 2; -3;plan 0 0 1.045 0 0 1
sfi 1 2; 1 2; -4;plan 0 0 1.39 0 0 1
sfi 1 2; 1 2; -5;plan 0 0 1.79 0 0 1
endpart
merge
lsdyna keyword
write
```

10.4.3 关键字文件讲解

下面讲解相关 LS-DYNA 关键字输入文件。关键字输入文件有两个：计算模型参数主控文件 main.k 和网格模型文件 trugrdo。其中 main.k 的内容及相关讲解如下：

```
$ 首行*KEYWORD表示输入文件采用的是关键字输入格式。
*KEYWORD
$ 启动隐式分析，定义相关控制参数。
$ imflag=1表示隐式分析。
$ dt0=1.0为隐式分析初始时间步长。
$ imform为用于无缝回弹分析的单元算法标识，imform=2表示保持原单元算法。
*CONTROL_IMPLICIT_GENERAL
$ imflag,dt0,imform,nsbs,igs,cnstn,form
1,1.000000,2,1,2
$ 为隐式分析定义线性/非线性求解控制参数。
*CONTROL_IMPLICIT_SOLUTION
$ nsolvr,ilimit,maxref,dctol,ectol,rctol,lstol,abstol
1,11,15,0.001000,0.010000,1.0e+10,0.900000,1.000000
$ dnorm,diverg,istif,nlprint,nlnorm,d3itcl,cpchk
2,1,1,2,2,0,0
$ arcctl,arcdir,arclen,arcmth,arcdmp,arcpsi,arcalf,arctim
0,1,0.0,1,2,0.0,0.0,0.0
$ *CONTROL_TERMINATION定义计算结束条件。
$ 对于稳态热分析，ENDTIM可任意定义计算结束时间。
*CONTROL_TERMINATION
$ endtim,endcyc,dtmin,endeng,endmas
1.000000,0,0.0,0.0,0.0
$定义附加输出的数据。
$ intout=stress，表示附加输出单元所有积分点的应力到eloutdet文件。
$ nodout=stress，表示附加输出节点应力到eloutdet文件。
*DATABASE_EXTENT_BINARY
$ neiph,neips,maxint,strflg,sigflg,epsflg,rtflg,engflg
0,0,0,1,1,1,1,1
```

```
$ cmpflg,ieverp,beamip,dcomp,shge,stssz,n3thdt,ialemat

$ nintsld,pkp_sen,sclp,hydro,msscl,therm,intout,nodout
8,,1.0,,,,stress,stress
```
$定义将数据输出到eloutdet文件的时间间隔。
```
*DATABASE_ELOUT
$# dt/cycl
0.100000
```
$定义输出数据到eloutdet文件的单元。
```
*DATABASE_HISTORY_SOLID
$ eid1,eid2,eid3,eid4,ei5,eid6,eid7,eid8
3
```
$ 定义二进制文件D3PLOT的输出。
$ DT=1.000000表示输出时间间隔。
```
*DATABASE_BINARY_D3PLOT
$# dt/cycl
1.000000
```
$ 定义柱体PART。引用定义的单元算法和材料模型。
```
*PART
$ HEADING

$ PID,SECID,MID,EOSID,HGID,GRAV,ADPOPT,TMID
1,1,1
```
$ *SECTION_SOLID定义全积分S/R体单元算法。
```
*SECTION_SOLID
$ SECID,ELFORM,AET
1,2,1
```
$ 定义与温度相关的材料模型参数。
$ 密度为RO=1.0kg/m³，弹性模量=2.1E11Pa，泊松比0.3，线膨胀系数2.3E-4℃。
```
*MAT_ELASTIC_PLASTIC_THERMAL
$ mid,ro
1,1.000000
$ t1,t2,t3,t4,t5,t6,t7,t8
0.0,1000.000,0.0,0.0,0.0,0.0,0.0,0.0
$ e1,e2,e3,e4,e5,e6,e7,e8
2.100e+11,2.100e+11,0.0,0.0,0.0,0.0,0.0,0.0
$ pr1,pr2,pr3,pr4,pr5,pr6,pr7,pr8
0.300000,0.300000,0.0,0.0,0.0,0.0,0.0,0.0
$ alpha1,alpha2,alpha3,alpha4,alpha5,alpha6,alpha7,alpha8
2.300e-04,2.300e-04,0.0,0.0,0.0,0.0,0.0,0.0
$ sigy1,sigy2,sigy3,sigy4,sigy5,sigy6,sigy7,sigy8
0.0,0.0,0.0,0.0,0.0,0.0,0.0,0.0
$ etan1,etan2,etan3,etan4,etan5,etan6,etan7,etan8
0.0,0.0,0.0,0.0,0.0,0.0,0.0,0.0
```
$ 给节点施加变化的温度载荷。
```
*LOAD_THERMAL_VARIABLE_NODE
```

$#	nid	ts	tb	lcid
	1	1.000000	0.0	1
	2	1.310000	0.0	1
	3	1.410000	0.0	1
	4	1.000000	0.0	1
	5	1.310000	0.0	1
	6	1.410000	0.0	1
	7	1.000000	0.0	1
	8	1.310000	0.0	1
	9	1.410000	0.0	1
	10	1.000000	0.0	1
	11	1.310000	0.0	1
	12	1.410000	0.0	1
	13	1.400000	0.0	1
	14	1.710000	0.0	1
	15	1.910000	0.0	1
	16	1.400000	0.0	1
	17	1.710000	0.0	1
	18	1.910000	0.0	1
	19	1.400000	0.0	1
	20	1.710000	0.0	1
	21	1.910000	0.0	1
	22	1.400000	0.0	1
	23	1.710000	0.0	1
	24	1.910000	0.0	1
	25	1.740000	0.0	1
	26	1.740000	0.0	1
	27	1.740000	0.0	1
	28	1.740000	0.0	1
	29	2.150000	0.0	1
	30	2.150000	0.0	1
	31	2.150000	0.0	1
	32	2.150000	0.0	1
	33	2.100000	0.0	1
	34	2.100000	0.0	1
	35	2.100000	0.0	1
	36	2.100000	0.0	1
	37	2.390000	0.0	1
	38	2.390000	0.0	1
	39	2.390000	0.0	1
	40	2.390000	0.0	1
	41	2.500000	0.0	1
	42	2.500000	0.0	1
	43	2.500000	0.0	1
	44	2.500000	0.0	1
	45	2.790000	0.0	1

```
              46    2.790000        0.0          1
              47    2.790000        0.0          1
              48    2.790000        0.0          1
$ 定义加载曲线。
*DEFINE_CURVE
$ lcid,sdir,sfa,sfo,offa,offo,dattyp
1,0,0.0,0.0,0.0,0.0,0.0
$ a1,o1
0.0,1.00000000
$ a2,o2
1.00000000,1.00000000
$ 为节点组定义约束: 约束Z方向平动。
*BOUNDARY_SPC_SET
$#nid/nsid,cid,dofx,dofy,dofz,dofrx,dofry,dofrz
1,0,0,0,1
$ 为节点组定义约束: 约束Z方向平动。
*BOUNDARY_SPC_SET
$#nid/nsid,cid,dofx,dofy,dofz,dofrx,dofry,dofrz
2,0,0,0,1
$ 为节点组定义约束: 约束X方向平动。
*BOUNDARY_SPC_SET
$#nid/nsid,cid,dofx,dofy,dofz,dofrx,dofry,dofrz
3,0,1,0,0
$ 为节点组定义约束: 约束Y方向平动。
*BOUNDARY_SPC_SET
$#nid/nsid,cid,dofx,dofy,dofz,dofrx,dofry,dofrz
4,0,0,1,0
$ 为节点组定义约束: 约束Y和Z方向平动。
*BOUNDARY_SPC_SET
$#nid/nsid,cid,dofx,dofy,dofz,dofrx,dofry,dofrz
5,0,0,1,1
$ 为节点组定义约束。
*BOUNDARY_SPC_SET: 约束X和Z方向平动
$#nid/nsid,cid,dofx,dofy,dofz,dofrx,dofry,dofrz
6,0,1,0,1
$ 包含TrueGrid软件生成的网格节点模型文件。
*INCLUDE
$ FILENAME
trugrdo
$ *end表示关键字输入文件的结束。
*end
```

10.4.4 数值计算结果

空心柱体的温度和 Z 向应力分布如图 10-6 所示。

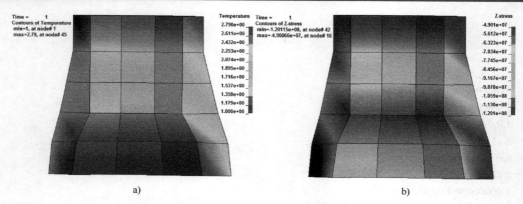

图 10-6　空心柱体的温度和 Z 向应力分布

a) 温度　b) Z 向应力

10.5　厚板辐射传热计算

辐射传热计算算例的计算控制参数来自 LSTC 公司的教程《Introductory Examples Manual for LS-DYNA®Users》，作者为 James M. Kennedy。本例采用 TrueGrid 重建网格模型。

10.5.1　计算模型描述

厚板尺寸为 0.6ft×1.0ft×1.0ft⊖，初始温度为 T_0=2000℃，其表面不断通过辐射向外界环境（T_0=530℃）散热。厚板内部没有热源。

求解 3.7h（即 13320s）后厚板温度分布。计算单位制采用 lbf⊖-s²/ft-ft-s-lbf-psi-lbf-ft，能量单位相应为 Btu⊜。

10.5.2　TrueGrid 建模

TrueGrid 建模命令流（该算例也可只采用一个单元，感兴趣的读者可以尝试）如下：

```
mate 1
partmode i
block 6;6;12;0 2;0 2;0 4
nset 1 1 1 1 2 2 2 = nodes
fset 1 1 1 1 1 2 2 = surface
fset 1 1 2 2 2 2 or surface
fset 2 1 1 2 2 2 or surface
fset 1 1 1 2 2 1 or surface
fset 1 1 1 2 1 2 or surface
fset 1 2 1 2 2 2 or surface
endpart
```

⊖　1ft=0.3048m。

⊜　1lbf=4.44822N。

⊜　1Btu=1055.06J。

merge

lsdyna keyword

write

下面讲解相关 LS-DYNA 关键字输入文件。关键字输入文件有两个：计算模型参数主控文件 main.k 和网格模型文件 trugrdo。其中 main.k 的内容及相关讲解如下：

```
$ 首行*KEYWORD表示输入文件采用的是关键字输入格式。
*KEYWORD
$ 指定求解分析程序，SOLN=1表示仅进行热分析。
*CONTROL_SOLUTION
$ SOLN,NLQ,ISNAN,LCINT,LCACC
1,0,0,0
$ 为热分析设置求解选项。
$ ATYPE=1表示进行瞬态热分析。
$ SOLVER=3表示采用默认的对角比例共轭梯度迭代热分析求解器。
$ SBC=T₀=4.75E−13Btu/s−ft²−°R⁴为Stefan Boltzmann常数。
*CONTROL_THERMAL_SOLVER
$ ATYPE,PTYPE,SOLVER,CGTOL,GPT,EQHEAT,FWORK,SBC
1,2,3,1.00e−06,1,1.000000,1.000000,4.7500e−13
$ *CONTROL_THERMAL_NONLINEAR为非线性热分析设置参数。
$ refmax是每一时间步最大矩阵变换数，默认值是10，这里为20。
$ tol为温度收敛容差。
$ dcp是发散控制参数。
*CONTROL_THERMAL_NONLINEAR
$ refmax,tol,dcp
20,1.000e−06,0.500000
$ 设置热分析时间步长。
$ TS=1表示采用变化的时间步长。
$ ITS=0.1s表示初始时间步长。
$ TMIN=0.1s表示最小时间步长。
$ TMAX=100.0s表示最大时间步长。
*CONTROL_THERMAL_TIMESTEP
$ ts,tip,its,tmin,tmax,dtemp,tscp
1,0.500000,0.100000,0.100000,100.0000,1.000000,0.500000
$ *CONTROL_TERMINATION定义计算结束条件。
$计算结束时间ENDTIM=1.3320e+04s。
*CONTROL_TERMINATION
$ endtim,endcyc,dtmin,endeng,endmas
1.3320e+04,0,0.0,0.0,0.0
$ 定义热输出。
*DATABASE_TPRINT
$ DT,BINARY,LCUR,IOOPT
10.00000,0,0,1
$ 定义要输出数据的节点。
```

```
*DATABASE_HISTORY_NODE
$   nid1,nid2,nid3,nid4,nid5,nid6,nid7,nid8
1,13,79,265
$ 定义二进制文件D3PLOT的输出。
*DATABASE_BINARY_D3PLOT
$ DT/CYCL,LCDT/NR,BEAM,NPLTC,PSETID,CID
100.0000,0,0,0,0
$ 定义厚板PART，引用定义的单元算法和材料模型。
*PART
$ HEADING

$ PID,SECID,MID,EOSID,HGID,GRAV,ADPOPT,TMID
1,1,0,0,0,0,0,1
$ *SECTION_SOLID定义全积分S/R体单元算法。
*SECTION_SOLID
$ SECID,ELFORM,AET
1,2,1
$ 定义材料热学特性。
$ 密度为TRO =487.5kg/m³，比热容为HC=0.11J/kg·℃，热导率为TC=1.0E4W/(m·℃)。
*MAT_THERMAL_ISOTROPIC
$ TMID,TRO,TGRLC,TGMULT,TLAT,HLAT
1,487.5000,0.0,0.0
$ HC,TC
0.11000,1.000e+04
$在面段组SEGMENT SET上定义辐射边界条件。
$ 辐射传热系数 fmult =4.7500e −13Btu/s − ft² − ℃。
$ 环境温度 timult = 530℃。
*BOUNDARY_RADIATION_SET
$ ssid,type
1,1
$ flcid,fmult,ilcid,timult,loc
0,4.7500e−13,0,530.0000,0
$ 为节点组定义初始温度2000℃。
*INITIAL_TEMPERATURE_SET
$ NSID/NID,TEMP,LOC
1,2000.0000,0
$ 包含TrueGrid软件生成的网格节点模型文件。
*INCLUDE
$ FILENAME
trugrdo
$ *end表示关键字输入文件的结束。
*end
```

10.5.4 数值计算结果

3.7h 后厚板温度分布如图 10-7 所示。3.7h 后节点 265 的温度为 1004℃，如图 10-8 所示。

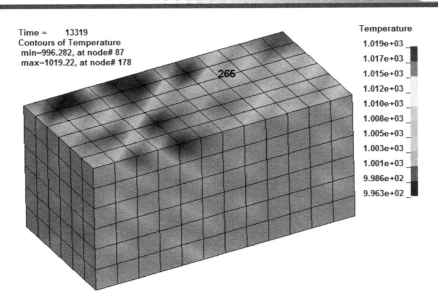

图 10-7　3.7h 后厚板温度分布

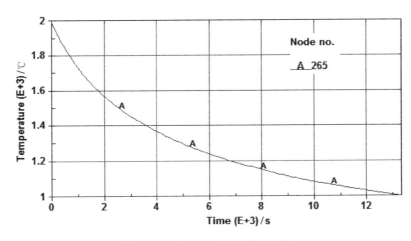

图 10-8　节点 265 温度变化曲线

10.6　水成冰相变计算

该算例的计算控制参数来自 LSTC 公司的教程《Introductory Examples Manual for LS-DYNA®Users》，作者为 James M. Kennedy。本例采用 TrueGrid 重建网格模型。

10.6.1　计算模型描述

一块正方体水，边长 0.1m。初始温度为 20℃，外表面与外界对流，环境温度为-20℃，试求水成冰的时间。

水的密度为 $\rho = 1000 \mathrm{kg/m^3}$，质量热容为 c=2000J/kg℃，热导率 k=1W/(m·K)，固化潜热

$H_\lambda = 300000 \mathrm{J/kg}$，相变温度为 0℃，传热系数 h=100W/(m^2·K)。计算单位制为国际单位制。

10.6.2　TrueGrid 建模

建模命令流如下：

```
mate 1
partmode i;
block 1;1;1;0 0.1;0 0.1;0 0.1;
fset 1 1 1 1 2 2 = faces
fset 1 1 1 2 1 2 or faces
fset 2 1 1 2 2 2 or faces
fset 1 2 1 2 2 2 or faces
fset 1 1 2 2 2 2 or faces
fset 1 1 1 2 2 1 or faces
nset 1 1 1 2 2 2 = nodes
endpart
merge
lsdyna keyword
write
```

10.6.3　关键字文件讲解

下面讲解相关 LS-DYNA 关键字输入文件。关键字输入文件有两个：计算模型参数主控文件 main.k 和网格模型文件 trugrdo。其中 main.k 的内容及相关讲解如下：

```
$ 首行*KEYWORD表示输入文件采用的是关键字输入格式。
*KEYWORD
$ 设置热分析时间步长。
$ TS=0表示采用固定不变的时间步长。
$ ITS=20.0s为初始时间步长。
$ TMIN=1.0s为最小时间步长。
$ TMAX=20.0s为最大时间步长。
$ DTEMP=5.表示每一时间步长最大温度变化为5℃。
*CONTROL_THERMAL_TIMESTEP
$ TS,TIP,ITS,TMIN,TMAX,DTEMP,TSCP
0,1.0,20.0,1.,20.,5.,.5
$ *CONTROL_THERMAL_NONLINEAR为非线性热分析设置参数。
$ REFMAX是每一时间步最大矩阵变换数，默认值是10，这里为50。
$ TOL为温度收敛容差。
$ THLSTL=0.9是线搜索收敛容差。
*CONTROL_THERMAL_NONLINEAR
$ REFMAX,TOL,DCP,LUMPBC,THLSTL,NLTHPR,PHCHPN
50,1.0e-04,0.0,,0.9
$ 指定求解分析程序，SOLN=1表示仅进行热分析。
*CONTROL_SOLUTION
$ SOLN
```

```
1
$ 为热分析设置求解选项。
$ ATYPE=1表示进行瞬态热分析。
$ SOLVER=3表示采用默认的对角比例共轭梯度迭代热分析求解器。
*CONTROL_THERMAL_SOLVER
$ ATYPE,PTYPE,SOLVER
1,1,1
$ *CONTROL_TERMINATION定义计算结束条件。
$ 计算结束时间ENDTIM=5000.0s。
*CONTROL_TERMINATION
$ ENDTIM,ENDCYC,DTMIN,ENDENG,ENDMAS
5000.0,0,0.,0.,0.
$ 定义二进制文件D3PLOT的输出。
*DATABASE_BINARY_D3PLOT
$ DT/CYCL,LCDT/NR,BEAM,NPLTC,PSETID,CID
1.00000
$ 定义水PART，引用定义的单元算法和材料模型。
*PART
Ice Cube
$ PID,SECID,MID,EOSID,HGID,GRAV,ADPOPT,TMID
1,1,0,0,0,0,0,1
$ *SECTION_SOLID定义常应力体单元算法。
*SECTION_SOLID
$ SECID,ELFORM,AET
1,1,0
$ 定义材料热学特性。
*MAT_THERMAL_ISOTROPIC_PHASE_CHANGE
$ TMID,TRO,TGRLC,TGMULT
1,1000.0
$ T1,T2,T3,T4,T5
-100.0,100.0
$ HC1,HC2,HC3,HC4,HC5
2000.0,2000.0
$ TC1,TC2,TC3,TC4,TC5
1.0,1.0
$ SOLT,LIQT,LH
0.0,2.0,3.00E+05
$ 在节点组上施加初始温度：T=20℃。
*INITIAL_TEMPERATURE_SET
1,20.0
$ 在面段SEGMENT组上施加对流边界条件：h=ScaleF=100W/(m² · ℃)。
$ 施加环境温度：Tmultip=-20℃。
*BOUNDARY_CONVECTION_SET
$ SSID
1
$ LCID,ScaleF,TLCID,Tmultip
```

```
0,100.0,0,-20.0
$ 包含TrueGrid软件生成的网格节点模型文件。
*INCLUDE
$ FILENAME
trugrdo
$ *END表示关键字输入文件的结束。
*END
```

10.6.4 数值计算结果

由图 10-9 可见，大约在 2614～2630s 之间水体温度降至零下，变成冰块。

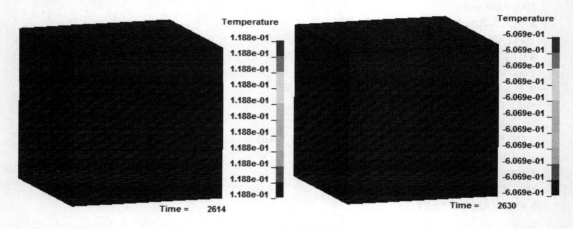

图 10-9　水体温度变化

注：本章部分内容来自 LSTC 公司的资料。

10.7　参考文献

[1] LS-DYNA KEYWORD USER'S MANUAL[Z], LSTC, 2017.

[2] SHAPIRO A. Using LS-DYNA for Heat Transfer Coupled Thermal-Stress Problems[R]. LSTC, 2012.

[3] KENNEDY J M. Introductory Examples Manual for LS-DYNA® Users[Z], 2013.

[4] 辛春亮，等. 由浅入深精通 LS-DYNA [M]. 北京：中国水利水电出版社，2019.

第 11 章　隐 式 分 析

隐式分析主要用于特征值分析、预应力分析、静态和准静态加载场合，如金属成形回弹、假人定位、屋顶积雪和水坝受力分析等。隐式分析中计算物理时间一般较长，可达秒级。

11.1　隐式分析基础

11.1.1　隐式分析相关关键字

LS-DYNA 关于隐式分析的关键字卡片有很多：

```
*CONTROL_IMPLICIT_AUTO
*CONTROL_IMPLICIT_BUCKLE
*CONTROL_IMPLICIT_CONSISTENT_MASS
*CONTROL_IMPLICIT_DYNAMICS
*CONTROL_IMPLICIT_EIGENVALUE
*CONTROL_IMPLICIT_FORMING
*CONTROL_IMPLICIT_GENERAL
*CONTROL_IMPLICIT_INERTIA_RELIEF
*CONTROL_IMPLICIT_JOINTS
*CONTROL_IMPLICIT_MODES
*CONTROL_IMPLICIT_ROTATIONAL_DYNAMICS
*CONTROL_IMPLICIT_SOLUTION
*CONTROL_IMPLICIT_SOLVER
*CONTROL_IMPLICIT_STABILIZATION
*CONTROL_IMPLICIT_STATIC_CONDENSATION
*CONTROL_IMPLICIT_TERMINATION
```

其中*CONTROL_IMPLICIT_GENERAL 卡片是必需的，该关键字卡片用于激活隐式求解器，还可进行显式/隐式转换。见表 11-1。

*CONTROL_IMPLICIT_SOLUTION 关键字为隐式分析定义非线性求解控制参数。

*CONTROL_IMPLICIT_AUTO 关键字用于激活自动时间步长控制。

*CONTROL_IMPLICIT_DYNAMICS 关键字用于考虑惯性效应。这里的时间应为真实的物理时间。

*CONTROL_IMPLICIT_EIGENVALUE 通知 LS-DYNA 进行特征值分析。

使用上述关键字可以很容易地将显式分析关键字输入文件变为隐式分析关键字输入文件。

首先采用*CONTROL_IMPLICIT_SOLUTION 关键字设置 IMFLAG=1 和 DT0=时间步长。隐式分析默认为静态分析，可通过设置*CONTROL_IMPLICIT_DYNAMICS 中的 IMASS=1 将其修改为动态分析。隐式分析默认为非线性分析，可设置*CONTROL_IMPLICIT_SOLUTION

中的 NSOLVR=1 使之成为线性分析。

表 11-1　*CONTROL_IMPLICIT_GENERAL 卡片

Card 1	1	2	3	4	5	6	7	8
Variable	IMFLAG	DT0	IMFORM	NSBS	IGS	CNSTN	FORM	ZERO_V
Type	I	F	I	I	I	I	I	I
Default	none	none	0	0	0	2	1	0

- IMFLAG：隐式/显式分析类型标识。
- ➢ IMFLAG=0：显式分析。
- ➢ IMFLAG=1：隐式分析。
- ➢ IMFLAG=2：显式/隐式转换连续求解（如无缝回弹分析）。需要 *INTERFACE_SPRINGBACK_SEAMLESS 来激活无缝回弹分析。
- ➢ IMFLAG=4：带有自动隐式/显式转换的隐式分析。
- ➢ IMFLAG=5：带有自动隐式/显式转换的隐式分析，且强制隐式分析结束。
- ➢ IMFLAG=6：带有间断特征值抽取的显式分析。
- ➢ IMFLAG<0：曲线 ID=-IMGFLAG，将 IMFLAG 定义为时间的函数。
- DT0：隐式分析初始时间步长。
- IMFORM：用于无缝回弹分析的单元算法标识。
- ➢ IMFORM=1：回弹分析时切换为全积分单元算法。
- ➢ IMFORM=2：保持原有单元算法（默认）。
- NSBS：无缝回弹分析的隐式步数。
- IGS：几何（初始应力）刚度标识。
- ➢ IGS=1：包含。
- ➢ IGS=2：忽略。
- CNSTN：一致切线刚度的指示器（仅用于体单元材料 3、115）。
- ➢ CNSTN=0：不采用（默认）。
- ➢ CNSTN=1：采用。
- FORM：全积分单元算法（仅用于 IMFLAG=2 和 IMFORM=1）。
- ➢ FORM=0：类型 16。
- ➢ FORM=1：类型 6。
- ZERO_V：显式/隐式转换前速度置为零。
- ➢ ZERO_V=0：速度不置零。
- ➢ ZERO_V=1：速度置零。

11.1.2　隐式分析不支持的关键字

LS-DYNA（R4.43967）隐式分析不支持显式分析中的许多关键字，如：
- *AIRBAG（仅支持少数）
- *COMPONENT_GEBOD_OPTION
- *COMPONENT_HYBRIDIII_OPTION

- *CONTACT_1D
- *CONTACT_ENTITY
- *CONTACT_INTERIOR
- SOFT=1 和 SOFT=2 接触选项。
- *CONTROL_EXPLOSIVE_SHADOW
- *DAMPING_FREQUENCY_RANGE
- *DAMPING_RELATIVE
- *HOURGLASS – 对于体单元仅实现了沙漏类型 6、7 和 9。
- 铰接的隐式算法（*CONTROL_RIGID 中的 LMF=1）。
- *INITIAL_DETONATION
- *INTERFACE_JOY
- *LOAD_DENSITY_DEPTH
- *LOAD_SSA
- *RAIL_OPTION
- *RIGIDWALL_PLANAR –FORCE 选项。
- SEATBELT 选项：
  - *ELEMENT_SEATBELT_ACCELOROMETER
  - *ELEMENT_SEATBELT_PRETENSIONER
  - *ELEMENT_SEATBELT_RETRACTOR
  - *ELEMENT_SEATBELT_SENSOR
  - *ELEMENT_SEATBELT_SLIPRING
- USER DEFINED AIRBAG SENSOR
- USER DEFINED EOS
- USER DEFINED INTERFACE CONTROL
- USER DEFINED INTERFACE FRICTION
- USER DEFINED LOADING
- USER DEFINED SOLUTION CONTROL
- USER WRITTEN COHESIVE MODEL
- USER WRITTEN WELD FAILURE
- 所有 ALE 相关关键字：
  - *ALE_FSI_PROJECTION
  - *ALE_FSI_SWITCH_MMG
  - *ALE_MULTI–MATERIAL_GROUP
  - *ALE_REFERENCE_SYSTEM_CURVE
  - *ALE_REFERENCE_SYSTEM_GROUP
  - *ALE_REFERENCE_SYSTEM_NODE
  - *ALE_REFERENCE_SYSTEM_SWITCH
  - *ALE_SMOOTHING
  - *ALE_TANK_TEST

➢ *ALE_UP_SWITCH

➢ *CONSTRAINED_EULER_IN_EULER

➢ *CONSTRAINED_LAGRANGE_IN_SOLID

➢ *CONTROL_ALE

➢ *DATABASE_FSI

➢ *INITIAL_GAS_MIXTURE

➢ *INITIAL_VOID_OPTION

➢ *INITIAL_VOLUME_FRACTION

➢ *INITIAL_VOLUME_FRACTION_GEOMETRY

● 所有 SPH 相关关键字：

➢ *BOUNDARY_SPH_FLOW

➢ *BOUNDARY_SPH_SYMMETRY_PLANE

➢ *CONTROL_SPH

➢ *ELEMENT_SPH

➢ *SECTION_SPH

● 所有 USA 相关关键字：

➢ *BOUNDARY_USA_SURFACE

● VDA 和 IGES 面。

● 与 MADYMO 代码耦合。

11.1.3　隐式分析支持的单元类型

LS-DYNA（R4.43967）隐式分析支持的单元类型如下：

（1）体单元　1、2、3、4、10、13、15、16、17、18、101-105。

（2）梁和 2D 壳单元　1、2、3、4、5、6、7、8、9、11、12。

（3）壳和 2D 体单元　2、4、6、10、12、13、15、16、17、18、20、21、22、25、26、27、101-105。

（4）厚壳单元　2、3。

11.1.4　隐式分析支持的材料模型

LS-DYNA（R4.43967）隐式分析支持的材料模型如下：

（1）3D 体单元　1-7、10、11、12、13、14-17、18、19、20、21-23、24、26、27、30、31、33、35、36、38、41-50、51-53、57、59、60-62、63、64、65、70、72、73、75-80、81、82、83-85、87-89、91、92、96、98、99、100、102、103、104、105、106、107、109-112、115、124、126-129、141-145、151、152、159、161、167、177、173、178、179、180、181、183、189、192、193。

（2）壳单元　1-4、6、9、18、20、21-23、24、27、30、32、34、36、37、41-50、54、55、60、76、77、81、89、91、92、98、99、103、104、106、107、116-118、122、123、125、133、135、136、137、181。

（3）梁单元 1、3、4、6、9、18、20、24、41-50、100。

（4）离散梁单元 66-71、74、93-95、97、146、196。

（5）合力梁单元 28-29、166。

（6）Cohesive 内聚单元 138、184-185。

（7）2D 体单元 1-7、9、12、13、18、20、21、24、26、27、41-50、57、60、63、77、81、82、103、104、106、107、167。

11.1.5 隐式分析收敛检查

LS-DYNA 隐式分析输出的信息文件 d3hsp 和 messag 包含了许多有用信息，利用这些信息可以分析：

1）求解是否正常。

2）深入了解求解过程的收敛性。

3）找出可能影响求解的"问题区域"和"感兴趣区域"。

LS-PrePost 软件还可以通过最上端的菜单栏 Misc→D3HSP View 读入 d3hsp 文件，协助诊断求解的收敛性，如图 11-1 所示。

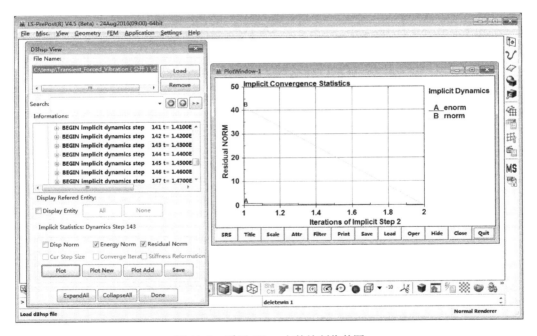

图 11-1 采用 d3hsp 文件绘制收敛图

11.1.6 隐式分析建议

下面是关于隐式分析的一些建议：

1）为提高线性分析的准确性和非线性分析的收敛性，应尽可能采用双精度版本。

2）自 LS-DYNA R8.0 以后，隐式分析功能改进很大，建议采用最新版本。

3）对于非线性分析，体单元选用单元类型 1、-1、13 或 16，壳单元选用 6 或 16。

4）关于隐式接触：

① 尽量避免初始穿透或采用 IGNORE=1。

② 对于固连，采用罚函数固连接触（_OFFSET 选项）。

③ 尝试附加卡 C 中的 IGAP=1 或采用 MORTAR 接触。

④ 隐式分析中，接触通常需要较小的时间步长。

⑤ 将软的 PART 设置为从面。

5）设置*CONTROL_ACCURACY 中的 OSU=1，激活二阶应力更新。

6）遇到收敛问题，设置*CONTROL_IMPLICIT_GENERAL 中的 IGS=1（非默认）。

7）设置*CONTROL_IMPLICIT_SOLUTION 中的 DNORM=1，此时通常可以提高位移收敛容差，如 ABSTOL=0.005。

8）设置*CONTROL_IMPLICIT_SOLUTION 中的 ABSTOL=1.E-20，以提高准确度。

9）通常，动态分析比静态分析更加稳健。如果静态分析不收敛，尝试动态分析。

10）尽量避免不连续，如材料曲线、几何。

11）如果遇到收敛问题，采用求解感应控制开关"<ctrl c>iter"，输出迭代状态到 d3iter 文件（设置*DATABASE_EXTENT_BINARY 中的 RESPLT=1，输出残余力到 d3iter 文件）。

12）如果存在太多刚体运动，位移容差 DCTOL 可能就不够，某些情况下可收紧能量容差至 0.001。

13）在隐式分析中，小单元尺寸的影响没有显式分析那么严重。

14）隐式分析中 CPU 耗费大致与自由度数量的平方成正比，而显式分析中 CPU 耗费大致与自由度数量成正比。

15）对于典型的隐式分析，可从下面的关键字设置开始：

```
*CONTROL_ACCURACY
$ OSU,INN,PIDOSU,IACC
1,2
*CONTROL_IMPLICIT_GENERAL
$ IMFLAG,DT0
$ 1,...
*CONTROL_IMPLICIT_SOLUTION
$ NSOLVR,ILIMIT,MAXREF,DCTOL,ECTOL,RCTOL,LSTOL,ABSTOL
(2/12),6,,(0.005),,(0.01),,(1.e-20)
$ DNORM,DIVERG,ISTIF,NLPRINT,NLNORM,D3ITCTL,CPCHK
1,,,1,,(1)
*CONTROL_IMPLICIT_AUTO
$ IAUTO ITEOPT ITEWIN DTMIN DTMAX DTEXP KFAIL KCYCLE
1,30,10,,(term/20)
*CONTROL_IMPLICIT_DYNAMICS
$ IMASS
(1)
```

11.2 简支方板特征值分析

本算例来自 LSTC 公司的教程《Introductory Examples Manual for LS-DYNA®Users》，作者为 James M. Kennedy。本例采用 TrueGrid 重建网格模型。

11.2.1 计算模型描述

简支方板特征值计算问题，方板尺寸为 10m×10m×1m，底面周边约束 Z 方向平动。

采用*MAT_ELASTIC 材料模型，密度为 $\rho = 8.00 \times 10^3 \, \text{kg} / \text{m}^3$，弹性模量 $E = 2.00 \times 10^{11} \text{Pa}$，泊松比 $\nu = 0.3$。计算单位制采用 kg-m-s。

11.2.2 TrueGrid 建模

TrueGrid 建模命令流如下：

```
mate 1
partmode i
block 8;8;3;0 10;0 10;0 1
b 1 1 1 1 2 1 dz 1;
b 1 1 1 2 1 1 dz 1;
b 2 1 1 2 2 1 dz 1;
b 1 2 1 2 2 1 dz 1;
endpart
merge
lsdyna keyword
write
```

TrueGrid 生成的是体单元，而计算模型采用厚壳单元，这需要在网格生成后，打开 trugrdo 文件，将字符串"*ELEMENT_SOLID"修改为"*ELEMENT_TSHELL"，并以原文件名保存。

11.2.3 关键字文件讲解

下面讲解相关 LS-DYNA 关键字输入文件。关键字输入文件有两个：计算模型参数主控文件 main.k 和网格模型文件 trugrdo。其中 main.k 的内容及相关讲解如下：

```
$ 首行*KEYWORD表示输入文件采用的是关键字输入格式。
*KEYWORD
$ 设定分析标题。
*TITLE
Simply Supported Square Plate: Out-of-Plane Vibration (thick shell mesh)
$ 激活隐式特征值分析，设置相关输入参数。
$ neig=20为抽取的特征值数量。
*CONTROL_IMPLICIT_EIGENVALUE
```

```
$ neig,center,lflag,lftend,rflag,rhtend,eigmth,shfscl
20,0.0,0,0,0,0,0,0.0,0,0.0
$ 激活隐式分析，定义相关控制参数。
$ imflag=1表示隐式分析。
*CONTROL_IMPLICIT_GENERAL
$ imflag,dt0,imform,nsbs,igs,cnstn,form ,zero_v
1,0.0
$ 设置壳单元计算的一些控制参数。
*CONTROL_SHELL
$ wrpang,esort,irnxx,istupd,theory,bwc,miter,proj
20.00000,0,0,0,2,2,1
$# rotascl,intgrd,lamsht ,cstyp6,tshell,nfail1,nfail4
0.0,1
$ *CONTROL_TERMINATION定义计算结束条件。
$ 可任意指定计算结束时间ENDTIM。
*CONTROL_TERMINATION
$ endtim,endcyc,dtmin,endeng,endmas
1.000000,0,0.0,0.0,0.0
$ 定义二进制文件D3PLOT的输出。
*DATABASE_BINARY_D3PLOT
$# dt/cycl,lcdt/nr,beam,npltc,psetid
1.000000
$ 定义方板PART。
*PART
$ HEADING

$ PID,SECID,MID,EOSID,HGID,GRAV,ADPOPT,TMID
1,1,1,0,1
$ 定义简化2×2面内积分厚壳单元算法。
*SECTION_TSHELL
$ secid,elform,shrf,nip,propt,qr/irid,icomp,tshear
1,2,0.0,5,0,0.0
$ 定义线弹性材料模型及其参数。
*MAT_ELASTIC
$ mid,ro,e,pr,da,db,not used
1,8000.000,2.0000e+11,0.300000,0.0,0.0,0.0
$ 定义Flanagan-Belytschko刚性沙漏控制。
*HOURGLASS
$ hgid,ihq,qm,ibq,q1,q2,qb,qw
1,4,0.1,0,0.0,0.0,0.0,0.0
$ 包含TrueGrid软件生成的网格节点模型文件。
```

```
*INCLUDE
$ FILENAME
trugrdo
$ *end表示关键字输入文件的结束。
*end
```

11.2.4 数值计算结果

特征值分析计算完成后，除了 D3PLOT 等文件外，还将生成二进制格式振型文件 d3eigv 和 ASCII 格式频率文件 eigout。其中 eigout 文件部分内容如下：

```
Simply Supported Square Plate: Out-of-Plane Vibration (thick shell mesh)
                    ls-dyna smp.113244 d            date 01/19/2017


results  of  eigenvalue  analysis:


problem time =   1.00000E+00


(all frequencies de-shifted)
```

| | | \|—— frequency ——\| | | |
MODE	EIGENVALUE	RADIANS	CYCLES	PERIOD
1	1.222361E−09	3.496228E−05	5.564419E−06	1.797133E+05
2	2.502929E−09	5.002929E−05	7.962408E−06	1.255901E+05
3	4.452886E−09	6.672995E−05	1.062040E−05	9.415840E+04
4	7.449258E+04	2.729333E+02	4.343868E+01	2.302096E−02
5	4.377512E+05	6.616277E+02	1.053013E+02	9.496558E−03
6	4.377512E+05	6.616277E+02	1.053013E+02	9.496558E−03
7	9.193747E+05	9.588403E+02	1.526042E+02	6.552901E−03
8	1.255008E+06	1.120271E+03	1.782967E+02	5.608628E−03
9	1.481334E+06	1.217101E+03	1.937076E+02	5.162420E−03
10	1.594925E+06	1.262903E+03	2.009973E+02	4.975191E−03
....	....	....	....	....
19	3.012803E+06	1.735743E+03	2.762521E+02	3.619883E−03
20	3.160044E+06	1.777651E+03	2.829220E+02	3.534543E−03

上面 5 列分别为模态阶数、特征值 λ、角频率 ω、频率 f 和周期 T，且：

$$T = 1\!\!\Big/\!f, \qquad \omega = 2\pi f, \qquad \lambda = \omega^2$$

方板前三阶频率为刚体运动，第四阶振动频率为 43.43868Hz，角频率为 272.9333rad/s。采用 LS-PrePost 软件读入 d3eigv 文件，可显示方板模态振型，如图 11-2 所示。

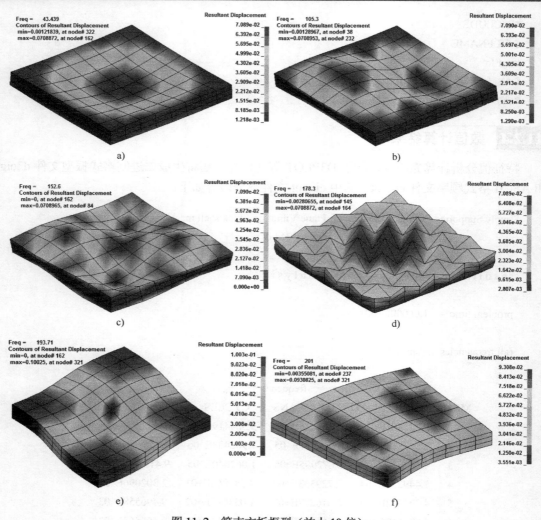

图 11-2　简支方板振型（放大 10 倍）

a) 第 4 阶振型　b) 第 5 阶振型　c) 第 7 阶振型　d) 第 8 阶振型

e) 第 9 阶振型　f) 第 10 阶振型

11.3　简支方板受力振动计算

本算例来自 LSTC 公司的教程《Introductory Examples Manual for LS-DYNA®Users》，作者为 James M. Kennedy。本例采用 TrueGrid 重建网格模型。

11.3.1　计算模型描述

本算例的几何模型与 11.2 节相同：方板尺寸为 10m×10m×1m，底面周边约束 Z 方向平动。顶面施加 1MPa 压力。

采用*MAT_ELASTIC 材料模型，密度为 $\rho = 8.00 \times 10^3 \mathrm{kg/m^3}$，弹性模量 $E = 2.00 \times 10^{11} \mathrm{Pa}$，泊松比 $\nu = 0.3$，阻尼比 $\xi = 2\%$。计算单位制采用 kg-m-s。

11.3.2 TrueGrid 建模

TrueGrid 网格模型与 11.2 节相同，此处仅增加了 SEGMENT SET 输出命令，压力载荷将施加在该 SEGMENT SET 上。

```
mate 1
partmode i
block 8;8;3;0 10;0 10;0 1
b 1 1 1 1 2 1 dz 1;
b 1 1 1 2 1 1 dz 1;
b 2 1 1 2 2 1 dz 1;
b 1 2 1 2 2 1 dz 1;
fset 1 1 2 2 2 2 = pressure          c 输出SEGMENT SET
endpart
merge
lsdyna keyword
write
```

计算模型采用厚壳单元，即网格生成后，打开 trugrdo 文件，将字符串 "*ELEMENT_SOLID" 修改为 "*ELEMENT_TSHELL"，并以原文件名保存。

11.3.3 关键字文件讲解

下面讲解相关 LS-DYNA 关键字输入文件。关键字输入文件有两个：计算模型参数主控文件 main.k 和网格模型文件 trugrdo。其中 main.k 的内容及相关讲解如下：

```
$ 首行*KEYWORD表示输入文件采用的是关键字输入格式。
*KEYWORD
$ 定义隐式分析自动时间步长控制参数。
$ iauto=0表示采用固定不变的时间步长。
*CONTROL_IMPLICIT_AUTO
$ iauto,iteopt,itewin,dtmin,dtmax,dtexp,kfail,kcycle
0,11,5,0.0,0.0
$ 启动隐式动态分析，定义时间积分常数。
$ imass=1表示启动采用Newmark时间积分的隐式动态分析。
$ gamma和beta均为时间积分常数。
*CONTROL_IMPLICIT_DYNAMICS
$ imass,gamma,beta
1,0.500000,0.250000
$ 激活隐式分析，定义相关控制参数。
$ imflag=1表示隐式分析。
$ dt0=0.000100s为隐式分析初始时间步长。
$ imform=2表示保持原单元算法。
*CONTROL_IMPLICIT_GENERAL
$ imflag,dt0,imform,nsbs,igs,cnstn,form ,zero_v
1,0.000100,2,1,2
```

$ 设置隐式线性方程求解方法及一些控制参数。
*CONTROL_IMPLICIT_SOLVER
$ lsolvr,lprint,negev,order,drcm,drcprm,autospc,autotol
4,2,2,0,1,0.0,1,0.0
$ lcpack
2
$ 为隐式分析定义线性/非线性求解控制参数。
*CONTROL_IMPLICIT_SOLUTION
$ nsolvr,ilimit,maxref,dctol,ectol,rctol,lstol,abstol
2,11,15,0.0010,0.0100,1.00e+10,0.900000,1.000000
$ dnorm,diverg,istif,nlprint
2,1,1,2
$ arcctl,arcdir,arclen,arcmth,arcdmp
0,1,0.0,1,2
$ 设置壳单元计算的一些控制参数。
*CONTROL_SHELL
$ wrpang,esort,irnxx,istupd,theory,bwc,miter,proj
20.00000,0,0,0,2,2,1
$# rotascl,intgrd,lamsht ,cstyp6,tshell,nfail1,nfail4
0.0,1
$ *CONTROL_TERMINATION定义计算结束条件。
$ 计算结束时间ENDTIM=0.020000s。
*CONTROL_TERMINATION
$ endtim,endcyc,dtmin,endeng,endmas
0.020000,0,0.0,0.0,0.0
$ 定义ASCII文件ELOUT的输出时间间隔。
$ ELOUT文件包含了*DATABASE_HISTORY_TSHELL定义的单元输出数据。
*DATABASE_ELOUT
$ dt,binary,lcur,ioopt
1.0000e-06,1
$ 定义ASCII文件NODFOR的输出时间间隔。
$ NODFOR文件包含了*DATABASE_NODAL_FORCE_GROUP定义的节点组输出力。
*DATABASE_NODFOR
$ dt,binary,lcur,ioopt
1.0000e-06,1
$ 定义ASCII文件NODOUT的输出时间间隔。
$ NODOUT文件包含了*DATABASE_HISTORY_NODE定义的节点输出力。
*DATABASE_NODOUT
$ dt,binary,lcur,ioopt
1.0000e-06,1
$ 定义二进制文件D3PLOT的输出。
$ DT=0.000100s表示输出时间间隔。
*DATABASE_BINARY_D3PLOT
$# dt/cycl
0.000100

$定义附加输出的数据。
$ intout=stress表示附加输出单元所有积分点的应力到eloutdet文件。
$ nodout=stress表示附加输出节点应力到eloutdet文件。
*DATABASE_EXTENT_BINARY
$ neiph,neips,maxint,strflg,sigflg,epsflg,rtflg,engflg

$ cmpflg,ieverp,beamip,dcomp,shge,stssz,n3thdt,ialemat

$ nintsld,pkp_sen,sclp,hydro,msscl,therm,intout,nodout
8,,1.0,,,, stress,stress
$定义输出数据到ELOUT文件的厚壳单元。
*DATABASE_HISTORY_TSHELL
$ id1,id2,id3,id4,id5,id6,id7,id8
28,29,36,37
$定义输出数据到NODFOR文件的节点组。
*DATABASE_NODAL_FORCE_GROUP
$ nsid,cid
164
$定义输出数据到NODOUT文件的节点。
*DATABASE_HISTORY_NODE
$ nid1,nid2,nid3,nid4,nid5,nid6,nid7,nid8
161,162,163,164
$定义节点组。
*SET_NODE_LIST
$ sid,da1,da2,da3,da4,solver
164,0.0,0.0,0.0,0.0
$ nid1,nid2,nid3,nid4,nid5,nid6,nid7,nid8
164
$ 定义阻尼。
$ 基于上节计算结果，$d_1 = \xi 2\omega_1 = 0.02 \times 2 \times 272.933 = 10.91732$。
*DAMPING_GLOBAL
$ lcid,valdmp,stx,sty,stz,srx,sry,srz
0, 10.91732,0.0,0.0,0.0,0.0,0.0,0.0
$ 定义加载曲线
*DEFINE_CURVE
$ lcid,sdir,sfa,sfo,offa,offo,dattyp
1,0,0.0,0.0,0.0,0.0
$ a1,o1
0.0,1.0000000e+06
$ a2,o2
1.00000000,1.0000000e+06
$ 定义方板PART。
*PART
$ HEADING

```
$ PID,SECID,MID,EOSID,HGID,GRAV,ADPOPT,TMID
1,1,1
$定义简化2×2面内积分厚壳单元算法。
*SECTION_TSHELL
$ secid,elform,shrf,nip,propt,qr/irid,icomp,tshear
1,2,0.0,5,0,0.0
$ 定义线弹性材料模型及其参数。
*MAT_ELASTIC
$ mid,ro,e,pr,da,db,not used
1,8000.000,2.0000e+11,0.300000,0.0,0.0,0.0
$ 定义加载的面段组。
*LOAD_SEGMENT_SET
$ SSID,LCID,SF,AT
1,1
$ 包含TrueGrid软件生成的网格节点模型文件。
*INCLUDE
$ FILENAME
trugrdo
$ *end表示关键字输入文件的结束。
*end
```

11.3.4 数值计算结果

图 11-3 所示是简支方板 Z 向最大位移图。由图可见，由于底面四周简支，方板中心变形最大。

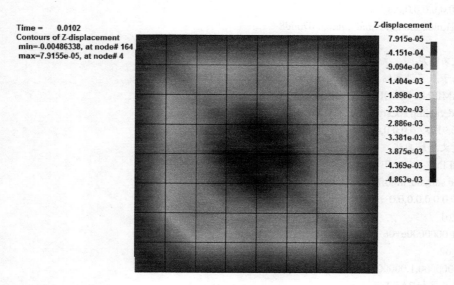

图 11-3 简支方板 Z 向最大位移图

通过 LS-PrePost 载入 elout 文件，可输出特定节点的第一个积分点的 X 方向弯曲应力，如图 11-4 所示。

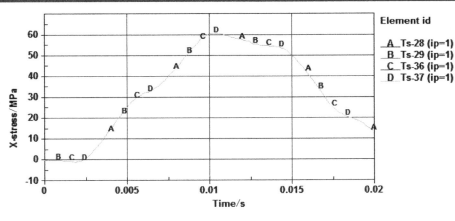

图 11-4 节点 28、29、36 和 37 的第一个积分点的 X 方向弯曲应力

11.4 轴向加载薄壁壳体屈曲分析

本算例来自 LSTC 公司的教程《Introductory Examples Manual for LS-DYNA®Users》，作者为 James M. Kennedy。本例采用 TrueGrid 重建网格模型。

11.4.1 计算模型描述

圆柱薄壁壳体高 120in，直径 48in，厚度 0.1in⊖。底部固定，顶部轴向承受均布压缩载荷 P=1000lb，圆柱壳体顶部约束 X 和 Y 向平动。计算圆柱壳体临界屈曲载荷。计算模型如图 11-5 所示。

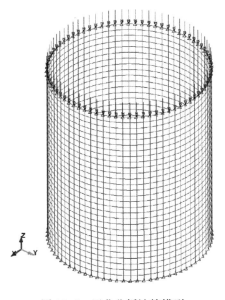

图 11-5 屈曲分析计算模型

⊖ 1in=0.0254m。

材料模型采用 *MAT_ELASTIC，密度为 $\rho = 1.00 \times 10^{-2}\,\mathrm{lbf} \cdot \mathrm{s}^2/\mathrm{in}^4$，弹性模量 $E = 1.00 \times 10^7\,\mathrm{lbf}/\mathrm{in}^2$，泊松比 $\nu = 0.3$。计算单位制采用 lbf-s²/in、in、s、lbf、psi、lbf-in。采用双精度 LS-DYNA 计算。

11.4.2 TrueGrid 建模

TrueGrid 建模命令流如下：

```
mate 1
cylinder -1;1 77;1 30;48;0 360;0 120
b 1 1 1 1 2 1 dx 1 dy 1 dz 1 rx 1 ry 1 rz 1;
b 1 1 2 1 2 2 dx 1 dy 1;
nset 1 1 2 1 2 2 = nodes
thi -1;;;0.1
endpart
merge
stp 0.01
lsdyna keyword
write
```

11.4.3 关键字文件讲解

下面讲解相关 LS-DYNA 关键字输入文件。关键字输入文件有两个：计算模型参数主控文件 main.k 和网格模型文件 trugrdo。其中 main.k 的内容及相关讲解如下：

```
$ 首行*KEYWORD表示输入文件采用的是关键字输入格式。
*KEYWORD
$ 激活隐式分析，定义相关控制参数。
$ imflag=1表示隐式分析。
$ dt0=0.100000s为隐式分析初始时间步长。
$ imform=2表示保持原单元算法。
*CONTROL_IMPLICIT_GENERAL
$ imflag,dt0,imform,nsbs,igs,cnstn,form
1,0.100000,2,1,2
$ 为隐式分析定义线性/非线性求解控制参数。
*CONTROL_IMPLICIT_SOLUTION
$ nsolvr,ilimit,maxref,dctol,ectol,rctol,lstol,abstol
2,11,15,0.0010,0.0100,1.00e+10,0.900000,1.000000
$ dnorm,diverg,istif,nlprint
2,1,1,2
$ arcctl,arcdir,arclen,arcmth,arcdmp
0,1,0.0,1,2
$ 当达到预定计算时间后就激活隐式屈曲分析。
$ nmode=3为计算的屈曲模态数。
*CONTROL_IMPLICIT_BUCKLE
$ nmode
```

3
$ *CONTROL_TERMINATION定义计算结束条件。
$ 任意指定计算结束时间ENDTIM=1.000000s。
*CONTROL_TERMINATION
$ endtim,endcyc,dtmin,endeng,endmas
1.000000,0,0.0,0.0,0.0
$ 设置壳单元计算的一些控制参数。
*CONTROL_SHELL
$ wrpang,esort,irnxx,istupd,theory,bwc,miter,proj
20.00000,0,0,0,2,1,1,1
$# rotascl,intgrd,lamsht ,cstyp6,tshell,nfail1,nfail4
0.0,0
$ 定义二进制文件D3PLOT的输出。
$ DT=0.010000s表示输出时间间隔。
*DATABASE_BINARY_D3PLOT
$# dt/cycl
0.010000
$ 定义薄壁壳体PART。
*PART
$ HEADING

$ PID,SECID,MID,EOSID,HGID,GRAV,ADPOPT,TMID
1,1,1,0,1
$定义Belytschko-Tsay壳单元算法。
*SECTION_SHELL
$ secid,elform,shrf,nip,propt,qr/irid,icomp,setyp
1,2,0.0,0,1,0.0,0,1
$ t1,t2,t3,t4,nloc,marea
0.100000,0.100000,0.100000,0.100000,0,0.0
$ 定义线弹性材料模型及其参数。
*MAT_ELASTIC
$ mid,ro,e,pr,da,db,not used
1,0.010000,1.0000e+07,0.300000,0.0,0.0,0.0
$ 定义沙漏控制参数。
*HOURGLASS
$ hgid,ihq,qm,ibq,q1,q2,qb,qw
1,4,0.0,0,0.0,0.0,0.0,0.0
$定义加载曲线。
$ 环向节点数量为76，1000/76=13.15789474。
*DEFINE_CURVE
$ lcid,sdir,sfa,sfo,offa,offo,dattyp
1,0,0.0,0.0,0.0,0.0,0
$ a1,o1
0.0,1.00000000
$ a2,o2
1.00000000,13.15789474

```
$ 定义加载的节点组。
*LOAD_NODE_SET
$ nsid,dof,lcid,sf,cid,m1,m2,m3
1,3,1,-1.000000
$ 包含TrueGrid软件生成的网格节点模型文件。
*INCLUDE
$ FILENAME
trugrdo
$ *end表示关键字输入文件的结束。
*end
```

11.4.4 数值计算结果

打开计算输出的 ASCII 文件 eigout 可查看三阶特征值，其一阶特征值为 $\lambda_1 = 3.876317\text{E}+02$。LS-DYNA 计算出的临界载荷 P_{cr} 可通过一阶特征值和施加的轴向载荷计算出：

$$P_{cr} = \lambda_1 P = 3.876317 \times 10^2 \times 1000\text{lbf} = 3.8763 \times 10^5 \text{lbf}$$

临界轴向应力通过下式给出：

$$\sigma_{cr}^* = \frac{P_{cr}}{A} = \frac{3.8763 \times 10^5 \text{lbf}}{3.0159 \times 10^1 \text{in}^2} = 1.2853 \times 10^4 \text{psi}$$

与 Timoshenko 和 Gere [1961]得到的解析解吻合较好：

$$\sigma_{cr}^* = E \frac{t}{R} \frac{1}{\sqrt{3(1-\nu^2)}} = 1.2608 \times 10^4 \text{psi}$$

采用 LS-PrePost 读入 d3eigv 文件可显示变形模态，如图 11-6 所示。

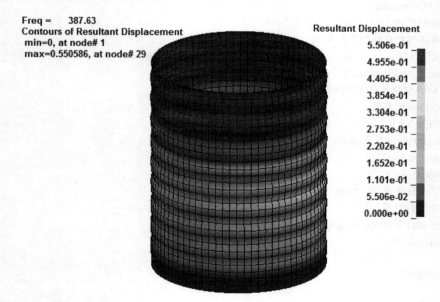

图 11-6　薄壁壳体一阶模态

11.5 金属切削 EFG 计算

LS-DYNA 8.0 版以后，隐式算法改进较大，提高了计算稳定性和计算效率。

EFG（Element Free Galerkin）算法计算准确度较高，适用于解决大变形问题，如锻造和挤压等金属成形问题。缺点是比标准的拉格朗日体单元计算成本高出 4～5 倍。此外，在极大变形问题中也会面临求解困难，LS-DYNA 采用自适应 EFG 算法来解决该问题。

本节借用 DYNAmore GmbH 公司的一个算例，介绍隐式算法和自适应 EFG 算法的使用方法。DYNAmore GmbH 采用 LS-PrePost 建立网格模型，本例采用 TrueGrid 软件建模。

11.5.1 计算模型描述

工件尺寸为 24mm×4mm×10mm，如图 11-7 所示，为了减少计算成本，刀具采用壳单元，工件左侧面约束全部自由度，底面约束 Z 向平动自由度。

工件采用*MAT_PIECEWISE_LINEAR_PLASTICITY 材料模型，刀具采用*MAT_RIGID 刚体材料。计算单位制采用 mm-ton-s。

11.5.2 TrueGrid 建模

该计算模型的 TrueGrid 建模命令流如下：

```
ld 1 lp2 14 19.5 14 11;lar 16 10.5 1.1;lp2 20 18.9;
sd 1 cp 1 my 12;;
mate 2
block 1 41 81;1 51;−1;12 16 20;−1 11;0
pb 1 2 1 1 2 1 xyz 14 11 19.5
pb 1 1 1 1 1 1 xyz 14 −1 19.5
pb 3 1 1 3 1 1 xyz 20 −1 18.9
pb 3 2 1 3 2 1 xyz 20 11 18.9
sfi 1 2; 1 2; −1; sd 1
sfi 2 3; 1 2; −1; sd 1
orpt − 16 5 14      c 法线方向背向点16,5,14。
n 1 1 1 3 2 1
endpart
mate 3
block 1 13;1 3;1 6;3 27;3 7;−0.2 9.8;
endpart
merge
lsdyna keyword
write
```

在生成的网格模型中，刀具划分较为细密网格，而工件则划分较粗网格，如图 11-8 所示。

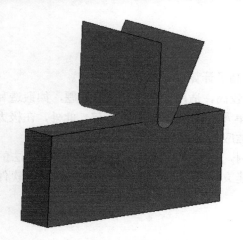

图 11-7　计算模型

图 11-8　网格模型

11.5.3　关键字文件讲解

下面讲解相关 LS-DYNA 关键字输入文件。关键字输入文件有两个：计算模型参数主控文件 main.k 和网格模型文件 trugrdo。main.k 中的计算模型参数主要来自 DYNAmore GmbH 公司，内容及相关讲解如下：

```
$ 为尊重原作者版权，保留原k文件注释。
$X ———————————————————————————————————————
$X DYNAmore proprietary 2014-07-09
$X ———————————————————————————————————————
$X
$X DYNAmore GmbH
$X Industriestr. 2
$X 70565 Stuttgart
$X Germany
$X Tel:      +49-(0)711-459-6000
$X Hotline: +49-(0)7031-418295
$X E-Mail:   info@dynamore.de
$X Web:      http://www.dynamore.de
$X
$X Copyright, 2014 DYNAmore GmbH
$X Copying for non-commercial usage allowed if
$X copy bears this notice completely.
$X
$X PROJEKT: EFG simulation: cutting/bulk forming
$X CREDITS: DYNAmore
$X CREATOR: Nils Karajan
$X ———————————————————————————————————————
$X
```

$X 1. Run file as is.

$X   Requires LS-DYNA MPP R8.0.0 (or higher) with double precision

$X

$X——

$# UNITS: ton / mm / s / N / MPa / Nmm (mJ)

$X——

$ 首行*KEYWORD表示输入文件采用的是关键字输入格式。

$ 200M表示计算采用的内存，以字计。

*KEYWORD200M

$ 定义分析标题。

*TITLE

EFG Local Adaptivity

$ 定义参数。参数前的"R"表示该参数为实数。

*PARAMETER

$ PRMR1,VAL1

R tend,4.0e-2

R dtout,2.0e-4

R dtimpl,2.0e-4

$ 定义自适应频率。

R dtadpf,1.0e-3

$ 定义自适应网格尺寸。

R rmin,0.15

R rmax,2.25

R adpene,1.00

$- Tool travel

R dist,9.0

$ *CONTROL_TERMINATION定义计算结束条件。

$ ENDTIM定义计算结束时间，这里ENDTIM=tend=4.0e-2s。

$ 参数先定义后引用，要引用定义的参数，应在参数前加"&"，如"&tend"。

*CONTROL_TERMINATION

$ ENDTIM,ENDCYC,DTMIN,ENDENG,ENDMAS,NOSOL

&tend

$ 激活隐式动态分析，定义时间积分参数。

$ imass=1表示动态分析采用Newmark时间积分。

*CONTROL_IMPLICIT_DYNAMICS

$ imass,gamma,beta,tdybir,tdydth,tdybur,irate

1

$ 激活隐式分析，定义相关控制参数。

$ imflag=1表示隐式分析。

$ dt0=dtimpl/6为隐式分析初始时间步长。

*CONTROL_IMPLICIT_GENERAL

$ imflag,dt0,imform,nsbs,igs,cnstn,form ,zero_v

1,&dtimpl/6.

$ 定义隐式分析自动时间步长控制参数。

```
$ iauto=1表示采用自动调整的时间步长。
$ dtmin=dtimpl=2.0e-4s为许可的最小时间步长。
*CONTROL_IMPLICIT_AUTO
$ iauto,iteopt,itewin,dtmin,dtmax,dtexp,kfail,kcycle
1,20,4,&dtimpl
$ 为隐式分析定义线性/非线性求解控制参数。
*CONTROL_IMPLICIT_SOLUTION
$ nsolvr,ilimit,maxref,dctol,ectol,rctol,lstol,abstol
2,4,7,0.0010,0.01,,,1.0e-20
$ dnorm,diverg,istif,nlprint
1,1,,2
$ arcctl,arcdir,arclen,arcmth,arcdmp


$ lsmtd,lsdir,irad,srad,awgt,sred
5
$ 定义各类输出参数。
*CONTROL_OUTPUT
$ npopt,neecho,nrefup,iaccop,opifs,ipnint,ikedit,iflush
1,,,,,,,100
$ iprtf,ierode,tet10,msgmax,ipcurv,gmdt
,,2,50
$ 定义能量耗散选项输出控制参数。
*CONTROL_ENERGY
$ hgen,rwen,slnten,rylen
2,2,2,2
$ 定义提高计算准确性的控制参数。
*CONTROL_ACCURACY
$ osu,inn,pidosu,iacc
1,4,,1
$ 定义刚体控制参数。
*CONTROL_RIGID
$ lmf,jntf,orthmd,partm,sparse,metalf,plotel,rbsms
,,,,,0
$ 定义体单元控制参数。
*CONTROL_SOLID
$ esort,fmatrix,niptets,swlocl
1,2,5
$ pm1,pm2,pm3,pm4,pm5,pm6,pm7,pm8,pm9,pm10


$ 定义沙漏控制类型和参数。
*CONTROL_HOURGLASS
$ IHQ,QH
6
$ 禁止输出重启动文件。
```

```
*CONTROL_MPP_IO_NODUMP
$ 定义接触控制参数。
*CONTROL_CONTACT
$ slsfac,rwpnal,islchk,shlthk,penopt,thkchg,orien,enmass
2.5
$ usrstr,usrfrc,nsbcs,interm,xpene,ssthk,ecdt,tiedprj


$ sfric,dfric,edc,vfc,th,th_sf,pen_sf


$ ignore,frceng,skiprwg,outseg,spotstp,spotdel,spothin


$ isym,nserod,rwgaps,rwgdth,rwksf,icov,swradf,ithoff


$ shledg,pstiff,ithcnt,tdcnof,ftall,unused,shltrw


$ 激活自适应网格。
*CONTROL_ADAPTIVE
$ adpfreq,adptol,adpopt,maxlvl,tbirth,tdeath,lcadp,ioflag
&dtadpf,,7,3
$ adpsize,adpass,ireflg,adpene,adpth,memory,orient,maxel
1.0,0,0,&adpene
$ ladpn90,ladpgh,ncfred,ladpcl,adpctl,cbirth,cdeath,lclvl
,,,1
$ cnla


$ 定义自适应EFG控制参数。
*CONTROL_REMESHING_EFG
$ rmin,rmax,vf_loss,mfrac,dt_min,icurv,iadp10,segang
&rmin,&rmax
$ ivt,iat,iaat,ier,MonotoMsh
1,,,,1
$ iat1,iat2,iat3


$ 定义将整体模型数据输出到文件GLSTAT中。
*DATABASE_GLSTAT
$ dt,binary,lcur,ioopt
&dtout,,,1
$ 定义将材料能量数据输出到文件MATSUM中。
*DATABASE_MATSUM
$ dt,binary,lcur,ioopt
&dtout,,,1
$ 定义将边界力和能量输出到文件BNDOUT中。
*DATABASE_BNDOUT
$ dt,binary,lcur,ioopt
```

```
&dtout,,,1
$ 定义将刚体数据输出到文件RBDOUT中。
*DATABASE_RBDOUT
$ dt,binary,lcur,ioopt
&dtout,,,1
$ 定义将合成界面力输出到文件RCFORC中。
*DATABASE_RCFORC
$ dt,binary,lcur,ioopt
&dtout,,,1
$ 定义将滑移能输出到文件SLEOUT中。
*DATABASE_SLEOUT
$ dt,binary,lcur,ioopt
&dtout,,,1
$ 定义二进制文件输出格式。
*DATABASE_FORMAT
$ iform,ibinary
,1
$ 定义二进制文件D3PLOT的输出。
$ DT=dtout=2.0e-4s表示输出时间间隔。
*DATABASE_BINARY_D3PLOT
$ DT/CYCL,LCDT/NR,BEAM,NPLTC,PSETID,CID
&dtout
$ ioopt


$ 定义二进制文件INTFOR的输出。
*DATABASE_BINARY_INTFOR
$ DT=dtout=2.0e-4s表示输出时间间隔。
$ dt,lcdt,beam,npltc,psetid
&dtout
$ 定义刀具PART。
*PART
$ HEADING
Tool
$ PID,SECID,MID,EOSID,HGID,GRAV,ADPOPT,TMID
2,2,2
$定义Belytschko-Tsay单元算法。
*SECTION_SHELL
$ secid,elform,shrf,nip,propt,qr/irid,icomp,setyp
2,2
$ t1,t2,t3,t4,nloc,marea,idof,edgset
1.0
$ 这是*MAT_020刚体材料模型，MID可为数字或字符，其ID必须唯一，
$ 且被*PART卡片所引用。
*MAT_RIGID
```

```
$ mid,ro,e,pr,n,couple,m,alias
2,7.85E-9,2.10e+05,0.3
$ cmo,con1,con2
1.0,4.0,7.0
$ lco or a1,a2,a3,v1,v2,v3


$ 定义工件PART。
*PART
$ HEADING
Workpiece
$ PID,SECID,MID,EOSID,HGID,GRAV,ADPOPT,TMID
3,3,3,,,, 2
$定义EFG单元算法。
*SECTION_SOLID_EFG
$ secid,elform,aet
3,41
$ dx,dy,dz,ispline,idila,iebt ,idim(2),toldef
1.25,1.25,1.25,,,,3,2
$ ips,stime,iken,sf,cmid,ibr,ds,ecut
1
$ 为工件定义*MAT_024材料模型及其参数。
*MAT_PIECEWISE_LINEAR_PLASTICITY_TITLE
$ TITLE
Material3_Band_plastisch
$ mid,ro,e,pr,sigy,etan,fail,tdel
3,7.85E-9,2.10e+05,0.3,400.0
$ c,p,lcss,lcsr,vp
,,33,1
$ eps1,eps2,eps3,eps4,eps5,eps6,eps7,eps8


$ es1,es2,es3,es4,es5,es6,es7,es8


$ 定义有效应力-有效塑性应变曲线
*DEFINE_CURVE
$ lcid,sidr,sfa,sfo,offa ,offo,dattyp
33
$ a1,o1
0.000, 400.0
0.005, 450.0
0.020, 455.0
0.100, 600.0
0.200, 800.0
0.500,1000.0
1.000,1200.0
```

```
2.000,1400.0
3.000,1450.0
12.00,1500.0
$ 定义刀具和工件之间的接触。
*CONTACT_FORMING_SURFACE_TO_SURFACE_MORTAR
$ ssid,msid,sstyp,mstyp,sboxid,mboxid,spr,mpr
3,2,3,3
$ fs,fd,dc,vc,vdc,penchk,bt,dt
0.1
$ sfs,sfm,sst,mst,sfst,sfmt,fsf,vsf

$ soft,sofscl,lcidab,maxpar,sbopt,depth,bsort,frcfrq
,,,,,,,1
$ penmax,thkopt,shlthk,snlog,isym,i2d3d,sldthk,sldstf

$ igap,ignore,dprfac,dtstif,,,flangl,cid_rcf
5
$ 约束侧边全部自由度。
*CONSTRAINED_GLOBAL
$ tc,rc,dir,x,y,z
7,7,1,3.0,5.0,5.0
$ 约束底面法向自由度。
*CONSTRAINED_GLOBAL
$ tc,rc,dir,x,y,z
3,7,3,10.0,7.0,-0.2
$ 指定刀具Z向速度。
*BOUNDARY_PRESCRIBED_MOTION_RIGID
$ pid,dof,vad,lcid,sf,vid,death,birth
2,3,,1,-1.0
$ 定义加载曲线。
*DEFINE_CURVE_SMOOTH_TITLE
$ TITLE
Prescribed Motion
$ lcid,sidr,dist,tstart,tend,trise,v0
1,,&dist,,&tend,&tend/6.0
$ 包含TrueGrid软件生成的网格节点模型文件。
*INCLUDE
$ FILENAME
trugrdo
$ *END表示关键字输入文件的结束，LS-DYNA读入时将忽略该语句后的所有内容。
*END
```

11.5.4 数值计算结果

图 11-9 所示为切削过程计算结果。

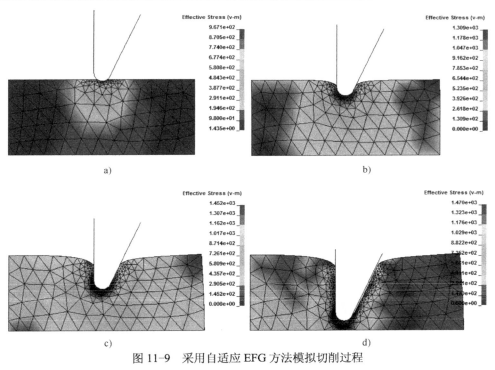

图 11-9　采用自适应 EFG 方法模拟切削过程

a) t=0.005s　b) t=0.012s　c) t=0.021s　d) t=0.04s

注：本章部分内容来自 LSTC 和 DYNAmore GmbH 公司的资料。

11.6　参考文献

[1] LS-DYNA KEYWORD USER'S MANUAL[Z], LSTC, 2017.

[2] KENNEDY J M. Introductory Examples Manual for LS-DYNA® Users[Z], 2013.

[3] www.dynaexamples.com

[4] HU W, WU C T, GUO Y. LS-DYNA Advanced FEM and Meshfree Methods In Solid and Structural Analyses[R].LSTC, 2014.

[5] 辛春亮，等. 由浅入深精通 LS-DYNA [M]. 北京：中国水利水电出版社, 2019.

第12章 S-ALE/ICFD/CESE/EM/DEM 算法介绍

近年来，LS-DYNA 发展迅速，新增了多种求解算法，如前面介绍的自适应 EFG、SPG、Peridynamics 等，本节将介绍其他新增的 S-ALE、ICFD、CESE、EM、DEM 算法。

12.1 水下爆炸 S-ALE 计算

2015 年 Hao Chen 博士将结构化 S-ALE（Structured ALE）算法引入了 LS-DYNA。S-ALE 算法与传统 ALE 算法一样，采用相同的输运和界面重构算法，但 S-ALE 具有如下优点：

1）网格生成更加简单。S-ALE 可以内部自动生成 ALE 正交网格，关键字输入文件更小，便于修改网格，I/O 处理时间更少。

2）需要更少的内存。

3）计算时间可比传统 ALE 算法减少 1/3。

4）并行效率更高，S-ALE 适合于处理大规模 ALE 模型，目前有 SMP、MPP 和 MPP 混合并行版本。

5）非常稳健。

12.1.1 S-ALE 算法简介

S-ALE 作为 LS-DYNA 新增的 ALE 求解器，采用结构化正交网格求解 ALE 问题。S-ALE 可生成多块网格，每块网格独立求解。不同的网格可占据相同的空间区域。

S-ALE 中定义了两种 PART：

（1）网格 PART　指 S-ALE 网格，由一系列单元和节点组成，没有材料信息，仅是一个网格 PART。由*ALE_STRUCTURED_MESH 中的 DPID 定义，在所有 ALE 相关的关键字中，PID 指的是网格 PART ID。

（2）材料 PART　S-ALE 网格中流动的多物质材料，没有包含任何网格信息。可有多个卡片，每个卡片定义了一种多物质（*MAT+*EOS+*HOURGLASS）。其 ID 仅出现在*ALE_MULTI-MATERIAL_GROUP 关键字中，其他任何对该 ID 的引用都是错误的。

定义 S-ALE 时用户需要指定三个方向的网格间距。通过一个节点定义网格源节点，并指定网格平动；另外三个定义局部坐标系，并指定网格旋转运动。S-ALE 建模过程有以下三个步骤：

1）网格生成。生成单块网格 PART。由*ALE_STRUCTURED_MESH 关键字卡片生成网格 PART。由*ALE_STRUCTURED_MESH_CONTROL_POINTS 关键字卡片控制 X、Y、Z 方向的网格间距。

2）定义 ALE 多物质。定义 S-ALE 网格中的材料。对每一种 ALE 材料，定义一个 PART，该 PART 将*MAT+*EOS+*HOURGLASS 组合在一起，由此形成材料 PART。然后在 *ALE_MULTI-MATERIAL_GROUP 关键字卡片下列出全部 ALE 多物质 PART。

3）填充多物质材料。初始阶段在 S-ALE 网格 PART 中填充多物质材料，这通过 *INITIAL_VOLUME_FRACTION_GEOMETRY 实现。

LS-DYNA 中有数个关于 S-ALE 的关键字卡片：

```
*ALE_STRUCTURED_MESH
*ALE_STRUCTURED_MESH_CONTROL_POINTS
*ALE_STRUCTURED_MESH_MOTION
ALE_STRUCTURED_MESH_TRIM等
```

其中*ALE_STRUCTURED_MESH 卡片用于定义 3D 网格，并激活 S-ALE 求解器，见表 12-1 和表 12-2。

表 12-1　*ALE_STRUCTURED_MESH 关键字卡片 1

Card 1	1	2	3	4	5	6	7	8
Variable	MSHID	DPID	NBID	EBID				TDEATH
Type	I	I	I	I				F
Default	0	none	0	0				1.E+16

- MSHID：S-ALE 网格 ID。此 ID 唯一。
- DPID：默认的 PART ID。生成的网格被赋予 DPID。DPID 指的是空 PART，不包含任何材料，也没有单元算法信息，仅用于引用网格。
- NBID：生成节点，节点编号 ID 从 NBID 开始。
- EBID：生成单元，单元编号 ID 从 EBID 开始。
- TDEATH：设置此 S-ALE 网格的关闭时间。关闭后会删除 S-ALE 网格及与之相关的 *CONSTRAINED_LAGRANGE_IN_SOLID 和*ALE_COUPLING_NODAL 卡片，ALE 计算随之停止，仅保留 Lagrangian PART 的计算。

表 12-2　*ALE_STRUCTURED_MESH 关键字卡片 2

Card 2	1	2	3	4	5	6	7	8
Variable	CPIDX	CPIDY	CPIDZ	NID0	LCSID			
Type	I	I	I	I	I			
Default	none	none	none	none	none			

- CPIDX、CPIDY、CPIDZ：沿每个局部坐标轴方向上定义节点/值的控制点 ID。
- NID0：在输入阶段指定网格源节点，随后在计算过程中，在该节点施加指定运动，使网格平动。
- LCSID：局部坐标系 ID。

*ALE_STRUCTURED_MESH_CONTROL_POINTS 关键字卡片为*ALE_STRUCTURED_ MESH 卡片提供间距信息，以定义 3D 结构化网格。见表 12-3 和表 12-4。

表 12-3　*ALE_STRUCTURED_MESH_CONTROL_POINTS 关键字卡片 1

Card 1	1	2	3	4	5	6	7	8
Variable	CPID	未使用	未使用	SFO	未使用	OFFO		
Type	I			F		F		
Default	none			1.		0.		

- CPID：控制点 ID。ID 号唯一，被*ALE_STRUCTURED_MESH 中 CPIDX、CPIDY、CPIDZ 所引用。
- SFO：纵坐标缩放因子。用于对网格进行简单修改。
- SFO=0.0：默认为 1.0。
- OFFO：纵坐标偏移值。
- A1、A2、…：控制点横坐标值。
- O1、O2、…：控制点纵坐标值。

偏移缩放后的纵坐标值为：纵坐标值=SFO×（定义的值+OFFO）。

表 12-4　*ALE_STRUCTURED_MESH_CONTROL_POINTS 关键字卡片 2

Card 2	1	2	3	4	5	6	7	8
Variable	N			X	RATIO			
Type	I20			E20.0	E20.0			
Default	none			none	0.0			

- N：控制点节点序号，类似于 TrueGrid 中的 I、J、K。
- X：控制点位置。
- RATIO：渐变网格间距比。此值非零。
- RATIO>0.0：网格尺寸渐进增大；
- RATIO<0.0：网格尺寸渐进减小。

12.1.2　计算模型描述

模型描述：钢壳结构漂浮在水中，厚度为 0.2cm，上面为空气，球状炸药位于壳结构下面的水中。建立 1/4 模型（其实 1/2 模型更合适），如图 12-1 所示。

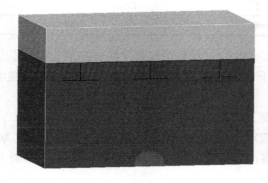

图 12-1　S-ALE 水下爆炸计算模型

钢结构采用*MAT_PLASTIC_KINEMATIC材料模型。计算单位制采用 cm-g-μs。
本算例来自网站 www.dynaexamples.com，这里采用 TrueGrid 软件重新划分网格。

12.1.3　TrueGrid 建模

下面仅采用 TrueGrid 建立钢壳结构网格，流体网格通过 S-ALE 求解器自动生成。

```
mate 1                  c    指定材料——壳结构
block 1 3 −5 7 11 −13 15 19 −21 23 25;1 13;−1 −2;      c   生成钢壳网格
     −12 −10 −8 −6 −2 0 2 6 8 10 12;0 12;9.99 11.99
dei 1 2 0 4 5 0 7 8 0 10 11; 1 2; −1;       c    删除不需要的部分
thic 0.2               c    设置壳结构的厚度
endpart                 c    PART结束命令
merge
lsdyna keyword
write
```

12.1.4　关键字文件讲解

下面讲解相关 LS-DYNA 关键字输入文件。关键字输入文件有两个：计算模型参数主控文件 main.k 和网格模型文件 trugrdo。其中 main.k 的内容及相关讲解如下：

```
$ 首行*KEYWORD表示输入文件采用的是关键字输入格式。
*KEYWORD
$ *CONTROL_TERMINATION定义计算结束条件。
$ ENDTIM定义计算结束时间，这里ENDTIM=300.00μs。
*CONTROL_TERMINATION
$ ENDTIM,ENDCYC,DTMIN,ENDENG,ENDMAS,NOSOL
300.000000
$ 定义时间步长控制参数。
$ TSSFAC=0.6为计算时间步长缩放因子。
*CONTROL_TIMESTEP
$ DTINIT,TSSFAC,ISDO,TSLIMT,DT2MS,LCTM,ERODE,MS1ST
0.000,0.600000
$ dt2msf,dt2mslc,imscl
0.000,0,0
$ 定义二进制文件D3PLOT的输出。
$ DT=10μs表示输出时间间隔。
*DATABASE_BINARY_D3PLOT
$ DT/CYCL,LCDT/NR,BEAM,NPLTC,PSETID,CID
10.000000
$ ioopt
0
$ 定义二进制文件D3THDT的输出。
$ DT=1.0μs表示输出时间间隔。
*DATABASE_BINARY_D3thdt
$ DT/CYCL,LCDT/NR,BEAM,NPLTC,PSETID,CID
```

1.000000
$ 定义钢壳PART，引用定义的单元算法和材料模型。PID必须唯一。
*PART
$# title
material type # 3 (Kinematic/Isotropic Elastic-Plastic)
$ PID,SECID,MID,EOSID,HGID,GRAV,ADPOT,TMID
1,1,1
$ 为钢壳PART定义壳单元算法。
$ t1=t2=t3=t4=0.20cm，为钢壳厚度。
*SECTION_SHELL
$ secid,elform,shrf,nip,propt,qr/irid,icomp,setyp
1,2,0.000,3
$ t1,t2,t3,t4,nloc,marea,idof,edgset
0.200000,0.200000,0.200000,0.200000
$ 这是*MAT_003材料模型，用于定义钢壳材料模型参数。
$ MID可为数字或字符，其ID必须唯一，且被*PART卡片所引用。
*MAT_PLASTIC_KINEMATIC
$ MID,RO,E,PR,SIGY,ETAN,BETA
1,7.830000,2.070000,0.300000,0.008000
$ SRC,SRP,FS,VP
0.000,0.000,0.000,0.000
$*CONTROL_ALE为ALE算法设置全局控制参数。
$ NADV=1表示每两步物质输运之间有一步LAGERANGRE计算。
$ NADV数值越大，计算速度越快，计算也越不稳定。
$ METH=1表示采用带有HIS的Donor cell物质运算法，具有一阶精度。
*CONTROL_ALE
$ dct,nadv,meth,afac,bfac,cfac,dfac,efac
0,1,1,-1.000000
$ star,end,aafac,vfact,prit,ebc,pref,nsidebc
0.000,0.000,0.000,0.000,0.000,0,0.000,0
$ 定义PART组1。
*SET_PART_LIST
$ sid,da1,da2,da3,da4
1
$ pid1,pid2,pid3,pid4,pid5,pid6,pid7,pid8
1
$ 定义PART组2。
*SET_PART_LIST
$ sid,da1,da2,da3,da4
2
$ pid1,pid2,pid3,pid4,pid5,pid6,pid7,pid8
9
$ 定义流固耦合关系。将钢壳PART耦合到炸药、水和空气PART中。
*CONSTRAINED_LAGRANGE_IN_SOLID
$ SLAVE,MASTER,SSTYP,MSTYP,NQUAD,CTYPE,DIREC,MCOUP
1,2,0,0,2,4,1

```
$ START,END,PFAC,FRIC,FRCMIN,NORM,NORMTYP,DAMP

$ K,HMIN,HMAX,ILEAK,PLEAK,LCIDPOR,NVENT,IBLOCK

$ 定义节点。
*NODE
$ NID,X,Y,Z,TC,RC
199997,0.0000000e+00,0.0000000e+00,0.0000000e+00
199998,0.0000000e+00,0.0000000e+00,0.0000000e+00
199999,0.1000000e+00,0.0000000e+00,0.0000000e+00
200000,0.0000000e+00,0.1000000e+00,0.0000000e+00
$ S-ALE网格加密控制。
$ refx=refy=refz=1，网格密度保持不变。若refx=refy=refz=2，网格加密一倍。
*ALE_STRUCTURED_MESH_REFINE
$ mshid,refx,refy,refz
1,1,1,1
$ 生成S-ALE网格，激活S-ALE求解器。
*ALE_STRUCTURED_MESH
$ mshid,pid,nbid,ebid,ityp,nparts
1,9,200001,200001,0,0
$ nptx,npty,nptz,nid0,lcsid
3001,3002,3003,199997,890
$ 定义局部坐标系。
*DEFINE_COORDINATE_NODES
$ cid,nid1,nid2,nid3
890,199998,199999,200000
$为*ALE_STRUCTURED_MESH卡片提供间距信息，以定义3D结构化网格。
*ALE_STRUCTURED_MESH_CONTROL_POINTS
$ CPID,Not used,Not used,SFO,Not used,OFFO
3001,0,1,1.000,0.000,0.000,0
$ N,X,RATIO
1,-12.00
$ N,X,RATIO
25,12.00
$为*ALE_STRUCTURED_MESH卡片提供间距信息，以定义3D结构化网格。
*ALE_STRUCTURED_MESH_CONTROL_POINTS
$ CPID,Not used,Not used,SFO,Not used,OFFO
3002,0,1,1.000,0.000,0.000,0
$ N,X,RATIO
1,0.00
$ N,X,RATIO
13,12.00
$为*ALE_STRUCTURED_MESH卡片提供间距信息，以定义3D结构化网格。
*ALE_STRUCTURED_MESH_CONTROL_POINTS
$ CPID,Not used,Not used,SFO,Not used,OFFO
3003,0,1,1.000,0.000,0.000,0
```

```
$ N,X,RATIO
1,0.00
$ N,X,RATIO
17,16.00
```
$ 当模型中存在两种或两种以上ALE多物质时，为了对同一单元内多种ALE物质
$ 界面进行重构，采用下面关键字卡片定义ALE多物质材料组AMMG。
$ 当ELFORM=11时必须定义该关键字卡片。
```
*ALE_MULTI-MATERIAL_GROUP
10,1
11,1
12,1
```
$ 定义水PART，引用定义的单元算法、材料模型、状态方程和沙漏。
$ PID必须唯一。
```
*PART
$# title
Water below plate
$ PID,SECID,MID,EOSID,HGID,GRAV,ADPOPT,TMID
10,10,10,10,10
```
$ 定义炸药PART，引用定义的单元算法、材料模型、状态方程和沙漏。
```
*PART
$# title
high explosive
$ PID,SECID,MID,EOSID,HGID,GRAV,ADPOPT,TMID
11,10,11,11,10
```
$ 定义空气PART，引用定义的单元算法、材料模型、状态方程和沙漏。
```
*PART
$# title
Air above plate
$ PID,SECID,MID,EOSID,HGID,GRAV,ADPOPT,TMID
12,10,12,12,10
```
$ 为流体单元定义单点ALE多物质算法。
```
*SECTION_SOLID
$ SECID,ELFORM,AET
10,11
```
$ 为ALE流体单元定义沙漏黏性，沙漏系数QM=1.0e-6。
```
*HOURGLASS
$ HGID,IHQ,QM,IBQ,Q1,Q2,QB/VDC,QW
10,1,1.0e-6
```
$ 在PART中填充ALE多物质材料。
```
*INITIAL_VOLUME_FRACTION_GEOMETRY
$ sid,idtyp,bammg,ntrace
9,1,1
$ type,fillopt,fammg
6,,2
$ x0,y0,z0,x1,y1,z1
0.0,0.0,0.0,0.0,2.0
$ type,fillopt,fammg
```

```
3,,3
$ x0,y0,z0,xcos,ycos,zcos
0.0,0.0,12.0,0.0,0.0,15.0
```
$ 这是*MAT_009材料模型，用于定义水的材料模型参数。
$ MID可为数字或字符，其ID必须唯一，且被*PART卡片所引用。
```
*MAT_NULL
$ MID,RO,PC,MU,TEROD,CEROD,YM,PR
10,1.000000
```
$ 这是*EOS_004状态方程，用于定义水的状态方程参数。
$ EOSID可为数字或字符，其ID必须唯一，且被*PART卡片所引用。
```
*EOS_GRUNEISEN
$ EOSID,C,S1,S2,S3,GAMAO,A,E0
10,0.148000,1.750000,0.000,0.000,0.280000
$ v0
1.000000
```
$ 这是*MAT_008材料模型，用于定义高能炸药的爆轰。
$ MID可为数字或字符，其ID必须唯一，且被*PART卡片所引用。
```
*MAT_HIGH_EXPLOSIVE_BURN
$MID,RO,D,PCJ,BETA,K,G,SIGY
11,1.630000,0.784000,0.260000
```
$ 这是*EOS_002状态方程，用于定义炸药爆炸产物内的压力。
$ EOSID可为数字或字符，其ID必须唯一，且被*PART卡片所引用。
```
*EOS_JWL
$ EOSID,A,B,R1,R2,OMEG,E0,V0
11,3.710000,0.032300,4.150000,.950000,0.300000,0.043000,1.000000
```
$ 这是*MAT_009材料模型，用于定义空气的材料模型参数。
$ MID可为数字或字符，其ID必须唯一，且被*PART卡片所引用。
```
*MAT_NULL
$ MID,RO,PC,MU,TEROD,CEROD,YM,PR
12,0.001280
```
$ 这是*EOS_001状态方程，用于定义空气状态方程参数。
$ EOSID可为数字或字符，其ID必须唯一，且被*PART卡片所引用。
```
*EOS_LINEAR_POLYNOMIAL
$ eosid,c0,c1,c2,c3,c4,c5,c6
12,0.000,1.0000E-5,0.000,0.000,0.400000,0.400000
$ e0,v0
0.000,0.000
```
$ *INITIAL_DETONATION为高能炸药定义起爆点和起爆时间。
```
*INITIAL_DETONATION
$PID,X,Y,Z,LT
9
```
$ 为节点组定义约束。此处约束Y方向平动。
```
*BOUNDARY_SPC_SET
$ NID/NSID,CID,DOFX,DOFY,DOFZ,DOFRX,DOFRY,DOFRZ
1,,0,1,0
```
$ 为节点组定义约束。此处约束Z方向平动。
```
*BOUNDARY_SPC_SET
```

```
$ NID/NSID,CID,DOFX,DOFY,DOFZ,DOFRX,DOFRY,DOFRZ
2,,0,0,1
$ 将盒子1包含的节点定义为节点组1。
*SET_NODE_GENERAL
$ SID
1
$ OPTION,E1,E2,E3,E4
BOX,1
$ 将盒子2包含的节点定义为节点组2。
*SET_NODE_GENERAL
$ SID
2
$ OPTION,E1,E2,E3,E4
BOX,2
$ 定义盒子1。
*DEFINE_BOX
$ BOXID,XMN,XMX,YMN,YMX,ZMN,ZMX
1,-12.0,12.0,0.0,0.01,0.0,16.0
$ 定义盒子2。
*DEFINE_BOX
$ BOXID,XMN,XMX,YMN,YMX,ZMN,ZMX
2,-12.0,12.0,0.0,16.0,0.0,0.01
$ 包含TrueGrid软件生成的网格节点模型文件。
*INCLUDE
$ FILENAME
trugrdo
$ *END表示关键字输入文件的结束，LS-DYNA读入时将忽略该语句后的所有内容。
*END
```

图 12-2 所示是 S-ALE 求解器自动生成的网格：X、Y、Z 方向网格数分别为 25-1=24、13-1=12、17-1=16。

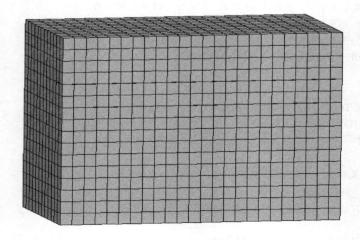

图 12-2　S-ALE 求解器自动生成的网格

12.1.5　数值计算结果

图 12-3 所示为炸药爆炸后冲击波传播过程。

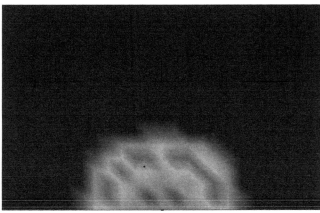

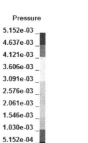

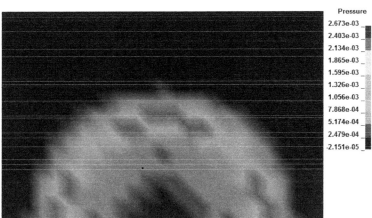

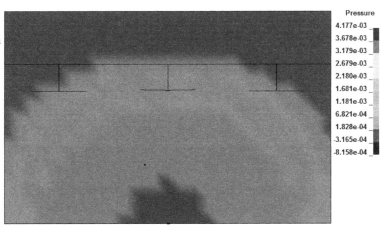

图 12-3　炸药水中爆炸冲击波压力的传播

图 12-4 所示是钢壳在爆炸作用下的变形和应力云图。

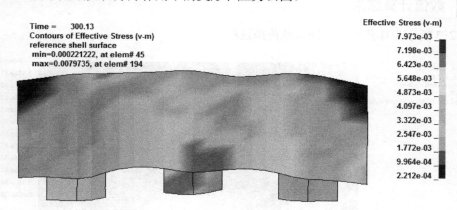

图 12-4　钢壳在爆炸作用下的变形和应力云图

12.2　绕柱流 ICFD 计算

自 LS-DYNA R7 开始，加入了 ICFD 不可压缩流求解器。ICFD 是采用有限元方法的双精度隐式求解器，采用动态内存分配方式，支持 2D 和 3D 计算，有 SMP 和 MPP 版本。ICFD 求解器可与结构求解器、热求解器、离散元方法、电磁求解器耦合。目前仅实现了瞬态分析功能，稳态分析功能尚在开发中。

ICFD 求解器具有体网格自动生成功能，建模时用户只需输入梁或面网格。该求解器还可采用已生成的 2D 三角形或 3D 四面体网格。

12.2.1　计算模型描述

矩形域内有一圆孔，流体绕孔流动，尺寸如图 12-5 所示。有四种边界条件：入口（PART 1）、出口（PART 2）、自由滑移（PART 3）、无滑移（PART 4）。入口速度为 1，出口压力为 0。

流体密度为 1，动力黏度为 0.005。雷诺数为：

$Re_D = \dfrac{DU\rho}{\mu} = \dfrac{0.5 \times 1 \times 1}{0.005} = 100$，因此单位制与模型尺寸

无关。

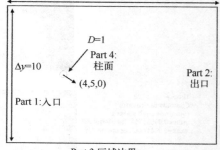

图 12-5　计算模型尺寸

本算例来自网站 www.dynaexamples.com，这里采用 TrueGrid 软件重新划分网格。

12.2.2　TrueGrid 建模

采用 TrueGrid 建立 4 个 PART 的梁单元网格，以施加边界条件，ICFD 以此为基础生成 2D 网格。

```
merge
curd 1 arc3 seqnc rt 3.5 5 0 rt 4 5.5 0 rt 4.5 5 0 ;;          c 创建上半个孔
```

```
curd 2 arc3 seqnc rt 3.5 5 0 rt 4 4.5 0 rt 4.5 5 0 ;;        c 创建下半个孔
bm rt1 0 0 0;rt2 0 10 0;                   c  创建Part 1
mate 1 cs 1 nbms 10;
bm rt1 15 0 0;rt2 15 10 0;                   c  创建Part 2
mate 2 cs 1 nbms 10;
bm rt1 0 0 0;rt2 15 0 0;                   c  创建Part 3
mate 3 cs 1 nbms 15;
bm rt1 0 10 0;rt2 15 10 0;
mate 3 cs 1 nbms 15;
bm rt1 3.5 5 0;rt2 4.5 5 0;                   c  创建Part 4
mate 4 cs 1 nbms 32 cur 1;
bm rt1 3.5 5 0;rt2 4.5 5 0;
mate 4 cs 1 nbms 32 cur 2;
stp 0.001          c 合并节点
lsdyna keyword
write
```

12.2.3　关键字文件讲解

下面讲解相关 LS-DYNA 关键字输入文件。关键字输入文件有两个：计算模型参数主控文件 main.k 和网格模型文件 trugrdo。其中 main.k 的内容及相关讲解如下：

```
$ 首行*KEYWORD表示输入文件采用的是关键字输入格式。
*KEYWORD
$ 包含TrueGrid软件生成的网格节点模型文件。
*INCLUDE
$ FILENAME
trugrdo
$ 为体网格细化定义边界层网格，nelth=2，则边界层网格数为nelth+1=3。
*MESH_BL
$ pid,nelth
4,2
$ 定义要划分网格的体空间。
$ pid1,pid2,pid3,pid4,pid5,pid6,pid7,pid8为围成体的面（梁）单元所在PART ID。
*MESH_VOLUME
$ volid
1
$ pid1,pid2,pid3,pid4,pid5,pid6,pid7,pid8
1,2,3,4,0,0,0,0
$ 在Part 4上定义非滑移流体边界条件。
*ICFD_BOUNDARY_NONSLIP
$ pid
4
$ 在Part 3上定义自由滑移流体边界条件。
*ICFD_BOUNDARY_FREESLIP
$ pid
```

```
3
$ 在PART 2边界上定义压力。
*ICFD_BOUNDARY_PRESCRIBED_PRE
$ pid,lcid,sf,death,birth
2,2,1.000000,1.0000E+28,0.000
$ 在PART 1边界上定义速度Vy=0。
*ICFD_BOUNDARY_PRESCRIBED_VEL
$ pid,dof,vad,lcid,sf,vid,death,birth
1,2,1,2,1.000000,0,1.0000E+28,0.000
$ 在PART 1边界上定义速度Vx=1。
*ICFD_BOUNDARY_PRESCRIBED_VEL
$ pid,dof,vad,lcid,sf,vid,death,birth
1,1,1,1,1.000000,0,1.0000E+28,0.000
$ 定义时间参数。ttm=100.0为计算结束时间。
*ICFD_CONTROL_TIME
$ ttm,dt,cfl
100.00000,0.000,1.000000
$ 在PART 4所在面上激活阻力计算。
*ICFD_DATABASE_DRAG
$ pid
4
$ 定义流体材料模型参数。
*ICFD_MAT
$ mid,flg,ro,vis,thd
1,1,1.000000,0.010000,0.000
$ 定义PART，并引用定义的单元算法（属性）和材料模型。
*ICFD_PART
$ pid,secid,mid
1,1,1
$ 定义PART，并引用定义的单元算法（属性）和材料模型。
*ICFD_PART
$ pid,secid,mid
2,1,1
$ 定义PART，并引用定义的单元算法（属性）和材料模型。
*ICFD_PART
$ pid,secid,mid
3,1,1
$ 定义PART，并引用定义的单元算法（属性）和材料模型。
*ICFD_PART
$ pid,secid,mid
4,1,1
$ 为ICFD PART围成的节点赋予单元算法（属性）和材料模型。
*ICFD_PART_VOL
$ pid,secid,mid
5,1,1
$ spid1,spid2,spid3,spid4,spid5,spid6,spid7,spid8
```

```
1,2,3,4,0,0,0,0
$ 定义单元算法（属性）。
*ICFD_SECTION
$ sid
1
$ 定义二进制文件D3PLOT的输出。
$ DT=1.0表示输出时间间隔。
*DATABASE_BINARY_D3PLOT
$ DT/CYCL,LCDT/NR,BEAM,NPLTC,PSETID,CID
1.000000,0,0,0,0
$ ioopt
0
$ 定义加载曲线。
*DEFINE_CURVE
$ LCID,SIDR,SFA,SFO,OFFA,OFFO,DATTYP,LCINT
1,0,1.000000,1.000000,0.000,0.000,0
$ a1,o1
0.000,1.000000
$ a2,o2
1000.000000,1.000000
$ 定义加载曲线。
*DEFINE_CURVE
$ LCID,SIDR,SFA,SFO,OFFA,OFFO,DATTYP,LCINT
2,0,1.000000,1.000000,0.000,0.000,0
$ a1,o1
0.000,0.000
$ a2,o2
1000.000000,0.000000
$ *END表示关键字输入文件的结束，LS-DYNA读入时将忽略该语句后的所有内容。
*END
```

12.2.4 数值计算结果

计算完成后，打开 LS-PrePost 软件，在 Page 1→Fcomp→Extend→ICFD 下选择相关选项查看计算结果。计算出的流体速度和压力分别如图 12-6 和图 12-7 所示。

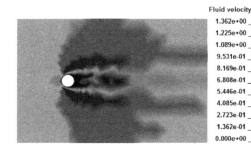

图 12-6 流体速度

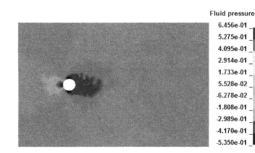

图 12-7 流体压力

12.3　激波管 CESE 计算

1995 年 CHANG S.C.博士提出了时空守恒元-解元 CESE 方法，自 R7 版本开始该方法被引入了 LS-DYNA。CESE 是二阶精度显式双精度求解器，采用动态内存分配方式，支持 2D、2D 轴对称和 3D 计算，还具有 3D 流固耦合 FSI 功能，有 SMP 和 MPP 版本。CESE 求解器可与结构求解器、热求解器、化学（*CHEMISTRY）和随机粒子（*STOCHASTIC）求解器耦合。

CESE 不采用 Riemann 求解方法，而是采用新的高精度激波捕捉技术，能同时准确捕捉强激波和细微扰动，适于求解各类可压缩流（M>0.3）和高超声速（M>1）问题，典型算例如图 12-8 所示。

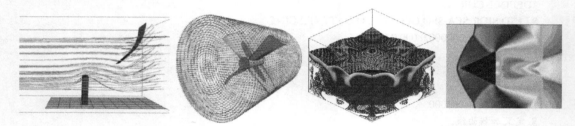

图 12-8　LS-DYNA 中的 CESE 算例

12.3.1　计算模型描述

激波管长 1，直径 0.105，周向封闭，两端开放。激波管中间用薄膜隔开，左半部为密度 1、压力 1 的高压气体，右半部为密度 0.125、压力 0.1 的低压气体，如图 12-9 所示。计算薄膜移去后管内压力变化，计算单位制与模型尺寸无关。

图 12-9　激波管计算模型

本算例来自网站 www.dynaexamples.com，这里采用 TrueGrid 软件重新划分网格。

12.3.2　TrueGrid 建模

TrueGrid 建模命令流如下：

```
mate 1
block 1 101 201;1 2;-1;0 0.5 1;0 0.105;0
eset 1 1 1 2 2 1 = esets
endpart
merge
```

lsdyna keyword
write

TrueGrid 不支持生成*CESE 单元类型和 2D SEGMENT SET，因此在 TrueGrid 生成网格模型文件 trugrdo 后，需要采用 UltraEdit 软件修改该文件，采用 LS-PrePost 软件建立 2D SEGMENT SET，具体步骤如下。

1）将*ELEMENT_SHELL_THICKNESS 替换为*ELEMENT_SOLID。

2）逐行删除该关键字下面的 0.000000E+00,0.000000E+00,0.000000E+00,0.000000E+00。

3）将"*SET_SHELL_LIST"修改为"*SET_SOLID"。

4）将其后的"MECH"修改为"CESE"，并保存。

5）将修改保存后的 trugrdo 文件读入 LS-PrePost 软件中。

6）依次单击 Page 5→SetD，将模型四条边创建为 SEGMENT SET。

具体操作过程如图 12-10 所示。

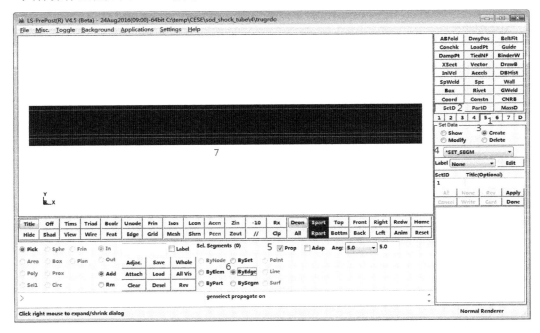

图 12-10　创建 2D SEGMENT SET 步骤

1）单击选择"Create"，在下拉列表中选择"*SET_SEGM"。

2）选中下面选择工具栏中的"Prop"和"ByEdge"。

3）单击选择模型左边，然后单击右侧按钮 Apply，创建第 1 个 SEGMENT SET。

4）随后单击选择模型右边，然后单击按钮 Apply，创建第 2 个 SEGMENT SET。

5）随后单击选择模型下边，然后单击按钮 Apply，创建第 3 个 SEGMENT SET。

6）随后单击选择模型上边，然后单击按钮 Apply，创建第 4 个 SEGMENT SET。

7）依次单击右侧工具栏中的 Show、All 和 Write 按钮，将这 4 个 SEGMENT SET 保存为 bc.k 文件。

8）打开 bc.k 文件，将其中的"MECH"修改为"CESE"，并保存。

12.3.3 关键字文件讲解

下面讲解相关 LS-DYNA 关键字输入文件。关键字输入文件有三个：计算模型参数主控文件 main.k、边界文件 bc.k 和网格模型文件 trugrdo。其中 main.k 的内容及相关讲解如下：

```
$ 本算例的计算控制参数来自DYNAmore GmbH，为尊重版权，保留原注释。
$ Example provided by Iñaki and Zheng (LSTC)
$
$ E-Mail: info@dynamore.de
$ Web: http://www.dynamore.de
$
$ Copyright, 2015 DYNAmore GmbH
$ Copying for non-commercial usage allowed if
$ copy bears this notice completely.
$ *KEYWORD表示输入文件采用的是关键字输入格式。
*KEYWORD
$ 定义二进制文件D3DUMP的输出。
$ CYCL=100000.0表示输出时间步间隔。
*DATABASE_BINARY_D3DUMP
$ DT/CYCL,LCDT/NR,BEAM,NPLTC,PSETID,CID
100000.0,0,0,0,0
$ 定义二进制文件D3PLOT的输出。
$ DT=0.01表示输出时间间隔。
*DATABASE_BINARY_D3PLOT
$ DT/CYCL,LCDT/NR,BEAM,NPLTC,PSETID,CID
0.01,0,0,0,0
$ ioopt
0
$ 包含生成的网格节点模型文件。
*INCLUDE
$ FILENAME
trugrdo
$ 包含LS-PrePost生成的SEGMENT SET文件。
*INCLUDE
$ FILENAME
bc.k
$ *CONTROL_TERMINATION定义计算结束条件。
$ ENDTIM定义计算结束时间，这里ENDTIM=0.2。
*CONTROL_TERMINATION
$ endtim,endcyc,dtmin,endeng,endmas,nosol
0.2,900000,0.0,0.0,1.000000E8,0
$ 为CESE求解器设置控制选项。
$ icese=0表示采用Eulerian求解器。
$ iflow=1表示无黏性流。
$ igeom=2表示2D问题。
*CESE_CONTROL_SOLVER
```

```
$ icese,iflow,igeom,iframe
0,1,2,0
$ 为CESE求解器设置时间步控制参数。
*CESE_CONTROL_TIMESTEP
$ iddt,cfl,dtint
2,0.9,1.00000E-4
$ 设置稳定性参数。
*CESE_CONTROL_LIMITER
$ idlmt,alfa,beta,epsr
0,2.0,1.0,0.5
$ 设置非反射边界。
*CESE_BOUNDARY_NON_REFLECTIVE_SET
$ ssid
1
2
$ 设置反射边界。
*CESE_BOUNDARY_REFLECTIVE_SET
$ ssid
3
4
$ 为整个模型设置密度和压力初始条件。
*CESE_INITIAL
$ u,v,w,rho,p,t
0.0,0.0,0.0,0.125,0.1,0.0
$ 为单元组设置密度和压力初始条件。
*CESE_INITIAL_SET
$ esid,u,v,w,rho,p,t
1,0.0,0.0,0.0,1.0,1.0,0.0
$ 定义CESE PART，引用定义的状态方程。
*CESE_PART
$ pid,mid,eosid
1,0,3
$ 定义理想气体状态方程及其参数。
*CESE_EOS_IDEAL_GAS
$ eosid,cv,cp
3,717.5,1004.5
*END
```

12.3.4　数值计算结果

　　计算完成后，打开 LS-PrePost 软件，在右侧工具栏 Page 1→Fcomp→Extend→CESE CFD element 下选择相关选项查看计算结果。

　　激波管内薄膜移去后，向左传入膨胀波，向右传入冲击波，激波管中的速度、压力和密度计算结果如图 12-11～图 12-14 所示。由图可见，t=0.2 时刻模型截面压力、密度、速度计算结果与解析解吻合得非常好。

Time =   0.03094
Contours of Fluid_Velocity (magnitude)
min = 1.8688e-17, at node #65
max = 0.992379, at node #207

Time =   0.14036
Contours of Fluid_Velocity (magnitude)
min = 2.66658e-17, at node #335
max = 0.943994, at node #209

Time =   0.20022
Contours of Fluid_Velocity (magnitude)
min = 2.37205e-17, at node #345
max = 0.937915, at node #209

图 12-11　激波管中的速度变化过程

Time =   0.20022
Contours of Pressure
min = 0.1, at node #315
max = 1, at node #1

图 12-12　激波管中的压力

Time =   0.20022
Contours of Density
min = 0.125, at node #381
max = 1, at node #1

图 12-13　激波管中的密度

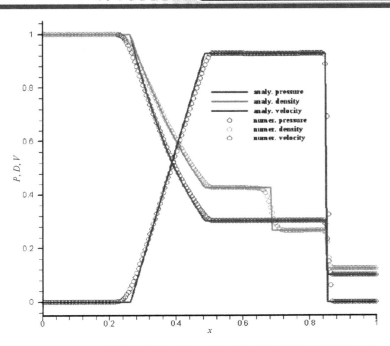

图 12-14   *t*=0.2 时刻模型截面压力、密度、速度计算结果与解析解对比

12.4   涡电流 EM 计算

LS-DYNA 可进行结构-热-电磁耦合分析，如模拟电磁金属成形、感应加热、电磁金属切削、电磁金属焊接、磁通压缩、电磁炮、电池受损短路等。LS-DYNA 还可进行 2D 轴对称电磁场分析，2D 电磁还可以与 3D 结构、传热耦合，如图 12-15 所示。在求解麦克斯韦方程时导体采用有限元方法，周围空气和绝缘体则采用边界元方法。

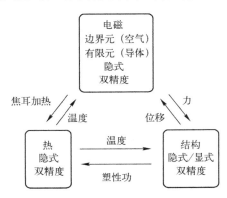

图 12-15   结构-热-电磁耦合分析示意图

12.4.1   计算模型描述

一根金属导体，电导率为 10000，电流通过导体产生电磁场，求电磁场的动态分布。计

算单位制与模型尺寸无关。

本算例来自网站 www.dynaexamples.com，这里采用 TrueGrid 软件重新划分网格。

12.4.2 TrueGrid 建模

TrueGrid 建模命令流如下：

```
lct 3 ryz;ryz rxz;rxz;
mate 1
partmode i;
block 2 1 4;2 1 4;10;0 0.23 0.23 0.23;0 0.23 0.23 0.23;0 5;
DEI    2 4; 2 4; 1 2;
sfi -4; 1 2; 1 2;cy 0 0 0 0 0 1 0.5
sfi 1 2; -4; 1 2;cy 0 0 0 0 0 1 0.5
sfi -3; 1 2; 1 2;cy 0 0 0 0 0 1 0.34
sfi 1 2; -3; 1 2;cy 0 0 0 0 0 1 0.34
pb 2 2 1 2 2 2 xy 0.18 0.18
fset 1 1 1 4 4 1 or face1
fset 1 1 2 4 4 2 or face2
lrep 0 1 2 3;
endpart
merge
stp 0.01
lsdyna keyword
write
```

12.4.3 关键字文件讲解

下面讲解相关 LS-DYNA 关键字输入文件。关键字输入文件有两个：计算模型参数主控文件 main.k 和网格模型文件 trugrdo。其中 main.k 的内容及相关讲解如下：

```
$ 首行*KEYWORD表示输入文件采用的是关键字输入格式。
*KEYWORD
$ 激活EM求解器，并设置选项。
$ emsol=1表示涡电流求解器。
*EM_CONTROL
$ emsol,numls,dtinit,dtmax,t_init,t_end,ncyclfem,ncyclbem
1,0,0.000,0.000,0.000,0.000,5000,5000
$ 控制EM时间步长。
*EM_CONTROL_TIMESTEP
$ tstype,dtconst,factor
3,1e-4,1
$ 定义材料的电磁特性，sigma=10000.0为电导率。
*EM_MAT_001
$ mid,mtype,sigma,eosid
1,2,10000.000,0
$ 定义电路，在导体两端施加电压。
```

```
*EM_CIRCUIT
$ circid,circtyp,lcid,r/f,l/a,c/t0,v0
1,2,10,0.000,0.000,0.000,0.000
$ sidcurr,sidvin,sidvout,partid
-1,1,2,0
$ 定义电压-时间加载曲线。
$ LCID,SIDR,SFA,SFO,OFFA,OFFO,DATTYP,LCINT
10,1.,100
$ A1,O1
0.0000000e+00, 0.0000000e+00
0.025e-3, 0.1564
0.050e-3, 0.309
0.075e-3, 0.45399
0.1e-3, 0.58778
0.125e-3, 0.707
0.15e-3, 0.8092
0.2e-3, 0.9510
0.25e-3, 1.0
1.0e-3, 1.0
$ *CONTROL_TERMINATION定义计算结束条件。
*CONTROL_TERMINATION
$ ENDTIM,ENDCYC,DTMIN,ENDENG,ENDMAS,NOSOL
0.5e-3,0,0.000,0.000,0.000
$ 定义时间步长控制参数。
$ TSSFAC=0.9为计算时间步长缩放因子。
*CONTROL_TIMESTEP
$ DTINIT,TSSFAC,ISDO,TSLIMT,DT2MS,LCTM,ERODE,MS1ST
0.000,0.900000,0,0,0.000,5.0000E-6,0,0,0
$ dt2msf,dt2mslc,imscl,unused,unused,rmscl
0.000,0,0,0,0,0.000
$ 定义二进制文件D3PLOT的输出。
$ DT=5.0000E-6s表示输出时间间隔。
*DATABASE_BINARY_D3PLOT
$ DT/CYCL,LCDT/NR,BEAM,NPLTC,PSETID,CID
5.0000E-6,0,0,0,0,0
$ ioopt
0
$ 定义导体PART，引用定义的单元算法和材料模型。PID必须唯一。
*PART
$ HEADING

$ PID,SECID,MID,EOSID,HGID,GRAV,ADPOPT,TMID
1,1,1,0,0,0,0,0
$ 定义常应力体单元算法。SECID可为数字或字符，其ID必须唯一，
$ 且被*PART卡片所引用。
*SECTION_SOLID
$ SECID,ELFORM,AET
```

```
1,1,0
$ 这是*MAT_020刚体材料模型，MID可为数字或字符，其ID必须唯一，
$ 且被*PART卡片所引用。
*MAT_RIGID
$ mid,ro,e,pr,n,couple,m,alias
1,7000.0000,2.0000E+11,0.300000,0.000,0.000,0.000
$ cmo,con1,con2
1.000000,7,7
$ lco or a1,a2,a3,v1,v2,v3
0.000,0.000,0.000,0.000,0.000,0.000
$ 包含TrueGrid软件生成的网格节点模型文件。
*INCLUDE
$ FILENAME
trugrdo
$ *END表示关键字输入文件的结束。
*END
```

12.4.4 数值计算结果

计算完成后，打开 LS-PrePost 软件，在右侧工具栏 Page 1→Fcomp→Extend→EM solid integ.pts 或 EM solid centroid 或 EM BEM 下选择相关选项查看计算结果，如图 12-16~图 12-19 所示。

图 12-16　电流密度

图 12-17　电场

图 12-18 磁场

图 12-19 洛伦兹力

12.5 电磁轨道炮发射 EM 计算

12.5.1 计算模型描述

电磁轨道炮利用电磁系统中电磁场产生的洛伦兹力来对弹丸进行加速，使其达到打击目标所需的动能。电磁轨道炮由两条平行金属导轨和一个可在其中滑行的金属弹丸组成。当导轨接入电源时，强大的电流从一条导轨流入，经弹丸从另一条导轨流回时，在两条导轨间产生强磁场，弹丸在洛伦兹力的作用下以很高的速度发射出去，如图 12-20 和图 12-21 所示。

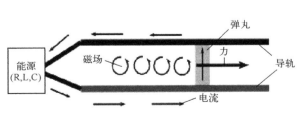

图 12-20 电磁发射原理示意图

图 12-21 美国水面武器作战中心
电磁轨道炮发射照片

电磁轨道炮发射算例需要 LS-DYNA MPP R8.0.0 以上双精度计算版本。计算单位制采用 g–mm–s。

本算例来自网站 www.dynaexamples.com，这里采用 TrueGrid 软件重新划分网格。

12.5.2　TrueGrid 建模

采用 TrueGrid 软件分别建立两条导轨和弹丸模型，三者不共节点。计算过程中导体外表面自动生成边界元 BEM 网格，将三者缝合起来，电流从而可在其中流动。

```
partmode i;
mate 2
block 54;8;4;0 202.5;-12 12;-18 -6.78;
fset 1 1 1 1 2 2 = f1
endpart
mate 3
block 54;8;4;0 202.5;-12 12;6.78 18;
fset 1 1 1 1 2 2 = f2
endpart
ld 1 lp2 6 -5.13 19 -1.4729;lar 19 1.4729 1.58;lp2 6 5.13;
sd 1 cp 1;;
mate 1
block 9 1 14;6;5 3 3 5;5 20 21 43;-4.5 4.5;-6.78 -1.5 0 1.5 6.78;
dei 1 2;1 2;2 4;
sfi 1 2;1 2;-2;sd 1
sfi -2;1 2;2 4;sd 1
sfi 1 2;1 2;-4;sd 1
sfi -1;1 2;2 1 5;plan 6 0 0 1 0 0
pb 2 1 4 2 2 4 xz 19 1.4729
pb 2 1 2 2 2 2 xz 19 -1.4729
res 3 1 1 4 2 5 k 1
res 1 1 5 4 2 5 i 1
res 1 1 1 4 2 1 i 1
nset 1 1 5 4 2 5 = up;
nset 1 1 1 4 2 1 = down;
fset 2 1 3 4 2 3 = f3
endpart
merge
lsdyna keyword
write
```

生成的计算网格如图 12-22 所示。

12.5.3　关键字文件讲解

下面讲解相关 LS-DYNA 关键字输入文件。关键字输入文件有两个：计算模型参数主控文件 main.k 和网络模型文件 trugrdo。其中 main.k 的内容及相关讲解如下：

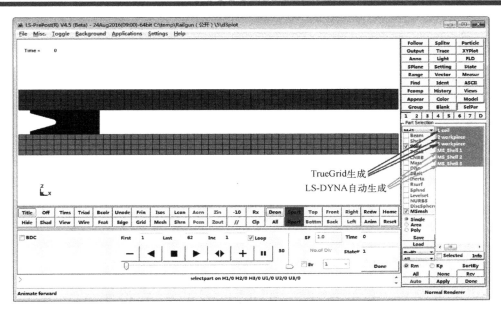

图 12-22　计算网格

```
$ 本算例的计算控制参数来自DYNAmore GmbH，为尊重版权，保留原注释。
$ Example provided by Iñaki (LSTC)
$
$ E-Mail: info@dynamore.de
$ Web: http://www.dynamore.de
$
$ Copyright, 2015 DYNAmore GmbH
$ Copying for non-commercial usage allowed if
$ copy bears this notice completely.
$
$X-----------------------------------------------------------------
$X
$X 1. Run file as is.
$X     Requires LS-DYNA MPP R8.0.0 (or higher) with double precision
$X
$X-----------------------------------------------------------------
$# UNITS: (g/mm/s)
$X-----------------------------------------------------------------
$ 首行*KEYWORD表示输入文件采用的是关键字输入格式。
*KEYWORD
$设置分析标题。
*TITLE
EM Railgun example
$ 定义参数，R表示参数类型为实数，I表示参数类型为整数。
*PARAMETER
$ PRMR1,VAL1,PRMR2,VAL2,PRMR3,VAL3,PRMR4,VAL4
R     T_end         3e-4
```

```
R   dt_plot        5e-6
$ 电磁计算参数。
R      em_dt       5e-6
Iem_bemmtx              3
Iem_femmtx             3
R   em_cond          25
$ 结构计算参数。
R struc_dt       5e-6
Rstruc_rho     2.64e-3
R    struc_E      9.7e+10
R struc_nu         0.31
$ 激活EM求解器，并设置选项。
$ emsol=1表示涡电流求解器。
*EM_CONTROL
$ emsol,numls,dtinit,dtmax,t_init,t_end,ncyclfem,ncyclbem
1
$ 激活EM接触算法，检测导体间的接触，发现接触后电磁场便在导体间传播。
*EM_CONTROL_CONTACT
$ EMcont
1
$ 控制EM时间步长。
*EM_CONTROL_TIMESTEP
$ tstype,dtconst,factor
1,&em_dt
$ 定义Rogowsky线圈，测量流经面段组的电流变化。
$ 生成ASCII文件em_rogoCoil_004.dat。
*EM_CIRCUIT_ROGO
$ rogid,setid,settype,curtyp
4,3,1,1
$ 定义电路。电流由ssidVltin流入，由ssidVltOt流出。
*EM_CIRCUIT
$ circid,circtype,lcid
1,1,4
$ ssidCurr,ssidVltin,ssidVltOt,partID
3,1,2
$ 定义弹丸电磁材料类型及材料的绝对磁导率。
*EM_MAT_001
$ em_mid,mtype,sigma,eosId skinDepth
1,2,&em_cond
$ 定义导轨1电磁材料类型及材料的绝对磁导率。
*EM_MAT_001
$ em_mid,mtype,sigma,eosId skinDepth
2,2,&em_cond
$ 定义导轨2电磁材料类型及材料的绝对磁导率。
*EM_MAT_001
$ em_mid,mtype,sigma,eosId skinDepth
```

```
3,2,&em_cond
$ 定义BEM矩阵类型。matid=1为P矩阵，matid=2为Q矩阵。
*EM_SOLVER_BEMMAT
$ matid,,,,,,,reltol
2,,,,,,,1e-6
$ 定义BEM求解器类型和参数。
*EM_SOLVER_BEM
$ reltol,maxit,stype,precon,uselas,ncyclbem
1e-6,1000,2,2,1,&em_bemmtx
$ 为EM_FEM求解器定义参数。
*EM_SOLVER_FEM
$ reltol,maxit,stype,precon,uselas,ncyclbem
1e-3,1000,1,1,1,&em_femmtx
$ 定义将EM数据输出到屏幕和messag文件。
*EM_OUTPUT
$ matS,matF,solS,solF,mesh
2,2,2,2,0
$ 激活EM能量数据文件em_globEnergy.dat的输出。
*EM_DATABASE_GLOBALENERGY
$ outlv
1
$ 定义电流加载曲线。
*DEFINE_CURVE
$ LCID,SIDR,SFA,SFO,OFFA,OFFO,DATTYP
4,,1.e-3,2.e6
$ A1,O1
0.00, 0.
0.08,350.
0.20,450.
0.40,310.
0.60,230.
1.00,125
$ *CONTROL_TERMINATION定义计算结束条件。
*CONTROL_TERMINATION
$ ENDTIM,ENDCYC,DTMIN,ENDENG,ENDMAS,NOSOL
&T_end
$ 定义时间步长控制参数。
$ 通过时间步长曲线来限制最大时间步长。
*CONTROL_TIMESTEP
$ DTINIT,TSSFAC,ISDO,TSLIMT,DT2MS,LCTM,ERODE,MS1ST
,,,,,5
$ 定义时间步长曲线。
*DEFINE_CURVE
$ LCID,SIDR,SFA,SFO,OFFA,OFFO,DATTYP
5
$ A1,O1
```

```
0,&struc_dt
$ A2,O2
&T_end,&struc_dt
$ 定义弹丸PART，引用定义的单元算法和材料模型。PID必须唯一。
*PART
$ HEADING
coil
$ PID,SECID,MID,EOSID,HGID,GRAV,ADPOPT,TMID
1,1,1
$ 定义导轨PART，引用定义的单元算法和材料模型。PID必须唯一。
*PART
$ HEADING
workpiece
$ PID,SECID,MID,EOSID,HGID,GRAV,ADPOPT,TMID
2,1,2
$ 定义导轨PART，引用定义的单元算法和材料模型。PID必须唯一。
*PART
$ HEADING
workpiece
$ PID,SECID,MID,EOSID,HGID,GRAV,ADPOPT,TMID
3,1,3,,,,,2
$ 为导轨定义刚体材料模型及其参数。
*MAT_RIGID
$MID,RO,E,PR,N,COUPLE,M,ALIAS orRE
2,&struc_rho,&struc_E,&struc_nu
$ CMO,CON1,CON2
1,7,7
$ LCO or A1,A2,A3,V1,V2,V3

$ 为导轨定义刚体材料模型及其参数。
*MAT_RIGID
$MID,RO,E,PR,N,COUPLE,M,ALIAS orRE
3,&struc_rho,&struc_E,&struc_nu
$ CMO,CON1,CON2
1,7,7
$ LCO or A1,A2,A3,V1,V2,V3

$ 为弹丸定义线弹性材料模型及其参数。
*MAT_ELASTIC
$ MID,RO,E,PR,DA,DB,K
1,&struc_rho,&struc_E,&struc_nu
$ *SECTION_SOLID定义常应力体单元算法。
$ SECID必须唯一，且被*PART卡片所引用。
*SECTION_SOLID
$ SECID,ELFORM,AET
1,1
$ 为节点组定义单点约束。
```

```
*BOUNDARY_SPC_SET_BIRTH_DEATH
$ nsid,cid,dofx,dofy,dofz,dofrx,dofry,dofrz
1,0,0,0,1,1,1,0
$ birth,death
0.0,0.0
$ 为节点组定义单点约束。
*BOUNDARY_SPC_SET_BIRTH_DEATH
$ nsid,cid,dofx,dofy,dofz,dofrx,dofry,dofrz
2,0,0,0,1,1,1,0
$ birth,death
0.0,0.0
$ 定义二进制文件D3PLOT的输出。
*DATABASE_BINARY_D3PLOT
$ DT/CYCL,LCDT/NR,BEAM,NPLTC,PSETID,CID
&dt_plot
$ 包含TrueGrid软件生成的网格节点模型文件。
*INCLUDE
$ FILENAME
trugrdo
$ *END表示关键字输入文件的结束，LS-DYNA读入时将忽略该语句后的所有内容。
*END
```

12.5.4　数值计算结果

图 12-23 所示是计算出的电场、磁场、弹丸应力和速度计算结果。由图可见，弹丸将要出炮口时的速度为 1.828E6mm/s，即 1828m/s。

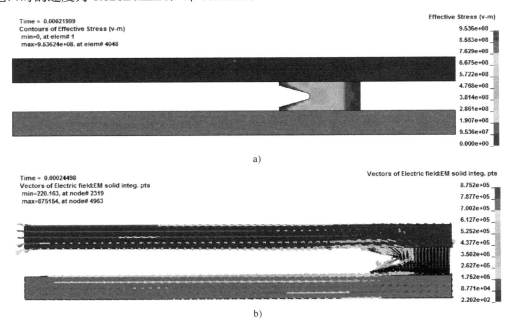

图 12-23　电磁轨道炮发射计算结果

a) 应力　b) 电场

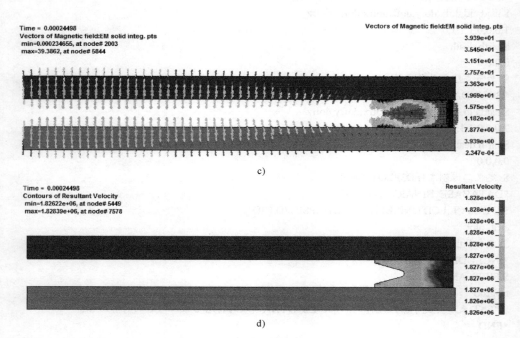

Time = 0.00024498
Vectors of Magnetic field:EM solid integ. pts
min=0.000234655, at node# 2003
max=39.3862, at node# 5844

Vectors of Magnetic field:EM solid integ. pts

3.939e+01
3.545e+01
3.151e+01
2.757e+01
2.363e+01
1.969e+01
1.575e+01
1.182e+01
7.877e+00
3.939e+00
2.347e-04

c)

Time = 0.00024498
Contours of Resultant Velocity
min=1.82622e+06, at node# 5449
max=1.82839e+06, at node# 7578

Resultant Velocity

1.828e+06
1.828e+06
1.828e+06
1.828e+06
1.828e+06
1.827e+06
1.827e+06
1.827e+06
1.827e+06
1.826e+06
1.826e+06

d)

图 12-23　电磁轨道炮发射计算结果（续）

c）磁场　d）弹丸速度

采用 LS-PrePost 软件可绘制流经弹丸中截面的电流变化曲线。这需要对生成的 em_rogoCoil_004.dat 稍作修改：删除前四行（第二行会因采用的求解器版本不同而略有不同），然后添加两行，即将：

EM Railgun example
　　　　　　　　　ls-dyna smp.127602 d　　　　　　date 06/07/2018
EM Rogowsky Coil data
　time,　　　VolCurrent
　0.5000000E-05　0.0000000E+00
　0.1000000E-04　0.4107052E+08
. . . .

修改为（首行中的 54 表示文件中有 54 对数据）：

54

　0.5000000E-05　0.0000000E+00
　0.1000000E-04　0.4107052E+08

. . . .

绘制出的流经弹丸中截面的电流变化曲线（注意转换单位）如图 12-24 所示。

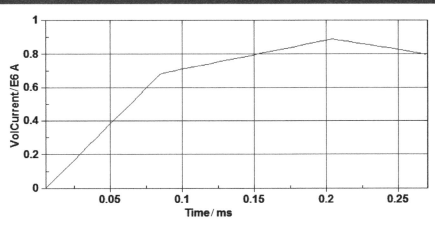

图 12-24　流经弹丸中截面的电流变化曲线

12.6　料仓落料 DEM 计算

LS-DYNA 中的离散元法（DEM）可用于分析不同类型颗粒的混合、存储、装卸和传输过程。

12.6.1　计算模型描述

这是一个料仓落料的算例。谷粒在重力作用下注入漏斗形料仓，随后掉落在钢板上。

本算例来自网站 www.dynaexamples.com，这里采用 TrueGrid 软件重新划分网格。计算单位制采用 ton-mm-s。

12.6.2　TrueGrid 建模

TrueGrid 建模命令流如下：

```
lct 1 rzx;
mate 1
block 1 21;1 21;-1;-400 400;-400 400;-248
endpart
ld 1 lp2 20 0 270 433;;
sd 1 crz 1;
cylinder -1;1 7;1 6;20;0 180;0 80
sfi -1;1 2;1 2;sd 1
bb 1 1 2 1 2 2 1;
lrep 0 1;
endpart
cylinder -1;1 13;1 6;20;0 180;80 200
sfi -1;1 2;1 2;sd 1
trbb 1 1 1 1 2 1 1;
bb 1 1 2 1 2 2 2;
lrep 0 1;
```

```
endpart
cylinder -1;1 25;1 15;20;0 180;200 430
sfi -1;1 2;1 2;sd 1
sfi -1;1 2;-2;plan 0 0 433 0 0 1
trbb 1 1 1 1 2 1 2;
lrep 0 1;
endpart
merge
stp 0.001
lsdyna keyword
write
```

图 12-25 所示是料仓和钢板网格图，DEM 颗粒则由 LS-DYNA 自动生成。

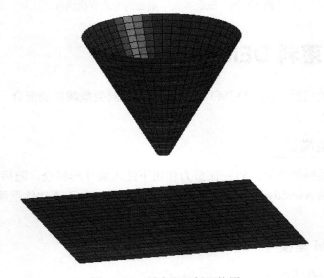

图 12-25 料仓和钢板网格图

12.6.3 关键字文件讲解

下面讲解相关 LS-DYNA 关键字输入文件。关键字输入文件有两个：计算模型参数主控文件 main.k 和网格模型文件 trugrdo。其中 main.k 的内容及相关讲解如下：

```
$ 本算例的计算控制参数来自DYNAmore GmbH，为尊重版权，保留原注释。
$ Example provided by DYNAmore
$ Date: Tue Mar 26 19:42:53 CET 2013
$ DYNAmore GmbH
$ Industriestr. 2
$ 70565 Stuttgart
$ Germany
$ Tel: +49-(0)711-459-6000
$ LS-DYNA Hotline: +49-(0)7031-418295
$ E-Mail: info@dynamore.de
```

$ Web: http://www.dynamore.de
$ Copyright, 2003 DYNAmore GmbH
$ Copying for non-commercial usage allowed if
$ copy bears this notice completely.
$ *KEYWORD表示输入文件采用的是关键字输入格式。
*KEYWORD
$ 定义分析标题。
*TITLE
Funnel Injection
$ *CONTROL_TERMINATION定义计算结束条件。
$ ENDTIM定义计算结束时间，这里ENDTIM=3.0s。
*CONTROL_TERMINATION
$ endtim,endcyc,dtmin,endeng,endmas,nosol
3.0
$ 定义时间步长控制参数。
$ TSSFAC=0.9为计算时间步长缩放因子。
*CONTROL_TIMESTEP
$ DTINIT,TSSFAC,ISDO,TSLIMT,DT2MS,LCTM,ERODE,MS1ST
,,,,,2
$ dt2msf,dt2mslc,imscl,unused,unused,rmscl

$ 定义最大时间步-时间曲线。
*DEFINE_CURVE
$ LCID,SIDR,SFA,SFO,OFFA,OFFO,DATTYP,LCINT
2
$ a1,o1
,1.000000e-004
$ a2,o2
1000.0,1.000000e-004
$ 能量计算控制。
*CONTROL_ENERGY
$ hgen,rwen,slnten,rylen
1,2,2,1
$ 定义各类输出参数。
*CONTROL_OUTPUT
$ npopt,neecho,nrefup,iaccop,opifs,ipnint,ikedit,iflush
1
$ iprtf,ierode,tet10,msgmax,ipcurv ,gmdt,ip1dblt,eocs
,,2,50
$ 定义二进制文件D3PLOT的输出。
$ DT=0.02s表示输出时间间隔。
*DATABASE_BINARY_D3PLOT
$ DT/CYCL,LCDT/NR,BEAM,NPLTC,PSETID,CID
0.02
$ 定义离散元界面力文件DEMFOR的输出。
$ DT=0.02s表示输出时间间隔。

```
*DATABASE_BINARY_DEMFOR
$ DT/CYCL,LCDT/NR,BEAM,NPLTC,PSETID,CID
0.02
$ 为离散元设置全局控制参数。
*CONTROL_DISCRETE_ELEMENT
$ ndamp,tdamp,fric,fricr,normk,sheark,cap,mxnsc
0.5,0.5,0.57,0.1
$ 为离散元高效碰撞对搜索定义感兴趣区域。
*DEFINE_DE_ACTIVE_REGION
$ id,type,xm,ym,zm
1,1
*DEFINE_BOX
$ boxid,xmn,xmx,ymn, ymx,zmn,zmx
1,-450.0,450.0,-350.0,350.0,-300.0,700.0
$在离散元和壳体之间定义非固连耦合界面。
*DEFINE_DE_TO_SURFACE_COUPLING
$ slave,master,stype,mtype
1,1,,1
$ frics,fricd,damp,bsort,lcvx,lcvy,lcvz,wearc
0.3,0.3,0.8,10,,,,1.5
$ 以给定质量流速0.0015ton/s从指定区域注入离散元粒子。
*DEFINE_DE_INJECTION
$ pid,sid,xc,yc,zc,xl,yl,cid
2,1,0.0,0.0,600.0,300.0,400.0
$ rmass,rmin,rmax,vx,vy,vz,tbeg,tend
0.0015,2.0,3.0,,,,,2.0
$ 定义Z向重力加速度。
*LOAD_BODY_Z
$ lcid,sf,lciddr,xc,yc,zc,cid
1,9810.0
$ 定义加载曲线。
*DEFINE_CURVE
$ LCID,SIDR,SFA,SFO,OFFA,OFFO,DATTYP,LCINT
1
$ a1,o1
,1.0
$ a2,o2
1000.0,1.0
$ 定义料仓和钢板PART，引用定义的单元算法和材料模型。PID必须唯一。
*PART
$ HEADING
Steel funnel and plate
$ PID,SECID,MID,EOSID,HGID,GRAV,ADPOPT,TMID
1,1,2
$定义壳单元算法。
```

```
*SECTION_SHELL
$ SECID,ELFORM,SHRF,NIP,PROPT,QR/IRID,ICOMP,SETYP
1
$ T1,T2,T3,T4,NLOC,MAREA,IDOF,EDGSET
1.0
$ 这是*MAT_020材料模型，用于将料仓和钢板定义为刚体。
$ MID可为数字或字符，其ID必须唯一，且被*PART卡片所引用。
*MAT_RIGID
$MID,RO,E,PR,N,COUPLE,M,ALIAS orRE
2,7.85E-9,2.10e+5,0.3
$ cmo,con1,con2
1.0,7,7
$ lco or a1,a2,a3,v1,v2,3

$ 定义谷粒PART，引用定义的单元算法和材料模型。PID必须唯一。
*PART
$ HEADING
DES
$ PID,SECID,MID,EOSID,HGID,GRAV,ADPOPT,TMID
2,2,1
$ *SECTION_SOLID定义常应力体单元算法。
$ SECID可为数字或字符，其ID必须唯一，且被*PART卡片所引用。
*SECTION_SOLID_TITLE
$ TITLE
DES
$ SECID,ELFORM,AET
2
$ 这是*MAT_001材料模型，用于将谷粒定义为线弹性材料。
$ MID可为数字或字符，其ID必须唯一，且被*PART卡片所引用。
*MAT_ELASTIC_TITLE
$ TITLE
DES
$ mid,ro,e,pr,da,db,not used
1,1.390E-9,0.70e+5,0.3
$ 包含TrueGrid软件生成的料仓和钢板网格节点模型文件。
*INCLUDE
$ FILENAME
trugrdo
$ *END表示关键字输入文件的结束，LS-DYNA读入时将忽略该语句后的所有内容。
*END
```

12.6.4　数值计算结果

谷粒注入过程速度变化如图12-26所示。

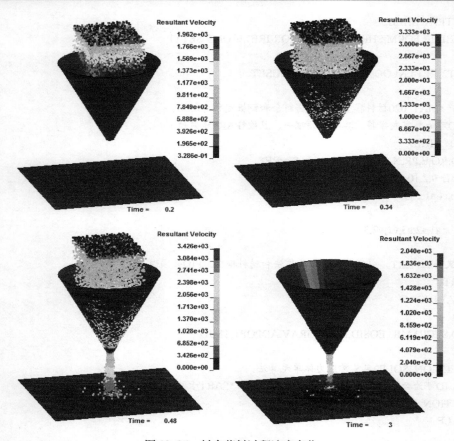

图 12-26　料仓落料过程速度变化

注: 本章部分内容来自 LSTC 和 DYNAmore GmbH 公司的资料。

12.7　参考文献

[1] LS-DYNA KEYWORD USER'S MANUAL[Z], LSTC, 2017.

[2] KENNEDY J M. Introductory Examples Manual for LS-DYNA® Users[Z]. 2013.

[3] www.dynaexamples.com

[4] CHANG S C. Compressible CFD (CESE) Modeul Presentation[R].LSTC,Mar,2013.

[5] TENG H L. Discrete Element Method in LS-DYNA[R]. LSTC,Nov,2015.

[6] DEL-PIN F. LS-DYNA R7:Strong Fliud Structure Interaction (FSI) capabilities and associated meshing tools for the incompressible CFD solver (ICFD), applications and examples[R].LSTC,Jun,2013.

[7] L'EPLATTENIER P. Introduction of an Electromagnetism Module in LS-DYNA for Coupled Mechanical-Thermal-Electromagnetic Simulations[R].LSTC,2015.

[8] TEST CASE DOCUMENTATION AND TESTING RESULTS TEST CASE ID CESE-VER-1.11-D Shock Tube Problem[R]. LSTC,Jun,2012.

[9] 辛春亮, 等. 由浅入深精通 LS-DYNA [M]. 北京: 中国水利水电出版社, 2019.

第13章　重启动分析

LS-DYNA 程序的重启动分析功能允许用户将整个作业的计算分成若干步完成，每次分析从求解的某个点接着进行计算，避免将机时浪费在不正确的计算上，并通过适当修改可使复杂的计算过程成功完成。重启动分析有三种类型：简单重启动、小型重启动和完全重启动。

三种重启动分析都需要包含某个时间点的模型全部信息的二进制重启动文件。可通过 *DATABASE_BINARY_D3DUMP 或 *DATABASE_BINARY_RUNRSF 关键字按时间/时间步间隔输出二进制重启动文件。D3DUMP 文件按累加方式输出，其文件名分别为 D3DUMP01、D3DUMP02、D3DUMP03…。而 RUNRSF 文件采用覆盖输出方式。

（1）简单重启动　LS-DYNA 在达到终止时间前停止计算，用于继续完成没有达到 *CONTROL_TERMINATION 设定的计算结束时间就中断的作业。由于不用对关键字文件做任何修改，因此命令行中不需要指定输入文件。例如，如果想从 D3DUMP01 文件进行重启动计算，则：

LSDYNA.EXE R=D3DUMP01

由于简单重启动分析非常简单，本章就不再举例，具体算例可参考小型重启动。

（2）小型重启动　只允许对模型做一些特定修改，如：

1）修改计算结束时间。

2）修改输出间隔。

3）修改时间步长控制。

4）修改加载曲线（曲线中的数据点数不能更改）。

5）添加节点约束。

6）删除接触、PART 或单元，以及 fsi，但不能新增。

7）PART 刚柔转换或柔刚转换。

小型重启动需要一个二进制重启动文件和一个简单的关键字输入文件。关键字输入文件（这里为 restart-input.k）内容大致如下：

```
*KEYWORD
*CONTROL_TERMINATION
15e-03
*DATABASE_BINARY_D3PLOT
1e-5
*DELETE_PART
4,5
*DELETE_CONTACT
3
*END
```

LSDYNA 运行命令行如下：

LSDYNA.EXE I=restart-input.k R=D3DUMP01

（3）完全重启动　完全重启动分析可对模型做重大修改，如添加 PART、载荷和接触。

完全重启动需要一个二进制重启动文件和一个完整的关键字输入文件。在这个输入文件中，需要包含关于模型的完整描述，包括：

1）原输入文件中需要保留下来的已有节点、单元、PART、材料模型、接触、载荷等，这是从原输入文件中直接复制过来的。

2）从原输入文件复制过来而且可根据需要进行适当修改的，如控制设置和加载曲线等。

3）新增的 PART、接触、材料模型和载荷。

在完全重启动分析中必须指定用*STRESS_INITIALIZATION 来初始化已有 PART 中的初始应力、初始应变、初始位移等。

完全重启动分析不得改变保留下来的网格拓扑形状，要保留*NODE 数据的初始坐标值，而不是变形后的节点坐标值。保留下来的已有接触需要带有原 ID，这样原输入文件中的接触 ID 才能和完全重启动输入文件中的接触 ID 匹配。

完全重启动中不能使用*DELETE，要在完全重启动中删除 PART 和单元，可在完全重启动文件中不包含要删除 PART 和单元数据即可。

修改保留下来的节点速度不能使用*INITIAL_VELOCITY，要使用*CHANGE_VELOCITY_OPTION。而对于新增 PART，可以使用*INITIAL_VELOCIT。

对于旧版 LS-DYNA，完全重启动的输出结果会覆盖已有的输出，因此需要在一个新的目录下进行完全重启动分析，后处理也要分开进行。

对于 MPP LS-DYNA，重启动文件名为 D3FULL*xx*，而不是 D3DUMP*xx*，完全重启动的命令行参数相应用 N=D3FULL*xx* 替代 R=D3DUMP*xx*。而 MPP LS-DYNA 的小型重启动命令行参数依旧使用 R=D3DUMP*xx*。

此外，采用*CONTROL_STAGED_CONSTRUCTION 也可用于重启动分析。

13.1　小型重启动分析——SHPB 计算

SHPB 技术是测量材料动态力学性能的主要技术手段之一。

13.1.1　计算模型描述

一个简单的岩石 SHPB 问题，包括四个圆柱杆：子弹、输入杆、岩石试件和输出杆，圆柱杆直径均为 60mm。其中子弹长 200mm，输入杆长 2m，被打击岩石试件长 50mm，输出杆长 1.8m。子弹以初速 14m/s 撞击输入杆。计算输出杆中特定单元的轴向应力波形。根据对称性，采用二维轴对称模型计算，图 13-1 所示是几何模型。

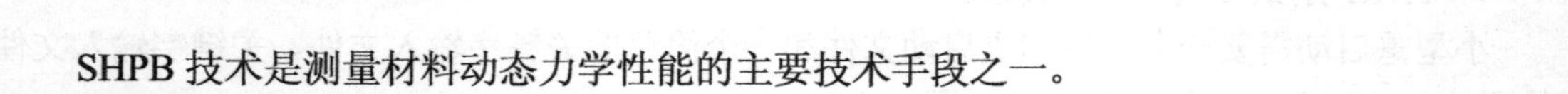

| 子弹 | 输入杆 | 试件 | 输出杆 |

图 13-1　几何模型

岩石采用*MAT_JOHNSON_HOLMQUIST_CONCRETE 材料模型，单轴抗压强度为 130MPa。子弹、输入杆和输出杆采用*MAT_ELASTIC 材料模型。计算单位制采用 cm-g-μs。

13.1.2 TrueGrid 建模

TrueGrid 建模命令流如下:

```
mate 1
block 1 9;1 401;−1;0 3;0 180.0;0
endpart
mate 2
block 1 15;1 25;−1;0 3;180.0 185.0;0
endpart
mate 3
block 1 9;1 401;−1;0 3;185.0 385.0;0
endpart
mate 4
block 1 9;1 46;−1;0 3;385.0 405.0;0
endpart
merge
lsdyna keyword
write
```

TrueGrid 生成的网格模型局部如图 13-2 所示。

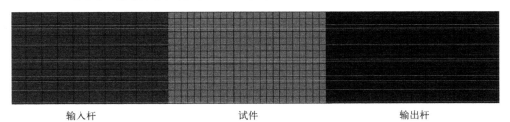

输入杆   试件   输出杆

图 13-2   TrueGrid 生成的网格模型局部

13.1.3 关键字文件讲解

第一次计算设定结束时间为 2000μs。第一次计算关键字输入文件有两个:计算模型参数主控文件 main.k 和网格模型文件 trugrdo。其中 main.k 的内容及相关讲解如下:

```
$ 首行*KEYWORD表示输入文件采用的是关键字输入格式。
*KEYWORD
$为二进制文件定义输出格式,0表示输出的是LS-DYNA数据库格式。
*DATABASE_FORMAT
$ IFORM,IBINARY
0
$ *SECTION_SHELL定义单元算法1,14表示面积加权轴对称算法。
*SECTION_SHELL
$ SECID,ELFORM,SHRF,NIP,PROPT,QR/IRID,ICOMP,SETYP
1,14,0.833,5.0,0.0,0.0,0,0
```

```
$ T1,T2,T3,T4,NLOC,MAREA,IDOF,EDGSET
0.00,0.00,0.00,0.00,0.00,0.00
$ 这是*MAT_001材料模型，用于定义输出杆材料模型参数。
$ MID可为数字或字符，其ID必须唯一，且被*PART卡片所引用。
*MAT_ELASTIC
$ MID,RO,E,PR,DA,DB,K
1,7.90,2.10,0.300000,0.0,0.0,0.0
$ 这是*MAT_111材料模型，用于定义岩石试件材料模型参数。
$ MID可为数字或字符，其ID必须唯一，且被*PART卡片所引用。
*MAT_JOHNSON_HOLMQUIST_CONCRETE
$ MID,RO,G,A,B,C,N,FC
2,2.471,0.11670,0.79,1.60,0.0070,0.61,0.00130
$ T,EPS0,EFMIN,SFMAX,PC,UC,PL,UL
7e-5,1e-6,0.005,4,0.00043,0.00278,0.012,0.100
$ D1,D2,K1,K2,K3,FS
0.045,1.0,0.85,-1.71,2.08,0.004
$ 这是*MAT_001材料模型，用于定义输入杆材料模型参数。
$ MID可为数字或字符，其ID必须唯一，且被*PART卡片所引用。
*MAT_ELASTIC
$ MID,RO,E,PR,DA,DB,K
3,7.90,2.10,0.300000,0.0,0.0,0.0
$ 这是*MAT_001材料模型，用于定义子弹材料模型参数。
$ MID可为数字或字符，其ID必须唯一，且被*PART卡片所引用。
*MAT_ELASTIC
$ MID,RO,E,PR,DA,DB,K
4,7.90,2.10,0.300000,0.0,0.0,0.0
$ 定义沙漏控制。
*hourglass
$ HGID,IHQ,QM,IBQ,Q1,Q2,QB/VDC,QW
1,1,0,0,0
$ 定义输出杆PART，引用前面定义的材料模型、单元算法和沙漏。
*PART
$ HEADING

$ PID,SECID,MID,EOSID,HGID,GRAV,ADPOPT,TMID
1,1,1,0 ,1,0,0
$ 定义试件PART，引用前面定义的材料模型、单元算法和沙漏。
*PART
$ HEADING

$ PID,SECID,MID,EOSID,HGID,GRAV,ADPOPT,TMID
2,1,2,0,1,0,0
$ 定义输入杆PART，引用前面定义的材料模型、单元算法和沙漏。
*PART
$ HEADING

$ PID,SECID,MID,EOSID,HGID,GRAV,ADPOPT,TMID
3,1,3 ,0,1,0,0
$ 定义子弹PART，引用前面定义的材料模型、单元算法和沙漏。
*PART
```

```
$ HEADING

$ PID,SECID,MID,EOSID,HGID,GRAV,ADPOPT,TMID
4,1,4,0,1,0,0
$ 定义各PART之间的2D接触。
*CONTACT_2d_automatic
$ SIDS,SIDM,SFACT,FREQ,FS,FD,DC

,,
$ TBIRTH,TDEATH,SOS,SOM,NDS,NDM,COF,INIT

$ *CONTROL_TERMINATION定义计算结束条件。
$ ENDTIM定义计算结束时间，这里ENDTIM=2e3μs。
*CONTROL_TERMINATION
$ ENDTIM,ENDCYC,DTMIN,ENDENG,ENDMAS,NOSOL
2e3
$ 定义时间步长控制参数。
$ TSSFAC=0.9为计算时间步长缩放因子。
*CONTROL_TIMESTEP
$ DTINIT,TSSFAC,ISDO,TSLIMT,DT2MS,LCTM,ERODE,MS1ST
0,0.9
$ 定义二进制文件D3PLOT的输出。
$ DT=1e3μs表示输出时间间隔。
*DATABASE_BINARY_D3PLOT
$ DT/CYCL,LCDT/NR,BEAM,NPLTC,PSETID,CID
1e3
$ 定义二进制文件D3THDT的输出。
$ DT=1μs表示输出时间间隔。
*DATABASE_BINARY_D3thdt
$ DT/CYCL,LCDT/NR,BEAM,NPLTC,PSETID,CID
1
$ 定义要输出波形的壳单元组。
*DATABASE_HISTORY_SHELL_SET
$ ID1,ID2,ID3,ID4,ID5,ID6,ID7,ID8
1
$ 定义壳单元组。
*SET_SHELL_LIST
$ SID,DA1,DA2,DA3,DA4
1,0.,0.,0.,0.
$ EID1,EID2,EID3,EID4,EID5,EID6,EID7,EID8
1,1111,2395,2689,3799,5083
$ 给子弹施加初始速度
*INITIAL_VELOCITY_GENERATION
$ ID,STYP,OMEGA,VX,VY,VZ,IVATN,ICID
4,2,,,-0.0014
$ XC,YC,ZC,NX,NY,NZ,PHASE,IRIGID

$ 包含TrueGrid软件生成的网格节点模型文件。
*INCLUDE
$ FILENAME
trugrdo
```

$ *end表示关键字输入文件的结束，LS-DYNA读入时将忽略该语句后的所有内容。
*end

LS-DYNA 执行的命令行如下：

lsdyna_sp.exe   i=main.k   MEMORY=200M   ncpu=1

计算完成后进行小型重启动分析，将计算结束时间延长为 3000μs，并调整时间步长和 D3PLOT 文件写入频率。小型重启动分析的关键字输入文件 main-small.k 中内容如下：

```
*KEYWORD
$ *CONTROL_TERMINATION定义计算结束条件。
$这里计算结束时间ENDTIM修改为3e3μs。
*CONTROL_TERMINATION
$ ENDTIM,ENDCYC,DTMIN,ENDENG,ENDMAS,NOSOL
3e3
$ 定义时间步长控制参数。
$ 计算时间步长缩放因子修改为TSSFAC=0.8。
*CONTROL_TIMESTEP
$ DTINIT,TSSFAC,ISDO,TSLIMT,DT2MS,LCTM,ERODE,MS1ST
0,0.8
$ 定义二进制文件D3PLOT的输出。
$ 输出时间间隔修改为DT=0.5e3μs。
*DATABASE_BINARY_D3PLOT
$ DT/CYCL,LCDT/NR,BEAM,NPLTC,PSETID,CID
0.5e3
*INCLUDE
trugrdo
*end
```

本次小型重启动分析 LS-DYNA 执行的命令行如下：

lsdyna_sp.exe   i=main-small.k   MEMORY=200M   ncpu=1   r=d3dump01

其中 d3dump01 文件即为上次计算结束时输出的重启动文件。

13.1.4 数值计算结果

图 13-3 所示是单元 1111 的轴向应力波形。

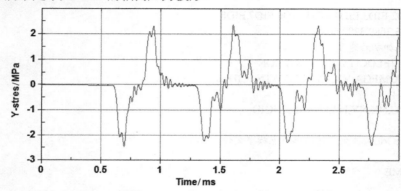

图 13-3   小型重启动分析单元 1111 的轴向应力波形

13.2 完全重启动分析——SHPB 连续打击计算

13.2.1 计算模型描述

小型重启动分析结束后，假定又有 1 枚子弹以同样的初速 14m/s 冲击输入杆，计算输出杆中特定单元的轴向应力波形。计算单位制采用 cm-g-μs。

由于要新增子弹 PART，因此需要进行完全重启动分析。计算开始需要初始化输入杆、试件、输出杆的应力-应变状态。

13.2.2 TrueGrid 建模

完全重启动需要保留输入杆、试件、输出杆的网格模型，删除旧子弹模型（关键字输入文件中不包含该部分节点单元即可）。输入杆、试件、输出杆的网格保持不变，其 TrueGrid 建模命令流和原来相同：

```
mate 1
block 1 9;1 401;−1;0 3;0 180.0;0
endpart
mate 2
block 1 15;1 25;−1;0 3;180.0 185.0;0
endpart
mate 3
block 1 9;1 401;−1;0 3;185.0 385.0;0
endpart
merge
lsdyna keyword
write
```

将 TrueGrid 生成的网格模型文件 trugrdo 另存为 old.k。

还需要建立新的子弹模型，TrueGrid 命令流如下：

```
mate 4
block 1 9;1 46;−1;0 3;385.0 405.0;0
endpart
merge
offset nodes 10000;
offset shells 10000;
lsdyna keyword
write
```

13.2.3 关键字文件讲解

下面讲解相关 LS-DYNA 关键字输入文件。关键字输入文件有三个：计算模型参数主控文件 main-full.k，输入杆、试件、输出杆的网格模型文件 old.k 和新子弹网格模型文件 trugrdo。

其中 main-full.k 中的内容及相关讲解如下：

```
*KEYWORD
*DATABASE_FORMAT
$ IFORM,IBINARY
0
*SECTION_SHELL
$ SECID,ELFORM,SHRF,NIP,PROPT,QR/IRID,ICOMP,SETYP
1,14,0.833,5.0,0.0,0,0,0
$ T1,T2,T3,T4,NLOC,MAREA,IDOF,EDGSET
0.00,0.00,0.00,0.00,0.00
*MAT_ELASTIC
$ MID,RO,E,PR,DA,DB,K
1,7.90,2.10,0.300000,0.0,0.0,0.0
*MAT_JOHNSON_HOLMQUIST_CONCRETE
$ MID,RO,G,A,B,C,N,FC
2,2.471,0.11670,0.79,1.60,0.0070,0.61,0.00130
$ T,EPS0,EFMIN,SFMAX,PC,UC,PL,UL
7e-5,1e-6,0.005,4,0.00043,0.00278,0.012,0.100
$ D1,D2,K1,K2,K3,FS
0.045,1.0,0.85,-1.71,2.08,0.004
*MAT_ELASTIC
$ MID,RO,E,PR,DA,DB,K
3,7.90,2.10,0.300000,0.0,0.0,0.0
*MAT_ELASTIC
$ MID,RO,E,PR,DA,DB,K
4,7.90,2.10,0.300000,0.0,0.0,0.0
*hourglass
$ HGID,IHQ,QM,IBQ,Q1,Q2,QB/VDC,QW
1,1,0,0,0
*PART
$ HEADING

$ PID,SECID,MID,EOSID,HGID,GRAV,ADPOPT,TMID
1,1,1,0 ,1,0,0
*PART
$ HEADING

$ PID,SECID,MID,EOSID,HGID,GRAV,ADPOPT,TMID
2,1,2,0,1,0,0
*PART
$ HEADING

$ PID,SECID,MID,EOSID,HGID,GRAV,ADPOPT,TMID
3,1,3 ,0,1,0,0
$ 新增子弹PART，引用前面定义的材料模型、单元算法和沙漏。
*PART
```

```
$ HEADING

$ PID,SECID,MID,EOSID,HGID,GRAV,ADPOPT,TMID
4,1,4,0,1,0,0
*CONTACT_2d_automatic
$ SIDS,SIDM,SFACT,FREQ,FS,FD,DC

"
$ TBIRTH,TDEATH,SOS,SOM,NDS,NDM,COF,INIT

$ *CONTROL_TERMINATION定义计算结束条件。
$这里计算结束时间ENDTIM修改为6e3μs。
*CONTROL_TERMINATION
$ ENDTIM,ENDCYC,DTMIN,ENDENG,ENDMAS,NOSOL
6e3
$ 定义时间步长控制参数。
$ 计算时间步长缩放因子修改为TSSFAC=0.9。
*CONTROL_TIMESTEP
$ DTINIT,TSSFAC,ISDO,TSLIMT,DT2MS,LCTM,ERODE,MS1ST
0,0.9
$ 定义二进制文件D3PLOT的输出。
$ 输出时间间隔修改为DT=2e2μs。
*DATABASE_BINARY_D3PLOT
$ DT/CYCL,LCDT/NR,BEAM,NPLTC,PSETID,CID
2e2
*DATABASE_BINARY_D3THDT
1
*DATABASE_HISTORY_SHELL_SET
1
*SET_SHELL_LIST
1,0.,0.,0.,0.
1,1111,2395,2689,3799,5083
$ 定义新增子弹的初始速度。
*initial_velocity_generation
4,2,,,-0.0014

$ 应力初始化PART 1、2和3。
*STRESS_INITIALIZATION
$ PIDO,PIDN
1,1
$ PIDO,PIDN
2,2
$ PIDO,PIDN
3,3
$ 包含原PART 1、2和3网格节点模型文件。
*INCLUDE
$ FILENAME
```

```
old.k
$ 包含TrueGrid软件生成的新增子弹网格节点模型文件。
*INCLUDE
$ FILENAME
trugrdo
*end
```

本次完全重启动分析 LS-DYNA 执行的命令行如下：

```
lsdyna_sp.exe  i=main-full.k  MEMORY=100M  ncpu=1  r=d3dump02
```

其中 d3dump02 为小型重启动分析结束时输出的重启动文件。

13.2.4 数值计算结果

完全重启动分析中单元 1111 的轴向应力波形如图 13-4 所示。

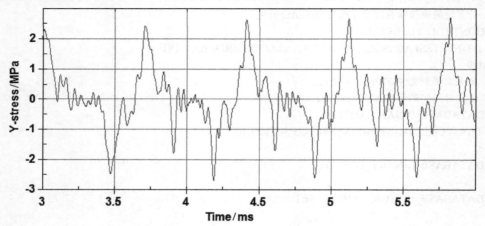

图 13-4 完全重启动分析单元 1111 的轴向应力波形

与上次小型重启动分析输出的单元 1111 的轴向应力波形叠加后的结果如图 13-5 所示。由图可见，3ms 时刻对应的叠加处波形衔接很好。

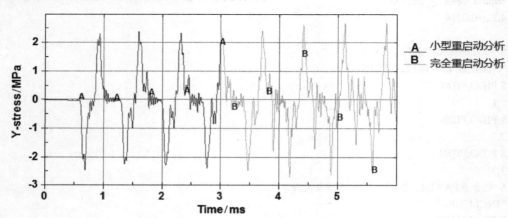

图 13-5 叠加后单元 1111 的轴向应力波形

13.3　参考文献

[1]　LS-DYNA KEYWORD USER'S MANUAL[Z]. LSTC, 2017.

[2]　Restarting LS-DYNA[R]. LSTC, 2012.

[3]　辛春亮，等. 由浅入深精通 LS-DYNA [M]. 北京：中国水利水电出版社, 2019.

第 14 章 若干计算问题的解决方法

LS-DYNA 求解过程中经常会出现各种各样令人困惑、难以解决的问题，例如，求解时间太长、节点速度无穷大、负体积、浮点溢出等。要解决上述问题，得到满意的计算结果，就需要细心编辑并调试关键字文件，耐心检查 d3hsp 和 messag 文件，通过 LS-PrePost 载入 glstat 文件查看各类输出是否正常等。

14.1   求解算法的选择

LS-DYNA 有多种求解算法，如传统 FEM、EULER、ALE、SPH、EFG 算法等，以及新增的 SPG、Peridynamics、DEM、CESE、EM、ICFD 算法等，对于具体问题，选择哪种计算算法，下面给出大致建议。

1）橡胶材料：FEM、EFG、MEFEM、SPG。

2）泡沫材料：FEM、SPH、EFG、SPG。

3）金属材料：FEM、SPH、EFG、MEFEM、自适应 FEM、自适应 EFG、SPG。

4）延性材料失效：FEM、SPG。

5）脆性和准脆性材料断裂：FEM、SPH、EFG、SPG、Peridynamics。

6）带有状态方程的材料和高速碰撞：ALE、SPH、SPG。

7）壳体断裂：FEM、EFG、XFEM。

8）土壤：ALE、SPH、SPG。

9）颗粒材料：离散元（DEM）。

10）复合材料和单胞分析：FEM、EFG、SPG。

11）炸药爆炸冲击波计算（不显含化学反应）：1D ALE、2D ALE、3D ALE。

12）炸药和气体爆炸冲击波计算（显含化学反应）：CHEMISTRY。

13）爆炸作用下结构响应：ALE、SPH、ALE+FEM 流固耦合、ALE+SPH 流固耦合、*LOAD_BLAST+FEM、*LOAD_BLAST_ENHANCED +FEM、ALE+*LOAD_BLAST_ENHANCED +FEM、*LOAD_SSA+FEM、*PARTICLE_BLAST+FEM、声固耦合等。

14）物体入水：ALE+FEM 流固耦合、FEM+ SPH 接触、SPH + SPH、ICFD+ FEM 流固耦合。

15）自然破片战斗部：ALE+SPG 算法、ALE+SPH 算法、ALE+DEM 算法、ALE+固连失效 FEM、*ALE_FRAGMENTATION 等。

16）低马赫数长时流体问题：ICFD。

17）超声速气动分析：CESE。

14.2   关于计算结果的准确性和可信度的讨论

数值计算结果的准确性和可信度是用户最为关心的问题，多种因素制约了计算结果的准确性。

首先，实际工程结构总是很复杂的，完全按照结构的实际状态进行分析是不可能的，也没有必要，这需要进行合理的简化，将工程问题简化为物理模型本身就忽略了许多因素。其次，物理问题转换为数学模型又存在简化。再次，数学模型到计算模型之间存在逼近误差。LS-DYNA 数值计算是采用离散的方法对具体问题的逼近，其计算结果本身就不是该问题的精确解。逼近的细化程度即计算规模的限制也是制约数值计算结果准确性的因素。材料模型及其参数获取的准确度、数值计算结果的处理和可视化也会影响数值计算结果的准确性。最后，计算模型的任何细节如网格划分、算法选取、控制参数设置、材料模型选择和参数的合理性都会影响到计算结果的准确性，而这又与个人软件使用经验和力学基础知识息息相关，换句话说，计算结果可能会因人而异。

要判断计算结果的"好"与"坏"，最好的方法是将数值计算结果与实验结果、经验公式计算值或理论解进行对比，其次是凭借个人经验和直觉判断计算结果动画是否合理，最后检查能量（如滑移能、沙漏能）是否存在异常。

需要强调的是，侵彻和爆炸作用下结构的破坏有限元计算结果与网格划分密切相关。通常情况下数值计算前需要对网格尺寸的收敛性进行分析，确定可接受的网格尺寸。实际上由于结构破坏计算模型中通常会采用失效模型，网格的失效删除导致所有物理量不守恒，同时缺乏基于物理的单元删除准则，都会严重影响计算结果，即使不断细化网格依然难以获得唯一的收敛解。对于特定网格划分需要采用试验标定失效参数，网格尺寸改变后失效参数需要重新标定。建议尝试一些新的算法，如 SPG、PD 等，这些算法对网格划分和失效参数依赖程度低。

而对于爆炸冲击波的计算，由于炸药爆炸初期产生的冲击波是高频波，在数值计算模型中炸药及其附近区域需要划分细密网格才能反映出足够频宽的冲击波特性，否则计算出的压力峰值会被抹平。

14.3　LS-DYNA 求解时间的决定因素

LS-DYNA 求解时间的决定因素有：

（1）有限元模型的大小　模型越大，单元数量越多，计算时间越长。

（2）计算终止时间　由*CONTROL_TERMINATION 中的 ENDTIM 控制。

（3）接触算法　双面接触计算时间几乎是单面接触的两倍。

（4）计算时间步长　由材料声速和最小单元尺寸决定。时间步长越小，计算时间越长，计算也越稳定。因此，网格划分时一定要避免出现尺寸过小单元。

（5）单元算法　如全积分单元比单点积分单元计算成本高。

（6）材料模型　材料模型决定了材料声速，简单材料模型比复杂模型计算时间少。

（7）附加计算选项。例如，二阶应力更新、计算沙漏能、沙漏控制类型、计算输出等。求解需要输出的项目和对象越多，所需计算时间越长。

（8）计算机性能　计算机 CPU 速度和求解调用的 CPU 数量影响求解时间。

14.4　减少 LS–DYNA 求解时间的方法

减少 LS–DYNA 求解时间的方法有：

1）发现求解不正常时，及时中断。

2）划分网格时避免模型中出现不必要的小单元。可在 d3hsp 文件中搜索 "smallest timesteps"，检查前 100 个小尺寸单元，如图 14-1 所示。或通过*DATABASE_EXTENT_BINARY 关键字设置 STSSZ=2，并通过 LS-PREPOST 的 Page 1→Fcomp→Misc→time step size 查看时间步长云图。

```
100 smallest timesteps
--------------------------------------------------
element          number              part     timestep
solid             63139                 1     5.0282E-01
solid             62995                 1     5.0282E-01
solid             57714                 1     5.0282E-01
solid             57570                 1     5.0282E-01
solid             46939                 1     5.0282E-01
solid             46795                 1     5.0282E-01
solid             41514                 1     5.0282E-01
solid             41370                 1     5.0282E-01
solid             30739                 1     5.0282E-01
solid             30595                 1     5.0282E-01
solid             25314                 1     5.0282E-01
solid             25170                 1     5.0282E-01
solid             14539                 1     5.0282E-01
solid             14395                 1     5.0282E-01
solid              9114                 1     5.0282E-01
solid              8970                 1     5.0282E-01
solid             61555                 1     5.0282E-01
solid             61483                 1     5.0282E-01
```

图 14-1　通过 d3hsp 文件检查前 100 小尺寸单元

3）软化材料或提高密度（不建议使用）。

4）推荐使用单点积分单元。

5）通过重启动或程序设定及时删除时间步长过小的单元。要删除时间步长小于 TSMIN 的厚壳单元与体单元，可通过设置*CONTROL_TIMESTEP 中 ERODE=1 和*CONTROL_TERMINATION 中 DTMIN>0 来实现，其中 TSMIN=DTSTART*DTMIN，DTSTART 为初始时间步长。对于壳单元，设置*CONTROL_SHELL 中的 NFAIL1 和 NFAIL4。

6）采用时间缩放（增大载荷，减少载荷作用时间，如金属冲压成形时提高冲压速度）。

7）采用质量缩放，增加小单元质量。

8）隐式分析的一大优点是时间步长不依赖于单元尺寸大小，必要时采用隐式算法分析或显式-隐式转换连续求解方法。

14.5　LS–DYNA 求解中途退出的原因和解决办法

如果 LS–DYNA 刚开始就因关键字文件错误而退出运行，LS–DYNA 会提示用户怎样改正，如格式不对、缺少符号等。可检查 messag 和 d3hsp 文件查找错误。这两个文件记录了程序运行时的信息和错误，其中 d3hsp 文件更为详细。

而 LS-DYNA 在求解过程中由于模型的各种问题时常发生中途退出的问题，令人头疼。程序中途退出问题原因比较复杂，可通过更频繁地输出 D3PLOT 文件来查找原因。

LS-DYNA 求解中途退出的原因和解决办法如下：

1）输入文件关键字定义错误。例如，关键字拼写错误、不正确的格式、中文逗号、节点重复，以及隐藏的〈Tab〉和〈Enter〉键（必要时需要在 DOS 和 UNIX 格式之间进行格式转换）。

2）硬盘空间不足。每次计算前要检查硬盘空间和预估计算输出文件所占空间。

3）单元负体积。这可能是由材料参数、单元算法、时间步长设置不合理或网格质量差引起的。可通过*CONTROL_TERMINATION 中的 TSSFAC 调小人工时间步长，或细化网格，改善网格质量。具体解决办法可参见 14.8 节六面体单元中的负体积现象。

4）节点速度无限大。原因可能如下：

① 一般是由于材料等参数的单位不一致引起，在建立模型时应注意单位的统一。

② 采用了不正确的材料参数（例如，材料密度为零、厚度为零、曲线定义错误）。

③ 接触问题，如本该发生接触的地方没有定义接触，在计算过程中可能会导致节点速度无限大。

④ 存在网格初始渗透，建议设置*CONTROL_CONTACT 中 IGNORE=1 或 2。

⑤ 网格质量差，单元变形严重。

5）单元负 Jacobian。经常是由极度扭曲单元造成的，全积分单元较常出现此类问题。建议在*CONTROL_SHELL 中设置 NFAIL1=NFAIL4=1，计算中自动删除极度翘曲的单元。

6）单元算法和沙漏控制。如果单点积分体单元和壳单元出现计算不稳定现象，尝试采用带有沙漏系数 0.05 的沙漏类型 4，或者壳单元采用单元算法 16 和沙漏类型 8。如果壳单元响应是线弹性的，设置 BWC=1 和 PROJ=1（仅适用于 B-T 壳单元）。体单元避免采用单元算法 2。三维 PART 厚度方向至少划分两个网格。

7）采用了非物理的阻尼。调试时可关闭所有的*DAMPING。

8）时间步长太大。可尝试减小时间步长。

9）采用了全积分单元。全积分单元在大变形时不如单点积分体单元稳健。

10）刚体非常大的惯量。可减小刚体密度/尺寸/厚度，考虑改变单位制，使惯量小于 E15 或采用双精度版本 LS-DYNA。

11）两个或多个刚体共节点。合并刚体，采用铰接或直接采用变形体。

12）体单元中的复杂声速。可能模型网格质量差，单元极度扭曲（特别是全积分单元），不正确的材料输入或单位制不协调造成。

13）采用了非默认的控制参数。调试时可将控制参数重设回默认值。

14）精度不够导致因计算不稳定而退出。尝试采用双精度版本。

15）个别情况下，错误信息指的是旧的结构化输入格式，可在关键字输入文件中加入*CONTROL_STRUCTURED 关键字，生成结构化输入文件，以帮助查找错误。

16）对于特定的问题，可能是 LS-DYNA 程序本身存在 bug 造成的，建议使用最新版本 LS-DYNA。

14.6　沙漏出现的原因和控制方法

在显式分析中单元处理最耗费 CPU。由于 CPU 时间与积分点个数成正比，为了降低计算成本，LS-DYNA 中所有显式单元默认情况下采用简化积分方式，一个简化积分体单元和壳单元在其中心仅有一个积分点。而全积分体单元与壳单元分别具有 8 个和 4 个积分点。

与全积分单元相比，单点积分单元计算速度快，适合于大变形场合，且计算稳定；缺点是单点积分六面体单元、厚壳单元和四边形壳单元容易出现沙漏。而四面体单元、三角形壳单元、梁单元、全积分的壳单元和体单元就没有沙漏。

沙漏是一种高频零能伪变形模式，沙漏模式导致一种在数学上是稳定的，但在物理上是不可能的状态。它们通常没有刚度，结构上虽有变形但没有应变或应力，变形呈现锯齿形网格。单点积分的四边形壳单元和六面体单元分别有 5 和 12 种沙漏模式，典型沙漏模式如图 14-2 所示。

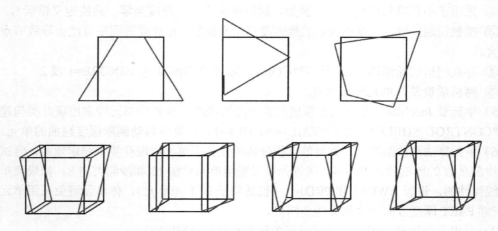

图 14-2　四边形壳单元和六面体单元的几种沙漏模式

沙漏能是计算程序用于抵制沙漏所采用的非物理的沙漏力所做的功，一般沙漏能小于峰值内能的 10%，有时候即使 5% 也是不允许的。如果在远离感兴趣区域的粗网格中出现严重沙漏有时也是可以容忍的。可设置*CONTROL_ENERGY 中 HGEN=2，并在*DATABASE_GLSTAT 和*DATABASE_MATSUM 分别输出整个模型和单个 PART 的沙漏能，然后导入 GLSTAT 文件检查整个模型的沙漏能，或导入 MATSUM 文件检查每个 PART 的沙漏能。或者设置*DATABASE_EXTENT_BINARY 中 SHGE=2，最后在 LS-PrePost 中选择 Page 1→Fcomp→Misc→hourglass energy，查看沙漏能密度云图。

沙漏的出现会导致计算结果无效，应尽量避免和减小沙漏，在 LS-DYNA 中可采用沙漏控制：黏性沙漏控制和刚性沙漏控制。黏性沙漏控制产生正比于对沙漏模式有贡献的节点速度分量的沙漏力；刚性沙漏控制产生正比于对沙漏模式有贡献的节点位移分量的沙漏力。

由于流体具有低剪切强度或零剪切强度，推荐采用沙漏类型 1 黏性沙漏控制，沙漏系数减小 1~2 个数量级。这种黏性沙漏控制也适用于其他高速/高应变率问题，如超高速碰撞问题。注意，在 LS-DYNA971 R3 以后版本中，ALE PART（ELFORM=11）的默认沙漏系数是

1.E-6。对于非流体 ALE 材料，要覆盖该默认设置，应定义*HOURGLASS，并在*PART 中使用相应 HGID。

对于高速冲击，建议使用基于黏性的沙漏控制（1、2、3 型），即使对于固体/结构部件也是如此。

对于低速冲击问题，建议采用刚性沙漏控制。刚性沙漏控制会人为地增加单元的刚度，尤其在变形较大时作用更明显，因此沙漏系数一般在 0.03～0.05 之间，尽量弱化沙漏控制对单元刚度的影响。

LS-DYNA 有以下方法控制沙漏：

1）避免单点载荷。单点载荷容易激发沙漏，建议在结构上施加压力而不是集中节点力。连接变形体时，同一区域避免只用一个节点进行连接。约束变形体时，同一区域避免只约束一个节点。

2）用全积分单元。全积分单元不会出现沙漏，用全积分单元定义模型的一部分或全部可以减少沙漏。但全积分单元在面内弯曲时存在剪切自锁问题，在处理大变形问题时过于刚硬，也容易产生负体积。

3）改变沙漏控制，全局调整模型体积黏性。沙漏变形可以通过结构体积黏性来阻止，可以通过控制线性和二次系数，从而增大模型的体积黏性。

4）采用细密、规则的网格。

与沙漏控制有关的关键字有：*CONTROL_HOURGLASS、*HOURGLASS 和 *CONTROL_BULK_VISCOSITY。

14.7　质量缩放

在显式方法中，时间步长通常非常小以保持数值稳定性。在 LS-DYNA 显式分析中最小时间步长由最小单元尺寸（即图 14-3 中所示的 l_2）决定：

如图 14-3 所示，l_2 最短，因此最小时间步长由 l_2 决定：

$$\Delta t_{min} = \frac{l_{min}}{c} = \frac{l_2}{c}$$

其中梁、杆和索单元声速计算公式：

$$c = \sqrt{\frac{E}{\rho}}$$

式中，E 是弹性模量。

壳单元声速计算公式：

$$c = \sqrt{\frac{E}{(1-\upsilon^2)\rho}}$$

式中，υ 是泊松比。

体单元声速计算公式：

$$c = \sqrt{\frac{E(1-\upsilon)}{(1+\upsilon)(1-2\upsilon)\rho}}$$

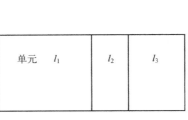

图 14-3　不同单元的最小单元尺寸

过小的时间步长会使计算用时剧增。为了降低计算成本，可采用质量缩放提高时间步长，调整密度达到用户指定的时间步长。例如，对于壳单元，在第 i 个单元中：

$$\left(\frac{\Delta t_{指定}}{l_i}\right)^2 = \frac{(1-\upsilon^2)\rho_i}{E}$$

$$\rightarrow \rho_i = \frac{(\Delta t_{指定})^2 E}{l_i^2(1-\upsilon^2)}$$

在 LS-DYNA 中有两种方法来实现指定时间步长：

1）通过调整密度使所有单元具有相同的时间步长，可通过设置*CONTROL_TIMESTEP 中 DT2MS>0 来实现。初始时间步长将不会小于 DT2MS。这种方法很少采用。

2）质量缩放仅适用于时间步长小于指定时间步长的单元，可通过设置*CONTROL_TIMESTEP 中的 DT2M<0 来实现。初始时间步长将不会小于 TSSFAC*(-DT2MS)，质量仅增加到时间步长小于 TSSFAC*|DT2MS|的单元上。这种方法最常用。如果另外设置 MS1ST=1，且 DT2MS<0，则只在第一步循环中增加质量，随后就不再改变。

需要注意的是，对时间步长过小的单元按照指定值进行质量缩放，可能该单元会随着变形增加过多的质量，由此显著增加动态效应，并造成严重的接触渗透现象，以致接触不稳定。在动力学仿真中，要保证每个感兴趣的 PART 所增加的质量<5%，并密切监测渗透和动能以获得好的计算结果。可打开 d3hsp 或 matsum 文件查看增加的质量，还可通过设置 *database_extent_binary 中的 SHGE=2，然后在后处理中查看壳单元所增加质量的云图分布。

14.8 六面体单元中的负体积现象

泡沫塑料等软质材料在承受大变形时，单元可能变得极度扭曲，单元的一个面穿透另一个面，以致计算出的单元体积为负值，出现负体积现象，如图 14-4 所示。LS-DYNA 中的负体积将导致计算终止，可通过设置*CONTROL_TIMESTEP 中的 ERODE=1，并且*CONTROL_TERMINATION 中的 DTMIN 设置为任何非零值，删除计算过程中出现的负体积单元，计算才有可能继续进行。

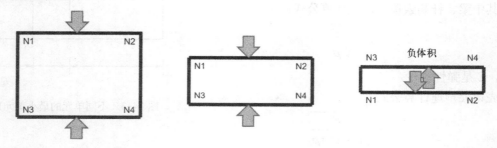

图 14-4 负体积形成示意图

有助于克服负体积的一些方法如下：

1）选择合适的材料模型，检查材料参数设置是否有问题，必要时刚化材料应力-应变曲线的大应变段。

2）检查网格质量，修改初始网格来适应特定的变形场以防止负体积的形成。

3）修改*CONTROL_TIMESTEP 中的 TSSFAC，减小时间步长缩放系数。默认的 0.9 有可能导致数值不稳定。

4）避免使用全积分体单元（ELFORM=2 和 3），它们在包含大变形和扭曲的仿真中往往不是很稳定。单点积分单元可能出现负的 Jacobian 矩阵，而整个单元还保持正的体积。全积分单元因计算出现负的 Jacobian 而终止，会比单点积分单元来得快。

5）采用默认的单元算法（对于单点积分体单元，ELFORM=1）和沙漏类型 4 或 5（将会刚化响应）。推荐泡沫塑料选用沙漏类型 6。如果低速冲击，则沙漏系数=0.1。如果高速冲击，采用沙漏类型 2 或 3，且沙漏系数=0.1。

6）对泡沫塑料用 ELFORM=10 的四面体单元来建模。

7）将材料模型*MAT_057 中的阻尼系数 DAMP 提高到最大的推荐值 0.5。

8）对包含泡沫塑料的接触，关掉*CONTACT 选项卡 B 中的 SNLOG，即设置 SNLOG=1。

9）使用*CONTACT_INTERIOR 卡。PART SET 定义了需要用*CONTACT_INTERIOR 处理的 PART，在*SET_PART 卡 1 的第 5 项 DA4 来定义*CONTACT_INTERIOR 类型。默认类型 TYPE=1，推荐用于单一的压缩。在 970 版中，单元算法 ELFORM=1 的体单元可设置为 TYPE=2，这样可以处理压缩和剪切混合的模式。

10）如果使用*MAT_126，尝试 ELFORM=0。

11）尝试用 EFG 算法（*SECTION_SOLID_EFG）。由于这个算法非常费时，所以只用于变形严重的地方，且只用六面体单元。

12）尝试采用 SPG 算法（*SECTION_SOLID_SPG）。

13）避免单点载荷。建议在结构上施加压力而不是集中节点力。

14）通过设置*CONTROL_TERMINATION 中的 TSSFAC 降低时间步长。

15）采用体外包壳、壳外包梁的方法。材料模型选用*MAT_NULL，密度、厚度和弹性模量取小值。

14.9　负滑移能（接触能）

突然增加的负滑移能有可能是由于未被检查到的初始渗透引起的。因此，减小负滑移能的最有效的方法就是在初始建模时考虑好接触面之间的偏移。

负滑移能有时候是由于接触面的相对滑动引起的，这跟摩擦没有多大关系，可以说是由法向接触力和法向渗透引起的负滑移能。当某个渗透的节点从它原先的主面滑动到一个与之相邻的但没有联接的主面上时，就会检测到初始渗透，负滑移能就产生了。

如果内能刚好与负滑移能镜像，例如，glstat 文件中内能曲线的斜率刚好与负滑移能斜率大小相等，符号相反，那么问题很可能出现在局部的低冲击中。可以把有问题的负滑移能的局部区域在后处理结果中显示出来（在 LS-PrePost 中选择 Page 1→Fcomp→Misc→internal energy）。整体内能的热点区域通常能显示负滑移能的集中区域。

如果定义了多个接触，那么 SLEOUT 结果文件（*DATABASE_SLEOUT）可以显示每个接触的滑移能，据此可以缩小负滑移能的检查范围。

避免负滑移能的一些建议如下：

1）消除初始渗透（在 messag 里面可以看到是否存在初始渗透）。

2）检查并消除多余的接触。不应在两个相同的接触 PART 或接触面上定义多个接触。

3）减小时间步长缩放因子。

4）除设置 soft=1 和 ignore=2（可选卡 C），将其他接触控制设置为默认值。

5）对于尖锐的接触面，设置可选卡 A 上的 SOFT=2。SOFT=2 仅应用在 SEGMENT 和 SEGMENT 接触上，不能用于 NODE_TO_SURFACE 接触。

与 SOFT=2 相关的两个重要参数是 SBOPT 和 DEPTH。当接触 PART 相对滑动不占主导时，设置 SBOPT=3。当相对滑动占主导时，推荐设置 SBOPT=5。

对于边边接触，设置 DEPTH=25 或 35，除此之外推荐设置 DEPTH=13 或 23。

注意，在设置 SOFT=2 时将增加系统计算时间，尤其是采用非默认的 SBOPT 和 DEPTH 值时。所以，通常情况下，只有在 SOFT=0 或 SOFT=1，接触设置不能解决问题时才采用 SOFT=2。

壳单元中的负内能解决办法：

1）关闭壳单元减薄选项（设置*CONTROL_SHELL 中的 ISTUPD=0）。

2）打开体积黏性控制（在*CONTROL_BULK_VISCOSITY 中设置 TYPE=-2/-1）。

3）对出现负内能的 PART 采用*DAMPING_PART_STIFFNESS，开始采用较小的阻尼系数，如 0.01。如果*CONROL_ENERGY 中 RYLEN=2，那么程序会计算刚性阻尼产生的能量并添加到内能中。

注：本章部分内容来自 LSTC 公司的资料。

14.10　参考文献

[1] LS-DYNA KEYWORD USER'S MANUAL[Z], LSTC, 2017.

[2] www.lsdynasupport.com

[3] WU C T，GUO Y, HU W, et al. Recent Development of Advanced FEM and Meshfree Methods in LS-DYNA® for Solid and Structural Analyses[R]. LSTC, Nov. 12, 2015.

[4] yuminhust2005. LS-DYNA 常见问题汇总 2.0 [G/OL]. www.simwe.com, 2008.

[5] 辛春亮，等. 由浅入深精通 LS-DYNA [M]. 北京：中国水利水电出版社, 2019.

第 15 章　LS-DYNA 前后处理软件 LS-PrePost 简介

LS-PrePost 是免费的 LS-DYNA 专用前后处理软件，当前的最新版本为 4.6。该软件可运行在 Windows、Linux 和 UNIX 系统上。LS-DYNA 用户可以打开下面的链接下载该软件：http://ftp.lstc.com/anonymous/outgoing/lsprepost。

LS-PrePost 用户界面的设计既高效又直观，主要功能如下：

1）全面支持 LS-DYNA 关键字文件。

2）全面支持 LS-DYNA 结果文件。

3）强大的 CAD 几何数据处理功能。

4）前处理功能（实体创建、模型清理、划分网格）。

5）后处理功能（动画、应力云图、切片、绘制曲线、输出图片）。

LS-PrePost 支持的输入/输出如图 15-1 所示。

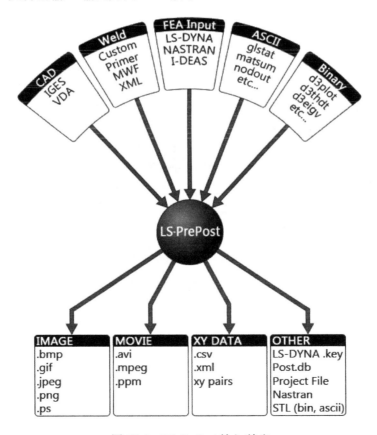

图 15-1　LS-PrePost 输入/输出

LS-PrePost 安装完成后,第一次的界面如图 15-2a 所示,此界面为软件新界面,按快捷键〈F11〉可进入如图 15-2b 所示的传统界面。下面主要讨论传统界面的使用操作。

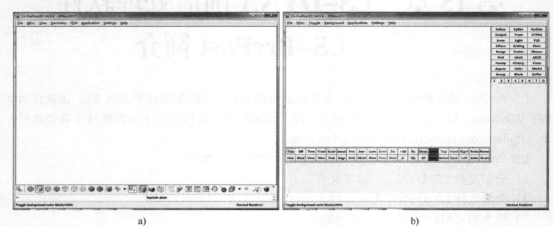

图 15-2　LS-PrePost 主界面

a) 按〈F11〉前的新界面　b) 按〈F11〉后的传统界面

15.1　界面布局

图 15-3 所示是 LS-PrePost 主界面布局。

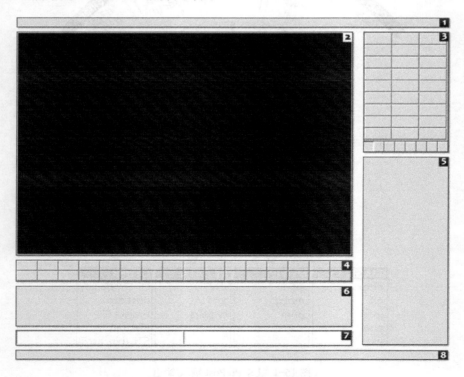

图 15-3　LS-PrePost 主界面布局

（1）为主菜单　执行文件管理功能，并配置程序通用首选项。

（2）为图形视口　使用 OpenGL 图形 API 建模渲染。

（3）为页面（Pages）选项卡式界面　可编辑关键字和访问前处理和后处理工具。

（4）为渲染按钮　通过热键可轻松访问与模型显示和交互相关的常用功能。

（5）为主要控件　通过页面（Pages）访问的主要控件。

（6）为辅助控件　这是关于页面选项和动画控制的辅助控件。

（7）为命令行　可在此输入命令，输出不断更新的命令历史记录，并提供警告和其他状态信息。

（8）为状态条　当光标在各个控件上移动时显示帮助信息。

15.2　鼠标与键盘操作

- 动态模型操作。
- ➢ 旋转：〈Shift〉+鼠标左键。
- ➢ 平移：〈Shift〉+鼠标中键。
- ➢ 缩放：〈Shift〉+鼠标右键或〈Shift〉+滚轮。（在 edge 模式下使用〈Ctrl〉键替代〈Shift〉键）。
- 图形区域选择。
- ➢ Pick，通过单击进行单一选择：鼠标左键。
- ➢ Area，通过矩形进行区域选择：鼠标左键+拖拉。
- ➢ Poly，通过多边形进行任意形状选择：左键单击角点/右键完成选择。
- 列表选择。
- ➢ 多选：按住〈Ctrl〉，在列表中单击选取多个项目。
- 鼠标悬停在任意工具栏的图标及其功能选项上，可在状态栏上显示帮助提示信息。

15.3　主菜单

LS-PrePost 主菜单如图 15-4 所示。

图 15-4　LS-PrePost 主菜单

15.3.1　File 菜单

LS-PrePost 的 File 菜单如图 15-5 所示。

- New 启动 LS-PrePost 新进程，并清除当前所有加载的模型/数据（仅限于 4.0 以上版本）。
- Open 从外部文件中读入数据（为每个打开的文件创建新模型）。
- Import 导入文件（为当前模型添加新的关键字数据）。
- Recent 打开最近使用过的文件（存储在/user/.lspp_recent）。
- Save 保存并覆盖当前关键字或项目文件。

- Save As 使用高级选项以如下格式保存文件：Keyword、活动的 Keyword（当前可视模型）、Project、Post.db（缩减的 d3plot 数据）、Geometry、Keyword 和 Project（采用当前文件名）。
- Update 导入当前运行新生成的 d3plot 文件并实时更新显示。
- Run LS-DYNA 弹出 LS-DYNA 作业提交对话框。目前仅限于正在进行 LS-PrePost 操作的本地计算机。
- Print... 输出图片（发送至打印机或生成图片文件）。
- Movie... 生成动画。
- Exit 退出 LS-PrePost。
- Save and Exit 保存当前数据并退出 LS-PrePost。

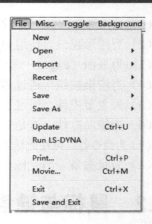

图 15-5　LS-PrePost 主菜单之 File 菜单

15.3.2　Misc.菜单

LS-PrePost 的 Misc.菜单如图 15-6 所示。

图 15-6　LS-PrePost 主菜单之 Misc.菜单

- Reflect Model 以全局坐标系平面镜像模型。
- View Model Info 显示模型尺寸信息。
- View LS-DYNA Keyword Info 启动关键字信息界面，以扩展树的形式显示当前模型关键字信息。
- Swap Byte On Title 以不同的字节顺序显示标题。
- Set Mesh Line width 设置网格线宽（以像素计）。
- Set Edge Line width 设置轮廓线宽（以像素计）。
- Set Feature Angle 设置特征线角度。
- Start Recording 开始/停止录制宏命令。

- Display Ruler　在绘图区域启动标尺界面。
- Manage Command File　启动命令文件界面。
- Set Keyword Title　启动标题设置界面。
- Assign Menu Button　用户自定义按钮。
- View Message Dialog　启动关键字读入错误消息界面。
- Show Memory Usage　启动 LS-PrePost 内存使用信息界面。
- Set Graphics Window Size　设置图形窗口大小。
- Execute System Call　启动系统调用界面。
- Eliminate Adaptive Edges　消除自适应轮廓。

15.3.3　Toggle 菜单

LS-PrePost 的 Toggle 菜单如图 15-7 所示。复选标记表示项目处于开启/活动状态。

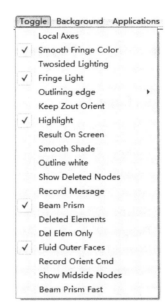

- Local Axes　进行全局/局部坐标系切换。
- Smooth Fringe Color　平滑云图颜色（仅在 fringe 云图模式下可用）。
- Two sided Lighting　单面与双面照明切换。
- Fringe Light　启用云图照明效果（仅在 fringe 云图模式下可用）。
- Outlining Edge　终止/轮廓线/特征线切换。
- Keep Zout Orient　缩小时保持方向不变。
- Highlight　高亮开/关（当实体被 Find 或 Ident 界面选中后）。

图 15-7　LS-PrePost 主菜单之 Toggle 菜单

- Result On Screen 界面上的 Show Results 打开后在屏幕上显示结果（仅在云图模式下可用）。
- Smooth Shade　平坦/光滑模式切换。
- Outline White　轮廓线黑色/白色切换。
- Show Deleted Nodes　察看结果时显示删除的节点。
- Record Message　向 lspost.msg 文件写入命令窗口信息。
- Beam Prism　切换显示线/梁截面。
- Deleted Elements　查看 LS-DYNA 结果时显示已删除的单元。
- Del Elem Only　查看 LS-DYNA 结果时仅显示已删除的单元。
- Fluid Outer Faces　显示流体外表面。
- Record Orient Cmd　将定向命令写入 lspost.cfile。
- Beam Prism Fast　快速显示梁截面。

15.3.4　Backgroud 菜单

LS-PrePost 的 Backgroud 菜单如图 15-8 所示。

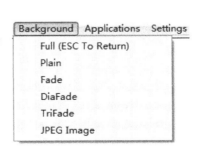

图 15-8　LS-PrePost 主菜单之
Backgroud 菜单

- Full 以全屏模式显示绘图区域（按〈ESC〉退出全屏模式）。
- Plain 设置单色背景（从颜色界面中选取颜色）。
- Fade 设置双色渐变背景（从颜色界面中选取颜色）。
- DiaFade 设置双色加倍渐变背景（从颜色界面中选取颜色）。
- TriFade 设置三色渐变背景（从颜色界面中选取颜色）。
- JPEG Image 以 jpeg 文件为背景图片（使用 File/Open 导入 jpeg 图片文件）。

15.4 页（Page）

Page 1

Page 1 为后处理工具页，本页面上的界面用于通用模型操作和后处理，如图 15-9 所示。

- Follow 为动画设置参考点/平面。
- Output 输出模型数据。
- Anno 向模型添加数据。
- SPlane 创建模型切片。
- Range 设置云图和等值线范围。
- Find 通过输入编号 ID 来查找节点/单元/PART。
- Fcomp 在模型上显示云图分量。
- Appear 更改被选 PART 的外观。
- Group 创建和操作 PART 组。
- Splitw 将图形窗口拆分为多个视图。
- Trace 随时间追踪节点路径。
- Light 施加多达十个独立光源的光照效果。
- Setting 设置个人显示偏好。
- Vector 显示模型中任意单元的法线方向。
- Ident 显示模型中任意节点/单元/PART 的 ID。
- History 显示和绘制各种数据的时间历程曲线。
- Color 对选定的 PART 应用不同的颜色和透明度级别。
- Blank 不显示选定的单元。
- Xyplot 使用此界面控制所有打开的 Xyplot 窗口和数据文件。
- FLD 金属成形分析界面。
- State 激活/不激活时间状态并覆盖于模型。
- Measur 进行测量并创建局部坐标系。
- ASCII 浏览并显示 LS-DYNA ASCII 输出文件中的数据。
- Views 保存并检索外观、颜色和方向设置。
- Model 打开并选择多个模型。
- SelPar 选择要显示的 PART。

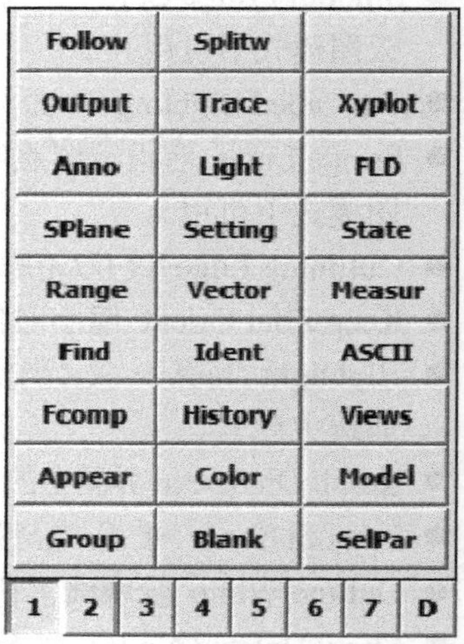

Follow	Splitw	
Output	Trace	Xyplot
Anno	Light	FLD
SPlane	Setting	State
Range	Vector	Measur
Find	Ident	ASCII
Fcomp	History	Views
Appear	Color	Model
Group	Blank	SelPar

1	2	3	4	5	6	7	D

图 15-9 LS-PrePost 页面之 Page 1 界面

15.4.2　Page 2

Page 2 为前后处理页，如图 15-10 所示。前四个界面用于后处理，而其他界面用于前处理。前处理功能包括模型操作，如变换、平移、镜像、旋转、投影和缩放。未来版本即将添加的功能为单元创建和错误检查。

图 15-10　LS-PrePost 页面之 Page 2 界面

- CFD　绘制 CFD 数据的时间历程曲线。
- Binout　浏览、显示和比较存储在二进制输出文件中的数据。
- Subsys　与管理子系统交互。
- Renum　为模型实体重新编号。
- ElGen　创建梁、壳和体单元。
- ElEdit　显示、创建、删除和修改节点和单元。
- Movcpy　移动、复制和组织单元。
- Trnsfrm　在坐标系之间转换模型实体。
- Translt　平移全局和局部坐标系中的模型实体。
- Cgat　圆形网格分析技术的界面。
- Skid　金属成形防滑标记追踪界面。
- PTravel　测量零件距离并进行自动定位。
- Refchk　识别未引用的、未定义的或附加的实体。
- Detach　分离相邻单元。
- Curves　创建、修改和删除直线/曲线（相同功能见 15.4.7 节）。
- DupNod　识别并删除重复节点。
- Reflect　镜像复制模型实体。
- Rotate　旋转复制模型实体。
- Stereo　打开/关闭 3D 立体图形。
- AleMat　测量控制体积中的流体体积。

- PTrim 用曲线修剪网格 PART。
- MatDB 以单独的文件/实体管理材料数据。
- Offset 按法线方向偏移壳网格。
- Normals 可视化和修改单元法线。
- Project 将单元向平面投影。
- Scale 缩放模型实体。

15.4.3　Page 3

　　Page 3 是关键字文件编辑页，为所有 LS-DYNA 关键字卡提供查看和编辑工具，如图 15-11 所示。如果 LS-PrePost 启动时没有导入任何关键字文件，Page 3 和 Page 4 上的所有按钮将以黑色文本显示。如果将模型导入到 LS-PrePost 中，则 Page 3 和 Page 4 上的某些按钮将显示为蓝色文本。蓝色按钮文本旨在为用户提供导入模型中数据类型的便捷概览。在创建模型中没有的新数据类型时，相应按钮中的字母颜色将从黑色变为蓝色。

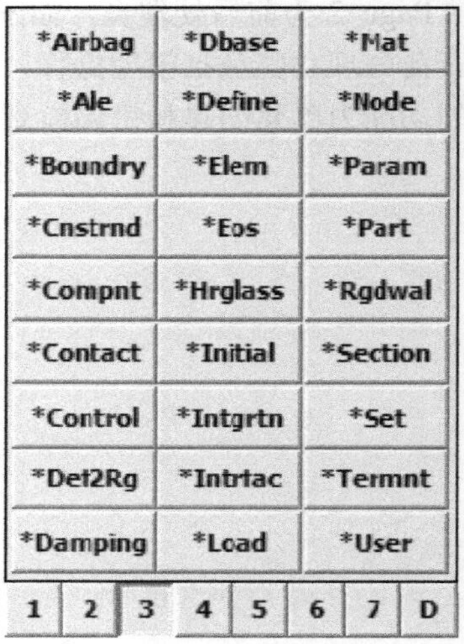

*Airbag	*Dbase	*Mat
*Ale	*Define	*Node
*Boundry	*Elem	*Param
*Cnstrnd	*Eos	*Part
*Compnt	*Hrglass	*Rgdwal
*Contact	*Initial	*Section
*Control	*Intgrtn	*Set
*Def2Rg	*Intrfac	*Termnt
*Damping	*Load	*User

| 1 | 2 | 3 | 4 | 5 | 6 | 7 | D |

图 15-11　LS-PrePost 页面之 Page 3 界面

- *Airbag 定义安全气囊或控制体积。
- *Ale 定义 ALE 输入。
- *Boundry 定义强加在边界节点上的运动。
- *Cnstrnd 约束自由度以某种方式一起运动。
- *Compnt 整合专用部件（如 HYBRID Ⅲ 假人）。
- *Contact 定义接触。
- *Control 激活/更改默认的求解选项。
- *Def2Rg 定义变形体到刚体转换。
- *Damping 指定一定频率范围内的阻尼。
- *Dbase 定义结果输出文件。
- *Define 定义盒子、坐标系、加载曲线、表和向量。
- *Elem 定义不同类型单元。
- *Eos 定义状态方程。
- *Hrglass 定义沙漏和体积黏性。
- *Initial 定义初始速度和起爆点。
- *Intgrtn 定义梁单元沿厚度积分准则。
- *Intrfac 定义接触求解的截面。
- *Load 定义施加的力。
- *Mat 定义材料模型。
- *Node 在全局坐标系中定义节点及其坐标。
- *Param 定义输入文件中引用的参数的值。
- *PART 定义 PART。

- *Rgdwal 定义刚性墙和从节点之间的接触。
- *Section 定义单元算法。
- *Set 定义节点组、PART 组、单元组和 SEGMENT 组。
- *Termnt 定义计算求解结束条件。
- *User 用户自定义输入并为自定义子程序分配存储空间。

15.4.4 Page 4

Page 4 是关键字文件编辑页,如图 15-12 所示,可参阅 Page 3 的说明。
- *Include 读取包含模型数据的独立输入文件。
- *Title 定义分析作业标题。
- *Rail 主要用于铁路领域的轮轨接触算法。
- *Trans 读入 ANSYS、NASTRAN 等输入卡,作为 LS-DYNA 关键字输入文件的一部分。
- *Keyword 关键字输入格式标识。
- *Case 该界面尚处于开发中。
- *Sensor 激活/不激活边界条件、安全气囊、铰接、接触、刚性墙、节点约束等。
- KSearch 在关键字或说明中搜索单词或短语。
- Reorg 该界面尚处于开发中。
- Explod 打散/分离 PART,以便更方便地查看 PART。
- Macro 使用/管理宏命令。

15.4.5 Page 5

Page 5 是前处理工具页,该页面上的界面都是前处理工具,包括安全气囊折叠、假人操纵和定位以及实体生成,如图 15-13 所示。尽管可以在 Page 3 上生成实体,但是该页面上的界面允许用户在处理实体时使用绘图区来可视化实体。

*Include		KSearch
*Title		Reorg
*Rail		
*Trans		
*Keyword		
*Case		
*Sensor		
		Explod
		Macro
1	2	3	4	5	6	7	D

图 15-12 LS-PrePost 页面之 Page 4 界面

ADFold	DmyPos	DeltFit
Conchk	LoadPt	Guide
DampPt	TiedNF	BinderW
XSect	Vector	DrawB
IniVel	Accels	DBHist
SpWeld	Spc	Wall
Box	Rivet	GWeld
Coord	Constn	CNRB
SetD	PartD	MassD
1	2	3	4	5	6	7	D

图 15-13 LS-PrePost 页面之 Page 5 界面

- ABFold 定义和查看安全气囊折叠。
- Conchk 执行接触检查以识别并消除初始渗透。
- DampPt 管理*DAMPING_PART 关键字。
- XSect 管理*DATABASE_CROSS_SECTION 关键字。
- IniVel 管理*INITIAL_VELOCITY 关键字。
- SpWeld 管理*CONSTRAINED_SPOTWELD 关键字。
- Box 管理*DEFINE_BOX 关键字。
- Coord 管理*DEFINE_COORDINATE 关键字。
- SetD 管理*SET 关键字。
- DmyPos 定位 HYBRID III 假人。
- LoadPt 管理*LOAD 关键字。
- TiedNF 管理*CONSTRAINED_TIED_NODES_FAILURE 关键字。
- Vector 管理*DEFINE_VECTOR 关键字。
- Accels 管理*ELEMENT_SEATBELT_ACCELEROMETER 关键字。
- Spc 管理 SPC 数据。
- Rivet 管理*CONSTRAINED_RIVET 关键字。
- Constn 管理*CONSTRAINED_NODE_SET 关键字。
- PartD 管理*PART 关键字。
- BeltFit 执行安全带安装。
- Guide 用于金属成形应用的导销的界面。
- BinderW 用于金属成形应用的粘合墙的界面。
- DrawB 管理*CONTACT_DRAWBEAD 关键字。
- DBHist 定义时间历程输出的节点/梁单元/壳单元/体单元/SPH 节点/厚壳单元。
- Wall 管理*RIGIDWALL 关键字。
- GWeld 管理*CONSTRAINED_GENERALIZED_WELD_SPOT 关键字。
- CNRB 管理*CONSTRAINED_NODAL_RIGID_BODY 关键字。
- MassD 管理*ELEMENT_MASS 关键字。

15.4.6　Page 6

Page 6 是实体操作页，这个界面还处于开发中，如图 15-14 所示。
- Entity 实体操作界面。
- PFEM 该界面尚处于开发中。

15.4.7　Page 7

Page 7 是前处理工具页，如图 15-15 所示。
- Mesh 简单的壳/体单元网格生成界面。
- SphGen Sph 粒子生成界面。

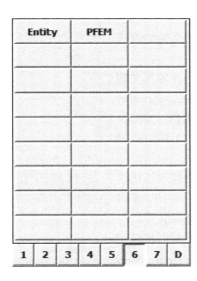

Entity	PFEM	

| 1 | 2 | 3 | 4 | 5 | 6 | 7 | D |

Mesh	ShowG	Morph
SphGen	SWGen	BlockM
SurMesh	nLMesh	Smooth
2Dmesh	BMesh	
TetMesh	BestFit	
Curves	Surface	ChainM
TTMesh	MassTr	DieLine
HIP201	SQual	PeneCk
IIHS		

| 1 | 2 | 3 | 4 | 5 | 6 | 7 | D |

图 15-14　LS-PrePost 页面之 Page 6 界面　　　图 15-15　LS-PrePost 页面之 Page 7 界面

- SurMesh 面网格生成界面。
- 2Dmesh 使用点、线和曲线创建 2D 截面并划分网格。
- TetMesh 四面体网格生成界面。
- Curves 创建、修改和删除直线/曲线（类似功能见 15.4.2 节）。
- TTMesh 该界面尚处于开发中。
- HIP201 头部碰撞定位界面。
- IIHS 侵入测量界面。
- ShowG 显示网格（Bansen）。
- SWGen 从焊点文件生成焊点单元。
- nLMesh 在 2、3 和 4 条线间生成网格界面。
- BMesh Blank 网格生成界面。
- BestFit 在壳单元上适配节点。
- Surface 表面数据界面。
- MassTr 质量裁剪界面。
- SQual 表面质量界面。
- Morph 变形界面。
- BlockM 3D 块体网格生成界面。
- Smooth 网格光滑界面。
- ChainM 将多个模型链接在一起制作动画。
- DieLine 以多个模型设置模具线。
- PeneCk 渗透检查界面。

15.4.8 Page D

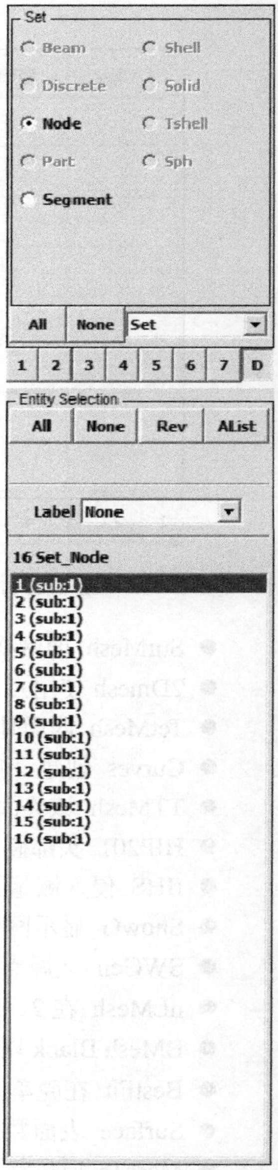

Page D 是实体显示页，使用此界面显示当前关键字文件中存在的实体，如图 15-16 所示。

该页面主要用于前处理。默认情况下，LS-PrePost 在导入关键字文件时仅显示节点、单元和*CONSTRAINED_NODAL_RIGID_BODIES，但输入文件可以具有各种其他 LS-DYNA 实体，如组、曲线、接触、刚性墙等，这些实体可以通过使用 page D 界面打开显示。

并不是所有的 LS-DYNA 实体都可以显示，显示功能仅适用于最常用的实体。这些实体在相关的类别下组合在一起。例如，SET 包含梁单元、壳单元、体单元、节点、PART、面段 Segment 等。

按下全部按钮后，所有支持显示的实体都会显示在图形窗口中（单击 None 按钮将会关闭它们）。在实体的子类别列表中，All、None 和 Rev 仅用于绘制选定的实体。

控制：
- All 打开所有实体。
- None 关闭所有实体。

选择需要显示的实体：Airbag / Bound / Cnstrained / Contact / Damping / Database / Define/Initial / Load / Set (shown) / SeatB / Rigidwall / SElement / Section

在下面的 "Entity Selection" 下拉列表中：
- All 打开当前列表中的所有实体。
- None 关闭当前列表中的所有实体。
- Rev 反向选择。
- AList 仅打开所选范围内的所有实体。
- Label 选择标签类型（注意：对于没有详细标签的实体，会显示一个符号）。

15.5　动画控制

图 15-16　LS-PrePost 页面
之 Page D 界面

动画界面主要用于变形过程和特征值模态的动画控制，如图 15-17 所示。其最常见的用途是后处理来自各种二进制文件的变形，如由 LS-DYNA 生成的 d3plot、d3drlf 和 d3idd 等文件。

图 15-17　LS-PrePost 动画控制界面

- ☑BDC　打开/关闭底部死点测量。
- First　输入要显示的初始状态。
- Last　输入要显示的最后状态。
- Inc　输入每个显示帧递增的状态数。
- ▬　后退一步。
- ◀　回放。
- ●　停止播放。
- ▶　向前播放。
- ◀▶　循环播放。
- ✛　前进一步。
- ▋▋　暂停。
- ⌐⌐　调整时间。
- ⌐⌐　调整速度。
- SF　位移缩放因子。
- Time　当前状态的时间。
- State #　输入要显示的状态编号。
- No. of Div　分割数。
- Done　退出动画界面。

15.6　渲染热键

LS-PrePost 渲染热键界面如图 15-18 所示。

| Title | Off | Tims | Triad | Bcolr | Unode | Frin | Isos | Lcon | Acen | Zin | +10 | Rx | Deon | Spart | Top | Front | Right | Redw | Home |
| Hide | Shad | View | Wire | Feat | Edge | Grid | Mesh | Shrn | Pcen | Zout | // | Clp | All | Rpart | Bottm | Back | Left | Anim | Reset |

图 15-18　LS-PrePost 渲染热键界面

- Title　属性显示切换，其中：
  - ➤ ☑Title　标题切换。
  - ➤ ☑Legd　打开/关闭图例。
  - ➤ ☑Tims　打开/关闭时间戳。
  - ➤ ☑Triad　坐标系显示切换。
  - ➤ ☐BColr　黑/白背景切换。
  - ➤ ☐MColr　网格颜色黑/白切换。
  - ➤ ☐Perf　属性字符串切换。
- Off　模拟按下〈Shift〉/〈Ctrl〉/〈Off〉
- Tims　打开/关闭时间戳。
- Triad　坐标系显示切换。
- Bcolr　黑/白背景切换。

- Unode 打开/关闭未引用的节点。
- Frin 颜色云图。
- Isos 等值面图（仅限 3D 体单元）。
- Lcon 彩色线轮廓。
- Hide 以消隐模式显示模型。
- Shad 以彩色阴影模式显示模型。
- View 以纯色模式显示模型。
- Wire 以线框模式显示模型。
- Feat 激活特征线模式（默认角度=30°）。
- Edge 以轮廓线模式显示模型。
- Grid 将每个节点显示为彩色像素。
- Mesh 在阴影或彩色图上显示网格线。
- Shrn 以缩小模式绘制单元（默认值=0.85）。
- Acen 自动居中模型以适应窗口。
- Pcen 选取节点作为模型旋转的新中心点。
- Zin 单击并拖动鼠标绘制一个虚框，以放大模型。
- Zout 缩小到前一个缩放位置。
- +10 旋转增量（右击以更改值）。
- Rx 关于全局 *X/Y/Z* 旋转（右键单击以更改）。
- DeOn 切换显示实体。
- ☑Curve 打开/关闭所有曲线。
- ☑Surf 打开/关闭所有表面。
- ☑Elem 打开/关闭所有单元。
- // 设置透视/平行视图。
- Clp 清除所有选取的或高亮的信息。
- All 将所有实体恢复为活动状态。
- Spart 切换到标记的视图。
- Rpart 恢复上次删除的 PART。
- Top 切换到俯视图。
- Front 切换到前视图。
- Right 切换到右视图。
- Bottm 切换到仰视图。
- Back 切换到后视图。
- Left 切换到左视图。
- Redw 重绘当前模型。
- Home 将模型恢复到原位。
- Anim 打开/关闭动画。
- Reset 将模型恢复到初始位置和状态。

15.7　通用选择界面

该界面为选择模型实体提供了多个选项，如图15-19所示，并且在许多LS-PrePost的其他主界面中被广泛使用。

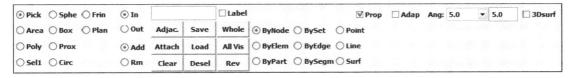

图15-19　LS-PrePost通用选择界面

- ● Pick 选择/取消选择单个实体。
- ○ Area 选择/取消选择用户定义线框内/外的实体。
- ○ Poly 选择/取消选择用户定义多边形内/外的实体。
- ○ Sel1 选择1个实体（只有1个实体会在缓冲区中）。
- ○ Sphe 选择/取消选择用户定义球体内/外的实体。
- ○ Box 选择/取消选择用户定义框内/外的实体。
- ○ Prox 选择/取消选择PART附近内/外的实体。
- ○ Circ 选择/取消选择用户定义的圆内/外的实体。
- ○ Frin 在云图范围内/外选择/取消选择实体。
- ○ Plan 选择/取消选择几何平面内/外的实体。
- ● In 选择/取消选择线框/多边形内的实体。
- ○ Out 选择/取消选择线框/多边形外的实体。
- ● Add 添加选择实体。
- ○ Rm 删除选择实体。
- □ Label 为新选择打开/关闭标签。
- ☑ Prop 用种子单元传播选择。
- □ Adap 在约束的自适应单元上传播。
- Ang: 设置传播的特征角度。
- □ 3Dsurf 打开选择外表面（仅适用于体单元）。
- Adjac. 选择邻近单元。
- Attach 选择附着的单元。
- Clear 清除所有选择。
- Save 将实体保存到缓冲区。
- Load 从缓冲区导入保存的实体。
- Desel 取消上次选择的实体。
- Whole 选择模型中的所有实体。
- All Vis 选择所有可见的实体。
- Rev 反向选择实体。

- ◉ByNode 进行基于节点的选择。
- ◯ByElem 进行基于单元的选择。
- ◯ByPart 进行基于 PART 的选择。
- ◯BySet 进行基于组的选择。
- ◯ByEdge 进行基于轮廓的选择。
- ◯BySegm 进行基于面段 SEGMENT 的选择。
- ◯Point 选择点。
- ◯Line 选择线。
- ◯Surf 选择表面。

15.8 LS-PrePost 命令行和批处理

LS-PrePost 命令行图形窗口如图 15-20 所示。

图 15-20 LS-PrePost 命令行图形窗口

可在命令行图形窗口左边文本框中输入命令，而右边框中显示执行过的上一条命令。

LS-PrePost 里几乎所有的图形用户界面操作都会产生命令，这些命令被写入 lspost.cfile 文件中。一旦退出 LS-PrePost，就可以将该文件命名为命令文件，并采用如下三种方法重新执行那些界面操作：

（1）LS-PrePost c=commandfile 这种方法启动 LS-PrePost 图形用户界面，并执行命令文件中的命令。

（2）LS-PrePost c=commandfile –nographics 这种方法不启动 LS-PrePost 图形用户界面，而是以批处理模式执行命令。由于没有图形窗口和图形操作，该方法仅限于数据提取和不需要图形的操作。

（3）File→Open→Command File 该方法打开 CFile Dialog（命令文件选择）对话框，如图 15-21 所示。

图 15-21 LS-PrePost 命令文件打开对话框

LS-PrePost 运行命令行参数见表 15-1。

表 15-1　LS-PrePost 运行命令行参数

命令行参数	含　义
–usage	屏幕上输出帮助信息
–nographics	处理数据时不带图形窗口
d3plot	导入 d3plot 文件
d3plot k=keyword_file	同时导入 d3plot 和关键字输入文件
d3thdt	导入 d3thdt 文件
cdb=cdb/help	写入模板 create_postdb.inp 文件并退出
cdb=create_postdb.inp	从 d3plot 文件写入数据库
c=command_file	运行命令文件
d=database_file	导入数据库文件
f=interface_force_file	导入界面力文件
h=time_history_file	导入时间历程文件
i=iges_file	导入 IGES 文件
k=keyword_file	导入 LS-DYNA 关键字文件
l=plot_labels	导入注释标签文件
m=macro_file	导入要在宏中使用的命令文件
n=nastran_bulk_data	将 nastran 数据转换为关键字
q=d3crack_file	导入 d3crack 文件
s=d3plot	导入 d3plot，写入概况文件 lspost.msg
v=vda_file	导入 VDA 文件
w=xsize×ysize	设置图形窗口尺寸

　　LS-PrePost 中的大多数操作能以批处理模式运行，可将这些命令添加到一个命令文件中。命令文件是 LS-PrePost 非常有用的工具，可以替代许多重复性劳动或给客户演示提前录制好的动作。下列命令可以插入到命令文件中控制演示过程。

- interactive　在命令文件/交互模式之间进行切换控制。
- resume/r/esc　切换到命令文件。
- skip　忽略 skip 和 endskip 之间的命令。
- endskip　结束 skip 命令，重新执行命令。
- cfile pausetime 0.1　设置暂停时间 pausetime=0.1。

15.9　常用后处理操作举例

　　下面以 7.1 节泰勒杆撞击刚性墙计算（用于 15.9.1 节~15.9.12 节）和 8.2 节爆炸成形弹丸侵彻钢板二维 ALE 计算（用于 15.9.13 节）为例，对常用后处理操作举例说明。

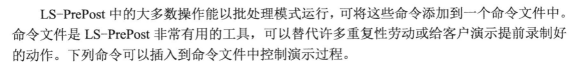
15.9.1　制作宏批处理文件

　　1）在 File 菜单下读入关键字文件或 d3plot 文件。

　　2）在菜单栏中选择 Misc.→Start Recording Commands。

　　3）输入"Macro Name"并单击 Ok 按钮。

　　4）进行一系列操作，例如，平移或旋转模型、输出、改变颜色等。

5）单击 Misc.→Stop Recording Commands，完成宏批处理文件制作。

6）可在 Misc.→Manage Command File 下操作宏批处理文件。

15.9.2 生成应力云图

1）在 File 菜单下读入 d3plot 文件（File→Open→Binary Plot）。

2）在右端工具栏中选择 Page 1→Fcomp→Stress→Von Mises Stress，生成的应力云图如图 15-22 所示。

15.9.3 查看模型内部应变云图

1）在 File 菜单下读入 d3plot 文件（File→Open→Binary Plot）。

2）单击下端工具栏中的 Mesh 按钮。

3）在右端工具栏中选择 Page 1→Blank。

4）隐去部分单元。在下端工具栏中选择"Area"，在"Sel. Elem."下选择"ByElem"，框选图形窗口中下方一半模型单元，再依次单击 Left、Agen、Mesh 等按钮。

5）选择 Page 1→Fcomp→Stress→effective plastic strain，应变云图如图 15-23 所示。

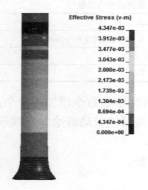

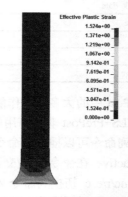

图 15-22　生成应力云图　　　　　　　　　　　图 15-23　查看模型内部应变云图

15.9.4 生成动画

1）在 File 菜单下读入 d3plot（File→Open→Binary Plot）。

2）选择 File→Movie...，生成动画界面如图 15-24 所示。

3）单击 Start 按钮。

15.9.5 生成图片

1）在 File 菜单下选择 File→Print...from，界面如图 15-25 所示。

2）选取图片格式（PNG、GIF、TIFF 等）。

3）单击 Print 按钮。

15.9.6 处理 ASCII 时间历程文件

1）在 File 菜单下读入 d3plot（File→Open→Binary Plot）。

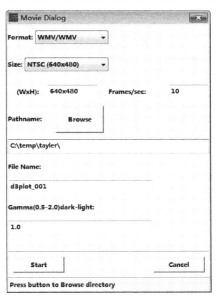

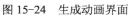

图 15-24　生成动画界面

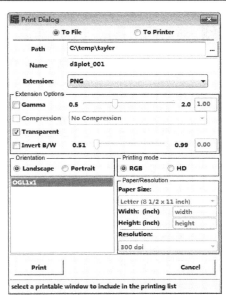

图 15-25　生成图片界面

2）单击右端工具栏中"ASCII"。

3）在列表中选取文件类型（glstat 等）。

4）单击"Load"或"File"（前者导入当前目录中的文件，后者通过选择对话框打开文件）。

5）在第一个列表中选取实体（如 Wall-1）。

6）在第二个列表中选取分量（如 22-Resultant Velocity）。

7）单击 Plot 按钮，曲线绘制结果如图 15-26 所示。

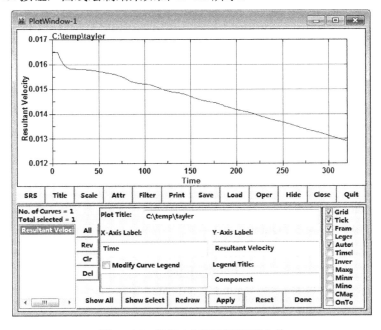

图 15-26　处理 ASCII 时间历程文件

15.9.7 对时间历程曲线进行滤波

1）按 15.9.6 节所示步骤绘制曲线，在 XY Plotting 窗口中，单击"Filter"结果，如图 15-27 所示。

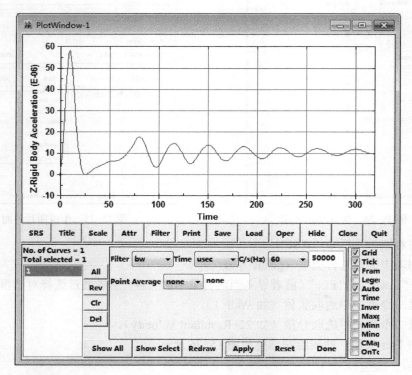

图 15-27 对时间历程曲线进行滤波

2）选取滤波方式（Filter 下拉菜单中的 SAE、BW、FIR100、COS）。

3）选取合适的单位制（Time 下拉菜单中的 SEC、MILLISECOND、MICROSECOND）。

4）选取合适的频率[C/s(HZ)下拉菜单中的 20、50、60、180、300、600、1000]或在文本框中手工输入滤波截止频率。

5）单击 Apply 按钮。

15.9.8 将模型变形后的状态输出为计算输入文件

1）单击 animation 控制按钮，显示需要输出的某一变形状态。

2）在右端菜单栏中单击"Output"。

3）选取输出格式（Keyword、Movie BYU、Nastran、Dynain、InitDisp、STL）。

4）选取"Active Parts Only"或"Entire Model"。

5）选取需要的数据（Element、Nodal Coordinates 等）。

6）单击"Current"选取当前状态。

7）单击 Write 按钮，弹出输出文件对话框，如图 15-28 所示。

8）输入文件名并单击"保存"按钮。

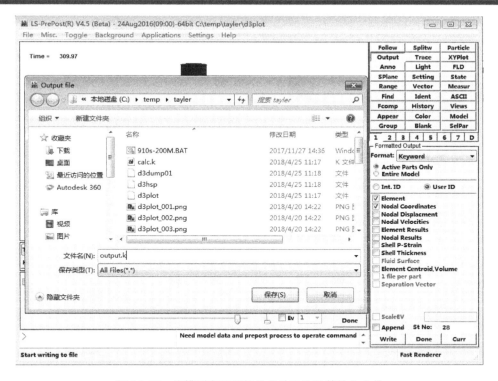

图 15-28　将模型变形后的状态输出为计算输入文件

15.9.9　将多个关键字文件中的模型合并成一个模型

将多个关键字文件中的模型合并成一个模型，可连续进行以下操作：

1）File→Open→Keyword。

2）File→Import→Keyword。

3）File→Import→Keyword。

4）其他操作。

其中 File→Open 是读入模型作为新模型，而 File→Import 是在当前现有模型基础上添加模型。

15.9.10　通过 History 界面输出曲线

Page 1 下的 History 主要用于绘制节点、单元、材料（PART）、全局数据等的时间历程曲线，如图 15-29 所示。这些数据来自 LS-DYNA 生成的 d3plot、d3thdt 或 d3iff 二进制文件。

15.9.11　将部分 PART 保存为关键字文件

1）将关键字文件读入 LS-PrePost。

2）在右端工具栏 Page 1→SelPar 中选择需要显示的 PART。

3）选择 File→Save Active Keyword As，将当前显示的 PART 另存为关键字文件，界面如图 15-30 所示。

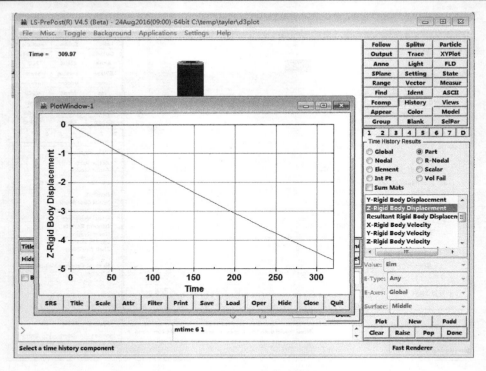

图 15-29　通过 History 界面输出曲线

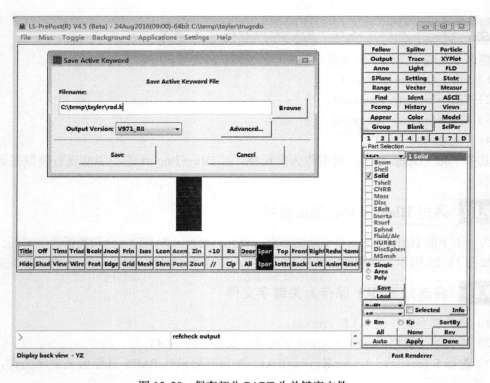

图 15-30　保存部分 PART 为关键字文件

15.9.12 测量模型

Page 1 的 Measure 按钮可以测量模型属性，如距离、角度、半径、面积、体积、质量、惯性矩、角速度等。

15.9.13 在 LS-PrePost 里显示 ALE 结果

本节以 8.2 节爆炸成形弹丸侵彻钢板二维 ALE 计算的 d3plot 文件处理作为范例。

1）读入 d3plot 文件。

2）单击最上端菜单栏 Misc→Reflect Model→Reflect About YZ Plane，将 1/2 模型镜像为全模型。

3）单击右端工具栏中 Page 1→SelPar，选中 "1 Part"。

4）选择 "Shell" 和 "Fluid/Ale" 选项，即可显示全部 ALE 物质。

若要显示某一 AMMG 多物质组，单击右端工具栏中 Page 1→Fcomp→Misc→volume fraction #n(n=1、2、3...)。多物质组绘制结果如图 15-31 所示。

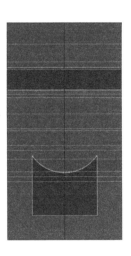

图 15-31 在 LS-PrePost 里显示 ALE 结果

15.9.14 创建*constrained_tied_nodes_failure 关键字

1）选择菜单栏 File→Open→LS-DYNA Keyword file，导入模型。

2）在右端工具栏 Page 5→TiedNF 中，选中 "Create"，然后在左下角选择菜单中选中 "ByPart"，在图形区域选中没有分离的体单元或壳单元 PART，并输入 "EPSF"，随后单击 Apply 和 Done 按钮。

3）选择 File→Save Keyword，输入文件名，最后单击 Save 按钮。

15.9.15 缩放模型

LS-DYNA 中的关键字*Define_transformation 和*include_transform 可用于缩放指定网格模型文件中的所有 PART，但不能单独缩放特定 PART。可使用 LS-PrePost 单独缩放特定 PART：

1）选择 File→Open→LS-DYNA Keyword file，导入模型。

2）选择 Page 1→SelPar，只显示想要缩放的 PART。

3）选择 Page 2→Scale，选择缩放方向，输入缩放系数和基点，选择放大或缩小，接着单击 Accept 按钮。

4）选择 File→Save Keyword，输入文件名，最后单击 Save 按钮。

15.9.16　交叉绘制数据曲线

在 LS-PREPOST 中，交叉绘制数据曲线（如应力 VS 应变曲线）过程如下：

1）在 LS-PREPOST 中分别输出应力曲线和应变曲线，并保存到文件，如 stress.txt 和 strain.txt 中。

2）选择 Page 1→Xyplot→File→Cross。

3）单击 strain.txt 以将其置入 x-axis 对话框中。

4）单击 stress.txt 以将其置入 y-axis 对话框中。

5）单击 Plot 按钮。

注：本章部分内容来自 LSTC 公司的资料。

15.10　参考文献

[1] LS-DYNA KEYWORD USER'S MANUAL[Z], LSTC, 2017.

[2] www.lstc.com

[3] 辛春亮，等. 由浅入深精通 LS-DYNA [M]. 北京：中国水利水电出版社，2019.

附　　录

表 A-1　LS-DYNA 关键字和 TrueGrid 命令对应关系

LS-DYNA 关键字	TrueGrid 命令
*ALE_SMOOTHING	sc
*BOUNDARY_CONVECTION_SEGMENT	cv, cvi
*BOUNDARY_FLUX_SEGMENT	fl, fli, arri, dist
*BOUNDARY_NON_REFLECTING	nr, nri
*BOUNDARY_PRESCRIBED_MOTION_NODE	frb, fv, fvi, fvc, fvci, fvs, fvsi, acc,acci, accc, accci, accs, accsi, fvv,fvvi, fvvc, fvvci, fvvs, fvvsi, vacc,vacci, vaccc, vaccci, vaccs, vaccsi, fd,fdi, fdc, fdci, fds, fdsi
*BOUNDARY_PRESCRIBED_MOTION_RIGID	lsdymats
*BOUNDARY_RADIATION_SEGMENT	rb, rbi
*BOUNDARY_SLIDING_PLANE	plane, sfb
*BOUNDARY_SPC_NODE	lb, lsys, sfb
*BOUNDARY_SPC_SET	plane
*BOUNDARY_SYMMETRY_FAILURE	plane, syf, syfi
*BOUNDARY_TEMPERATURE_NODE	ft, fti
*CONSTRAINED_EXTRA_NODES_SET	jt, jd
*CONSTRAINED_JOINT_SPHERICAL	jd, jt
*CONSTRAINED_JOINT_REVOLUTE	jd, jt
*CONSTRAINED_JOINT_CYLINDRICAL	jd, jt
*CONSTRAINED_JOINT_PLANAR	jd, jt
*CONSTRAINED_JOINT_UNIVERSAL	jd, jt
*CONSTRAINED_JOINT_TRANSLATIONAL	jd, jt
*CONSTRAINED_NODAL_RIGID_BODY	rigid, nset, nseti
*CONSTRAINED_NODAL_RIGID_BODY_INERTIA	rigid, nset, nseti
*CONSTRAINED_NODE_SET	jt, jd, mpc, nset, nseti
*CONSTRAINED_RIGID_BODIES	rigbm
*CONSTRAINED_SHELL_TO_SOLID	shtoso, shtosoi
*CONSTRAINED_SPOTWELD	spotweld, spw, spwd, jt, jd
*CONSTRAINED_SPOTWELD_FILTERED_FORCE	spotweld
*CONSTRAINED_TIED_NODES_FAILURE	fn, fni
*CONTACT	si, sii, sid, orpt
*CONTACT_1D	sid (rebar option), ibm, ibmi, jbm,jbmi, kbm, kbmi

（续）

LS-DYNA 关键字	TrueGrid 命令
*CONTACT_AIRBAG_SINGLE_SURFACE	sid, orpt, si, sii
*CONTACT_AUTOMATIC_GENERAL	sid, orpt, si, sii
*CONTACT_AUTOMATIC_GENERAL_INTERIOR	sid, orpt, si, sii
*CONTACT_AUTOMATIC_NODES_TO_SURFACE	sid, orpt, si, sii
*CONTACT_AUTOMATIC_ONE_WAY_SURFACE_TO_SURFACE	sid, orpt, si, sii
*CONTACT_AUTOMATIC_ONE_WAY_SURFACE_TO_SURFACE_TIEBREAK	sid, orpt, si, sii
*CONTACT_AUTOMATIC_SINGLE_SURFACE	sid, orpt, si, sii
*CONTACT_AUTOMATIC_SURFACE_TO_SURFACE	sid, orpt, si, sii
*CONTACT_AUTOMATIC_SURFACE_TO_SURFACE_TIEBREAK	sid, orpt, si, sii
*CONTACT_CONSTRAINT_NODES_TO_SURFACE	sid, orpt, si, sii
*CONTACT_CONSTRAINT_SURFACE_TO_SURFACE	sid, orpt, si, sii
*CONTACT_DRAWBEAD	sid, orpt, si, sii
*CONTACT_ERODING_NODES_TO_SURFACE	sid, orpt, si, sii
*CONTACT_ERODING_SINGLE_SURFACE	sid, orpt, si, sii
*CONTACT_ERODING_SURFACE_TO_SURFACE	sid, orpt, si, sii
*CONTACT_FORCE_TRANSDUCER_CONSTRAINT	sid, orpt, si, sii
*CONTACT_FORCE_TRANSDUCER_PENALTY	sid, orpt, si, sii
*CONTACT_FORMING_NODES_TO_SURFACE	sid, orpt, si, sii
*CONTACT_FORMING_ONE_WAY_SURFACE_TO_SURFACE	sid, orpt, si, sii
*CONTACT_FORMING_SURFACE_TO_SURFACE	sid, orpt, si, sii
*CONTACT_NODES_TO_SURFACE	sid, orpt, si, sii
*CONTACT_NODES_TO_SURFACE_INTERFERENCE	sid, orpt, si, sii
*CONTACT_ONE_WAY_SURFACE_TO_SURFACE	sid, orpt, si, sii
*CONTACT_ONE_WAY_SURFACE_TO_SURFACE_INTERFERENCE	sid, orpt, si, sii
*CONTACT_RIGID_BODY_ONE_WAY_TO_RIGID_BODY	sid, orpt, si, sii
*CONTACT_RIGID_BODY_TWO_WAY_TO_RIGID_BODY	sid, orpt, si, sii
*CONTACT_RIGID_NODES_TO_RIGID_BODY	sid, orpt, si, sii
*CONTACT_SINGLE_EDGE	sid, orpt, si, sii
*CONTACT_SINGLE_SURFACE	sid, orpt, si, sii
*CONTACT_SLIDING_ONLY	sid, orpt, si, sii
*CONTACT_SLIDING_ONLY_PENALTY	sid, orpt, si, sii
*CONTACT_SPOTWELD	sid, orpt, si, sii
*CONTACT_SPOTWELD_WITH_TORSION	sid, orpt, si, sii
*CONTACT_SURFACE_TO_SURFACE	sid, orpt, si, sii
*CONTACT_SURFACE_TO_SURFACE_INTERFERENCE	sid, orpt, si, sii

（续）

LS-DYNA 关键字	TrueGrid 命令
*CONTACT_TIEBREAK_NODES_ONLY	sid, orpt, si, sii
*CONTACT_TIEBREAK_NODES_TO_SURFACE	sid, orpt, si, sii
*CONTACT_TIEBREAK_SURFACE_TO_SURFACE	sid, orpt, si, sii
*CONTACT_TIED_NODES_TO_SURFACE	sid, orpt, si, sii
*CONTACT_TIED_SHELL_EDGE_TO_SURFACE	sid, orpt, si, sii
*CONTACT_TIED_SURFACE_TO_SURFACE	sid, orpt, si, sii
*CONTACT_TIED_SURFACE_TO_SURFACE_FAILURE	sid, orpt, si, sii
*CONTROL_ACCURACY	lsdyopts, options nosu, inn, pidosu
*CONTROL_ADAPSTEP	lsdyopts, options factin, dfactr
*CONTROL_ADAPTIVE	lsdyopts, options adpfreq, adptol,adpopt, maxlvl, tbirth, tdeath,lcadp, gsam, mnelsz, npss, ireflg,adpene, adpth, imem, orient, maxel
*CONTROL_ALE	lsdyopts, options dct, nadv, meth,afac, bfac, cfac, dfac, efac, tbeg,tend, aafac, vfact, vlimit, ebc
*CONTROL_BULK_VISCOSITY	lsdyopts, options q1, q2, ibq
*CONTROL_CFD_AUTO	lsdyopts, options itsflg, epsdt, dtsf,adtmax
*CONTROL_CFD_GENERAL	lsdyopts, options insol, dtinit, cfl,ickdt, iacurc
*CONTROL_CFD_MOMENTUM	lsdyopts, options mimass, iadvec,ifct, divu, thetak, thetaa, thetaf,msol, maxit, ichkit, iwrt, ihist, eps,ihg, ehg
*CONTROL_CFD_PRESSURE	lsdyopts, options ipsol, maxitr, ichcit, idiag, ihst, epsp, nvec, istab,pbeta, ssid, plev, plcid
*CONTROL_CFD_TRANSPORT	lsdyopts, options itemp, nspec, imss,ibaltd, iaflx, thetk, thtaa, thetf, itsol,mxiter, ickint, idiagn, ichist, epst,ihgt, ehgt
*CONTROL_CFD_TURBULENCE	lsdyopts, options itrb, smagc, sn1
*CONTROL_COARSEN	lsdyopts, options icoarse, fangl, sn1,sn2, sn3, sn4, sn5, sn6, sn7, sn8
*CONTROL_CONTACT	lsdyopts, options slsfac, rwpnal,islchk, shlthk, penopt, thkchg, orien,dkeep, usrstr, usrfrc, nsbcs, interm,xpene, t fst, i tftss, i tfpsn, d sfric ,ddfric, dedc, dvfc, dth, dthsf,dpensf, ignore, frceng
*CONTROL_COUPLING	lsdyopts, options unleng, untime,unforc, timidl, flipx, flipy, flipz,sybcyl, mrpc, icsc, usaco, nsmcol
*CONTROL_CPU	lsdyopts, options cputim
*CONTROL_DYNAMIC_RELAXATION	lsdyopts, options nrcyck, drtol,drfctr, drterm, tssfdr, irelal, edttl,idrflg
*CONTROL_ENERGY	lsdyopts, options hgen, rwen, slnten,rylen
*CONTROL_EXPLOSIVE_SHADOW	lsdyopts, options expsh
*CONTROL_HOURGLASS	lsdyopts, options ihq, qh
*CONTROL_HOURGLASS_936	lsdyopts, options n36flg
*CONTROL_IMPLICIT_AUTO	lsdyopts, options iautf, iteropt,iterwin, dtmini, dtmaxi
*CONTROL_IMPLICIT_DYNAMICS	lsdyopts, options inal, newgam,newbet
*CONTROL_IMPLICIT_EIGENVALUE	lsdyopts, options neig, center, lflag,lftend, rflag, rhtend, eigmth, shfscl
*CONTROL_IMPLICIT_GENERAL	lsdyopts, options imflag, dt0,imform, nsbs, istress, cnstn, form,zerov
*CONTROL_IMPLICIT_SOLUTION	lsdyopts, options nsolvr, ilimit,maxref, dctoln, ectoln, lstoln,dnorm, diverg, istif, nlprt, arcctl,arcdir, arclen, arcmth, arcdmp,impln2, impln3

（续）

LS-DYNA 关键字	TrueGrid 命令
*CONTROL_IMPLICIT_SOLVER	lsdyopts, options lsolvr, lprint,negev, sorder, drcm, drcprm,autospc, autotol
*CONTROL_IMPLICIT_STABILIZATION	lsdyopts, options ias, ascale, strttim, endtime
*CONTROL_NONLOCAL	lsdyopts, options nmem
*CONTROL_OUTPUT	lsdyopts, options npopt, neecho,nrefup, iaccop, opifs, ipnint, ikedit,iflush, iprtf
*CONTROL_PARALLEL	lsdyopts, options ncpu, numrhs,iconst, ipllacc
*CONTROL_REMESHING	lsdyopts, options remin, remax
*CONTROL_RIGID	lsdyopts, options lmf, jntf, orthmd,partm, sparse
*CONTROL_SHELL	lsdyopts, options wrpang, itrist,irnxx,istupd, theory, bwc, miter,shproj,rotascl,intgrd, lamsht
*CONTROL_SOLID	lsdyopts, options esort
*CONTROL_SOLUTION	lsdyopts, options ianprc
*CONTROL_SPH	lsdyopts, options ncbs, boxid, sphdt,idim, sphmem, sphform, sphstart,sphmaxv,sphcont, sphderiv, sphini
*CONTROL_STRUCTURED	lsdyopts, options struct
*CONTROL_STRUCTURED_TERM	lsdyopts, options iterm
*CONTROL_SUBCYCLE	lsdyopts, options subcyl
*CONTROL_TERMINATION	lsdyopts, options endtim, endcyc,dtmin, endeng, endmas
*CONTROL_THERMAL_NONLINEAR	lsdyopts, options mxmrts, ctolt,divcp
*CONTROL_THERMAL_SOLVER	lsdyopts, options atype, ptype,thslvr, cgtol, gpt, eqheat, fwork, sbc
*CONTROL_THERMAL_TIMESTEP	lsdyopts, options ktst, tipt, itst,tmint, tmaxt, dtempt, tscpt
*CONTROL_TIMESTEP	lsdyopts, options dtinit, scft, isdo,tslimt, dt2ms, lctm, erode, ms1st,dt2msf, lsnwds
*DAMPING_GLOBAL	lsdyopts, option gflg
*DAMPING_PART_MASS	lsdyopts, option mflg
*DAMPING_PART_STIFFNESS	lsdyopts, option sflg
*DAMPING_RELATIVE	lsdyopts, option rflg
*DATABASE_ABSTAT	lsdyopts, options abstat, abstatbn
*DATABASE_ADAMS	lsdyopts, options iflagadm, m_units,l_units, t_units
*DATABASE_AVSFLT	lsdyopts, options avsflt, avsfltbn
*DATABASE_BINARY_D3CRCK	lsdyopts, option d3crck
*DATABASE_BINARY_D3DRLF	lsdyopts, options d3drlf, d3rdfl
*DATABASE_BINARY_D3DUMP	lsdyopts, option d3dump
*DATABASE_BINARY_D3MEAN	lsdyopts, option d3mean
*DATABASE_BINARY_D3PART	lsdyopts, option d3part
*DATABASE_BINARY_D3PLOT	lsdyopts, option d3plot
*DATABASE_BINARY_D3THDT	lsdyopts, option d3thdt
*DATABASE_BINARY_INTFOR	lsdyopts, option intfor
*DATABASE_BINARY_RUNRSF	lsdyopts, option runrsf

（续）

LS-DYNA 关键字	TrueGrid 命令
*DATABASE_BINARY_XTFILE	lsdyopts, option xtfile
*DATABASE_BNDOUT	lsdyopts, options bndout, bndoutbn
*DATABASE_CROSS_SECTION_PLANE	lsdyopts, option cplane
*DATABASE_CROSS_SECTION_PLANE_ID	lsdyopts, option idhead
*DATABASE_DEFGEO	lsdyopts, options defgeo, defgeobn
*DATABASE_DEFORC	lsdyopts, options deforc, deforcbn
*DATABASE_ELOUT	lsdyopts, options elout, eloutbn
*DATABASE_EXTENT_AVS	lsdyopts, option lsmpgs
*DATABASE_EXTENT_BINARY	lsdyopts, options neiph, neips,maxint, strflg, sigflg, epsflg, rltflg,engflg, cmpflg, ieverp, beamip,dcomp, shge, stssz, n3thdt, nintsld
*DATABASE_EXTENT_MOVIE	lsdyopts, option lsmovie
*DATABASE_EXTENT_MPGS	lsdyopts, option lsmpgs
*DATABASE_EXTENT_SSSTAT	lsdyopts, option ssstatex
*DATABASE_FORMAT	lsdyopts, option iform
*DATABASE_FSI	lsdyopts, option fsi
*DATABASE_GCEOUT	lsdyopts, options gceout, gceoutbn
*DATABASE_GLSTAT	lsdyopts, options glstat, glstatbn
*DATABASE_H3OUT	lsdyopts, options h3out, h3outbn
*DATABASE_HISTORY_BEAM	epb
*DATABASE_HISTORY_NODE	npb
*DATABASE_HISTORY_SHELL	epb
*DATABASE_HISTORY_SOLID	epb
*DATABASE_HISTORY_TSHELL	epb
*DATABASE_JNTFORC	lsdyopts, options jntforc, jntforcb
*DATABASE_MATSUM	lsdyopts, options matsum,matsumbn
*DATABASE_MOVIE	lsdyopts, options movie, moviebn
*DATABASE_MPGS	lsdyopts, options mpgs, mpgsbn
*DATABASE_NCFORC	lsdyopts, options ncforc, ncforcbn
*DATABASE_NODFRC	lsdyopts, options nodfor, nodforbn
*DATABASE_NODAL_FORCE_GROUP	lsdyopts, options nodfnsid, nodfcid,nsid, cid, xtfile
*DATABASE_NODFOR	lsdyopts, options nodfor, nodforbn
*DATABASE_NODOUT	lsdyopts, options nodout, nodforbn
*DATABASE_RBDOUT	lsdyopts, options rbout, rbdout,rbdoutbn
*DATABASE_RCFORC	lsdyopts, options rcforc, rcforcbn
*DATABASE_RWFORC	lsdyopts, options rwforc, rwforcbn
*DATABASE_SBTOUT	lsdyopts, options sbtout, sbtoutbn

（续）

LS-DYNA 关键字	TrueGrid 命令
*DATABASE_SECFORC	lsdyopts, options secforc, secforcb
*DATABASE_SLEOUT	lsdyopts, options sleout, sleoutbn
*DATABASE_SPCFORC	lsdyopts, options spcforc, spcforcb
*DATABASE_SPHOUT	lsdyopts, options sphout, sphoutbn
*DATABASE_SPRING_FORWARD	lsdyopts, options iflagspr, iflag
*DATABASE_SSSTAT	lsdyopts, options ssstat, ssstatbn
*DATABASE_SUPERPLASTIC_FORMING	lsdyopts, option superpl
*DATABASE_SWFORC	lsdyopts, options swforc, swforcbn
*DATABASE_TPRINT	lsdyopts, options tprint, tprintbn
*DATABASE_TRACER	trp
*DATABASE_TRHIST	lsdyopts, options trhist, trhistbn
*DEFINE_BOX	vd
*DEFINE_BOX_ADAPTIVE	vd
*DEFINE_COORDINATE_SYSTEM	lsys, rigid
*DEFINE_COORDINATE_VECTOR	sfb
*DEFINE_CURVE	lcd, flcd
*DEFINE_SD_ORIENTATION	spring, spdp
*DEFINE_VECTOR	多个命令的附带结果
*ELEMENT_BEAM	bm, ibm, ibmi, jbm, jbmi, kbm, kbmi
*ELEMENT_BEAM_THICKNESS	bm, ibm, ibmi, jbm, jbmi, kbm, kbmi
*ELEMENT_DISCRETE	spdp, spring（参看 spd）
*ELEMENT_MASS	npm, pm
*ELEMENT_SHELL_BETA	block, cylinder, th, ssf, sffi
*ELEMENT_SHELL_THICKNESS	block, cylinder, th, ssf, sffi
*ELEMENT_SOLID	block, cylinder
*ELEMENT_TSHELL	block, cylinder, lsdymats, mate, mt, mti
*END	自动生成
*EOS_LINEAR_POLYNOMIAL	lsdyeos
*EOS_JWL	lsdyeos
*EOS_JWLB	lsdyeos
*EOS_SACK_TUESDAY	lsdyeos
*EOS_GRUNEISEN	lsdyeos
*EOS_RATIO_OF_POLYNOMIALS	lsdyeos
*EOS_LINEAR_POLYNOMIAL_WITH_ENERGY_LEAK	lsdyeos
*EOS_IGNITION_AND_GROWTH_OF_REACTION_IN_HE	lsdyeos

（续）

LS-DYNA 关键字	TrueGrid 命令
*EOS_TABULATED_COMPACTION	lsdyeos
*EOS_TABULATED	lsdyeos
*EOS_PROPELLANT_DEFLAGRATION	lsdyeos
*EOS_TENSOR_PORE_COLLAPSE	lsdyeos
*HOURGLASS	lsdymats
*INITIAL_DETONATION	detp
*INITIAL_MOMENTUM	mdep
*INITIAL_TEMPERATURE_NODE	temp, tm, tmi
*INITIAL_VELOCITY_NODE	velocity, rotation, ve, vei
*INTEGRATION_BEAM	bind, bsd
*INTEGRATION_SHELL	sind, lsdymats
*INTERFACE_COMPONENT_SEGMENT	iss, issi
*INTERFACE_SPRINGBACK	lsdyopts, option spbk
*LOAD_BODY_X	lsdyopts, options xgrav, xgdr
*LOAD_BODY_Y	lsdyopts, options ygrav, ygdr
*LOAD_BODY_Z	lsdyopts, options zgrav, zgdr
*LOAD_BODY_RX	lsdyopts, options xvel, xavcrx
*LOAD_BODY_RY	lsdyopts, options yvel, xavcrx
*LOAD_BODY_RZ	lsdyopts, options zvel, xavcrx
*LOAD_BRODE	lsdyopts, options yldb, hiteb, xb0,yb0, zb0, tb0, lcb1, lcb2, clb, ctb,cpb
*LOAD_DENSITY_DEPTH	dymain
*LOAD_HEAT_GENERATION_SOLID	vhg, vhgi
*LOAD_NODE_POINT	fc, fci, fcs, fcsi, fcc, fcci, ll, ffc, ndl,mom, momi, fmom
*LOAD_SEGMENT	pr, pri, pramp, dom, arri, dist
*LOAD_THERMAL_CONSTANT_NODE	te, tei, temp
*LOAD_THERMAL_TOPAZ	lsdyopts, options mhk, tpz3d
*LOAD_THERMAL_VARIABLE_NODE	tepro
*MAT_3-PARAMETER_BARLAT	lsdymats
*MAT_ACOUSTIC	lsdymats
*MAT_ADD_EROSION	lsdymats
*MAT_ANISOTROPIC_ELASTIC	lsdymats
*MAT_ANISOTROPIC_PLASTIC	lsdymats
*MAT_ANISOTROPIC_VISCOPLASTIC	lsdymats
*MAT_BAMMAN	lsdymats
*MAT_BAMMAN_DAMAGE	lsdymats

（续）

LS-DYNA 关键字	TrueGrid 命令
*MAT_BARLAT_ANISTROPIC_PLASTICITY	lsdymats
*MAT_BARLAT_YLD96	lsdymats
*MAT_BILKHU/DUBOIS_FOAM	lsdymats
*MAT_BLATZ-KO_FOAM	lsdymats
*MAT_BLATZ-KO_RUBBER	lsdymats
*MAT_BRITTLE_DAMAGE	lsdymats
*MAT_CABLE_DISCRETE_BEAM	lsdymats
*MAT_CELLULAR_RUBBER	lsdymats
*MAT_CLOSED_CELL_FOAM	lsdymats
*MAT_COMPOSITE_DAMAGE	lsdymats
*MAT_COMPOSITE_FAILURE_MODEL	lsdymats
*MAT_COMPOSITE_FAILURE_SHELL_MODEL	lsdymats
*MAT_COMPOSITE_FAILURE_SOLID_MODEL	lsdymats
*MAT_CONCRETE_DAMAGE	lsdymats
*MAT_CRUSHABLE_FOAM	lsdymats
*MAT_DAMPER_NONLINEAR_VISCOUS	lsdymats
*MAT_DAMPER_VISCOUS	lsdymats
*MAT_ELASTIC	lsdymats
*MAT_ELASTIC_FLUID	lsdymats
*MAT_ELASTIC_PLASTIC_HYDRO	lsdymats
*MAT_ELASTIC_PLASTIC_HYDRO_SPALL	lsdymats
*MAT_ELASTIC_PLASTIC_THERMAL	lsdymats
*MAT_ELASTIC_WITH_VISCOSITY	lsdymats
*MAT_ENHANCED_COMPOSITE_DAMAGE	lsdymats
*MAT_FABRIC	lsdymats
*MAT_FLD_TRANSVERSELY_ANISOTROPIC	lsdymats
*MAT_FORCE_LIMITED	lsdymats
*MAT_FRAZER_NASH_RUBBER_MODEL	lsdymats
*MAT_FU_CHANG_FOAM	lsdymats
*MAT_GENERAL_VISCOELASTIC	lsdymats
*MAT_GEOLOGIC_CAP_MODEL	lsdymats
*MAT_HIGH_EXPLOSIVE_BURN	lsdymats
*MAT_HONEYCOMB	lsdymats
*MAT_HYDRAULIC_GAS_DAMPER_DISCRETE_BEAM	lsdymats
*MAT_HYPERELASTIC_RUBBER	lsdymats

（续）

LS-DYNA 关键字	TrueGrid 命令
*MAT_HYSTERETIC_SOIL	lsdymats
*MAT_ISOTROPIC_ELASTIC_FAILURE	lsdymats
*MAT_ISOTROPIC_ELASTIC_PLASTIC	lsdymats
*MAT_JOHNSON_COOK	lsdymats
*MAT_KELVIN–MAXWELL_VISCOELASTIC	lsdymats
*MAT_LAMINATED_GLASS	lsdymats
*MAT_LINEAR_ELASTIC_DISCRETE_BEAM	lsdymats
*MAT_LOW_DENSITY_FOAM	lsdymats
*MAT_LOW_DENSITY_VISCOUS_FOAM	lsdymats
*MAT_MODIFIED_HONEYCOMB	lsdymats
*MAT_MODIFIED_ZERILLI_ARMSTRONG	lsdymats
*MAT_MOONEY–RIVLIN_RUBBER	lsdymats
*MAT_MTS	lsdymats
*MAT_NONLINEAR_ELASTIC_DISCRETE_BEAM	lsdymats
*MAT_NONLINEAR_ORTHOTROPIC	lsdymats
*MAT_NONLINEAR_PLASTIC_DISCRETE_BEAM	lsdymats
*MAT_NULL	lsdymats
*MAT_OGDEN_RUBBER	lsdymats
*MAT_ORIENTED_CRACK	lsdymats
*MAT_ORTHOTROPIC_ELASTIC	lsdymats
*MAT_ORTHOTROPIC_THERMAL	lsdymats
*MAT_ORTHOTROPIC_VISCOELASTIC	lsdymats
*MAT_PIECEWISE_LINEAR_PLASTICITY	lsdymats
*MAT_PLASTICITY_WITH_DAMAGE	lsdymats
*MAT_PLASTIC_GREEN–NAGHDI_RATE	lsdymats
*MAT_PLASTIC_KINEMATIC	lsdymats
*MAT_POWER_LAW_PLASTICITY	lsdymats
*MAT_PSEUDO_TENSOR	lsdymats
*MAT_RAMBERG_OSGOOD	lsdymats
*MAT_RATE_SENSITIVE_POWERLAW_PLASTICITY	lsdymats
*MAT_RESULTANT_PLASTICITY	lsdymats
*MAT_RIGID	lsdymats
*MAT_SHAPE_MEMORY	lsdymats
*MAT_SID_DAMPER_DISCRETE_BEAM	lsdymats
*MAT_SOIL_AND_FOAM	lsdymats

（续）

LS-DYNA 关键字	TrueGrid 命令
*MAT_SOIL_AND_FOAM_FAILURE	lsdymats
*MAT_SOIL_CONCRETE	lsdymats
*MAT_SPOTWELD	lsdymats
*MAT_SPRING_ELASTIC	lsdymats
*MAT_SPRING_ELASTOPLASTIC	lsdymats
*MAT_SPRING_GENERAL_NONLINEAR	lsdymats
*MAT_SPRING_INELASTIC	lsdymats
*MAT_SPRING_MAXWELL	lsdymats
*MAT_SPRING_MUSCLE	lsdymats
*MAT_SPRING_NONLINEAR_ELASTIC	lsdymats
*MAT_STEINBERG	lsdymats
*MAT_STEINBERG_LUND	lsdymats
*MAT_STRAIN_RATE_DEPENDENT_PLASTICITY	lsdymats
*MAT_TEMPERATURE_DEPENDENT_ORTHOTROPIC	lsdymats
*MAT_TRANSVERSELY_ANISOTROPIC_ELASTIC_PLASTIC	lsdymats
*MAT_USER_DEFINED_MATERIAL_MODELS	lsdymats
*MAT_VISCOELASTIC	lsdymats
*MAT_VISCOLASTIC_FABRIC	lsdymats
*MAT_VISCOUS_FOAM	lsdymats
*MAT_THERMAL_ISOTROPIC	lsdythmt
*MAT_THERMAL_ISOTROPIC_PHASE_CHANGE	lsdythmt
*MAT_THERMAL_ISOTROPIC_TD	lsdythmt
*MAT_THERMAL_ISOTROPIC_TD_LC	lsdythmt
*MAT_THERMAL_ORTHOTROPIC	lsdythmt
*MAT_THERMAL_ORTHOTROPIC_TD	lsdythmt
*NODE	block, cylinder, bm, jt, npm, b, bi,plane
*PART	lsdymats
*RIGIDWALL_PLANAR	plane, sw, swi
*SECTION_BEAM	lsdymats
*SECTION_DISCRETE	spd
*SECTION_SHELL	lsdymats
*SECTION_SOLID	lsdymats
*SECTION_SOLID_ALE	lsdymats

（续）

LS–DYNA 关键字	TrueGrid 命令
*SECTION_TSHELL	lsdymats
*SET_BEAM	eset, eseti
*SET_NODE_COLUMN	sid, si, sii
*SET_NODE_LIST	nset, nseti
*SET_PART_LIST	lsdyopts (gravity stress initialization), sid（PART 间的接触）, shtoso,shtosoi, dymain
*SET_SEGMENT	fset, fseti, plane, syf, syfi, iss, issi
*SET_SHELL_LIST	eset, esti
*SET_SOLID	eset, esti
*SET_TSHELL	eset, esti
*TITLE	title